よくわかる 電磁気学

前野 昌弘 著

東京図書株式会社

R ⟨日本複写権センター委託出版物⟩
本書を無断で複写複製(コピー)することは、著作権法上の例外を除き、禁じられています。
本書をコピーされる場合は、事前に日本複写権センター(JRRC)の許諾を受けてください。
JRRC ⟨http://www.jrrc.or.jp　eメール：info@jrrc.or.jp　電話：03-3401-2382⟩

はじめに

　私が大学1年の時、最初に受けた「大学の物理の授業」は、grad,rot,div との出会いであった。ついこないだまで高校生で、「偏微分」の「へ」の字も知らなかった当時の私は、∂ という記号の洪水の中でわけもわからないままに講義時間が終わってしまったことに衝撃を受け、「これはしっかり勉強しないとたいへんなことになる」と思った。ところがこんな決意というのはなかなか思うようにはいかないもので、私は1年の時も2年の時も、電磁気関係の単位を落としている（もちろん後でちゃんと再履修して単位を取得したが）。

　電磁気学というのは、初学者にとっては決して簡単なものではない。たいていの場合、大学1、2年で習うことになるはずだが、まず grad,div,rot など、新しい記号の洪水に「なんだこれは？」と思っているうちにどんどん授業が先に進んでしまう。当時の自分を思い返してみて、つくづく反省してしまう。あの頃の私は、自分でも何を計算しているのかよくわからないままにがむしゃらに計算していた。ある程度慣れてきた後でもう一度電磁気を勉強しなおした時になって初めて、「なるほど、俺はこういう計算をやっていたのか」と気づいた。と同時に、ずいぶん無駄な勉強の仕方をしていたということにも気づいて「1年、2年の時の俺はなんと愚かだったのだ」と思ったものである。

　この本を書く時、何よりも「読者が何をやっているのかわからないままに話がどんどん進んでしまうという状況に陥らないようにする」ということを目標とした。どんなに難しそうに見える計算式にも、背景に物理的内容がある。それを知り、「なぜこんな数式を使う必要があるのだろうか？」という点に納得しながら読み進めていけば、電磁気学の体系が頭の中に整理されてくるはずである。

　初学者はどうしても新しい数式を敬遠しがちである。しかし、先人達がなぜそ

のような数式を使ったかといえば、「それを使うことによって簡単になる概念があるから」ということに他ならない。だから新しい計算方法が出てきた時も、その計算法そのものを勉強するのでなく「この計算法によってどんな概念が表現されるのか」ということを勉強しているのだと思って読み進めてほしい。

　本書の内容は、2007年度から琉球大学理学部物理系で行っている「電磁気学I」「電磁気学II」の講義内容が元になっている。私は授業の最初で「学問の世界ではどんなバカな質問でも、質問した方が勝ち。こんなこと聞くのは恥ずかしいなどと思う必要はない。すべき時に質問しない方がよっぽど恥ずかしい」ということを述べるようにしている。学生さんたちはとても素直に私の言うことを聞いて、どんどん質問をしてくれた。質問を受け、答えていくことで、私自身も「電磁気学のどこが難しいのか」「電磁気学を学ぶ人はどこで足踏みをしてしまうのか」を改めて認識することができた。この本を書く時には常に、「こう書いたら、○○君はどういう質問をしてくるだろうか？」「ここを読んだ△△君がわかんないよ〜〜、と怒りそうだ」などと彼等、彼女等の顔を思い浮かべ、反応を予想しながら書き進めた。この本の説明が時には「もういいってば！」と言いたくなるほどに、くどいものになっているのはそういう理由である。

　また、授業ではシミュレーションプログラムなどを見せて物理的イメージを伝えるように努めた。この本に掲載した図面の一部（ sim マークのついた図）はそのプログラムで作ったものだが、動いているところを見てもらえるように、そのシミュレーションプログラムを動かすことができるwebページが用意されている。

　本書を読む上でお願いしたいことは、できる限り「自力で手を動かしてやってみる」という作業をしてほしいということだ。そのために、すべての問題にはヒントと解答をつけた。まず問題を読んでやってみて、わからなかったらまずヒントを見てほしい。それでもわからなかったら、解答を見てみよう。

　自分で手を動かしながら、そして常に「なぜこうなるのか？」「これでいいのか？」という疑問を問いかけながら物理を勉強してほしい。

　本書が、電磁気学をこれから身につけようとする人のための良き水先案内となるよう、願っている。

目 次

はじめに iii

第0章　電磁気学の歴史とその意義　　1
0.1　電気と磁気はどのように発見されたか 1
0.2　電磁気学の発展 2
0.3　現在における電磁気学と電磁気以後の物理学 3
0.4　電磁気学が重要である理由 3

第1章　真空中の静電気力と電場　　8
1.1　静電気 8
1.2　クーロンの法則 10
　　1.2.1　逆自乗則 10
　　1.2.2　ベクトルで表現するクーロンの法則 14
1.3　重ね合わせの原理 18
1.4　電場 $\vec{E}$ と電気力線 21
　　1.4.1　電場 $\vec{E}$ の定義 21
　　1.4.2　電気力線 23
　　1.4.3　電気力線の力学的性質 27
1.5　いろんな電荷分布における電場 $\vec{E}$ の計算 28
　　1.5.1　有限の長さの線上に広がった電荷による電場 $\vec{E}$ 28
　　1.5.2　円状の電荷による電場 $\vec{E}$ 34
　　1.5.3　球殻状の電荷による電場 $\vec{E}$ 38

1.6	電荷分布から電場 $\vec{E}$ を求める式 …………………………	40
1.7	立体角と電気力線 …………………………………………	41
1.8	章末演習問題 ………………………………………………	43

第 2 章　ガウスの法則と電場の発散　　45

- 2.1 ガウスの法則 ………………………………………………… 45
  - 2.1.1 電気力線の流量（flux）の保存 ……………………… 45
  - 2.1.2 立体角から考えるガウスの法則 ……………………… 50
- 2.2 複数および連続的な電荷が存在する時のガウスの法則 ……… 52
  - 2.2.1 面上に広がった電荷による電場 $\vec{E}$ ………………… 53
  - 2.2.2 一様に帯電した無限に長い棒 ………………………… 55
  - 2.2.3 一様に帯電した球 ……………………………………… 55
  - 2.2.4 平行平板コンデンサ …………………………………… 56
- 2.3 電場 $\vec{E}$ の発散：ガウスの法則の微分形 …………………… 57
  - 2.3.1 直交座標系における発散 ……………………………… 58
  - 2.3.2 発散のない電場 $\vec{E}$ の例 …………………………… 63
  - 2.3.3 $\mathrm{div}\vec{E} = \dfrac{\rho}{\varepsilon_0}$ の簡単な例 ……………… 65
- 2.4 極座標での div ……………………………………………… 66
  - 2.4.1 極座標の div の導出 …………………………………… 66
  - 2.4.2 $\vec{\nabla}$ を使った記法に関する注意 …………………… 70
  - 2.4.3 極座標の div を使って電場 $\vec{E}$ を求める ………… 73
- 2.5 章末演習問題 ……………………………………………… 75

第 3 章　静電気力の位置エネルギーと電位　　77

- 3.1 1 次元の静電気力の位置エネルギーと電位 ………………… 77
  - 3.1.1 力学的エネルギーの復習（1 次元）…………………… 77
  - 3.1.2 1 次元の静電気力の位置エネルギーと電位 ………… 81
- 3.2 3 次元の空間で考える電位 ………………………………… 84
  - 3.2.1 3 次元の空間における位置エネルギー ……………… 84
  - 3.2.2 電位と電場 $\vec{E}$ の関係 ……………………………… 86
- 3.3 rot と位置エネルギーの存在 ……………………………… 90
  - 3.3.1 位置エネルギーが定義できる条件 …………………… 90
  - 3.3.2 仕事が経路に依存しない条件 ………………………… 92

		3.3.3 rotのイメージ1：ボートの周回 ・・・・・・・・・・・・・・ 96
		3.3.4 rotのイメージ2：電場車 ・・・・・・・・・・・・・・・・・・ 97

3.4 電位の満たすべき方程式 ・・・・・・・・・・・・・・・・・・・・・・・・・・ 100
    3.4.1 位置エネルギーの微分としてのクーロン力 ・・・・・・・・・ 100
    3.4.2 ポアッソン方程式 ・・・・・・・・・・・・・・・・・・・・・・・・・ 102
    3.4.3 ラプラシアンの物理的意味 ・・・・・・・・・・・・・・・・・・・ 104

3.5 電位の計算例 ・・・・・・・・・・・・・・・・・・・・・・・・・・・・・・・・・ 106
    3.5.1 一様な帯電球 ・・・・・・・・・・・・・・・・・・・・・・・・・・・ 106
    3.5.2 無限に広い板 ・・・・・・・・・・・・・・・・・・・・・・・・・・・ 114
    3.5.3 電気双極子 ・・・・・・・・・・・・・・・・・・・・・・・・・・・・ 115

3.6 静電場の保つエネルギー ・・・・・・・・・・・・・・・・・・・・・・・・・・ 118
    3.6.1 位置エネルギーは誰のもの？ ・・・・・・・・・・・・・・・・・・ 118
    3.6.2 電場のエネルギー――電荷と電位による表現 ・・・・・・・・・ 120
    3.6.3 電場の持つエネルギー――電場 $\vec{E}$ による表現 ・・・・・・・・ 122
    3.6.4 平行平板コンデンサの蓄えるエネルギー ・・・・・・・・・・・ 123

3.7 電場の応力 ・・・・・・・・・・・・・・・・・・・・・・・・・・・・・・・・・・ 126
    3.7.1 電気力線は短くなろうとする→電場の張力 ・・・・・・・・・・ 127
    3.7.2 電気力線は混雑を避ける→電場の圧力 ・・・・・・・・・・・・ 127
    3.7.3 応力から考える静電気力 ・・・・・・・・・・・・・・・・・・・・ 128

3.8 章末演習問題 ・・・・・・・・・・・・・・・・・・・・・・・・・・・・・・・・・ 131

第4章 導体と誘電体　　　　　　　　　　　　　　　　　　　　　　134

4.1 導体と電場・電位 ・・・・・・・・・・・・・・・・・・・・・・・・・・・・・・ 134
    4.1.1 導体表面の電場 $\vec{E}$ ・・・・・・・・・・・・・・・・・・・・・・・ 136

4.2 導体付近の電場 ・・・・・・・・・・・・・・・・・・・・・・・・・・・・・・・ 137
    4.2.1 点電荷と平板導体 ・・・・・・・・・・・・・・・・・・・・・・・・ 137
    4.2.2 平行電場内に置かれた導体球 ・・・・・・・・・・・・・・・・・ 140

4.3 静電容量 ・・・・・・・・・・・・・・・・・・・・・・・・・・・・・・・・・・・ 141

4.4 誘電体と分極 ・・・・・・・・・・・・・・・・・・・・・・・・・・・・・・・・ 142
    4.4.1 分極 ・・・・・・・・・・・・・・・・・・・・・・・・・・・・・・・ 142

4.5 真電荷と分極電荷――静電気学の基本法則 ・・・・・・・・・・・・・・・ 144

4.6 強誘電体と自発分極 ・・・・・・・・・・・・・・・・・・・・・・・・・・・・ 152

4.7　誘電体中の静電場の持つエネルギー ･････････････････････ 153
　4.8　章末演習問題 ･･ 154

第5章　電流と回路　　155

　5.1　導体を流れる電流 ････････････････････････････････････ 155
　5.2　抵抗を流れる電流——オームの法則 ････････････････････ 157
　5.3　ジュール熱 ･･ 161
　5.4　電池と起電力 ･･ 162
　5.5　キルヒホッフの法則 ･･････････････････････････････････ 164
　　　5.5.1　電流の保存則 ････････････････････････････････ 165
　　　5.5.2　電位の一意性 ････････････････････････････････ 166
　5.6　合成抵抗 ･･ 168
　5.7　回路を閉じた時に起こること ･･････････････････････････ 168
　5.8　コンデンサの充電 ････････････････････････････････････ 170
　5.9　章末演習問題 ･･ 172

第6章　静電場から静磁場へ　　173

　6.1　磁場とは何か ･･ 173
　　　6.1.1　磁石の作る磁場 ･･････････････････････････････ 173
　　　6.1.2　電流の作る磁場 ･･････････････････････････････ 175
　　　6.1.3　磁場中の電流の受ける力 ･･････････････････････ 177
　　　6.1.4　磁極の正体 ･･････････････････････････････････ 179
　6.2　章末演習問題 ･･ 182

第7章　静磁場の法則その1——アンペールの法則　　183

　7.1　無限に長い直線電流による磁場 ････････････････････････ 183
　7.2　アンペールの法則 ････････････････････････････････････ 186
　7.3　磁位 ･･ 188
　7.4　アンペールの法則の応用例 ････････････････････････････ 190
　　　7.4.1　ソレノイド内部の磁場 ････････････････････････ 190
　　　7.4.2　平面板を流れる電流 ･･････････････････････････ 192
　7.5　章末演習問題 ･･ 193

第 8 章 静磁場の法則その 2——ビオ・サバールの法則　　194

8.1 ビオ・サバールの法則　194
8.1.1 微分形の法則から場を求めること　194
8.1.2 アンペールの法則との関係　199
8.1.3 線積分で書いたビオ・サバールの法則　202
8.1.4 ビオ・サバールの法則のもう一つの導出　204
8.2 ビオ・サバールの法則の応用　205
8.2.1 円電流の軸上の磁場　205
8.2.2 円電流の軸上以外での磁場　208
8.3 章末演習問題　213

第 9 章 静磁場の法則その 3 ——電流・動く電荷に働く力とポテンシャル　215

9.1 無限に長い直線電流間の力と、アンペアの定義　215
9.2 電流素片の間に働く力　216
9.3 導線の受ける力と動く電荷の受ける力　220
9.3.1 ローレンツ力　220
9.3.2 ローレンツ力を受けた荷電粒子の運動　221
9.3.3 ホール効果　224
9.4 ベクトルポテンシャル　226
9.4.1 数学的な定義　226
9.4.2 $\vec{A}$ の物理的意味　227
9.5 章末演習問題　234

第 10 章 磁性体中の磁場　237

10.1 磁性　237
10.1.1 反磁性　239
10.1.2 常磁性　242
10.1.3 強磁性　244
10.2 磁場の表現——磁束密度 $\vec{B}$ と磁場 $\vec{H}$　247
10.2.1 $\vec{B}$ と $\vec{H}$　247
10.2.2 透磁率　251

10.3　例題：一様に磁化した円筒形強磁性体 ････････････････････ 252
　10.4　媒質が変わる場合の境界条件 ･･････････････････････････････ 254
　10.5　章末演習問題 ･･ 255

第 11 章　動的な電磁場 —— 電磁誘導　　256

　11.1　静的な場と動的な場 ････････････････････････････････････ 256
　11.2　ファラデーの電磁誘導の法則 ････････････････････････････ 257
　11.3　導線が動く時の電磁誘導のローレンツ力による解釈 ･･････････ 261
　　　11.3.1　仕事をするのはいったい誰か？ ･････････････････････ 264
　11.4　磁束密度の時間変化と電場 ･･････････････････････････････ 265
　　　11.4.1　時間変動する電磁場の場合の電位 ･･････････････････ 268
　11.5　自己誘導・相互誘導 ････････････････････････････････････ 269
　　　11.5.1　自己インダクタンスと相互インダクタンス ･･････････ 269
　11.6　コイルの蓄えるエネルギー ･･････････････････････････････ 273
　11.7　章末演習問題 ･･ 276

第 12 章　変位電流とマックスウェル方程式　　278

　12.1　変位電流 ･･ 278
　　　12.1.1　マックスウェルによる導入 ･･････････････････････････ 278
　　　12.1.2　変位電流は磁場を作るか？ ･･････････････････････････ 283
　12.2　電磁波 ･･･ 285
　　　12.2.1　電磁波の方程式 ････････････････････････････････････ 286
　12.3　電磁場のエネルギーの流れ ････････････････････････････････ 290
　12.4　電磁運動量 ･･ 292
　12.5　直流回路で運ばれるエネルギー ････････････････････････････ 294
　12.6　章末演習問題 ･･ 296

おわりに　　297

付録 A	ベクトル解析の公式	**299**

   A.1 外積 ·· 299
   A.2 直交座標、円筒座標、極座標の基底 ·············· 300
   A.3 微分 ·· 300
   A.4 div, rot, grad の相互関係 ·························· 302
       A.4.1 grad の rot が 0 であること ················ 302
       A.4.2 rot の div が 0 であること ················· 303
       A.4.3 ストークスの定理 ·························· 303
       A.4.4 よく使う公式 ······························ 304
       A.4.5 $\mathrm{rot}\,(\mathrm{rot}\,\vec{A}) = \mathrm{grad}\,(\mathrm{div}\,\vec{A}) - \triangle \vec{A}$ の直観的説明 ······ 305

付録 B	練習問題のヒント	**307**
付録 C	練習問題の解答	**311**
索 引		**321**

[Web サイトからのダウンロードについて]

- 章末演習問題のヒントと解答は web サイトにあります。これらのダウンロード、および ◀sim マークのついた図のシミュレーションの閲覧は、東京図書の web サイト (http://www.tokyo-tosho.co.jp) の本書の紹介ページから行ってください。
- 本文中で参照している章末演習問題のヒントと解答のページは、本文のページと区別するため、p1w のようにページ番号の後に w がついています。

第0章

電磁気学の歴史とその意義

この章では、電磁気学がどのように発展してきたのか、そして電磁気学をマスターすることによって我々が何を得ることができるのか、について概観しよう。

0.1 電気と磁気はどのように発見されたか

人類が最初に電磁気現象を発見したのはいつなのか、定かではないが、磁気現象については、2世紀の中国ですでに磁石が南北を指すことが知られていた。紀元前6世紀頃には小アジアのマグネシア地方で磁石が見つけられたという話がある（magnet という言葉は、このマグネシア地方から来ている[†1]）。当時の哲学者タレスは、磁石で鉄をなでると鉄も磁石になるという現象を発見している。タレスはまた、琥珀をこすると物を引きつける性質を持つことも見つけている。これは静電気の発見である。

磁石はのちに羅針盤の発明を生み、大航海時代を支えることになる。1600年、ギルバート[†2]は『磁石論』という本を書き、その中で地球が大きな磁石であることなどを示した[†3]が、同時に琥珀の力と磁石の力は別物であることも述べている（それ以前はこの2種類の力に、明確な区別はされていなかった）。ギルバートは琥珀などに生じる静電気を、琥珀を表すギリシャ語（elektron）から electrics と名付けた。これが静電気学の始まりだと言える。

[†1] ついでながら、マグネシア地方はマグネシウムがよく出土する地方でもある。磁石にならないマグネシウムに、磁石と関係ありそうな名前がついてしまったのはそういう理由。

[†2] ギルバートは cgs 単位系の磁位の単位 Gb（ギルバート）にその名を残しているのだが、残念なことには cgs 単位系も、磁位という概念も現在ではあまり使われていない。

[†3] 現代の目から見ると常識であるが、この頃には「北極星の方に磁石がある」という考え方もあったのである。

0.2 電磁気学の発展

電磁気学の歴史的発展の様子はこの章の最後に示した通りである。この図からわかるように、18世紀後半から19世紀に電磁気は爆発的に発展している。これはいわゆる「古典物理学」[†4]が完成する時期だといってもいい。

電気の間に働く力、磁気の間に働く力がクーロンの法則という形でまとめられ（1700年代後半）、電気と磁気が互いに相互作用していくことがアンペール、ファラデーらによって発見されて法則化され（1800年代前半）、ファラデーがその現象を「電場」と「磁場」という「場」の考え方で統一的に理解しようとする。それらをマックスウェルが数式を使って見事に定式化[†5]し、1865年のマックスウェル方程式という形で結実したものが現在の電磁気学である。

電気と磁気が相互作用するということは、たとえば電磁石（電流→磁場）や電磁誘導（磁場の変化→起電力）に現れているわけである。1800年代は現象としてこのようなことが発見されていき、それを元に電気と磁気の対応が考えられていったわけであるが、現在完成された電磁気学の立場から振り返れば、右の図のような対応があることがわかる[†6]。電荷が動くことが「電流」なのであるから、電場と磁場が深く関係するのは当然である。

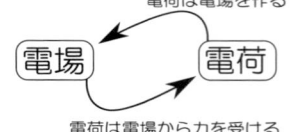

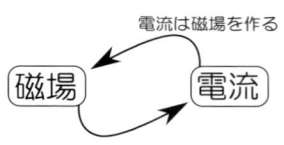

つまり、「電場が動けば磁場ができる（あるいはこの逆も）」という現象が起こるわけだが、これが「同じ物理現象を、運動しながら観測すると違う現象のように見える（しかし、物理的内容は変わらない！）」という認識を生み、ついにはそれがアインシュタインの特殊相対性理論に発展する。20世紀が始まった直後の1905年に発表された特殊相対論は（古典）電磁気学の最

[†4] 物理において「古典 (classical)」とは「量子 (quantum)」力学以前ということ。だから、「新しい古典物理」だってある。ゆめゆめ「古典は古いから勉強しなくていいんだろう」などとは思わないこと！

[†5] ファラデーは物理学者としては珍しく数学が全くできなかった。彼のアイデアをマックスウェルが数式で表現した、とも言える。ファラデーが数学ができなかったのは高等教育を受けることができなかったからだが、「生まれ変わったら今度は数学を勉強したい」と言っていたという。

[†6] 電場は電荷が、磁場は磁荷が作っているという考え方もあった。実際には、「磁荷」は存在しない。少なくとも、（発見しようという努力は精力的に行われたにもかかわらず）実験的には発見されていない。

後の one piece となり、これで古典的電磁気学は完結すると言っていいだろう[†7]。

0.3　現在における電磁気学と電磁気以後の物理学

　掃除機・冷蔵庫・テレビ・携帯電話と、現在の我々の生活を支える電器製品はすべて、電磁気学の成果を使って作られている。掃除機などに使われるモータは「磁場中の電流は力を受ける」という法則に基づいて作られたものだし、テレビや携帯電話は、マックスウェル方程式を解いた結果として出てきた電場と磁場の波である「電磁波」を使って遠いところとコミュニケーションすることができる。また、どのような電子機械にもトランジスタや IC などを使った電子回路が組み込まれているが、これらもまた電磁気学なしに製作することはできない。このように現在の生活の基盤に密着した技術の基礎となるのが電磁気学である。

　電磁気学が重要である理由はこれだけではない。電磁気の基本方程式であるマックスウェル方程式が相対性理論を生み出すことはすでに説明したが、それ以外にももちろん、電磁気学はたくさんの物理を生み出している。20 世紀前半までの常識ではこの世にある「力」は電磁気的な力と万有引力だと思われていた。現在ではその他に「弱い力」と「強い力」が存在していることがわかっている[†8]。そしてこれら 4 つの力は全て、現代物理にとって非常に重要な「ゲージ理論」と呼ばれる種類の理論で記述できることがわかっている。ゲージ理論を拡張することによって、重力・電磁力・弱い力・強い力を統一的に記述できるような理論ができあがるかもしれない。電磁気学はそのような「統一理論」へと続くゲージ理論の中でもっとも最初にできあがったものであると言える。つまり、この世の全ての力を記述するための基盤は、電磁気学にある。

0.4　電磁気学が重要である理由

　なぜ電磁気学はこうも現代物理のキーポイントに成り得たのか？──電磁気の特徴のうち、現代物理を作っていく上で重要なものになっている点を述べよう。

[†7] 本書では相対論と力学・電磁気の関係は省略した。いずれ相対論の本を出すことがあれば、そこに詳述しよう。
[†8] この「弱い力」「強い力」は固有名詞である。つまり、そういう名前の（電磁力や万有引力とは全く別種の）力が存在しているのである。

[実験的成功] まず何より指摘しなくてはいけないのは、電磁気学は非常にうまくこの現実を記述していることである。技術的、工学的応用もすばらしい成功を収めている。テレビが映るのも、携帯電話で話せるのもすべて電磁気学のおかげである。この本の範囲からは外れるが、電磁気学を量子力学的に考えた「量子電磁力学」も非常によい精度で実験と一致する結果を出している。

[近接作用論] ファラデー以後の電磁気学の重要な概念が「場」である。

電荷と電荷に（理由はともかく）直接に力が働く、と考えるのが遠隔作用の考え方である。

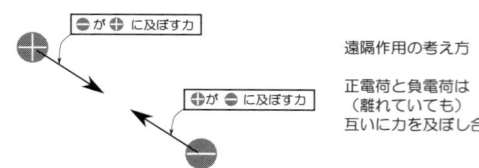

遠隔作用の考え方

正電荷と負電荷は（離れていても）互いに力を及ぼし合う。

これに対し、ファラデーは、電気的な力が働く時、電荷と電荷の間に直接力が働くのではなく、そこに「電場」という媒介物が（目には見えないけど、空間に！）存在していると考えた[†9]。二つの物体に力が働く時、それは直接に「力」が伝わっているのではなく、それぞれの物体が「場」を作り（電荷は電場を作る、電流は磁場を作る）、その「場」の中にいる物体が力を受ける（電場は電荷に力を与え、磁場は電流に力を与える）と考える。これを「場の相互作用 (interaction)」という呼び方をする。

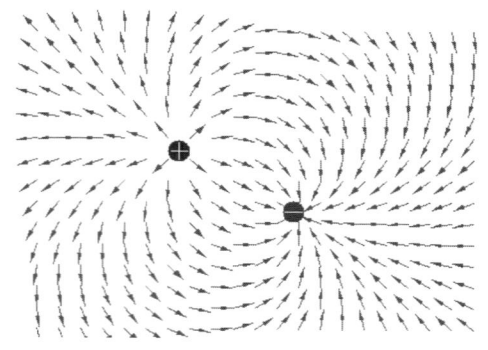

電場のイメージ

空間の各点各点に向きと大きさのある「場」が存在し、電荷はその「場」から力を受ける。図では電場を矢印で表現した。

正電荷と負電荷が直接力を及ぼすのではないことに注意！

（図では、電場の大きさの違いは無視して向きだけを描いている）

[†9] ファラデーはもちろん、単なる思いつきで「場」の存在を主張したわけではない。電荷と電荷の間に絶縁体や導体を置くと電荷の間に働く力が変化するという実験事実を踏まえて「空間に何かが伝わっているから力が働くのではないのか？」と考えたのである。

大事なことは、電荷が場を作るのも、電場が電荷に力を与えるのも、その場所各点各点で起こる現象であり、遠い向こうの状態が今この場所に直接影響を及ぼしたりはしないということである（媒介する場なしに直接力が及ぶとする立場は「**遠隔作用論**」という）。

近接作用と遠隔作用の差を知るために、こんな思考実験を考えよう。

いま、ある正電荷と負電荷が引き合っており、つながれたばねによる引っ張り力とつりあって静止しているとする。この状態で、さっと負電荷の方を取り除い

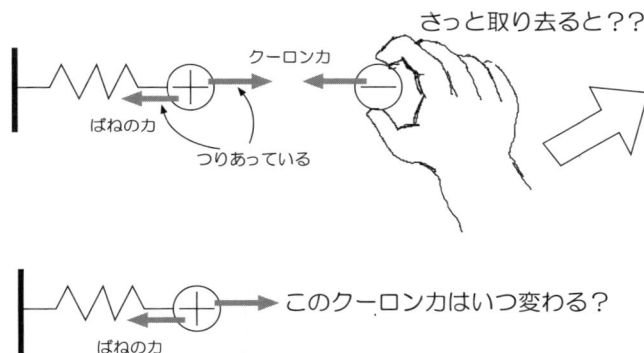

たとする。その時正電荷はどうなるか。もしこの正電荷と負電荷の間に働いていた力がクーロンの法則に完全に従うものであったならば、即座に正電荷のつりあいは崩れるであろう。しかし力が「電場」によって媒介されて伝わっているものならば、正電荷のつりあいが崩れるのは電場の変化が正電荷周辺に伝わってから、ということになる。

実験的には（この通りの実験が行われているわけではないが）、後者が確認されている。つまり、「電場」の変化が伝わって初めて電荷の間に力が変化する。ちなみに、電場の変化が伝わる速度は光速である[†10]。光速は秒速約 30 万キロと、日常の感覚からすれば充分速いので、通常はこれを実感できない。

このように近接作用で物理が表現できる場合、それを表現する方程式は局所的な量のみを含んだ微分方程式となる。微分方程式は、「ある場所の物理量」と「ある場所の物理量の変化の様子（微分）」の関係を表現する式である。つまり、「この場所の電場」と「この場所の電場の変化の様子（微分）」の関係が、ある方程式によって決定される。遠隔作用を考えている場合、「この場所の情報」だけでは現象が記述できない（遠くにある電荷による力を考えなくては現象が予言できない）ので、微分方程式では法則を書き表すことができない。遠くにある物体の状態を

[†10] これが光速と同じなのはもちろん偶然などではなく、ちゃんと意味のあることだ。詳細はずっと後で述べよう。
→ p287

知らないとこで起こる現象が予言できないような場合、理論は「non-local（非局所的）」であると言う。現在知られている物理法則はみな微分方程式の形で書けていて、non-local な物理理論はない[†11]。

[ローレンツ不変性]　電磁気学に出てくる電場、磁場の持つ対称性として大事なのがローレンツ不変性である。ローレンツ不変性とは、「ローレンツ変換」と呼ばれる、時空間の対称性に対する不変性である。詳しい話は特殊相対論に関する他の本を読んでいただきたいが、特殊相対論によって、時間と空間は別々のものではないことがわかる。空間というのは 4 次元時空というものを適当な断面で切った切り口（3 次元物体を切ると 2 次元の平面ができるように、4 次元時空を切ると 3 次元空間ができる）にあたることがわかる。電磁気学は実はこのローレンツ変換（ひいては相対論）と深く結びついている。相対論以前の電磁気の勉強の中でも「静止した電荷は電場を作り、動く電荷（電流）は磁場を作る」という形でローレンツ対称性が見えてくる。ローレンツ対称性は特殊相対論につながるだけでなく、その後に続く量子場の理論、素粒子論、宇宙論などの現代物理の柱となっている。

　以上のように、電磁気学は現代物理の骨格となる部分を作り出した母体であり、そして今なお現代物理の中心課題を占めている。電磁気を征服することなく現代物理を理解することはできない。電磁気は現代物理の基礎的な考え方が詰まった宝石箱である。この本を読み進む中で、その箱を開いて電磁気学の神髄をつかんでいただきたい。それが現代物理への扉を開くことになる。

[†11] 例外と言えるのは量子力学における波束の収縮や EPR 相関などだろうか。しかしこれはもちろん電磁気学の範囲を外れる。

0.4 電磁気学が重要である理由

電磁気学の歴史を表した図

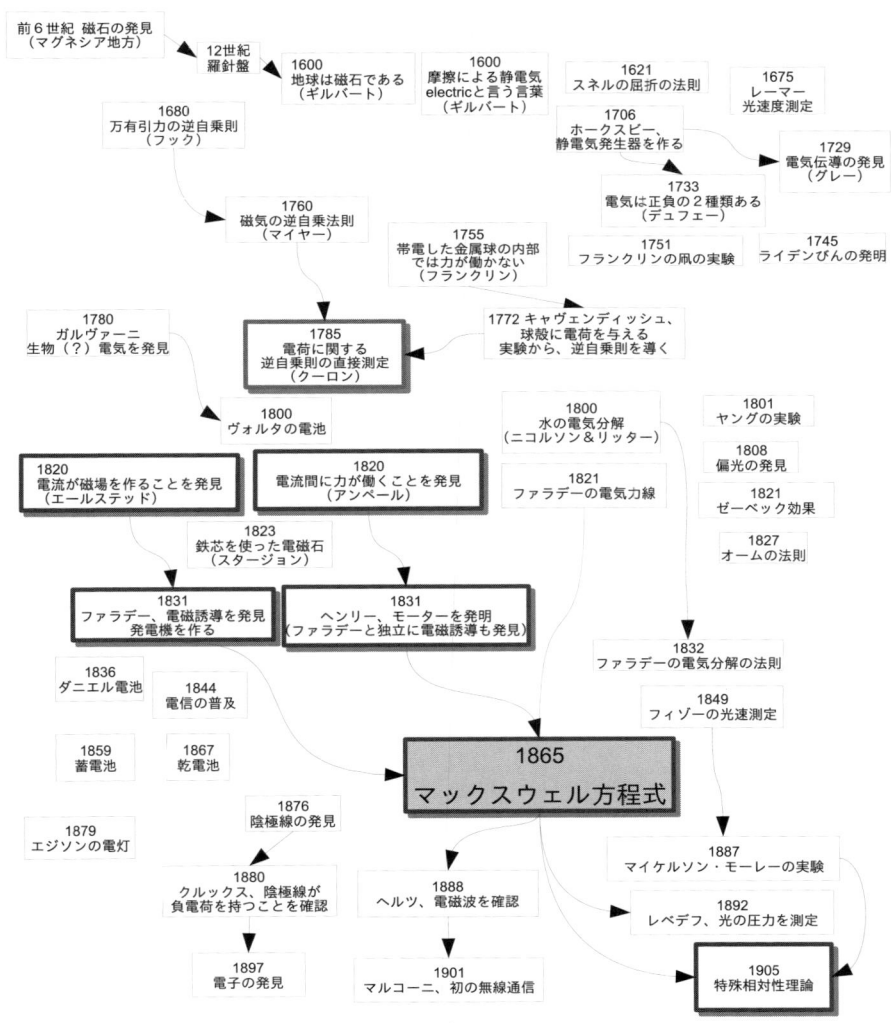

---------- 練習問題 ----------

【問い 0-1】 上の図を見ると、1820〜1831 年に重要な発見が集中していることがわかる。これはそれに先立つあるものの発明が大きく貢献しているのだが、それは何だろう？？

ヒント → p307 へ　　解答 → p311 へ

第1章

真空中の静電気力と電場

この章からしばらくの間は、「真空中」で、かつ「どの電荷も運動していない」という特別な場合について考える。非常に限定された状況での考察をしていることになるが、まずはこの簡単な場合から電磁気学を始めよう。

1.1 静電気

人類が最初に知った電気現象は静電気であるので、静電気的な現象を理解するところから始めよう。さらに、しばらくの間「真空中」であることを仮定する。電磁場に対する空気の影響はさほど大きくないので、空気中の話をしていると考えてもそんなに大きく外れたことにはならない[†1]。静電気現象を目で見るよい方法は箔検電器を使うことである。箔検電器はガラス瓶の中にアルミ箔が封入され、そのアルミ箔とつながった電極が瓶の上部に飛び出している。アルミ箔は2枚以上が入っていて、電気を帯びさせると（帯電させると）アルミ箔が互いから離れて開く。エボナイト棒など[†2]をこすって静電気を帯びさせた後でこの箔検電器の電極に近づけると、アルミ箔が開く。エボナイト棒を遠ざけるとまた閉じる。このような現象が起こるのは、エボナイト棒の静電気に反応して、箔検電器の金属部分に電荷の移動が起こるからである。

[†1] 当たり前のことだが、最初に電磁気学の実験が行われた時、実験は空気中で行われている。空気中の電磁気が真空中とは全く違ったものであったら、きっと電磁気の発展は歴史とは全く違ったものになったであろう。

[†2] 最近、エボナイトなどというものを目にすることはあまりない。ビニールの管やゴムなどで代用できる。

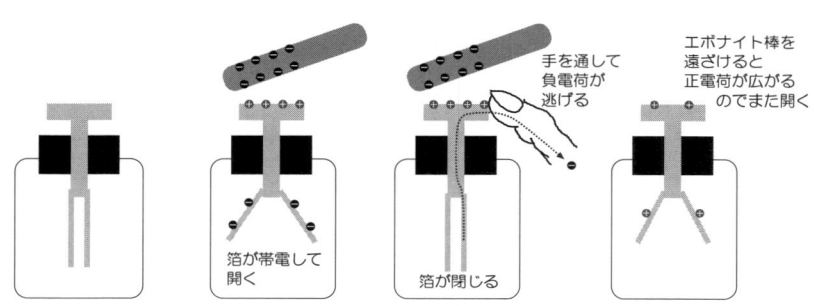

　この時、エボナイト棒を近づけると箔の開きは大きくなり、遠ざけると小さくなる。これは距離が近づくとエボナイト棒の静電気が電極の電荷を引きつける力が強くなることを示している。

　この状態で電極に手を触れると、箔は閉じる。これは箔にたまっていた電荷が手を通じて逃げたからである（電極にたまっている方の電荷はエボナイト棒に引きつけられているため、逃げない）。ゆえにエボナイト棒を遠ざけると、また箔が開く（残った電荷が全体に広がるため）。

　以上の説明でもわかるように、電荷は2種類あり、同種同士は反発し異種同士は引きつけ合う。実はこの場合のエボナイト棒は−に帯電している。逆に＋に帯電している物質（アクリルなど）を近づけると、逆の反応が起こる。このことからも、電荷が2種類あることが確認できる。

　以上のような観察から、次の性質がわかる。

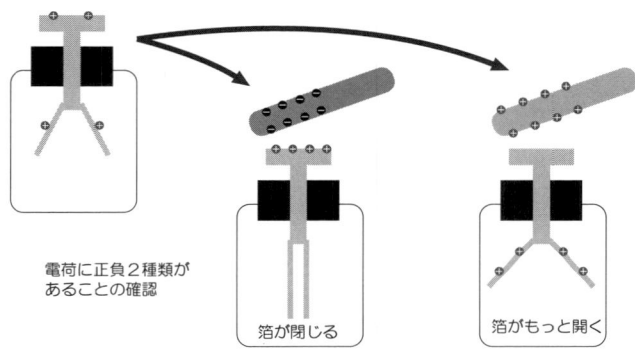

> **静電気の性質**
>
> - 電気と電気は同種同士が反発し、異種同士が引き合う
> - その力は遠距離になると弱まる
> - 通常の物質は電気を持っていないが、それは＋と－が共存していて消し合っているからである

1.2 クーロンの法則

さらに精密な実験が昔から行われており、静電気力に関す

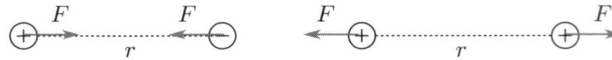

る法則は次に述べる「クーロンの法則」という形でまとめられている。

1.2.1 逆自乗則

> **クーロンの法則**
>
> 真空中に、距離 r だけ離れた置かれた電荷 Q と電荷 q の間には、
> $$F = \frac{Qq}{4\pi\varepsilon_0 r^2} \tag{1.1}$$
> で表される斥力（$Qq > 0$ の場合）が働く。
>
>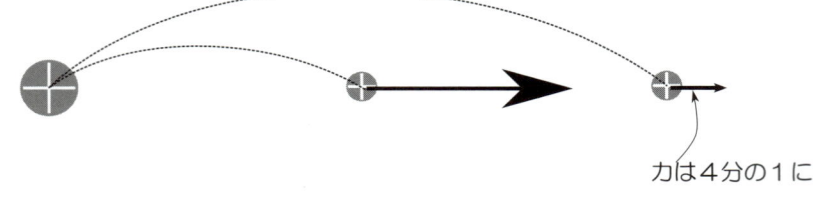

$Qq < 0$ の場合、すなわち異符号の電荷の場合は、この力は引力となる。この法則は 1769 年にロビソンが、1785 年にクーロン[†3]が見つけているため、「クーロン

[†3] クーロンは物理学者というよりは土木技術者で、いろんなものを測る技術にたけていたそうである。

の法則」と呼ばれている†4。

式 (1.1) は SI 単位系と呼ばれる現在広く使われている単位系を使った場合で、電荷 q, Q はクーロン（記号は C）で表す。ε_0 は「**真空の誘電率**」†5 と呼ばれる量で、SI 単位系における具体的な値は $8.854187817\cdots \times 10^{-12} \mathrm{F \cdot m^{-1}}$ である†6。

電磁気の単位系について

クーロンの法則の前に係数 $\dfrac{1}{4\pi\varepsilon_0}$ がついているのはうっとおしい限りであり、これが 1 になるように電荷の定義をやり直せばよいではないかと思うかもしれない。一部の（古い）教科書ではこの係数が 1 になるようにしたガウス単位系という単位系も使われている。また、「$\dfrac{1}{4\pi}$ がつくのは逆自乗則の成り立ち（次ページを見よ）から当然としても、ε_0 が 1 になるように定義してもいいじゃないか」と思うかもしれない（こういう単位の例としてはヘヴィサイド有理単位系というのがある）。

しかし、現在広く使われている SI 単位系では $\dfrac{1}{4\pi\varepsilon_0}$ が必要である。これは SI 単位系では、電流をまず定義して、1 アンペアの電流が 1 秒間に運んでくる電気量をもって 1 クーロンを定義するという方法を使っているためである。一部の教科書では $\dfrac{1}{4\pi\varepsilon_0} = k$ と書いて省力化を図っている。$k = 8.987551787 \times 10^9 [\mathrm{N \cdot m^2/C^2}]$ である。この k の値は、実は「光速度（299792458m/s）の自乗 $\times 10^{-7}$」と表現できる。10^{-7} が入るのは単位の定義の問題であり、光速度の自乗が入るのは光も電磁気現象の一つであるからである。これについてはずっと後で明らかになる。
→ p287

電磁気の単位系は昔からいろいろなものが使われていて注意が必要であるが、現在は SI 単位系を使うのが時代の流れというものなので、このテキストでは全て SI 単位系で記述することにする。

---

†4 「磁極に対するクーロンの法則」というのもある。後で出てくるが、式としては全く同じ形
→ p174
をしていて、1760 年にマイヤーが見つけ（ただし発表は 1801 年）、1789 年にクーロンが再実験している。
†5 今は真空中の話をしているが、物質中では誘電率の値が ε_0 から変わることになる。
†6 ここに F(ファラッド) という単位が登場するが、この単位の意味するところは先（静電容量の単位のところ）にいかないとわからない。組み立て方から考えると、$\varepsilon_0 = \dfrac{Qq}{4\pi r^2 F}$
→ p141
であるから、ε_0 の単位は $[\mathrm{C^2/N \cdot m^2}]$ ということになる。F は $[\mathrm{C^2/N \cdot m}]$ に等しい。

クーロンの法則は「逆自乗則」とも呼ばれる力の一種である。「逆自乗則」とは名前の通り、距離の自乗に反比例するという法則であり、万有引力、それから磁力も逆自乗則に従う。

逆自乗則が物理の世界に何度も現れることは偶然ではない。これは空間が3次元であることと密接に結びついていることなのである。クーロン力よりも直観的にわかりやすい「逆自乗則」の例として、点光源による光の明るさを考えよう。我々の目が感知する「明るさ」というのは結局、目に飛び込んでくる光のエネルギーに関係している。

原点に 100W の電球[†7]があるとすると（100W とは1秒間に 100J のエネルギーを消費するということなので）、1秒あたりに 100J のエネルギーを持つ光が空間に放出されていることになる[†8]。この1秒間に 100J のエネルギーが空間にまんべんなく広がっていくとするならば、t 秒のちには半径 ct（c は光速度。約秒速 30 万キロ）の球面の上に広がることになる。したがって、距離 r だけ光源

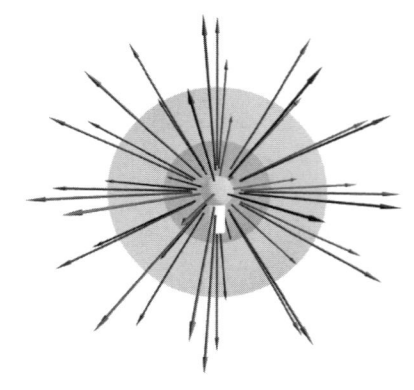

から離れた場所を考えると、面積 $4\pi r^2$ の面を1秒に 100J のエネルギーが通過していくことになる。当然、距離が広がれば（抜けていくエネルギー自体は変わらないが、断面積が増えるので）エネルギーの密度は $4\pi r^2$ に反比例する形で減っていくことになる。これが逆自乗則が現れる理由である。もしこの世が2次元（平面）なら、光は球面ではなく円周の形で広がるので、エネルギー密度は $2\pi r$ に反比例するだろう。

クーロン力は電球から出た光の場合のような「流れ」ではないので、厳密にはこの比喩は正しくはないが、ある一点を源とし、何か（電球の場合はエネルギー）を保存するように広がっていく時には、逆自乗則が現れると思ってよい。

実は距離の逆自乗になるということ自体は、「電荷が帯電した金属の殻の内側のどこにいても、電気力は働かない」という実験結果から理論的にキャヴェンデ

[†7] 今は省エネが進んで 100W の電球は見かけなくなった。
[†8] 実際の電球では、熱など光以外のものにもエネルギーを消費するので、100W の電球といっても1秒で出てくる光のエネルギーは 100J よりは小さい。

ィッシュが導いている (1772 年のこと)。こうなるためには殻の上の一方の側にいる電荷による力と逆側にいる電荷による力がうまく消し合わなくてはいけ

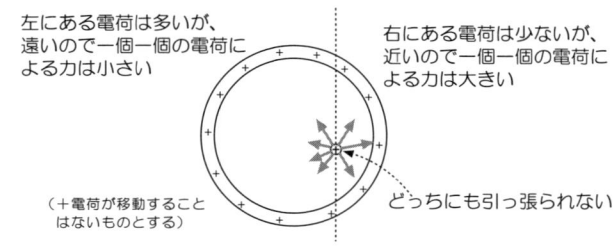

ないが、そうなるのは逆自乗の力が働く場合だけである（このことは後で直接計算により、あるいは立体角を使った考察により確認しよう）。それゆえ、クーロンが実験的に直接確認するより前に、この法則は「たぶん成立しているだろう」という予想がされていた[†9]。

　1Cの正電荷二つが1mの距離にある時、働く力は、8.9875518×10^9 N となる。ざっと10億キログラム重であるから、かなり大きい。ゆえに、日常では1Cの電荷が孤立している状況に出会うことはまずない。というのは、普段我々が眼にする物質は原子でできており、原子は正電荷を持った原子核と、ちょうどそれにつりあうだけの負電荷を持った電子が集まってできている[†10]。この正電荷と負電荷の和がほとんど0なのである。

------------------------------- **練習問題** -------------------------------

【問い 1-1】 二つの等しい大きさの正電荷を10cm離しておいた時、この電荷に1Nのクーロン力が働くとしたら、その電気量は何クーロンか？（これを計算してみると、1Cの電荷というのが滅多に見られるものではないことが実感できるだろう）

ヒント → p307 へ　　解答 → p311 へ

【問い 1-2】 ここで人間の身体の中にどれだけの電荷があるかを概算してみよう。体重100kgの人間を考える。人間の質量のほとんどは原子核の中身である陽子と中性子でできていて、陽子の質量はだいたい 1.67×10^{-27} kg、中性子はこれよりちょっと重い程度であるから、人間の身体には $\dfrac{100}{1.67 \times 10^{-27}} = 5.99 \times 10^{28}$ 個の陽子または中性子がある。人間の身体を作っている原子のうち、炭素や酸素などではだいたい陽子と中性子が同じ数だから、この半分が陽子とすると、2.99×10^{28} 個の陽子があることになる。陽子一個の持つ電荷は素電荷（$1.60217733 \times 10^{-19}$ C）である

[†9] もう一つ、クーロンの法則が「たぶん成立しているだろう」と思われていた理由は、この法則が万有引力の法則とよく似ていることである。
[†10] 原子がこのような構造を持つということは、1911年のラザフォードの実験で明らかになった。ラザフォードは薄い金属箔にアルファ線（正電荷を持つ粒子）をあててみたところ、非常に大きな角度で跳ね返されることがあることを見つけた。正電荷を強く跳ね返すということは、原子の中に正電荷の集中した「芯」があるということを示していた。これが原子核である。

から、これだけの数の陽子の持つ電荷は $2.99\times10^{28}\times1.60\times10^{-19}=4.79\times10^{9}$ クーロンである。

(1) もし人間の身体に他に電気がなければ、1メートル離れた二人の人間の間にはどれだけの力が働くか。

(2) 実際には人間の身体は電気的にはほぼ中性であり、ほぼ同数の電子がこの電気を打ち消している。マイナス電気による力がプラス電気による力を打ち消していると考えればよい（すぐ後で述べる重ね合わせの原理のおかげである）。では、人間の身体の正電荷が電子によって完全には消えず、1％だけ残っていたとしたら、人間と人間の間にはどんな力が働くか？

ヒント → p307 へ　解答 → p311 へ

この問題の答でわかるように、人間の身体の電気はほぼ完全に消し合っている。

冬などに静電気がたまることがあるが、その時にたまっている静電気というのは、人間の体にある莫大な正電荷と負電荷のバランスがほんの少し狂ったことによって生まれる。

電荷の量は現在知られているいかなる物理現象（化学反応、核反応、素粒子相互作用の全て）の前後で変化することはない。例えば

$$
\begin{array}{l}
\text{中性子（電荷 0）} \\
\quad\to\text{陽子（電荷 }e\text{）+ 電子（電荷 }-e\text{）+ 反電子ニュートリノ（電荷 0）}
\end{array}
\tag{1.2}
$$

という反応（β崩壊と呼ばれる）がある。この反応の前後では粒子の種類が変化しているものの、電荷の総量は変化していない。これを「電荷の保存則」と言う。これもまた、実験的に強く支持されている物理法則である。

1.2.2 ベクトルで表現するクーロンの法則

さて、(1.1)は力の大きさの式になっている。向きも含めてちゃんと表すにはベクトルで表現する。たとえば電荷 Q が位置ベクトル $\vec{x}_Q$ の場所に、電荷 q が位置ベクトル $\vec{x}_q$ の場所にあるならば、q のある位置から Q のある位置へと向かうベクトルは $\vec{x}_Q-\vec{x}_q$ と書ける。$\vec{x}_Q$ から

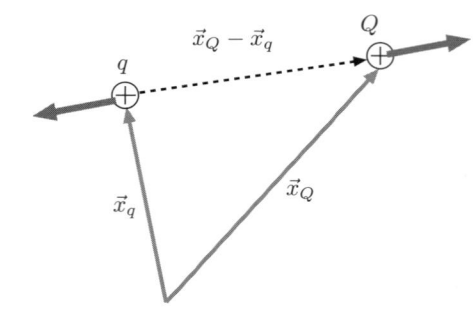

$\vec{x}_q$ を引くという計算をすると、$\vec{x}_q$ の位置から $\vec{x}_Q$ へと向かうベクトルになる。これは逆に「$\vec{x}_q$ に $\vec{x}_Q-\vec{x}_q$ を足せば $\vec{x}_Q$ になる」と考えればわかりやすい。

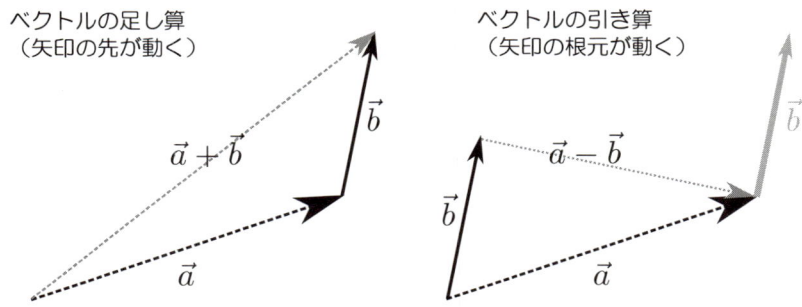

ベクトルの足し算
（矢印の先が動く）

ベクトルの引き算
（矢印の根元が動く）

あるいは、上の図にあるように、ベクトルの足し算は矢印の先を動かすが、ベクトルの引き算は矢印の根本を動かす、と考えてもよいだろう。

Q に働く力はこのベクトル $\vec{x}_Q - \vec{x}_q$ の方向を向いている。そこで、この力を、

$$\vec{F}_{q \to Q} = \frac{Qq}{4\pi\varepsilon_0 |\vec{x}_Q - \vec{x}_q|^3} (\vec{x}_Q - \vec{x}_q) \tag{1.3}$$

と書くことができる。この式では、分母が (距離)^3 となっていて「おや？」と思うかもしれないが、後ろにかかっている $\vec{x}_Q - \vec{x}_q$ が距離に比例する量なので、力が (距離)^2 に反比例するという関係は同じである。

ベクトルの長さがわかりやすくなるように、この式を（ベクトルの長さ）×（単位ベクトル）という形に書き直そう。単位ベクトルとは「長さが 1 のベクトル」のことであり、向きだけを表現するベクトルだと考えてもよい。大きさは前にかかった係数に表現させるわけである。

今の場合、$\vec{x}_Q - \vec{x}_q$ の方向を向く単位ベクトルは

$$\vec{e}_{q \to Q} = \frac{1}{|\vec{x}_Q - \vec{x}_q|} (\vec{x}_Q - \vec{x}_q) \tag{1.4}$$

である。

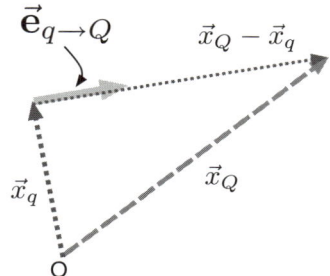

$\vec{x}_Q - \vec{x}_q$ をその長さ $|\vec{x}_Q - \vec{x}_q|$ で割っているので長さ 1 となる。と言われてもピンと来ない人は

$$\vec{x}_Q - \vec{x}_q = \underbrace{|\vec{x}_Q - \vec{x}_q|}_{\text{ベクトルの大きさ}} \underbrace{\vec{e}_{q \to Q}}_{\text{単位ベクトル}} \tag{1.5}$$

と書き直して理解しよう。

この本では $\vec{\mathbf{e}}_{なんとか}$ という記号で、「なんとか」に記された方向を向いた、長さ1のベクトル（単位ベクトル）を表現することにする[†11]。また、x 軸方向を向く単位ベクトル、すなわち「x が増加する方向を向いて長さが1のベクトル」を $\vec{\mathbf{e}}_x$ と書く。$\vec{\mathbf{e}}_y, \vec{\mathbf{e}}_z$ も同様で、直交座標なら $\vec{\mathbf{e}}_x, \vec{\mathbf{e}}_y, \vec{\mathbf{e}}_z$ を「基底ベクトル」として、任意のベクトルを $A_x\vec{\mathbf{e}}_x + A_y\vec{\mathbf{e}}_y + A_z\vec{\mathbf{e}}_z$ のように基底ベクトルに「成分」をかけて和をとったものとして表す。

単位ベクトルの記号について

$\vec{\mathbf{e}}_x$ を $\hat{\mathbf{x}}$ と書く本もあるので注意。ハット記号 $\hat{}$ が単位ベクトルを表す。また、$\vec{\mathbf{e}}_x, \vec{\mathbf{e}}_y, \vec{\mathbf{e}}_z$ をそれぞれ、$\mathbf{i}, \mathbf{j}, \mathbf{k}$ と書く本も多い。

$$A_x\vec{\mathbf{e}}_x + A_y\vec{\mathbf{e}}_y + A_z\vec{\mathbf{e}}_z \quad A_x\hat{\mathbf{x}} + A_y\hat{\mathbf{y}} + A_z\hat{\mathbf{z}} \quad A_x\mathbf{i} + A_y\mathbf{j} + A_z\mathbf{k} \quad (1.6)$$

は全部同じ意味。

この記号を使えば

$$\vec{F}_{q\to Q} = \frac{Qq}{4\pi\varepsilon_0|\vec{x}_Q - \vec{x}_q|^3}(\vec{x}_Q - \vec{x}_q) = \underbrace{\frac{Qq}{4\pi\varepsilon_0|\vec{x}_Q - \vec{x}_q|^2}}_{\text{力の大きさ}}\underbrace{\vec{\mathbf{e}}_{q\to Q}}_{\text{単位ベクトル}} \quad (1.7)$$

である。こう書くとベクトルの長さを表現する部分とベクトルの向きを表現する部分が分かれているので、「距離の二乗に反比例している」ということが見やすい。

$\vec{F}_{q\to Q}$ は「電荷 q が電荷 Q に及ぼす力」である。逆に「電荷 Q が電荷 q に及ぼす力」$\vec{F}_{Q\to q}$ は、

$$\vec{F}_{Q\to q} = \frac{qQ}{4\pi\varepsilon_0|\vec{x}_q - \vec{x}_Q|^3}(\vec{x}_q - \vec{x}_Q) = \frac{qQ}{4\pi\varepsilon_0|\vec{x}_q - \vec{x}_Q|^2}\vec{\mathbf{e}}_{Q\to q} \quad (1.8)$$

のように、Q と q の立場を入れ替えたものになる。単に立場を入れ替えるだけでいい（自動的に逆を向くという結果を出してくれる）のがベクトルを使って書いた時の利点である。ちょうど $\vec{F}_{q\to Q} = -\vec{F}_{Q\to q}$ である。すなわち、「電荷 Q が電荷 q に及ぼす力」と「電荷 q が電荷 Q に及ぼす力」は同じ大きさで逆向きとなる。クーロンの法則はニュートン力学の作用反作用の法則にのっとっていると言えるのである[†12]。

[†11] 以後、$\vec{\mathbf{e}}$ と表現されるベクトルは全て長さ1と思ってほしい。わかりやすいように**ボールド体**で表示する。

[†12] 実は単純に「クーロン力に関して作用・反作用の法則が成立する」と言っていいのは静電場

ここで、q を原点に置く（$\vec{x}_q = \vec{0}$）。そして Q のいる場所を極座標 (r, θ, ϕ) で表すことにすると、

$$\vec{x}_Q - \vec{x}_q = r\vec{e}_r \quad (1.9)$$

と書き直せる。ただし、$\vec{e}_r$ は、場所 (r, θ, ϕ) で、原点から離れる方向（r 方向）を向いている単位ベクトルで

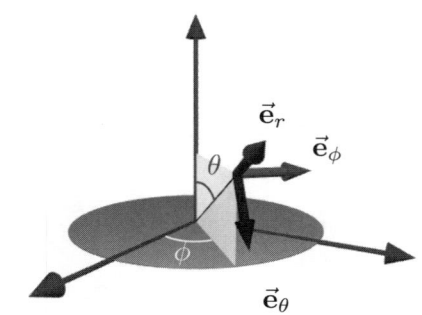

ある[13]。同様に、$\vec{e}_\theta, \vec{e}_\phi$ も、それぞれ θ 方向、ϕ 方向を向いた単位ベクトルとして定義されている（右上の図を参照）。このような極座標における座標方向の単位ベクトルは、電磁気に限らず極座標を使う時には有用なので、覚えておくとよい[14]。$r\vec{e}_r$ は、長さ r のベクトルである。

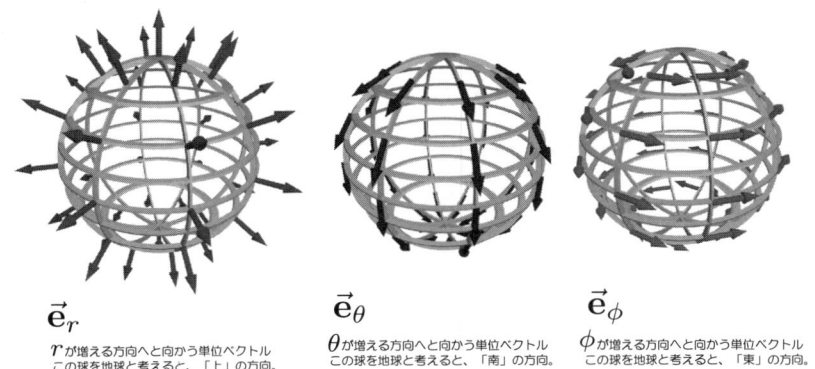

$\vec{e}_r$
r が増える方向へと向かう単位ベクトル
この球を地球と考えると、「上」の方向。

$\vec{e}_\theta$
θ が増える方向へと向かう単位ベクトル
この球を地球と考えると、「南」の方向。

$\vec{e}_\phi$
ϕ が増える方向へと向かう単位ベクトル
この球を地球と考えると、「東」の方向。

「r, θ, ϕ が増加する方向」は場所によって違うので、$\vec{e}_r, \vec{e}_\theta, \vec{e}_\phi$ は場所によって向いている方向が違う。この点が $\vec{e}_x, \vec{e}_y, \vec{e}_z$ とは大きく異なる点であることに注意しよう[15]。

$\vec{e}_r, \vec{e}_\theta, \vec{e}_\phi$ は互いに直交していて、

の時だけである。変動する電磁場を考えている時は、電磁場の変動が伝わるのに時間を要するため、ある時刻のクーロン力を見ると作用・反作用の関係が成立していない場合がある。
[13] $\vec{e}_r$ を $\hat{r}$ と書く本もある。
[14] 同様に円筒座標では $\vec{e}_\rho, \vec{e}_\phi, \vec{e}_z$ が定義される。
[15] $\vec{e}_\theta$ については「剣道で竹刀を上段から振り下ろす時の向き」、$\vec{e}_\phi$ については「右バッターがスイングする時の向き」のように覚えて、素振りでもしながら感覚をつかもう。

$$\vec{e}_r \times \vec{e}_\theta = \vec{e}_\phi$$
$$\vec{e}_\theta \times \vec{e}_\phi = \vec{e}_r \quad (1.10)$$
$$\vec{e}_\phi \times \vec{e}_r = \vec{e}_\theta$$

という関係を満たす（外積の意味については付録 A.1を見よ）。
→ p299
この3つはそれぞれ地球上における「上」「南」「東」を表すと思えばよい。

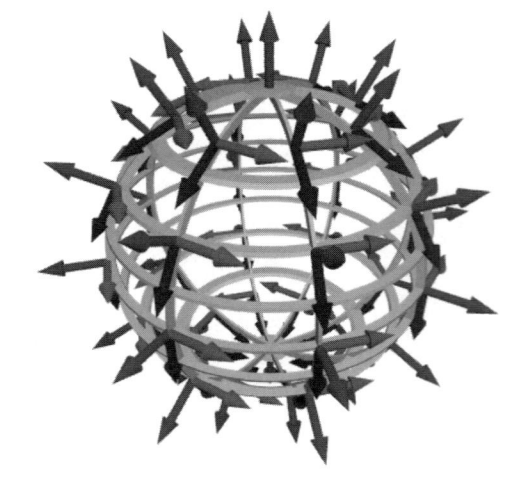

極座標を使って、しかも電荷qのいる場所を原点とする（$\vec{x}_q = 0$）ならば、$|\vec{x}_Q - \vec{x}_q| = r$なので、

$$\vec{F}_{q \to Q} = \frac{Qq}{4\pi\varepsilon_0 r^3} r\vec{e}_r = \frac{Qq}{4\pi\varepsilon_0 r^2} \vec{e}_r \quad (1.11)$$

と書けることになる。ベクトルで書いた式では、同符号（$Qq > 0$）なら斥力、異符号（$Qq < 0$）なら引力ということもちゃんと表現された式になっている。一方の電荷を原点とした時位置ベクトルと力のベクトルが同じ方向を向く時が斥力、逆を向く時が引力である[16]。

$$\vec{F}_{q \to q'} = \frac{qq'}{4\pi\varepsilon_0 |\vec{x}_{q'} - \vec{x}_q|^3} (\vec{x}_{q'} - \vec{x}_q) \qquad \vec{F}_{q \to q'} = \frac{qq'}{4\pi\varepsilon_0 |\vec{x}_{q'} - \vec{x}_q|^3} (\vec{x}_{q'} - \vec{x}_q)$$

$q > 0$　　　$q' > 0$　　　　　　　　$qq' > 0$ なので、　　　$q < 0$　　　$q' > 0$　　　$qq' < 0$ なので、
　　　　　$\vec{x}_{q'} - \vec{x}_q$　　　ベクトルは同じ向き　　　　　　$\vec{x}_{q'} - \vec{x}_q$　　ベクトルは逆向き

1.3　重ね合わせの原理

「クーロンの法則」は実験的に得られた式として認めよう。もう一つ、実験的に得られている関係として認めねばならないのは重ね合わせの原理である。すなわ

---

[16] 初めて電磁気を習う人はついつい「ベクトルなんてややこしい。こんなもの使わなきゃいいのに」と思いがちである。しかし、ここではベクトルを使ったおかげで電荷の正負によって式を場合分けするという手間を省くことができた。むしろベクトルはややこしい式を統一的に表現するのに役立つ表現方法なのである。

ち、複数個の電荷 $Q_i(i=1,2,\cdots,N)$ が存在する時、もう一個の別の電荷 q に働く力は、各々の Q_i によって及ぼされる力のベクトル和となる。

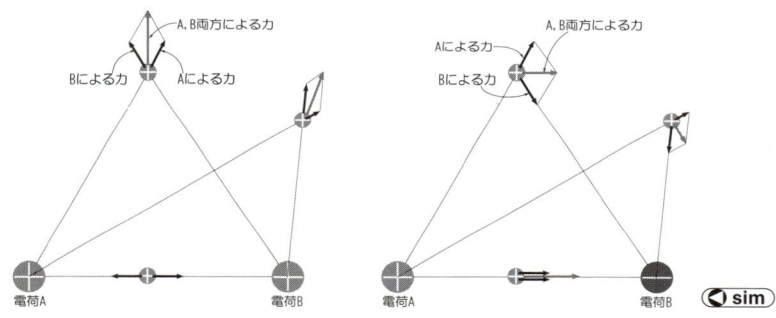

　これを「二つの力が合成されているのだから当たり前ではないか」と考えてはいけない。上の図に書かれた「Aによる力」は、「Bが存在しなかったとした時、Aから働く力」であり、「Bによる力」は「Aが存在しなかったとした時、Bから働く力」である。この重ね合わせの原理は、二つの電荷AとBが両方存在していたとしても、それぞれによるクーロン力が互いとは独立な形で作用することを示している（これは実験なしに認めていいほど「あたりまえ」のことではないのである）。

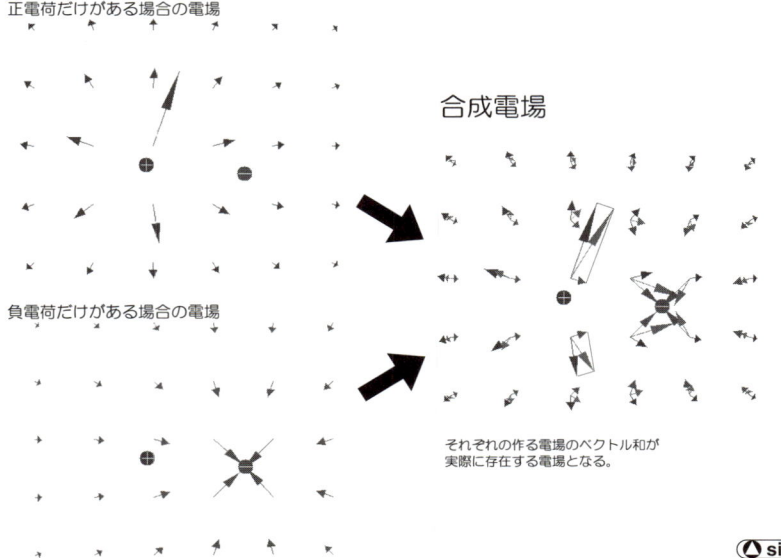

つまり、Aによるクーロン力は、Bが存在していることによって乱されることもなく、Aのみがあった時と同じだけの力を及ぼすということである[†17]。AとBの両方が存在する時に働く力が、この二つの単純なベクトル和になるということは、そんなに自明なことではないので

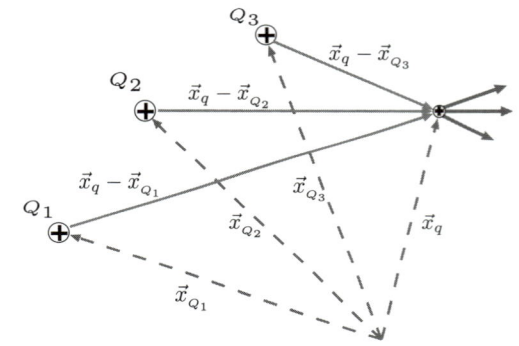

ある。物理のいろんなところでこの重ね合わせの原理は顔を出すが、それはそのような現象の基礎となる方程式が線型であること（1次式で書かれていること）に由来している。物理の多くの方程式は幸いなことに線型である。方程式の線型性と重ね合わせの原理の関係については、後で「電場 $\vec{E}$ を決定する方程式」を出した時にもう一度確認しよう。
→ p62

　より一般的に重ね合わせの原理を表現しておく。今電気量 q の電荷が一つ（位置ベクトル $\vec{x}_q$ の位置に）あるとする。その回りに、電気量が各々 $Q_1, Q_2, \cdots, Q_N$ であるような電荷が、各々の位置ベクトルが $\vec{x}_{Q_1}, \vec{x}_{Q_2}, \cdots, \vec{x}_{Q_N}$ である位置に配置されているとする。

　この時、電気量 q の電荷が受ける力は、

$$\sum_{i=1}^{N} \vec{F}_{Q_i \to q} = \sum_{i=1}^{N} \frac{Q_i q}{4\pi\varepsilon_0 |\vec{x}_q - \vec{x}_{Q_i}|^3} \left(\vec{x}_q - \vec{x}_{Q_i}\right)$$
$$= \sum_{i=1}^{N} \frac{Q_i q}{4\pi\varepsilon_0 |\vec{x}_q - \vec{x}_{Q_i}|^2} \vec{e}_{Q_i \to q} \quad \left(\vec{e}_{Q_i \to q} = \frac{\vec{x}_q - \vec{x}_{Q_i}}{|\vec{x}_q - \vec{x}_{Q_i}|}\right)$$
(1.12)

と表すことができる。もちろんこの和はベクトルの和として取られていることに注意。

[†17] 物理現象においてはこういう独立性があることが多いが、人間関係はこうはいかない。Aさんがいる時には言えないことも、Bさんがいる時なら言えたりするし、逆にAさんとBさんがそろって初めて何か（喧嘩？）が起こることもある。

1.4　電場 $\vec{E}$ と電気力線　理解

1.4.1　電場 $\vec{E}$ の定義

　前節では「電荷と電荷の間に働く力」としてクーロン力を説明した。ファラデーは、電気的な力は電荷と電荷の間に直接働く（「**遠隔作用**」）のではなく、電荷は周囲の空間に電場を作り、その電場によって他の電荷が力を受けるという「**近接作用**」の考え方を導入した。ファラデーは**電場**[†18]という形で「そこに電荷が存在することによる物理的影響」が空間を伝わっていくと考えたのである。

　p19 に示した図は、正電荷と負電荷がある時に、もう一個の正電荷を置いたとしたらどんな力を受けるかを図示したものである。正電荷から反発されつつ負電荷に引かれることになる。図に書き込まれた矢印の意味を「この場所では二つの電荷からこんな力を受ける」と考えるのではなく、「**この場所そのものが、『正電荷を置いたらこんな力を及ぼす性質』を持っている**」と考える。これが「場」の考え方である。

　電荷があると周りの空間が影響を受けるという考え方であるが、トランポリンのような弾力のある物質の上に重い物体を置いた時に起こる現象をイメージするとわかりやすいかもしれない。重い物体によってトランポリンに凹みが生じる。すると、その凹みが作った

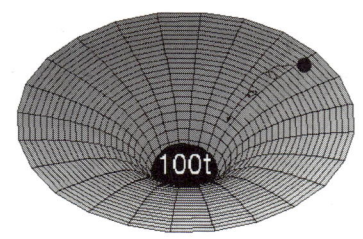

傾斜のために、近くにある別の物質が（重い物体とは接触していないにもかかわらず）重い物体に近づく方向に力を受ける。このように物体が「場所（今の場合トランポリン）」に影響を与えたことで、別の物体に力が及ぼされる、というのが「場」の考え方なのである[†19]。

　「正電荷を置いたとしたら及ぼされる力」は、そこに置く正電荷の大きさにも比例するので、「場所の性質」としての電場 $\vec{E}$ を考える時には、そこに置く正電荷の大きさで割り算して定義する。すなわち、

[†18]「電界」と呼ぶ場合もあるが、意味には全く差はない。理学部系では「電場」、工学部系では「電界」と呼ばれることが多いようだ。英語では electric field である。field はサッカー場などの「フィールド」と同じ言葉で、つまりは野原のこと。地面にあっち向いたりこっち向いたりしながら芝生が生えている様子を思い浮かべると「field」のイメージがわかる。
[†19] ここで説明したイメージは後で導入する「電位」の考え方にも適用できる。
→ p81

―― 電場 $\vec{E}$ の定義 ――

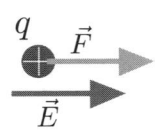

ある場所に試験電荷 q を置いたと仮定すると、その電荷に力 $\vec{F}$ が働くとする。この時、その場所には $\vec{E} = \dfrac{\vec{F}}{q}$ の電場 $\vec{E}$ が生じていると定義する。別の言い方をすれば、**「電場 $\vec{E}$ とは、その場所に単位電荷を置いた時にその電荷が受ける力である」**としてもよい。

実際には、そこに電荷を置くことによって回りの状況は変化する（たとえば置かれた電荷に引かれたり反発したりして他の電荷の位置が変わる）のが普通なので、この単位電荷はあくまで仮想的に置かれるものである。そこで「試験電荷」（または「仮想電荷」）という言い方をしている。

試験電荷を置いても力を受けない場合、その場所では $\vec{E} = 0$ になっているのだと考える。$\vec{E} = 0$ であるということを「電場がない」と表現することがあるが、それは「電場 $\vec{E}$ の値が 0 である[20]」という意味である。

クーロンの法則によれば、場所 $\vec{x}'$ にいる電荷 q が、場所 $\vec{x}$ にいる電荷 Q に及ぼす力は $\dfrac{qQ}{4\pi\varepsilon_0|\vec{x}-\vec{x}'|^2}\vec{e}_{\vec{x}'\to\vec{x}}$ である[21]から、場所 $\vec{x}$ における電場 $\vec{E}(\vec{x})$ は（この場合試験電荷にあたるものは Q であるから）

$$\vec{E}(\vec{x}) = \frac{\vec{F}_{q\to Q}}{Q} = \frac{q}{4\pi\varepsilon_0|\vec{x}-\vec{x}'|^2}\vec{e}_{\vec{x}'\to\vec{x}} \tag{1.13}$$

となる[22]。

以上のようにして電場 $\vec{E}$ を定義しても、電場 $\vec{E}$ を定義せずにクーロンの法則のみを使った場合に比べて、物理的内容には違いがないように思えるかもしれない。電荷と電荷の間に直接力が働いても、電荷が電場をつくり、電場が電荷に力を与えても、結局のところ「電荷と電荷の間に引力や斥力が働く」という点は同じである。しかし、全く同等と思えるのはこれが静電場すなわち時間的に定常な電場を扱っているからであって、変動する電磁場を考えたりするとそうはいかな

---

[20] ほんとうは「ベクトルとして 0」なので、$\vec{0}$ と表現すべきだが、多くの物理の本で、ベクトルが $\vec{0}$ であることを「$= 0$」と表すことが容認されているので、以後でもそのように書く。

[21] $\vec{e}_{\vec{x}'\to\vec{x}}$ は場所 $\vec{x}'$ から $\vec{x}$ へと向かう向きの単位ベクトル。

[22] ここで $\vec{E}(\vec{x})$ と書いているが、省略せずに書けば $\vec{E}(x, y, z)$ となる。位置座標 x, y, z の関数であるということ。$\vec{x}$ 一文字で場所を表す。$\vec{E}(\vec{x})$ は場所の関数である。

くなる。とにかくこの時点で把握してほしいのは「電場 $\vec{E}$ というものを導入することには、単なる数学的置き換えではない深い意味があるのだ」ということである。また、定常な電場に限って考えた場合でも、電場という概念はとても便利である。それは以降の話で理解していってほしい[†23]。

電場 $\vec{E}$ の単位

SI 単位系での電場 $\vec{E}$ の単位は、$\vec{F} = q\vec{E}$ から（$\vec{F}$ は [N]（ニュートン）、q は [C]（クーロン）なので）[N/C]（ニュートン毎クーロン）となる。後で電位 V というものが出てきて、電場 $\vec{E}$ はその電位の空間微分で表すこともできる。電位の単位が [V]（ボルト）で、空間微分の単位は [1/m]（メートル分の 1）なのだから、電場 $\vec{E}$ の単位は [V/m]（ボルト毎メートル）を使うこともある。
→ p81

クーロン力に重ね合わせの原理が成立するので、クーロン力を単位電荷あたりに直した電場 $\vec{E}$ にも当然、重ね合わせの原理は成立する。

1.4.2 電気力線

電場 $\vec{E}$ というものを**視覚的に表す手段**として、電気力線というものを定義しよう。あくまで視覚的に表現するための手段である！

つまり本当にそういう線が存在しているわけではないことに注意しよう。実在はしないが、こういう線を考えることで、電場の物理的、力学的イメージが明確になる。

右の図は、正電荷と負電荷（正電荷の方が絶対値が大きい）が存在している場合の周りの電場 $\vec{E}$ の向きを描いたものである（大きさについては煩雑になるので無視して、同じ大きさの矢印で表現している）。

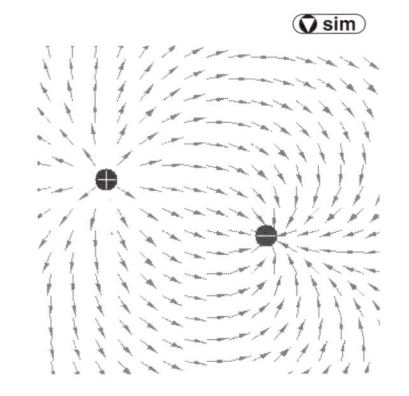

[†23] 電荷によって空間に作られる物理現象としての「電場」と、「単位電荷あたりに働くクーロン力」として定義された「電場 $\vec{E}$」は同じ言葉を使ってはいるが、前者は一般的な概念を表すもの、後者はちゃんと定量的に定義された量である。本書では「定義されたベクトル量としての電場」であることを強調したい時は「電場 $\vec{E}$」のように、$\vec{E}$ を付記する。

この図を見るだけで、正電荷から負電荷へと何かが流れているというイメージを抱くことができるだろう。電気力線とは、その流れの流線である。

電気力線を書き込んでみると右の図のようになる。

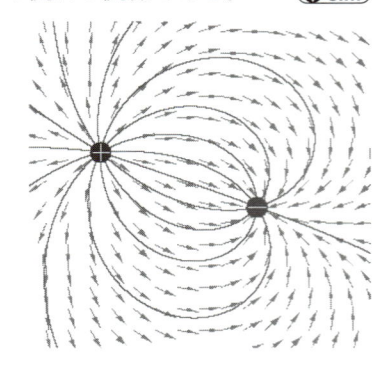

電気力線とは「各点各点で電場 $\vec{E}$ の方向を向いている線」である。ある点から出発して電場 $\vec{E}$ の方向へ方向へと線を伸ばしていくことで、空間を埋め尽くすように電気力線を引くことができる。この性質からわかるように、電気力線は正電荷からは離れる方向に、負電荷へと向かう方向に伸びていくことになる。ゆえに、電気力線は正電荷で始まり、負電荷で終わる。あるいは、負電荷に出会うことなく無限遠まで伸びていく電気力線もあるし、逆に正電荷から出たわけでもなく無限遠からやってくる電気力線もある。上の図は正電荷が一個ある場合の電気力線で、正電荷から放射状に無限遠に向かって伸びていく[†24]。負電荷がある場合は逆に、放射状に無限遠から負電荷に向かって収束する。

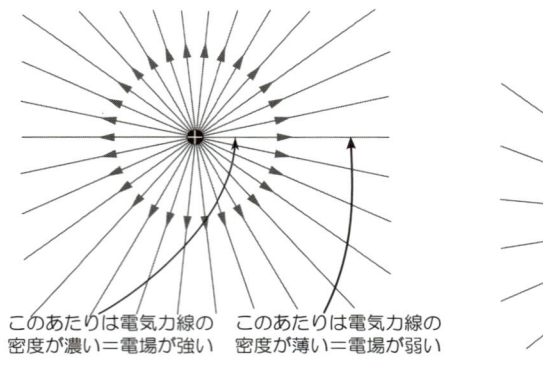

このあたりは電気力線の密度が濃い＝電場が強い　　このあたりは電気力線の密度が薄い＝電場が弱い

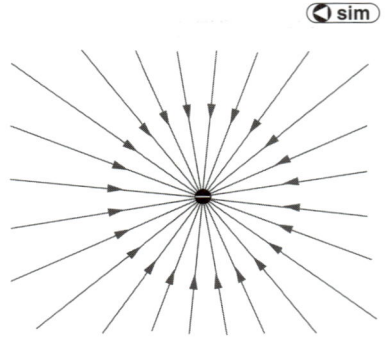

では電場 $\vec{E}$ の強さはどのようにして表現するかというと、電気力線の密度が電場 $\vec{E}$ の強さになる。たとえば、電気量 Q の正電荷が一個だけある時、距離 r 離れたところでは電場 $\vec{E}$ の強さは $\dfrac{Q}{4\pi\varepsilon_0 r^2}$ であるから、この場所には $1\mathrm{m}^2$ あたりに、$\dfrac{Q}{4\pi\varepsilon_0 r^2}$ 本の電気力線を引くことになる。電荷から距離 r 離れた所、という

[†24] この節にあげた電気力線の図は、全て3次元的な広がりを無視して、2次元的に描かれている。実際はもちろん、紙面から飛び出す方向にも電気力線は伸びている。

条件を満たす場所は半径 r の球の表面であるから、面積は $4\pi r^2$ である。ゆえに、引くべき電気力線の本数は

$$\frac{Q}{4\pi\varepsilon_0 r^2} \times 4\pi r^2 = \frac{Q}{\varepsilon_0} \tag{1.14}$$

となる[†25]。この電気力線の総本数が距離 r によらないことに注意しよう。図に描いているように、電気力線は途中で増えたり減ったりせずに伸び続けていくことになるわけである。

　以上から、電気力線は Q[C] の電荷から $\frac{Q}{\varepsilon_0}$ 本出ることになる。ちなみに、$\frac{1}{\varepsilon_0} \simeq 1.13 \times 10^{11}$ であるから、1C からは約 1130 億本出ることになる。実際に図に描くときには見やすい程度に適当に本数を調節して描くことになる。なお、ここでは電気力線を「本」という単位を使って計算しているが、だからと言って**電場 $\vec{E}$ が「1本、2本」と数えることができるような不連続なものだというわけではない**ということには注意しよう。

> **【FAQ】電気力線と電気力線の間には電場はないんですか？**
>
> 　電気力線は電場 $\vec{E}$ を表現するための描画方法なのであって、実際に線があるわけではない。電場はもちろん隙間無く存在するが、隙間無く存在するからといってすべての場所に線を引いてしまったら、真っ黒になってしまって図を描く意味がなくなってしまう。「電気力線と電気力線の隙間」には物理的意味はない。ただ、図の上で電気力線と電気力線の間が広く開いているならば、その場所は電場 $\vec{E}$ が弱いのだ、と判断できるだけのことである。

　点電荷のつくる電場 $\vec{E}$ が $\frac{1}{r^2}$ に比例していたことは大きな意味がある。こうでなくては、「電気力線は枝分かれも合流もしない」という法則が成立しない。

　次ページの図で、電荷を中心とした球を貫く電気力線の本数を計算してみよう。電気力線の単位面積あたりの本数が電場 $\vec{E}$ であるので、逆に電気力線の総本数を計算するには（電場 $\vec{E}$）×（面積）とやればよい。こう考えると、どんな半径 r の場所で考えたとしても、トータルの電気力線の本数は $\frac{Q}{4\pi\varepsilon_0 r^2} \times 4\pi r^2 = \frac{Q}{\varepsilon_0}$ となる。これは半径によらない定数である。

[†25] ここで 4π が消えることが SI 単位系を採用して簡単になった点。ガウス単位系では電荷 Q から $4\pi Q$ 本出る。

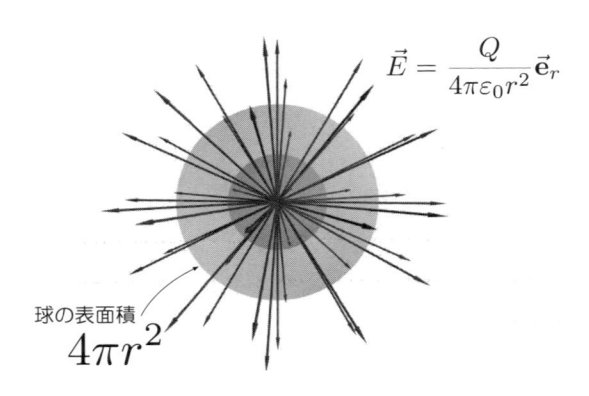

$$\vec{E} = \frac{Q}{4\pi\varepsilon_0 r^2}\vec{e}_r$$

球の表面積 $4\pi r^2$

電気力線が途中で枝分かれして増えたり、合流して減ってしまったりすることはないということを、クーロンの法則に基づいた計算でも確認することができた。

さらにもう一つ大事な電気力線の性質として「電気力線は交差しない」ということもある。もし交差していたとしたら、その場所には二つの電場 $\vec{E}$ があることになり、定義に矛盾する。

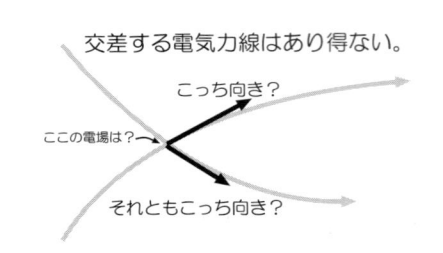

交差する電気力線はあり得ない。
こっち向き？
ここの電場は？
それともこっち向き？

以上から、電気力線の定義ならびに性質を以下のようにまとめることができる。

―― **電気力線の定義と性質** ――

(1) その場所の電場 $\vec{E}$ の方向に伸びる。

(2) 単位面積あたりの本数が電場 $\vec{E}$ の強さに等しい。

(3) 交差することはない。

(4) 正電荷で始まり、負電荷で終わる。あるいは無限遠からやってくるか、無限遠まで伸びる。途中で途切れることはない。

(5) 途中で分裂したり、合流したりすることはない。

(6) 正電荷 Q[C] から $\dfrac{Q}{\varepsilon_0}$ だけ出る（負電荷 $-Q$ には $\dfrac{Q}{\varepsilon_0}$ だけ入る）。

（∗）厳密に言うと、上の性質のうち (4),(5),(6) は真空中でのみ正しい。

1.4 電場 $\vec{E}$ と電気力線

電気力線は矢印で表現されるものの、何かが物理的に移動している跡を示すものではないので、「正電荷はずっと電気力線を出し続けていますが、いつかなくなってしまったりしないのですか？」と心配する必要はない[†26]。

1.4.3 電気力線の力学的性質

正電荷と負電荷が引き合っている時、正電荷と正電荷が反発しあっている時の電気力線の様子を描いて、静電気力を観察すると、電気力線には図に示すような性質があることがわかる。

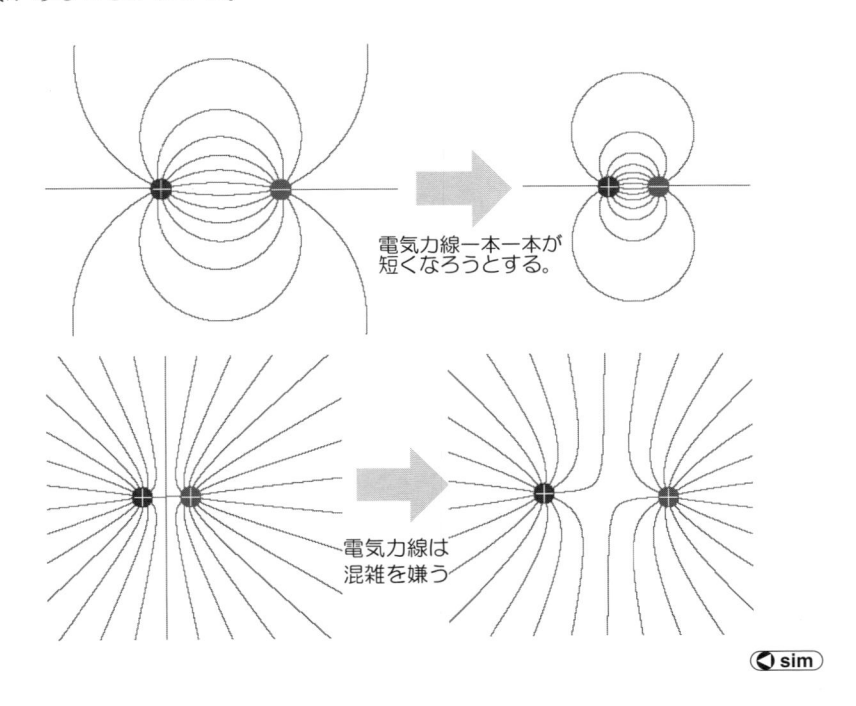

電気力線一本一本が短くなろうとする。

電気力線は混雑を嫌う。

◁ sim

電気力線がなるべく短くなろうとする、ということは正電荷と負電荷の引力を考えるとわかりやすい。また、電気力線の混雑を嫌う性質のおかげで正電荷と正電荷、負電荷と負電荷に斥力が働く[†27]。

[†26] 同じような心配（杞憂）として「地球は重力を出し続けているので、いつか重力なくなりませんか？」というものもある。静的な「場」というのは、消耗したりはしないものなのである。そもそも、力を出してもエネルギーを消耗しないという状況は他にもいくらでもある。何かがエネルギーを消耗するのは、他に対して仕事をした時である。

[†27] 近接作用の考え方では、力を及ぼす根源は電場、すなわち電気力線なのである。電場という概念を使って考える以上、主役は常に電場でなくてはならない。

この性質は、6.1 節の磁場のところで出てくる磁力線と共通の性質であるという点でも重要である。
→ p173

後で出てくる「静電場の位置エネルギー」を使って考えると、この性質は「自
→ p123
然は位置エネルギーの低い方向へ行こうとする」という一般的な法則による結果であることもわかる。これについては後で述べよう。とにかく、クーロン力とい
→ p126
う現象は電気力線（すなわち、電場）の性質を考えることで統一的にとらえることができる、ということを理解しておこう。クーロン力が本質なのではなく、電場が本質なのである。

1.5　いろんな電荷分布における電場 $\vec{E}$ の計算

ここまでは電荷が点状である場合のみを考えてきたが、以下ではいくつかの例を述べて、広がった電荷分布によって作られる電場 $\vec{E}$ を計算する方法を示そう。実は、後でもう少し楽に計算できる方法をいくつか示すことになる。しかし、この節は無駄かというと、そんなことはない。ここで使われる手法は物理のいろんなところで使われていて、それを知っておく意味は大きいのである。

ここで、電場 $\vec{E}$ に関しても重ね合わせの原理が使えるということに注意しよう。そのおかげで、点状ではなく、広い範囲に分布している電荷によって作られる電場 $\vec{E}$ を計算することができるのである。

1.5.1　有限の長さの線上に広がった電荷による電場 $\vec{E}$

最初の例として、有限の長さの線上に均等に分布した電荷によって、その線から距離 d 離れたところに作られる電場 $\vec{E}$ を計算してみよう。

まず問題をちゃんと設定しよう。直交座標系 (x, y, z) を用意し、z 軸に重なるように（半径が無視できるほど細い）円柱状の棒をおく。その棒に単位長さあたり ρ の電荷を与える[†28]。

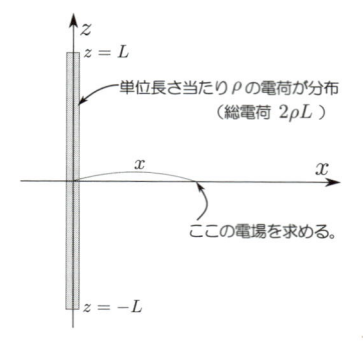

[†28] この後「単位長さあたり」とか「単位面積あたり」「単位体積あたり」という言葉を頻繁に使うであろう。意味がつかみにくい、という人はそれぞれ「1m あたり」「$1m^2$ あたり」「$1m^3$ あたり」と読み替えて考えればよい。もし長さの単位が m でなく cm だったりヤードだったり尺だったりする時は、もちろんそれに応じて取り替える。

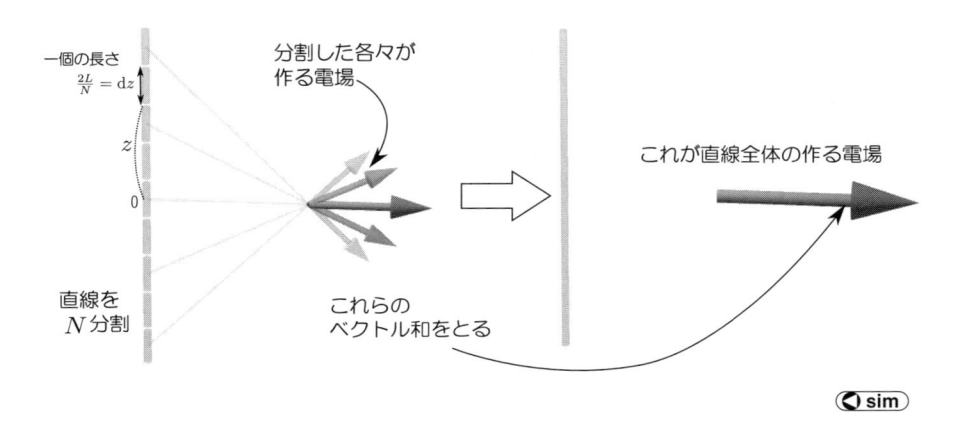

1.5 いろんな電荷分布における電場 $\vec{E}$ の計算

（図：一個の長さ $\frac{2L}{N} = \mathrm{d}z$、直線を N 分割、分割した各々が作る電場、これらのベクトル和をとる、これが直線全体の作る電場）

sim

つまり、棒のうち微小長さ $\mathrm{d}z$ の部分[29]が電荷 $\rho\mathrm{d}z$ を持つようにする。棒は $z = -L$ から $z = L$ まで（長さ $2L$ の範囲）に分布しているものとする。

まずおおざっぱに予想しておく。たとえば $(x, 0, 0)$ に単位電荷を置いたとすると、当然この単位電荷は棒から（z 軸から）離れる方向の力を受けるだろう。遠方で感じられる電場 $\vec{E}$ の強さは電荷 $2\rho L$ がある場合と同じになるはずである。

$z = 0$ 平面上で z 軸から $r = \sqrt{x^2 + y^2}$ 離れた場所の電場 $\vec{E}$ の強さはいくらだろう？——言い換えれば、この場所に試験的に単位電荷を置くと、単位電荷が棒の上の正電荷から受ける力の大きさはどれだけになるだろう？？——このような計算を行うには、以下のような物理の常套手段を使う。

物理の常套手段：細かく区切って考えよう

Step 1. 広い範囲に広がっているものを微小な区間に分ける。
Step 2. 微小な区間による影響を考える。微小な区間なので、この計算はまるでその微小区間が点であるかのごとく計算してもいい。
Step 3. 全微小区間にわたって影響を足し上げる。

このような3つの Step を実行した結果が正しい答えになるためには（微小部分の電荷による電場の足し上げが全電荷による電場になるためには）、重ね合わせの原理が成立しなくてはいけないことは言うまでもない。

---

[29] $\mathrm{d}z$ は「z の微小な変化」を表現する記号であって、もちろん、$d \times z$ ではない。

では、各ステップを実行していこう。

Step 1. 今長さ $2L$ の棒を N 分割したわけであるから、一個は $\dfrac{2L}{N}$ という長さを持つが、これを $\mathrm{d}z$ と書くことにする。$\mathrm{d}z$ は「z の微小変化」という意味の記号である（$d \times z$ のような掛け算ではない！）。

すでに述べたように、長さ $\mathrm{d}z$ の微小部分は $\rho \mathrm{d}z$ の電荷を持つ。

Step 2. 試験電荷のいる位置を $(x, 0, 0)$ としよう。$(0, 0, z)$ から $(0, 0, z+\mathrm{d}z)$ までの間にいる電荷 $\rho \mathrm{d}z$ が作る電場 $\vec{E}$ の大きさは、公式 $E = \dfrac{Q}{4\pi\varepsilon_0 r^2}$ に電荷 $\rho \mathrm{d}z$ と距離 $\sqrt{x^2+z^2}$ を代入して

$$\frac{\rho \mathrm{d}z}{4\pi\varepsilon_0 (x^2+z^2)} \tag{1.15}$$

となる。ここで、$(0, 0, z)$ から $(0, 0, z+\mathrm{d}z)$ までの間にいる電荷を考えているのだから、この式の分母も (x^2+z^2) から $(x^2+(z+\mathrm{d}z)^2)$ まで変化しそうなものだが、それは無視する（あくまでも点電荷と考える）。それでいい理由は、後で述べよう。

ただし、この電場 $\vec{E}$ は予想される方向である真横ではなく、斜めを向いている。これはこの電場が「微小断片による電場」だからで、全ての微小断片による電場を足し算すれば、z 方向の成分は消し合ってなくなるはずである。

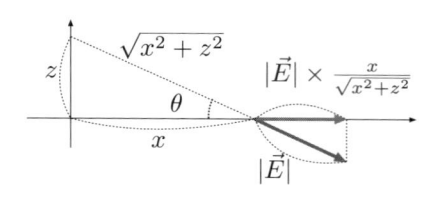

まじめに計算するならばこれを z 方向と x 方向にわけて考えて別個に足し算すべきだが、最初の予想によれば、z 方向は足し算すると 0 になる。そこで、どうせなくなる部分を計算するのはやめにして、x 方向だけを考えよう。三角形の相似により、

$$\frac{\rho \mathrm{d}z}{4\pi\varepsilon_0 (x^2+z^2)} \times \frac{x}{\sqrt{x^2+z^2}} = \frac{\rho x \mathrm{d}z}{4\pi\varepsilon_0 (x^2+z^2)^{\frac{3}{2}}} \tag{1.16}$$

が断片による電場 $\vec{E}$ の x 成分である。

Step 3. 断片による電場 $\vec{E}$ を足す。

1.5 いろんな電荷分布における電場 $\vec{E}$ の計算

図中ラベル:
- $\dfrac{\rho x}{4\pi\varepsilon_0(x^2+z^2)^{\frac{3}{2}}}$ のグラフ
- この長方形一個の面積 $\dfrac{\rho x \mathrm{d}z}{4\pi\varepsilon_0(x^2+z^2)^{\frac{3}{2}}}$
- 分割を多くしていけば、より「本当の電場」に近づいていくはず。
- 分割∞の極限はここの面積、すなわち積分

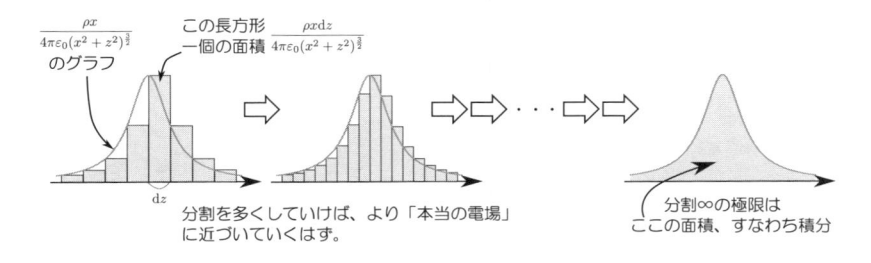

　上の図の長方形一個一個の面積が、$\dfrac{\rho x \mathrm{d}z}{4\pi\varepsilon_0(x^2+z^2)^{\frac{3}{2}}}$ であり、それを z を変化させながら足していく。結果は上の図の棒グラフの面積ということになる。ここで、N 分割して断片を計算したが、「これでは本当の電場 $\vec{E}$ とは違うものを求めているのではないか？」という心配が生まれる（生まれて当然である）。今分割して、分割した一個一個が点電荷であると考えたが、実際にはこの電荷は $\mathrm{d}z$ という長さがある。そこで、分割の数を多くしていくことによってこの微小長さ $\mathrm{d}z$ を 0 にしていくことを考える（今棒自体の太さは最初から 0 として計算しているので、こちらは考える必要はない）。

　それはすなわち、$\displaystyle\int_{-L}^{L}\dfrac{\rho x \mathrm{d}z}{4\pi\varepsilon_0(x^2+z^2)^{\frac{3}{2}}}$ という積分になる[†30]。上に書いた図では $\mathrm{d}z$ が有限の幅を持っているため、足し算の結果はでこぼこした角柱の足し算になる。しかし、積分においては $\mathrm{d}z$ は微小量である（$\mathrm{d}z \to 0$ の極限をとって面積を計算するのが積分である）。よって、積分することで今考えている電場 $\vec{E}$ のトータルがちゃんと計算できることになる。

　ここで「分母に出てきた (x^2+z^2) は $(x^2+(z+\mathrm{d}z)^2)$ にしなくてもいいのか？」という疑問に答えておこう。$(0,0,z)$ から $(0,0,z+\mathrm{d}z)$ という微小範囲にある電荷を、全てが $(0,0,z)$ にいるとして計算した。いわば $(0,0,z\sim z+\mathrm{d}z)$ という範囲を $(0,0,z)$ で代表させたわけであるが、それは次の上のグラフの面積を計算したのと同じことである。もし、$(0,0,z+\mathrm{d}z)$ を代表に選んで計算したとしたら、

[†30] 余談であるが、「どの変数で積分するのか」を表している $\mathrm{d}z$ は、$\displaystyle\int \mathrm{d}z(\text{なんとか})$ のように積分記号の直後でもいいし、$\displaystyle\int(\text{かんとか})\mathrm{d}z$ のように最後に書いても構わない。ここで書いた $\displaystyle\int_{-L}^{L}\dfrac{\rho x \mathrm{d}z}{4\pi\varepsilon_0(x^2+z^2)^{\frac{3}{2}}}$ のように、最初や最後でなくても差し支えない。その時その時でわかりやすい書き方を使う。「どっちが正しいんですか？」などと悩まされないように。一方、微分演算子 $\dfrac{\mathrm{d}}{\mathrm{d}x}$ は順番を変えてはいけない！

次の下のグラフの面積を計算したことになる。

この二つの面積はもちろん違うのだが、上で述べたように $N \to \infty$ すなわち dz の極限をとってしまうということを考えると、その差はなくなってしまうだろう、と考えられる[†31]。というよりも、$N \to \infty$ でこの二つの差がなくなるということが、「極限が存在して、それが正しい電場の強さになる」ということの証明のキーポイントになる。

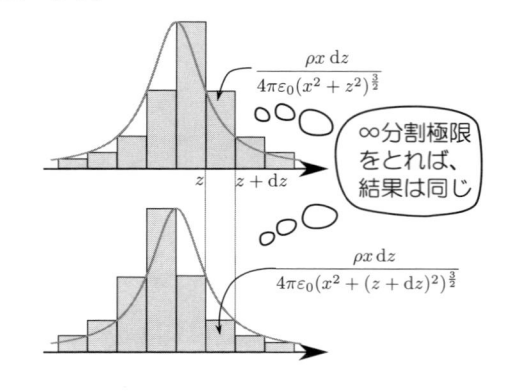

結局、$\int_{-L}^{L} \dfrac{\rho x}{4\pi\varepsilon_0(x^2+z^2)^{\frac{3}{2}}} dz$ という積分をしなくてはいけないのだが、この積分は $z = x\tan\theta$ とおくことで簡単に計算できる形になる。θ の意味は図にある通りである。図を見るとわかるように、$\sqrt{x^2+z^2} = \dfrac{x}{\cos\theta}$ である[†32]。

微小長さ dz は、θ の微小変化 $d\theta$ を使って表現すると $dz = \dfrac{x}{\cos^2\theta} d\theta$ となる。

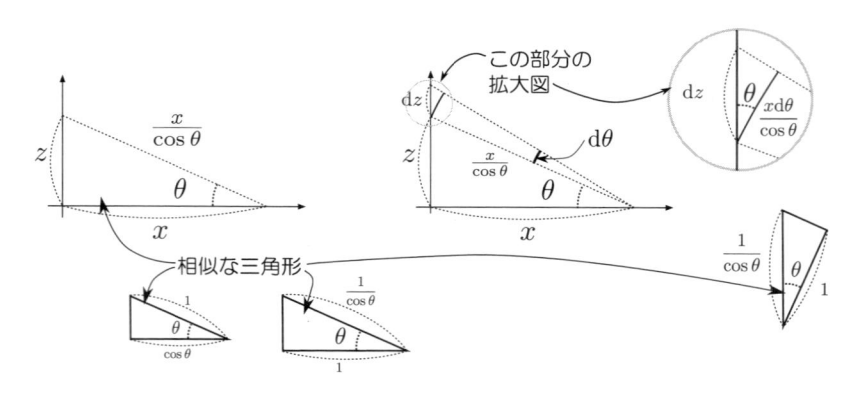

これは $\dfrac{dz}{d\theta} = \dfrac{x}{\cos^2\theta}$ と微分して計算してもいいし、上のように図から求めることもできる。

[†31] よほど「たちのよくない関数」であった場合は、この二つの面積が極限でも一致しないということはある。ただ、物理的に意味のある状況でそんな「たちの悪い関数」が出てくることは、まずない。

[†32] これは $1+\tan^2\theta = \dfrac{1}{\cos^2\theta}$ という公式を使っても確認できるが、図で考える方が楽だろう。

1.5 いろんな電荷分布における電場 $\vec{E}$ の計算

$z = L$ になる時は $\tan\theta = \dfrac{L}{x}$ になる時であるから、そうなる角度を α とおくと、

$$\int_{-\alpha}^{\alpha} \frac{\rho x}{4\pi\varepsilon_0 \left(\frac{x}{\cos\theta}\right)^3} \frac{x}{\cos^2\theta} d\theta$$
$$= \frac{\rho}{4\pi\varepsilon_0 x} \int_{-\alpha}^{\alpha} \cos\theta\, d\theta \qquad (1.17)$$
$$= \frac{\rho}{4\pi\varepsilon_0 x} [\sin\theta]_{-\alpha}^{\alpha} = \frac{\rho}{2\pi\varepsilon_0 x} \sin\alpha$$

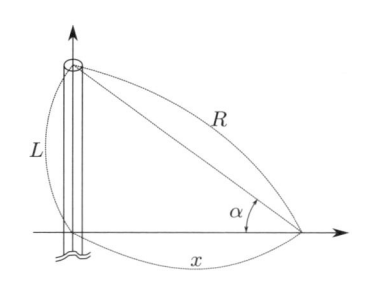

と計算できる。

もし、この直線が無限に長いのならば、$\alpha = \dfrac{\pi}{2}$ となるので、電場 $\vec{E}$ の強さは $E = \dfrac{\rho}{2\pi\varepsilon_0 x}$ となる。ここで「**分母に $2\pi x$ があるということは、何か円と関係しているということなのだろうか？**」と気がつく人もいるかもしれない。その予想は当たりである。実はこの場合には、後で出てくるガウスの法則を使う方が簡単に答が出るのである。この事は2.2.2節で確認しよう。その時、$2\pi x$ となる意味も明瞭になるだろう。
$\quad\rightarrow$ p55

この棒に含まれている全電荷量 Q は密度 ρ に長さ $2L$ をかけたものであるから、この電場 $\vec{E}$ の強さは

$$\frac{Q}{4\pi\varepsilon_0 xL} \sin\alpha = \underbrace{\frac{Q}{4\pi\varepsilon_0 x^2}}_{\text{原点に電荷が集中した場合の電場 }\vec{E}\text{ の強さ}} \times \frac{x}{L} \sin\alpha \qquad (1.18)$$

と書くこともできる。$\sin\alpha = \dfrac{L}{R}$ であることを考えると、$\dfrac{x}{L}\sin\alpha = \dfrac{x}{R}$ であり 1 より小さい。この時の電場 $\vec{E}$ は、棒の中心（原点）に電荷 Q が全部集まったとした場合よりも弱くなる。その理由は、電場 $\vec{E}$ の z 成分が消し合ってしまったことと、電荷の大部分が x より遠い距離にいることの二つである。

【補足】 ✚✚✚✚✚✚✚✚✚✚✚✚✚✚✚✚✚✚✚✚✚✚✚✚✚✚✚✚✚✚✚✚✚✚✚✚

せっかくベクトルを使った記法も習ったので、それを使って計算する方法も書いておこう。微小部分 dz のつくる電場 $\vec{E}$ はベクトルで書くと、

$$\vec{E} = \underbrace{\frac{\rho\, dz}{4\pi\varepsilon_0 (x^2 + z^2)}}_{\text{電場 }\vec{E}\text{ の強さ}} \underbrace{(\cos\theta\, \vec{e}_x - \sin\theta\, \vec{e}_z)}_{\text{電場 }\vec{E}\text{ の方向の単位ベクトル}} \qquad (1.19)$$

となる。ここで、ベクトル$\cos\theta\vec{e}_x - \sin\theta\vec{e}_z$ は、x 軸に対してマイナス方向に角度θ だけ傾いている単位ベクトルである。上でやったように変数変換（$z = x\tan\theta, dz = \dfrac{x}{\cos^2\theta}d\theta$）をすると、（この場合、図から $x^2 + z^2 = \left(\dfrac{x}{\cos\theta}\right)^2$ となることに注意）

$$\vec{E} = \frac{\rho d\theta}{4\pi\varepsilon_0 x}(\cos\theta\vec{e}_x - \sin\theta\vec{e}_z) \tag{1.20}$$

と書ける。ここで、$\cos\theta\vec{e}_x - \sin\theta\vec{e}_z$ のところ以外はθ 依存性がないので、θ 積分に関係するのはこのベクトルの部分だけだということになる。

　この積分

$$\int_{-\alpha}^{\alpha}(\cos\theta\vec{e}_x - \sin\theta\vec{e}_z)d\theta \tag{1.21}$$

は、右の図のように単位ベクトルの角度を変化させつつ足していくという計算になる。図でも明らかなように、$\vec{e}_z$ の方向の成分は奇関数で消え、$\vec{e}_x$ 方向については

$$\int_{-\alpha}^{\alpha}\cos\theta\vec{e}_x d\theta = [\sin\theta]_{-\alpha}^{\alpha}\vec{e}_x = 2\sin\alpha\vec{e}_x \tag{1.22}$$

という結果になる。もちろん最終結果は(1.17)と同じである。
→ p33

✝✝✝✝✝✝✝✝✝✝✝✝✝✝✝✝✝✝✝✝✝✝✝✝✝✝✝✝✝✝✝✝✝✝✝　【補足終わり】

　ここでは、線の上に分布している電荷による電場 $\vec{E}$ を、線を微小な部分に切って後で足していくという計算で求めた。このように「線の上にあるものの効果を足していく」という計算を「線積分」と言う。

　今やったのは直線上の線積分だが、曲線上での線積分というのももちろんできる。以下の練習問題をやってみよう。

- 練習問題 -
【問い1-3】　半径r の細い（太さが無視できる）リングに、単位長さあたりρ の一様な密度で電荷が与えられている。リングの中心から真上にz 離れた位置での電場$\vec{E}$ の強さを計算せよ。

ヒント → p307 へ　　解答 → p311 へ

1.5.2　円状の電荷による電場 $\vec{E}$

　「線積分」に続いて、ここでは面を微小な部分に分けてから求めていく「面積分」という計算手法を使う例を示そう。

一様に帯電した円盤による電場 $\vec{E}$ を考えよう[†33]。この円盤には単位面積あたり σ の電荷があるとする[†34]。

円盤を微小に分ける時は、図のように2次元平面上に極座標 (r, θ) を張って[†35]、まず $r \sim r + dr$、$\theta \sim \theta + d\theta$ の範囲に入る部分を「微小面積」として取り出して考える。後で r を 0 から r_0（円の半径）まで積分し、θ を 0 から 2π まで積分すれば（円全体について足し上げれば）、円盤上の全電荷を考えたことになる。

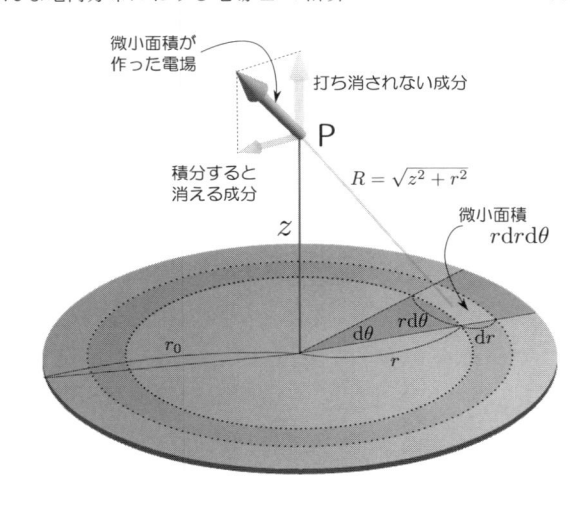

この微小部分は、r 方向に長さ dr を持ち、θ 方向に長さ $rd\theta$ を持つ（長さ $d\theta$ ではないことに注意。ラジアンの定義を思い出せ）ので、面積は $rdrd\theta$ となる。よってこの微小部分には、$\sigma r dr d\theta$ の電荷が入っている。

> 【FAQ】θ 方向の長さですが、内側では確かに $rd\theta$ だと思いますが、外側では $(r+dr)d\theta$ なので、含まれている電荷は $\sigma r dr d\theta$ より大きいのでは？
>
> そんな細かい部分の計算をする必要はない。というのは、今計算した面積 $rdrd\theta$ は既に微小量である dr と $d\theta$ を含んでいて、二次の微小量になっている。これを $(r+dr)drd\theta$ にしても、その差は今考えている微小量については考える必要がない。これは $dr \to 0$ の極限で消失する。1.5.1節の直線上の電荷の計算で距離の自乗を $(x^2 + z^2)$ としても $(x^2 + (z+dz)^2)$ とやっても計算結果に変わりがなかったのと同様である。

[†33] 念のために述べておくが、単純に金属の円盤に電荷を与えたとしても、一様には帯電しない。同種電荷は反発するので、外側に偏る。あくまで練習問題として簡単な状況を考えている。

[†34] さっきのは電荷の線密度、つまり「単位長さあたりの電荷」で、今度は電荷の面積密度、つまり「単位面積あたりの電荷」である。「密度」といってもいろんな意味があるので注意。面積密度は「面密度」ともいい、文字は σ を使うことが多い。

[†35] z も含めて3次元円筒座標 (r, θ, z) を張ると考えた方がいいかもしれない。円筒座標の z 軸からの距離には r を使う時と ρ を使う時がある。r を極座標の r と混同したり、ρ を電荷密度の ρ と混同しないように注意。

この微小電荷が円盤の中央上空距離 z の場所（前ページ図の P 点）に作る電場 $\vec{E}$ の強さは、$\dfrac{\sigma r \mathrm{d}r \mathrm{d}\theta}{4\pi\varepsilon_0 R^2}$ である。しかし、さっき同様、この電場 $\vec{E}$ は斜めを向いており、最終結果（足し算＝積分が終わった後）に効くのは鉛直上向き成分だけであろう。ゆえに、

$$\frac{\sigma r \mathrm{d}r \mathrm{d}\theta}{4\pi\varepsilon_0 R^2} \times \frac{z}{R} \tag{1.23}$$

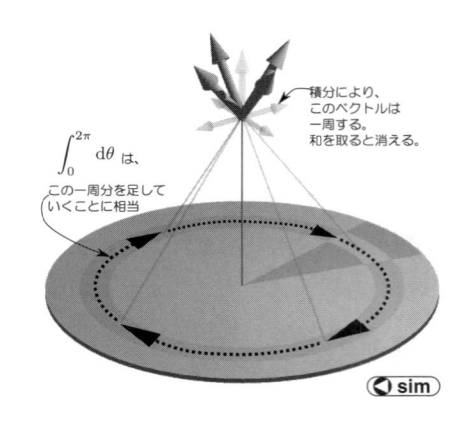

という電場 $\vec{E}$ を積分すればよい。$R = \sqrt{z^2 + r^2}$ を代入して整理すると

$$\frac{\sigma z}{4\pi\varepsilon_0} \int_0^{r_0} \int_0^{2\pi} \frac{r \mathrm{d}r \mathrm{d}\theta}{(z^2 + r^2)^{\frac{3}{2}}} \tag{1.24}$$

という積分を行えばよいことになる（積分と関係ない数は先に外に出した）。

この積分のうち、$\mathrm{d}\theta$ 積分はなんなく終わり（被積分関数の中に θ がないから）、答は 2π である。後は

$$\frac{\sigma z}{2\varepsilon_0} \int_0^{r_0} \frac{r \mathrm{d}r}{(z^2 + r^2)^{\frac{3}{2}}} \tag{1.25}$$

をすればよい。この積分も $r = z \tan \phi$ として考えればできる。$\mathrm{d}r = \dfrac{z}{\cos^2 \phi} \mathrm{d}\phi$ と置き直す。$r_0 = z \tan \phi_0$ を満たす角を ϕ_0 とすると、

$$\frac{\sigma z}{2\varepsilon_0} \int_0^{\phi_0} \frac{z \tan \phi}{(z^2 + z^2 \tan^2 \phi)^{\frac{3}{2}}} \times \frac{z}{\cos^2 \phi} \mathrm{d}\phi = \frac{\sigma}{2\varepsilon_0} \int_0^{\phi_0} \frac{\tan \phi}{(1 + \tan^2 \phi)^{\frac{3}{2}}} \times \frac{1}{\cos^2 \phi} \mathrm{d}\phi \tag{1.26}$$

となる。$1 + \tan^2 \phi = \dfrac{1}{\cos^2 \phi}$、つまり $\dfrac{1}{(1 + \tan^2 \phi)^{\frac{3}{2}}} = \cos^3 \phi$ を使ってさらに簡単にすると、

$$\frac{\sigma}{2\varepsilon_0} \underbrace{\int_0^{\phi_0} \sin \phi \mathrm{d}\phi}_{[-\cos\phi]_0^{\phi_0}} = \frac{\sigma}{2\varepsilon_0} \left[-\cos \phi_0 + \cos 0 \right] = \frac{\sigma}{2\varepsilon_0} (1 - \cos \phi_0) \tag{1.27}$$

---------- **練習問題** ----------

【問い 1-4】 (1.25) からの積分を $r^2 = t$ と置く方法でやり直せ。

ヒント → p307 へ　　解答 → p312 へ

1.5 いろんな電荷分布における電場 $\vec{E}$ の計算

$r_0 = z\tan\phi_0$ であったから、$\cos\phi_0 = \dfrac{z}{\sqrt{z^2+(r_0)^2}}$ である。これで最終結果は

$$E = \frac{\sigma}{2\varepsilon_0} \times \frac{\sqrt{z^2+(r_0)^2}-z}{\sqrt{z^2+(r_0)^2}} = \frac{Q}{2\pi\varepsilon_0(r_0)^2} \times \frac{\sqrt{z^2+(r_0)^2}-z}{\sqrt{z^2+(r_0)^2}} \tag{1.28}$$

となった。最後の式では、$\pi(r_0)^2\sigma = Q$（電荷密度 × 面積 = 電荷）であることを使って書き直している。

ここで $r_0 \to \infty$ の極限を取ってみよう。この極限は無限に広い平面上に電荷がたまっている場合である。この時、$\cos\phi_0 = 0$ である（図で考えるとわかるように、この極限は ϕ_0 が直角になる極限である）。よって、この時の電場 $\vec{E}$ は $\dfrac{\sigma}{2\varepsilon_0}$ となってしまい、場所によらない定数となる。もし、無限に広い板に一様に電荷が溜まっていたら、その板の作る電場 $\vec{E}$ はどんなに遠くに行っても弱まらないことになる。

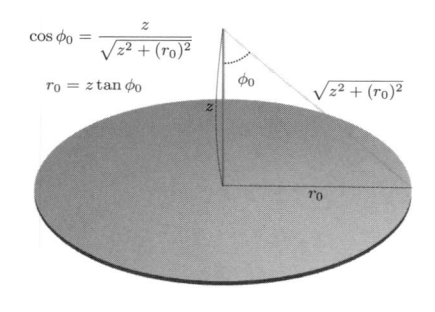

現実には無限に広い平面に電荷を一様に溜めるなどということはできないから、どこまでも弱まらない電場 $\vec{E}$ というのはもちろんできない。

なぜこのようになるのかは、ガウスの法則を学ぶと納得できる（さらに、なぜ分母に 2 があるのかも深く納得できるはずだ）。

------- 練習問題 -------

【問い 1-5】r_0 が有限で z が大きいところでのこの減衰の様子が距離の自乗に反比例することを示せ。このためには、$\dfrac{\sqrt{z^2+(r_0)^2}-z}{\sqrt{z^2+(r_0)^2}}$ の z が大きい時の極限が $\dfrac{(r_0)^2}{2z^2}$ であることを示せばよい。

ヒント → p307 へ　解答 → p312 へ

1.5.3 球殻状の電荷による電場 $\vec{E}$

次に、半径 r の球の表面に、一様な電荷密度 σ（単位面積あたり）の電荷が分布している時の、球の中心から z 離れた場所での電場 $\vec{E}$ を求めてみよう。電場 $\vec{E}$ を求める場所を z 軸上におくと、z 方向以外の電場 $\vec{E}$ は 0 になるので、z 方向だけを求めればよい。

微小面積 $r^2 \sin\theta \mathrm{d}\theta \mathrm{d}\phi$ が今考えている点に作る電場 $\vec{E}$ は、$\dfrac{r^2 \sigma \sin\theta \mathrm{d}\theta \mathrm{d}\phi}{4\pi\varepsilon_0 R^2}$ であるが、円盤の場合同様、ϕ で一周積分すると z 成分のみが残る。

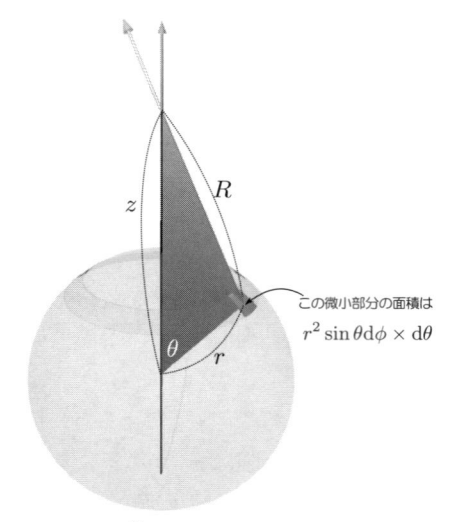

図を参考に比を考えて z 成分のみを取り出すと、$\dfrac{r^2 \sigma \sin\theta \mathrm{d}\theta \mathrm{d}\phi}{4\pi\varepsilon_0 R^2} \times \dfrac{z - r\cos\theta}{R}$ となる。

この微小部分の面積は $r^2 \sin\theta \mathrm{d}\phi \times \mathrm{d}\theta$

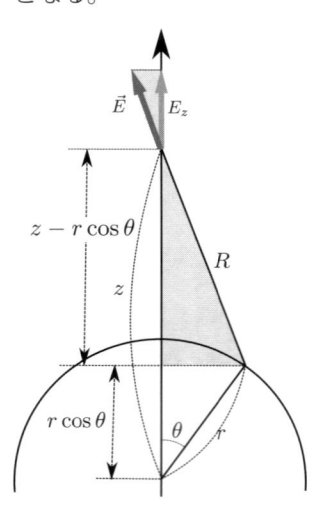

これを球面全体で積分すればよい。具体的には ϕ を 0 から 2π まで、θ を 0 から π まで積分する。この積分をする時、r と z は定数であるが、R は θ とともに変化していくことに注意しよう。

ϕ 積分は結果 2π となってすぐ終わる。θ 積分をするためには、($\cos\theta = t$ とする手もあるが)、R を変数として積分するという方法がある。余弦定理より $R^2 = r^2 + z^2 - 2rz\cos\theta$ なので、この式の両辺を微分して、

$$R^2 = r^2 + z^2 - 2rz\cos\theta$$
（微分）
$$2R\mathrm{d}R = 2rz\sin\theta\mathrm{d}\theta \tag{1.29}$$

となる。これを使って、$\sin\theta \mathrm{d}\theta = \dfrac{R\mathrm{d}R}{rz}$ と書き直す。θ が 0 から π まで変化する間に、R は $|z - r|$ から $z + r$ まで変化する（絶対値に注意！――詳しくは次ページの図を見よ）。

また、$\cos\theta = \dfrac{r^2+z^2-R^2}{2rz}$ と直して R で表す。結局積分は、

$$\underbrace{\int_0^{2\pi} d\phi}_{2\pi} \int_0^\pi \frac{r^2\sigma \sin\theta d\theta}{4\pi\varepsilon_0 R^2} \times \frac{z-r\cos\theta}{R}$$

$$= \frac{\sigma r^2}{2\varepsilon_0} \int_{|z-r|}^{z+r} \underbrace{\frac{RdR}{rz}}_{\sin\theta d\theta \text{から}} \times \frac{1}{R^3} \times \left(z - r \underbrace{\frac{r^2+z^2-R^2}{2rz}}_{\cos\theta}\right)$$

$$= \frac{r\sigma}{2\varepsilon_0 z} \int_{|z-r|}^{z+r} dR \times \frac{z^2-r^2+R^2}{2zR^2} \qquad (1.30)$$

$$= \frac{r\sigma}{4\varepsilon_0 z^2} \left(\left[-\frac{z^2-r^2}{R}\right]_{|z-r|}^{z+r} + [R]_{|z-r|}^{z+r}\right)$$

$$= \frac{r\sigma}{4\varepsilon_0 z^2} \left(-\frac{z^2-r^2}{z+r} + \frac{z^2-r^2}{|z-r|} + z+r - |z-r|\right)$$

となる。最後の括弧内は、$z > r$ ならば

$$-\frac{z^2-r^2}{z+r} + \frac{z^2-r^2}{z-r} + z+r-(z-r) = 4r \quad (1.31)$$

となり、$z < r$ ならば

$$-\frac{z^2-r^2}{z+r} + \frac{z^2-r^2}{r-z} + z+r-(r-z) = 0 \quad (1.32)$$

となる。よって結果は $z > r$ ならば

$$\frac{r^2\sigma}{\varepsilon_0 z^2} = \frac{Q}{4\pi\varepsilon_0 z^2} \qquad (1.33)$$

である（$Q = 4\pi r^2 \sigma$ に注意）。$z < r$ ならば $\vec{E} = 0$ である。$r = z$ の時は $z^2 - r^2$ のかかった項がなくなるので、結果は $\dfrac{\sigma}{2\varepsilon_0}$ となる（$\dfrac{r^2\sigma}{\varepsilon_0 z^2}$ で $z \to r$ という極限をとったものの半分）。

球の外側で電場 $\vec{E}$ を観測するなら、球の中心に全電荷が集中したのと同じ結果になる。一方、球の内部では電場 $\vec{E}$ は 0 になってしまう。この章の最初で逆自乗の法則が成立するとこうなると述べたが、それが確認できた。これは立体角を使った考察でも確認できる。

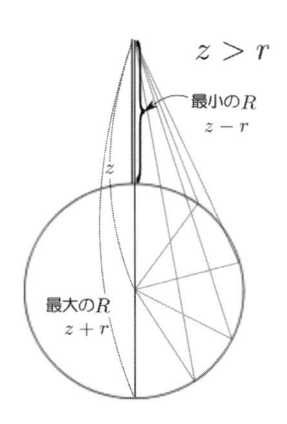

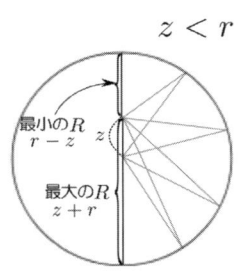

1.6 電荷分布から電場 $\vec{E}$ を求める式

一般的な電荷分布を表現するには単位体積あたりの電荷量 $\rho(\vec{x})$ を使うことになる。その場合の式の作り方は単純で、場所 $\vec{x}$ にいる微小電荷が作る電場 $\vec{E}$ を積分していけばよい。

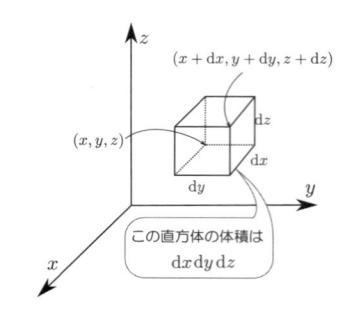

場所 $\vec{x} = (x, y, z)$ という一点を指定したのではそこにいる電荷は計算できないので、これまで同様「小さく区切って考える」ことにして、(x, y, z) と $(x+\mathrm{d}x, y+\mathrm{d}y, z+\mathrm{d}z)$ を角とする直方体（図を見よ）を考える。この立方体の体積は $\mathrm{d}x\mathrm{d}y\mathrm{d}z$ であるから、その内部に含まれる電荷は $\rho(\vec{x})\mathrm{d}x\mathrm{d}y\mathrm{d}z$ である。

── $\mathrm{d}^3\vec{x}$ という記号 ──

$\mathrm{d}x\mathrm{d}y\mathrm{d}z$ は何度も何度も出てくるので、これを $\mathrm{d}^3\vec{x} = \mathrm{d}x\mathrm{d}y\mathrm{d}z$ と書き表す。「$\mathrm{d}^3\vec{x}$」と書くとベクトルのように見えるが、これは $\mathrm{d}x\mathrm{d}y\mathrm{d}z$ という微小体積の略記に過ぎないので、スカラーである。

電荷 Q が場所 $\vec{x}'$ にいる場合の電場 $\vec{E}$ は

$$\vec{E}(\vec{x}) = \frac{Q}{4\pi\varepsilon_0} \frac{\vec{x}-\vec{x}'}{|\vec{x}-\vec{x}'|^3} = \frac{Q}{4\pi\varepsilon_0} \frac{\vec{e}_{\vec{x}'\to\vec{x}}}{|\vec{x}-\vec{x}'|^2} \tag{1.34}$$

であったから、この電荷 Q を、(x', y', z') と $(x'+\mathrm{d}x', y'+\mathrm{d}y', z'+\mathrm{d}z')$ を角とする直方体に含まれる電荷 $\rho(\vec{x}')\mathrm{d}x'\mathrm{d}y'\mathrm{d}z' = \rho(\vec{x}')\mathrm{d}^3\vec{x}'$ と置き換える（今度は電荷が $\vec{x}'$ にいるので、全部 $'$ つきの文字で表現している）。こうして x', y', z' で積分する[36]。つまり

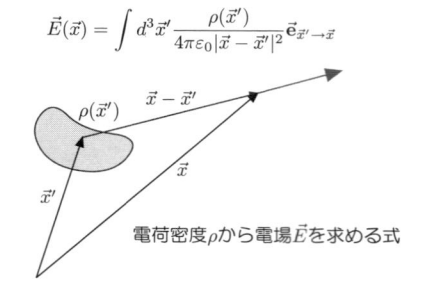

---
[36] 以後、いちいち「x', y', z' で積分する」と書かずに「$\vec{x}'$ で積分する」と書く。

1.7 立体角と電気力線

電荷分布から電場 $\vec{E}$ を求める一般式

$$\vec{E}(\vec{x}) = \int d^3\vec{x}' \frac{\rho(\vec{x}')(\vec{x}-\vec{x}')}{4\pi\varepsilon_0|\vec{x}-\vec{x}'|^3} = \int d^3\vec{x}' \frac{\rho(\vec{x}')\vec{e}_{\vec{x}'\to\vec{x}}}{4\pi\varepsilon_0|\vec{x}-\vec{x}'|^2} \quad (1.35)$$

という計算をやればよいことになる。具体的な計算例は、演習問題 1-2 を見よ。
→ p43

1.7 立体角と電気力線

ここで、便利な概念である立体角を紹介しておこう。立体角は、ある場所から他の物体を眺めた時の「見かけの大きさ」を表す量だと思えばよい。同じ大きさのものでも、遠くにあると小さく見える。それは、目から見た時に視野を占める面積が、遠いほど小さくなるからである（上の図参照）。そこで、物の見かけの大きさを、目から見た時、目の回りに仮想的においた単位球（半径 1 の球）の表面のうちどれくらいの面積を占めているかで計算する。これが立体角である。ゆえに立体角は最大でも単位球の表面積 4π である（目から、どっちを向いてもその物体が見える場合に対応する）。単位はステラジアン（steradian）を使う。

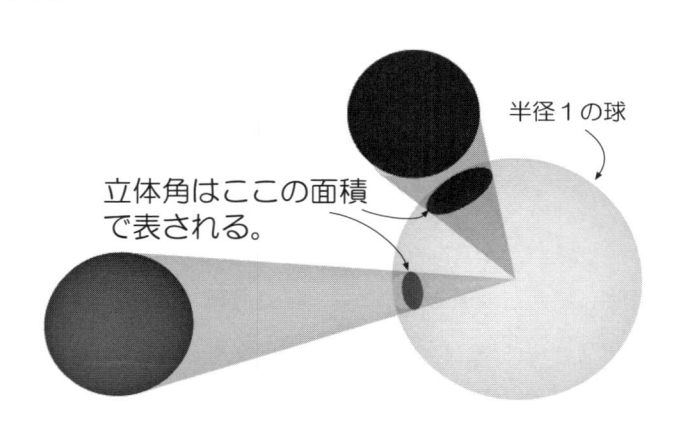

立体角 Ω を計算するには、単位球の上での面積を計算すればいいので、考えている範囲に関して

$$\Omega = \int d\theta d\phi \sin\theta \quad (1.36)$$

という積分を行えばよい。$\sin\theta$ が入る理由は、次ページの図のようにして単位球の表面積を考えるとわかる。単位球の表面上の微小な範囲（$\theta \sim \theta+d\theta$、$\phi \sim \phi+d\phi$）の面積は、縦が $d\theta$、横が $\sin\theta d\phi$ の長方形の面積だと考えればよいのである。

---------------------------- **練習問題** ----------------------------

【問い 1-6】 (1.36) の積分を球面全体について行えば（すなわち、θ を $[0,\pi]$、ϕ を $[0,2\pi]$ で積分すれば）、答が単位球の表面積 4π になることを示せ。

ヒント → p308 へ　解答 → p312 へ

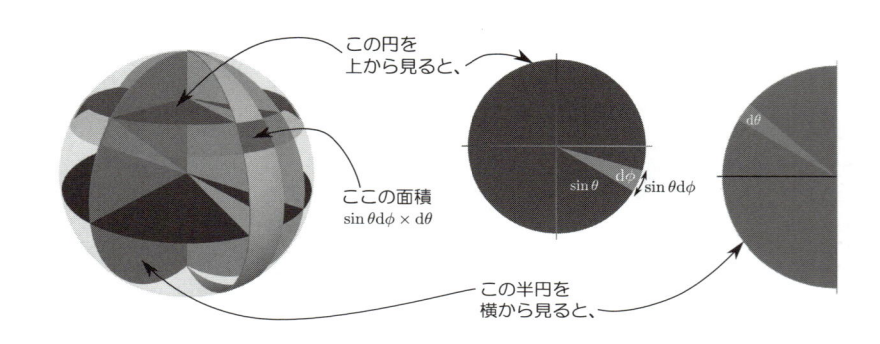

この円を上から見ると、
ここの面積 $\sin\theta d\phi \times d\theta$
この半円を横から見ると、

目に対応する場所に電荷 Q を置いたとする。そこからは電気力線 $\dfrac{Q}{\varepsilon_0}$ 本が出ていき、それが全方向（立体角 4π）に広がる。ゆえに、その場所から立体角 Ω の範囲に広がっている部分には、電気力線 $\dfrac{Q\Omega}{4\pi\varepsilon_0}$ が通る。つまり「電荷から見た立体角が同じなら、通る電気力線の本数も同じになる」ということになる。こうなるのはもちろん、点電荷の作る電場 $\vec{E}$ が距離の自乗に反比例するという関係のおかげである。

立体角を使って「一様に帯電した球体の内側では電荷は力を受けない（すなわち、電場 $\vec{E}$ は 0 である）」という関係を図形的に証明しよう。

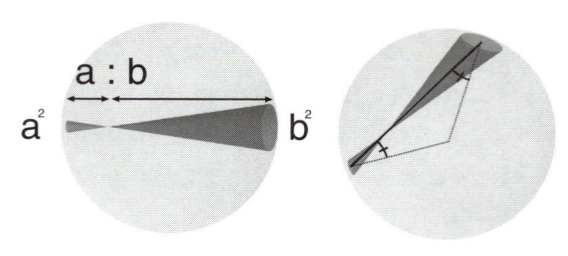

球体の内部のある点から左右に向いた微小立体角の視野を考える（図の円錐である）。この立体角内に入る電荷の量を考える。球は一様に帯電しているのであるから、この円錐の底面に含まれている電気量は、距離の自乗に比例する。ところが、この電気の作る電場 $\vec{E}$ は距離の自乗に反比例して減衰する。よって、この二つの（互いに反対側の立体角に位置している）電気量による電場 $\vec{E}$ はちょうど打ち消し合うことになる。

左図のように一直線の場合はそれでいいが、右図のように斜めになっている場

合でも大丈夫だろうか？——考えている面が視点から見ると傾いた面になるので、その分中に入っている電荷の量が増えそうである。ありがたいことに、図のようにちょうど正反対側の立体角どうしを比べると、傾きは同じになる（図に描いた三角形が二等辺三角形であることに注意！）。同じ立体角でも斜めになっているとその立体角内に入っている電荷の量はその分多くなるのだが、反対側でも同じだけ大きくなるので、「反対側の立体角上に配置された電荷による電場 $\vec{E}$ どうしはちょうど消し合う」という関係は保たれる。逆自乗則が成り立っていればこそ、これが成立することに注意しよう。

1.8 章末演習問題

★【演習問題 1-1】
　1.5.1 節で有限長さの線に一様に分布した
→ p28
電荷による電場 $\vec{E}$ を計算した。その時の状態から、棒の位置を z 軸方向に平行移動させた。棒の位置を表すパラメータとして、図のように角度 α, β を設定する。

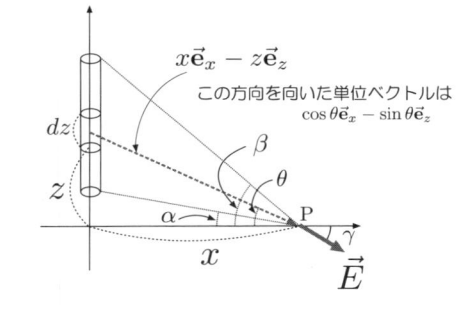

(1) 図の微小部分（長さ dz）が作る電場 $\vec{E}$ をベクトルの式で求めよ。
(2) 全体の作る電場 $\vec{E}$ を考えると、図の水平となす角 γ は α と β のちょうど中間 ($\frac{\alpha+\beta}{2}$) になることを示せ（これは積分を実行しなくてもわかる！）。
(3) 微小部分が作る電場 $\vec{E}$ の和を考えて（積分して）、この場合の電場 $\vec{E}$ を（ベクトル式で）求めよ。

ヒント → p1w へ　　解答 → p9w へ

★【演習問題 1-2】
　1.5.3 節で、電荷が球面のみではなく、球全体に詰まっている場合はどうなるか？
→ p38
今度は ρ を単位体積あたりの電荷密度として計算してみよ。

ヒント → p1w へ　　解答 → p10w へ

★【演習問題 1-3】
　図のように二つの電荷がある。この空間内の一本の電気力線を考えると、その線上では、
$$q_1 \cos\theta_1 + q_2 \cos\theta_2 = 一定 \tag{1.37}$$
という式が成立している。ただし、θ_1, θ_2 は二つの電荷を結ぶ直線と、電荷から電気力線上の 1 点を結ぶ直線のなす角である。

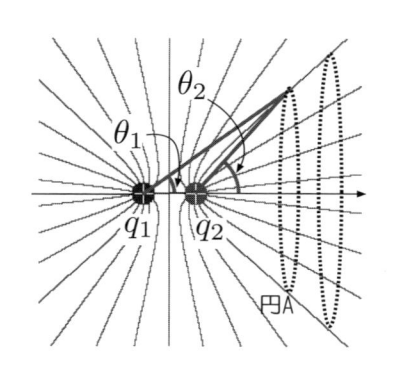

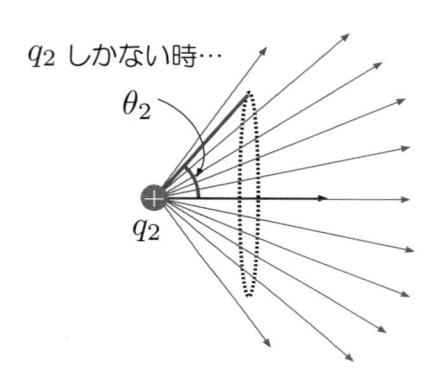

この式を、以下のように考えて導出せよ。
　(1) 図の円 A を考える。A を通っている電気力線に沿って、A を二つの電荷から遠ざけていく。電気力線に沿って半径を大きくしながら遠ざけるので、円の中を通っている電気力線の本数は変化しない（「電気力線は交わらない」ことを思い出せ）。
　(2) 円 A を通る電気力線の本数を、重ね合わせの原理から求めよう。電荷 1 しかなかったとした時の円 A を通る電気力線の本数と、電荷 2 しかなかったとした時の電気力線の本数をそれぞれ計算し、和をとればよい。
　その計算には、右図のように北極から角度 θ までの範囲は中心から見ると立体角にして $2\pi(1-\cos\theta)$ になるということを使おう。

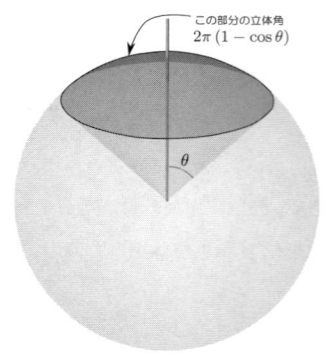

第2章
ガウスの法則と電場の発散

電気力線は途切れず、枝分かれも合流もしない。それを数学的に表現するのがガウスの法則である。これが静電気学の基本法則となる。

2.1 ガウスの法則

前の章では、電場 $\vec{E}$ の図的表現として電気力線を導入し、その性質を求めた。これらの性質は非常に有用である。なぜなら、これを使って電荷分布から電場 $\vec{E}$ を求めることができるのである。たとえばこの性質だけから逆にクーロンの法則を導き出すことができることは既に示した。もともとクーロンの法則に合うように電気力線の性質を定義したのだから当然といえば当然であるが、大事なことは、この新しい考え方は応用範囲が広いということである。この考え方を使って電場 $\vec{E}$ を求めることが比較的簡単にできる。そのためのたいへん便利な法則が「**ガウス (Gauss) の法則**」である。ガウスの法則の基本的な内容は、実はすでに紹介している。ガウスの法則は数学的に表現されるものであるが、これを図形的に表現すれば、「**電気力線は途切れない、枝分かれしない**」ということに他ならないのである。

2.1.1 電気力線の流量（flux）の保存

原点にある点電荷 Q の作る電場 $\vec{E}$ を $\vec{E}(\vec{x}) = \dfrac{Q}{4\pi\varepsilon_0 r^2}\vec{e}_r$ と書こう。原点を中心とした半径 R の球（表面積は $4\pi R^2$）を貫く電気力線の本数は、球の半径によらず $\dfrac{Q}{\varepsilon_0}$ となった。このように、電気力線の総数が一定値となることがガウスの法則の肝である。

ここで、「電気力線の密度が電場 $\vec{E}$ の強さ」という点をより正確に述べておく。電気力線に対して垂直な仮想的な面を考える。この面を貫いていく電気力線の本数を数え、この面の面積で割る。すると電場 $\vec{E}$ の強さとなる。考えている面積が電場 $\vec{E}$ と垂直ではない場合も考えると、単純に「本数÷面積」とやったのでは電場 $\vec{E}$ とは一致しない。

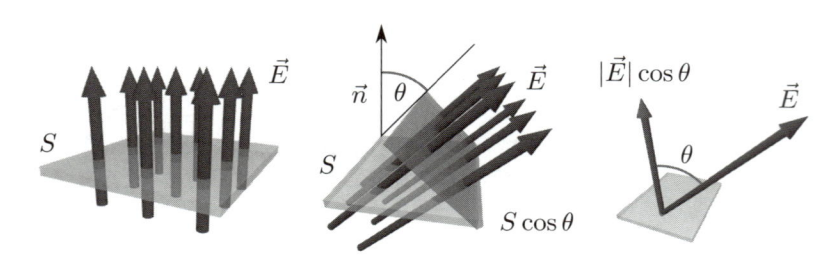

図のように、電気力線に対して斜めになっているような面積を考えた時、電気力線の本数は電場 $\vec{E}$ の強さを $|\vec{E}|$、面積を S とすると、$|\vec{E}|S\cos\theta$ となる。θ は面の法線ベクトル（面に垂直で長さが 1 のベクトル。図の $\vec{n}$）と電場 $\vec{E}$ のなす角である。このような式になる理由は（中央の図のように）「今着目している面積は S だが、電気力線と垂直な面積で考えると $S\cos\theta$ になる」と考えてもいいし、（右の図のように）「電場 $\vec{E}$ のうち、着目している面積と垂直な成分 $|\vec{E}|\cos\theta$ だけが関係するから」と考えても良い。

$|\vec{E}|S\cos\theta$ は、「電気力線の本数は $\vec{E}\cdot\vec{n}S$ である」と、内積を使って表現することもできる。さらには、$\vec{n}S$ をまとめて $\vec{S}$ という「面積ベクトル」として書いて、$\vec{E}\cdot\vec{S}$ とする場合もある。面積ベクトルはその大きさが考えている面積であり、向きはその面積の法線方向となる[†1]。

面積ベクトルというものをもう少し具体的に書こう。任意の閉曲面があって、それを小さく区切る。その小さく区切ったものを面積素片と呼ぶが、その素片ごとに、それに垂直な単位ベクトル $\vec{n}$ を考えることができる。その単位ベクトルに

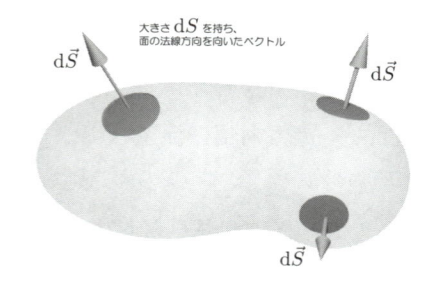

[†1] 法線方向というだけでは表から裏か、裏から表かは指定されていない。実際に面積ベクトルを定義する時にはそこも厳密に決めてから計算しなくてはいけない。通常は、領域内から領域外へと出る方向に面積ベクトルを向ける。

今考えている微小な面積 $\mathrm{d}S$ をかけたもの $\vec{n}\mathrm{d}S$ をまとめて $\mathrm{d}\vec{S}$ と書く。これと電場 $\vec{E}$ と内積をとったものが「面積 $\mathrm{d}S$ を通り抜ける電気力線の本数」となるわけである。

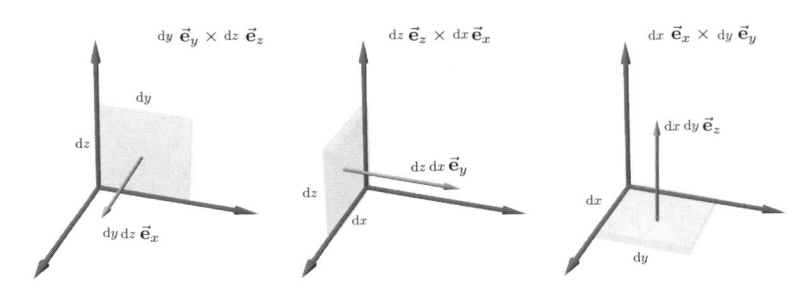

たとえば $\vec{n}$ が x 軸方向を向いているなら、それに垂直な平面は yz 面であるから、その時 $\mathrm{d}S = \mathrm{d}y\mathrm{d}z$ となる。同様に $\vec{n}$ が y 軸向きなら $\mathrm{d}S = \mathrm{d}z\mathrm{d}x$、$z$ 軸向きなら $\mathrm{d}S = \mathrm{d}x\mathrm{d}y$ である。一般の方向を向いている時は、$\vec{n} = (n_x, n_y, n_z)$ を単位ベクトル（$(n_x)^2 + (n_y)^2 + (n_z)^2 = 1$ を満たす）として、面積ベクトルは $\mathrm{d}\vec{S} = n_x \mathrm{d}y\mathrm{d}z \vec{e}_x + n_y \mathrm{d}z\mathrm{d}x \vec{e}_y + n_z \mathrm{d}x\mathrm{d}y \vec{e}_z$ と書かれることになる。

一例として、あるベクトル $\vec{a} = a_x\vec{e}_x + a_y\vec{e}_y + a_z\vec{e}_z$ と $\vec{b} = b_x\vec{e}_x + b_y\vec{e}_y + b_z\vec{e}_z$ の作る面積を考えると、それは $\vec{a} \times \vec{b}$ という外積[†2]で表現される。上に書いた三つの例は、それぞれ $\mathrm{d}y\vec{e}_y \times \mathrm{d}z\vec{e}_z$, $\mathrm{d}z\vec{e}_z \times \mathrm{d}x\vec{e}_x$, $\mathrm{d}x\vec{e}_x \times \mathrm{d}y\vec{e}_y$ に対応しているのである。

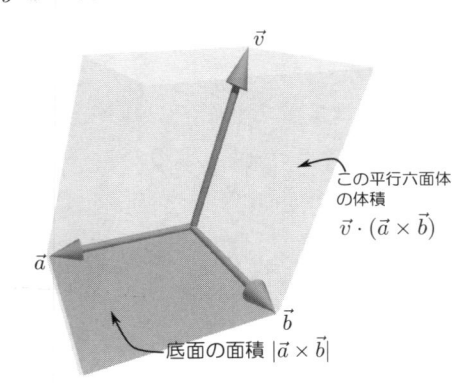

電場 $\vec{E}$ の話に入る前に、イメージしやすい具体的な流れ（たとえば水流や空気の流れ）で考えていこう。任意のベクトルが作る面積 $|\vec{a} \times \vec{b}|$ を空気や水のような流体が、速度ベクトル $\vec{v}$ を持って通り抜けたとしよう。単位時間に通り抜けていく流れの量は、$\vec{v} \cdot (\vec{a} \times \vec{b})$ と表すことができる。これは図に書いた平行六面体の体積である。こうして内積を使って書くと、$\cos\theta$ は自動的に挿入されている。

[†2] 外積になじみのない人は付録A.1 を見よ。
→ p299

前ページの図では、ベクトル $\vec{a}\times\vec{b}$ と $\vec{v}$ が同じ方向になっている場合を考えたが、そうでない場合、$\vec{v}\cdot(\vec{a}\times\vec{b})$ は負の量になる。これは、$\vec{a}\times\vec{b}$ の向く向きを「裏から表へ向かう向き」と定義して[†3]、$\vec{v}\cdot(\vec{a}\times\vec{b})>0$ なら「裏から表へ抜けた」と考えるのである。

このように「面積ベクトル」を定義して、上の式にあるような $\vec{v}\cdot\mathrm{d}\vec{S}$ で計算される量のことを、面を通る「流量 (flux)」[†4] と表現する。符号も含めて「単位時間あたりに面積 $\mathrm{d}\vec{S}$ を抜けていく流れの量」を表す量である。

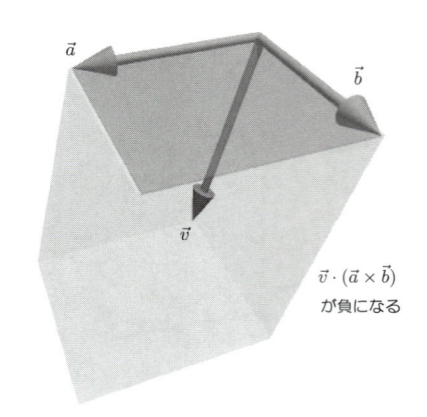

ここで考えたのは流れていくものの体積であるが、流れているものが密度 ρ を持つ流体であれば、微小面積を単位時間に通り抜けていく流体の質量は $\rho\vec{v}\cdot\mathrm{d}\vec{S}$ となる。これは質量の流量である。

電場 $\vec{E}$ の場合の流量 ($\vec{E}\cdot\mathrm{d}\vec{S}$) はその面を通り抜ける電気力線の本数を意味する。電場 $\vec{E}$ 自体は何かが流れているわけではないが、同様の式が使えるというわけである。

以下ではまず、球面ではない任意の閉曲面[†5]に対して、貫く電気力線の本数が $\dfrac{Q}{\varepsilon_0}$ となることを確かめよう。

まず任意の曲面に対して「貫く電気力線の本数」は既に述べた通り、

$$\int \vec{E}\cdot\mathrm{d}\vec{S} = \int \vec{E}\cdot\vec{n}\,\mathrm{d}S \tag{2.1}$$

で計算される量である。積分は、今考えている面全体に対してなされる。$\vec{n}$ はその面における「外」を向いた規格化された法線ベクトルである。

任意の曲面で考えるための準備として、まず次の図のような微小部分について考えよう。座標原点に電荷があるとする。この微小部分に外から貫く電気力線と、

[†3] 要はどっちが表でどっちが裏かを、$\vec{a}\times\vec{b}$ の向きで決めたということ。このルールは「表から見ると $\vec{a}\to\vec{b}$ の回転の向きが反時計回り」と覚えておく（物理の世界では反時計回りが正の回転方向であることが多い）。

[†4] 「流束」と書く場合もある。flux は「流れ」を意味する。

[†5] 閉曲面とは、その曲面によって空間が二つに分断されているような曲面のこと。その曲面が壁だと考えた時に「中の物を閉じこめることに成功している曲面」と考えればよい。

2.1 ガウスの法則

中から貫く電気力線の数はちょうど同じになる。この微小部分には6つの面があるが、床と天井にあたるところ以外は、電気力線は入ってこないし出ていかない（電場 $\vec{E}$ は常に r 方向を向いている）。

床から入ってくる電気力線の本数は $\dfrac{Q}{4\pi\varepsilon_0 r^2} \times r^2 \sin\theta \mathrm{d}\theta \mathrm{d}\phi$ であり、天井から抜けていく電気力線の本数は $\dfrac{Q}{4\pi\varepsilon_0 (r+\mathrm{d}r)^2} \times (r+\mathrm{d}r)^2 \sin\theta \mathrm{d}\theta \mathrm{d}\phi$ となる。この二つはちょうど同じなので、結局この微小体積の表面で $\int \vec{E}\cdot \mathrm{d}\vec{S}$ を計算すれば0になるということになる。

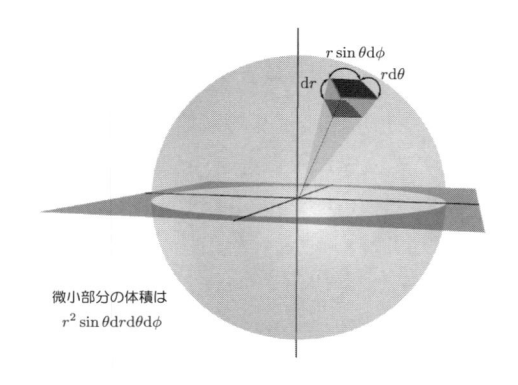

微小部分の体積は $r^2 \sin\theta \mathrm{d}r\mathrm{d}\theta \mathrm{d}\phi$

例によって物理の常套手段である「**細かく区切って考える**」を使うと、任意の曲面に関しても $\int \vec{E}\cdot \mathrm{d}\vec{S} = \dfrac{Q}{\varepsilon_0}$ が成立していることが言える。なぜなら、この微小体積を「ブロック」として組み上げていけば、任意の形の曲面に囲まれた図形を作ることができるからである[†6]。

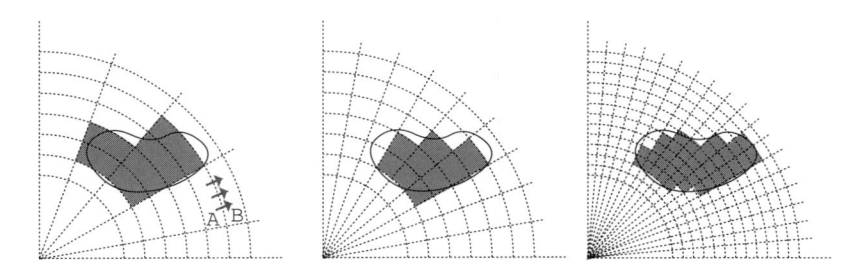

上の図は、その状況を次元を一つ落として平面図で表したものである。ブロックAから出る電気力線（図では3本の矢印で書いてある）は同時に、ブロックB

[†6] 「まっすぐなブロックを組み上げたのでは絶対には斜面はできないのでは」と心配になる人もいるかもしれない。その心配を払拭するには、斜面を含むようなブロックの場合でも $\int \vec{E}\cdot \mathrm{d}\vec{S} = \dfrac{Q}{\varepsilon_0}$ を厳密に証明すればよい。しかし、それより、2.1.2節で説明する立体角の考え方をした方が直観的に分かりやすいのでここでは厳密な証明はしない。

に入る電気力線でもある。よって、今ここで定義したように、「考えている範囲から出る電気力線の正味の本数＝考えている範囲から出る電気力線の本数−考えている範囲に入る電気力線の本数」[†7]を計算して足し算していくと、結局今考えている部分の外側での電気力線だけが計算結果として残ることになる。今本当に計算したいのは　　　　　から出る電気力線の flux であるが、それは小さいブロックから出る正味の電気力線を次々計算して足していったものと同じになる（もちろん、ブロックをどんどん小さくしていった極限でのことである）。ところが小さいブロックを通る電気力線の正味の本数は0なのだから、全体を通る電気力線の正味の本数も（たくさんの0を足した結果だから）結局0となる。

ブロックの組み上げを行う時に、内部に電荷を含まないように組み立てることにすれば、ブロックから出る電気力線の総量は0になる（入ったものは必ずどこから出る）ので、$\int \vec{E} \cdot d\vec{S} = 0$ となる。

内部に電荷を含むブロックについてだけは出る電気力線の正味の本数0ではなく $\frac{Q}{\varepsilon_0}$ であるから、$\int \vec{E} \cdot d\vec{S} = \frac{Q}{\varepsilon_0}$ となる。これは任意の形の面について正しい。

2.1.2　立体角から考えるガウスの法則　＋＋＋＋＋＋＋＋＋＋＋＋＋＋＋【補足】

先に説明した立体角の考え方からガウスの法則が成立することを説明することができる。今度は電荷を原点に置いて、原点を囲むように任意の閉曲面を設定する。

この閉曲面の上で $\int \vec{E} \cdot d\vec{S}$ を計算してみるわけだが、点電荷が原点にのみあるとすると、原点から見て同じ立体角を占める部分を通る電気力線の本数は、形によらず一定である。

これは電気力線の flux が保存するという性質からももちろんわかるし、

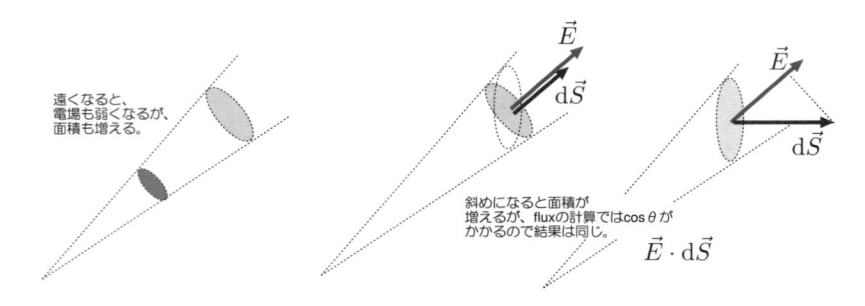

[†7] このようにして、出る量から入る量を引いたものを「正味の量」という言い方をする。「正味の」とつくと、「出たり入ったりするけど、入る量はマイナスにして足すという約束だからね」ということを意味する。

2.1 ガウスの法則

図に示したように、

- 電場 $\vec{E}$ は距離の自乗に反比例して減少し、同じ立体角に含まれる面積は距離の自乗に比例して増大する。
- 電場 $\vec{E}$ と考えている面積要素の法線ベクトルが傾いていると、同じ立体角に含まれる面積は増える。しかし電気力線の本数を計算する時には、その傾き角度を θ とした時の $\cos\theta$ がかけられる。

という二つの事情を考えると、原点に電荷がある時に原点から見て同じ立体角の方向に抜け出していく電気力線の本数は等しくなる。

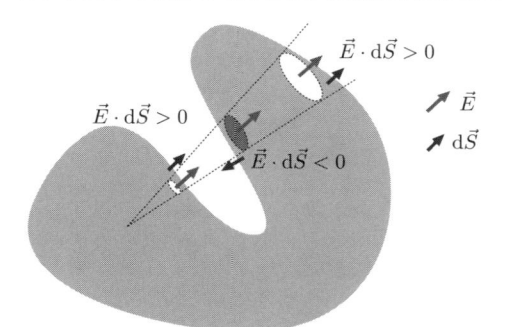

考えている閉曲面が複雑で、同じ電気力線が何度も出たり入ったりするような場合もありえる（左の図を参照）。

左の図の場合だと、上の計算で「同じ立体角に含まれる面積」とした場所が三カ所現れることになりそうである。しかし、flux の定義に現れた $d\vec{S}$ は閉曲面図形で必ず「外」（もしくは、「裏から表」）を向いている。そのため、三カ所のうち一カ所に関しては $\vec{E}\cdot d\vec{S}$ が負になって、三つあるが正味の量は一個分、ということになる。よって複雑な面であっても、ガウスの法則が成立すると結論できる。

念のために、以下の練習問題で実際に積分計算をしてもガウスの法則が成立していることを確認しておこう。もちろん先の証明が信用できないというわけではなく、あくまでも「念のために」である（計算の練習にもなる）。

---------- 練習問題 ----------

【問い 2-1】 点電荷 Q から z 離れたところにある無限に広い平面を貫く電気力線の総本数を計算せよ。

ヒント → p308 へ　解答 → p312 へ

【問い 2-2】 仮想的な球を考えて、そこをつらぬく電気力線の総本数を考える。電荷 Q が球の中心にいない場合でも、内部にありさえすれば電気力線の総本数は $\dfrac{Q}{\varepsilon_0}$ になることを確認せよ。

ヒント → p308 へ　解答 → p314 へ

++++++++++++++++++++++++++++++++++++++　【補足終わり】

2.2 複数および連続的な電荷が存在する時のガウスの法則

ここまでの説明は一個の点電荷の作る電場 $\vec{E}$ に対するものであった。しかし電場 $\vec{E}$ には重ね合わせの原理が成立するのだから、複数個の電荷の作る電場 $\vec{E}$ であっても、

$$\int \vec{E} \cdot d\vec{S} = \frac{1}{\varepsilon_0} \sum_{\text{内部}} Q_i \tag{2.2}$$

が成立することが言えるだろう。考える領域は閉曲面に囲まれてさえいればどんな形でもかまわない。

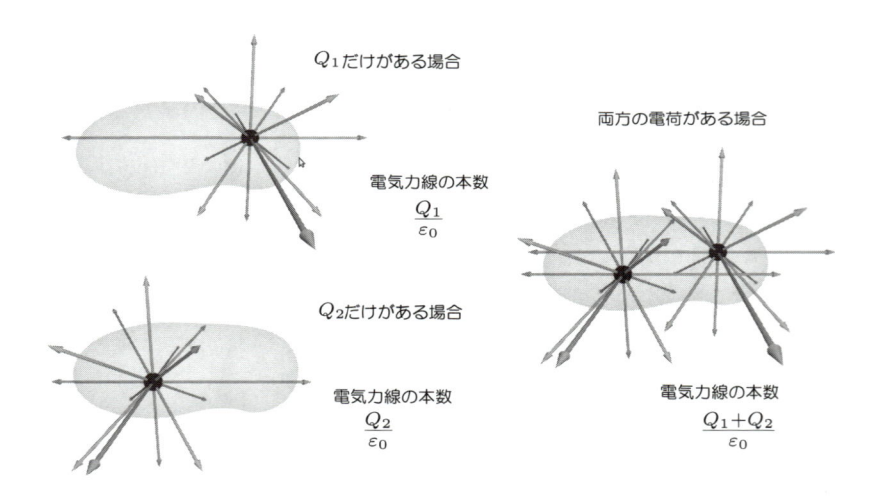

Q_1 だけがある場合 　電気力線の本数 $\dfrac{Q_1}{\varepsilon_0}$

Q_2 だけがある場合 　電気力線の本数 $\dfrac{Q_2}{\varepsilon_0}$

両方の電荷がある場合 　電気力線の本数 $\dfrac{Q_1+Q_2}{\varepsilon_0}$

点電荷がぽつぽつとあるのではなく、連続的に電荷が存在している場合は、

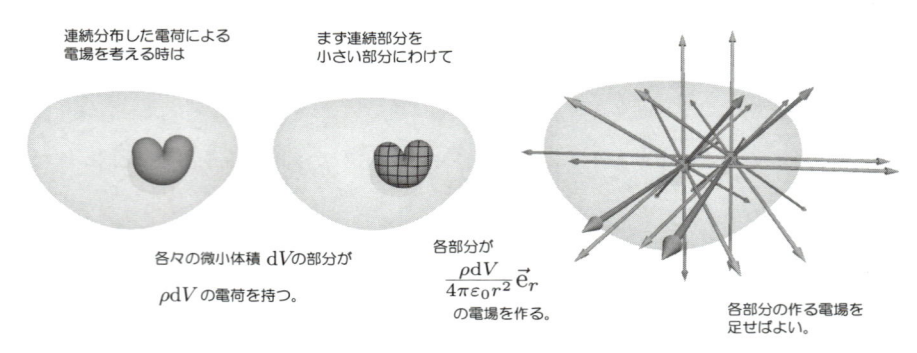

連続分布した電荷による電場を考える時は　各々の微小体積 dV の部分が ρdV の電荷を持つ。

まず連続部分を小さい部分にわけて　各部分が $\dfrac{\rho dV}{4\pi\varepsilon_0 r^2}\vec{e}_r$ の電場を作る。

各部分の作る電場を足せばよい。

のように考えることができるので、以下のように式で書くことができる。

2.2 複数および連続的な電荷が存在する時のガウスの法則

ガウスの法則の積分形

$$\int_{\partial V} \vec{E} \cdot \mathrm{d}\vec{S} = \frac{1}{\varepsilon_0} \int_V \rho \mathrm{d}V \qquad (2.3)$$

右辺の積分記号の下についている V は「一つの領域」を示し、∂V は「一つの領域の境界となっている閉曲面」を示す。微分記号である ∂ を使うのは、「V を増加させた時に増える部分」というイメージで理解しよう。領域 V を風船のように考えて、風船に息を吹き込んだ時に膨れていく場所と膨れていく方向を示しているのである。閉曲面の積分においては、$\mathrm{d}\vec{S}$ は領域の外を向くベクトルとして定義する。図のように面から生えるように、外へ外へと向かうベクトルとなる。左辺はこのベクトルと電場 $\vec{E}$ の内積をとって、全閉曲面分の和をとる（積分する）。

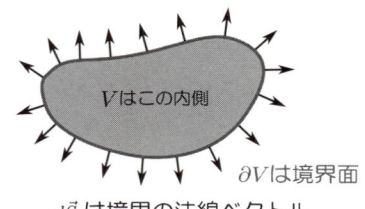

右辺は、一個一個の微小領域に $\rho \mathrm{d}x\mathrm{d}y\mathrm{d}z$ の電荷が存在していると考えて、その微小領域内の電荷の影響を足し上げていると考えればよい。

2.2.1 面上に広がった電荷による電場 $\vec{E}$

以下で連続的な分布の場合について練習しよう。

無限に広い平面（$z=0$ で表される xy 平面に一致させよう）の上に電荷が面積密度 σ で分布している。つまり、平面上の微小面積 S の上に電荷 σS が存在している。この平面から z だけ離れた場所（座標で表現すると、$(0,0,z)$）での電場 $\vec{E}$ を計算してみよう。

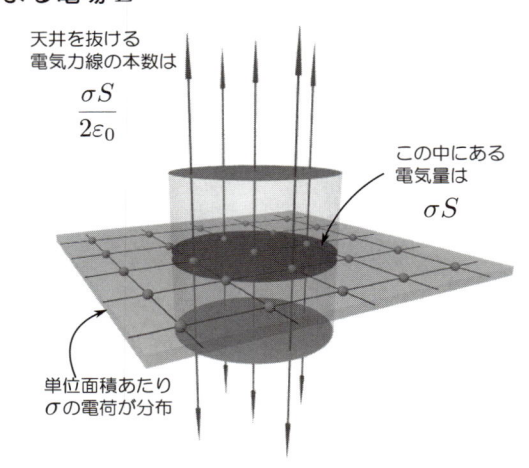

この場合、無限に広い平面に一様に電荷が分布しているので、電気力線（あるいは電束）はすべて z 軸に平行な向き（xy 平面に垂直な向き）を向くだろう。逆に x 方向や y 方向の電場 $\vec{E}$ があったら対称性を破ることになって変である。

自分が無限に広い平面の上に立っているところを想像してほしい。しかもその平面上に一様に電荷が分布しているとすると、自分の左半分にある電荷と右半分にある電荷は、（ちょうど鏡に映した像のように）全く同じ状況である。この左右対称な電荷分布が、左右非対称な電場 $\vec{E}$（左向き成分を持つ電場 $\vec{E}$ や、右向き成分を持つ電場 $\vec{E}$）を作るとは思えない。

同じことが自分の前半分と後ろ半分についても言える（というより、どんな角度で考えても電荷分布の状況は対称である）。よって、$\vec{E}$ には x 成分や y 成分はないと考えられるのである。

さらに、真空中で電気力線が常に z 方向を向くということは、電場 $\vec{E}$ の向きのみならず、強さともに場所によらないということになる。

【FAQ】電場 $\vec{E}$ が z 方向を向きつつ、強さが変化することは有り得ないのですか？

「電気力線は電荷があるところ以外ではつながっている（分裂したり合流したりしない）」ということをよく考えよう。電気力線を途中で本数を減らしたり増やしたりすることなく z 軸方向に伸ばしていくと、けっして電気力線の単位面積あたりの本数は増減しない（電場 $\vec{E}$ が強くなったり弱くなったりしない）。

今この無限に広い平面のうち、適当な面積 S（図では円とした）を取り出して考えると、この面積を含む円筒を抜け出す電気力線の本数は全部で $\dfrac{\sigma S}{\varepsilon_0}$ である。これが上と下（天井と床）から均等に抜け出すので、天井を抜ける電気力線は $\dfrac{\sigma S}{2\varepsilon_0}$ となり、これを天井の面積 S で割れば、電場 $\vec{E}$ の強さが $\dfrac{\sigma}{2\varepsilon_0}$ であることがわかる。これは、1.5.2 節で計算した半径 r_0 の円盤による電場 $\vec{E}$ $\dfrac{Q}{2\pi\varepsilon_0 (r_0)^2} \times \dfrac{\sqrt{z^2+(r_0)^2}-z}{\sqrt{z^2+(r_0)^2}}$
→ p34
において、$Q = \pi (r_0)^2 \sigma$ と置いた後に $r_0 \to \infty$ の極限をとったものと同じである。当たり前のことではあるがガウスの法則による結果と具体的に積分を行った場合の結果は等しい。

無限に広いわけではない面の場合、当然遠ざかるほど電場 $\vec{E}$ は弱くなることになる。しかしその場合でも、面に非常に近いところだけを考えるならば、$E = \dfrac{\sigma}{2\varepsilon_0}$ という関係は保たれている。

2.2.2 一様に帯電した無限に長い棒

1.5.1節で考えた帯電した棒の長さを∞にしてみる。このように対称性がいい時は、ガウスの法則を使うと非常に簡単に電場 $\vec{E}$ を求めることができる。

この場合、この棒の電荷から発する電気力線は、z 軸に垂直な方向に伸びていく（無限に長い棒を考えているので、それが作る電場 $\vec{E}$ は対称性から z 成分を持てない）。

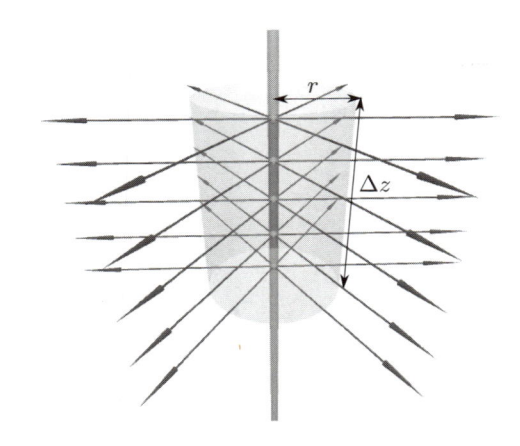

図のように長さ Δz の部分を考えると、この円筒部分に入っている電荷の量は線密度 ρ に長さをかけて $\rho \Delta z$ であり、この部分から出る電気力線の総本数は $\dfrac{\rho}{\varepsilon_0}\Delta z$ となる。

出て行く電気力線は全て円柱の側面を通っていくのだから、円柱の側面積 $2\pi r \Delta z$ でこれを割れば電場 $\vec{E}$ の強さがわかる（円柱の天井や底面は電気力線が通らないのだから、面積を勘定する必要はない）。結果は $\dfrac{\frac{\rho}{\varepsilon_0}\Delta z}{2\pi r \Delta z} = \dfrac{\rho}{2\pi \varepsilon_0 r}$ となる。この式もまた、1.5.1節の結果で棒の長さを∞にしたものと一致する。

2.2.3 一様に帯電した球

次に、球体に体積密度 ρ で一様に電荷が分布している場合を考えよう。球の半径を R とすると、全部で $\dfrac{4\pi}{3}R^3\rho$ の電荷がいることになる。

球体の外側に関しては、これまでと同じで、電気力線の総本数である $\dfrac{Q}{\varepsilon_0}$ を外部に考えた仮想的な球の表面積 $4\pi r^2$ で割ればよいので、見慣れた公式どおり、$\dfrac{Q}{4\pi \varepsilon_0 r^2}\vec{e}_r$ の電場 $\vec{E}$ があることになる。

問題は電荷の球の内側である（つまり $r < R$ の時）。仮想的な半径 r の球の内側には電荷は $\dfrac{4\pi}{3}r^3\rho$ だけしかいない。よって、電場 $\vec{E}$ は

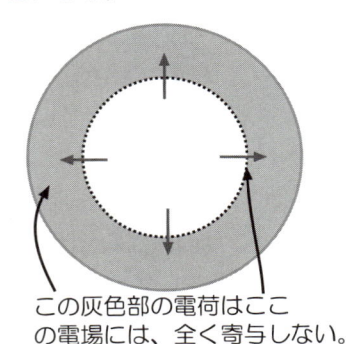

この灰色部の電荷はここの電場には、全く寄与しない。

$$\vec{E} = \frac{4\pi}{3}r^3\rho \times \frac{1}{4\pi\varepsilon_0 r^2}\vec{e}_r = \frac{1}{3\varepsilon_0}\rho r \vec{e}_r \tag{2.4}$$

となる。この式には、原点から r より大きく離れている部分の電荷の影響が全く入っていないことに注意せよ。この部分が作る電場 $\vec{E}$ は、原点からの距離 r の位置では、ちょうど消しあって 0 になるわけである。

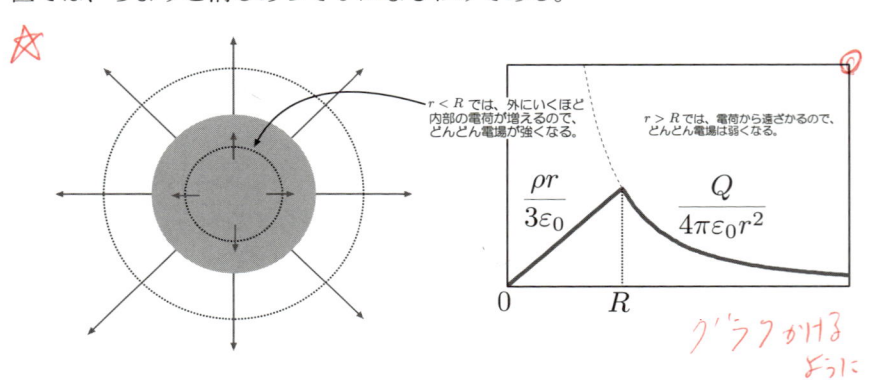

2.2.4 平行平板コンデンサ

平行平板コンデンサ[†8]とは、互いに平行な2枚の板（極板と呼ぶ）を向かい合わせたものである。このような板の一方に $+Q$、もう一方に $-Q$ の電荷を帯電させた場合、電場 $\vec{E}$ は右の図のようになり、電気力線のほとんどは極板間に集中する。この電場 $\vec{E}$ の強さを一般に求めるのはたいへんである（場所によって異なる複雑な関数で表現されているので）が、近似として「電気力線（電場 $\vec{E}$）は極板と極板の間にしか存在しない」と考えれば非常に簡単に計算できる。

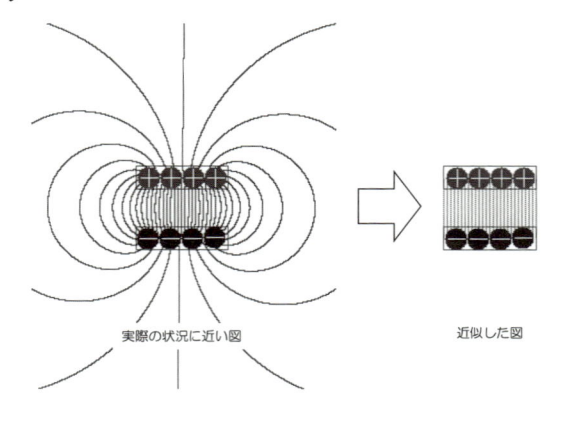

コンデンサの極板の面積を S とすると、面積 S の中に電荷 Q から出て電荷 $-Q$ に入る電気力線（全部で $\dfrac{Q}{\varepsilon_0}$ 本）が入っていることになる。

[†8] 英語ではキャパシタ（capacitor）と呼ばれることが多い。

【FAQ】正電荷が $\frac{Q}{\varepsilon_0}$ 出して負電荷が $\frac{Q}{\varepsilon_0}$ 吸うのだから、電気力線の本数は2倍になりませんか？

と、誤解してしまう人が多いのだが、正電荷から出た電気力線がすぐに負電荷に吸われて消えているわけであるから、本数が2倍になることはない。A君がB君に100円あげたからと言って「A君の出した100円とB君がもらった100円、あわせて200円のお金が移動した」と計算する人はいないだろう。

したがって、極板の間にできる電場 $\vec{E}$ の強さは $\frac{Q}{\varepsilon_0 S}$ となる。

なお、実際には図のように極板から外にも電場 $\vec{E}$ は染み出るものなので、この計算はあくまで近似である。

この近似が有効な範囲において、電場 $\vec{E}$ の強さ $\frac{Q}{\varepsilon_0 S}$ は極板間の距離にはよらない。

ここまででわかったように、電荷分布の形状によっては、「電場 $\vec{E}$ は距離の自乗に反比例する」と単純に考えることはできない。直線上に分布した電荷の作る電場 $\vec{E}$ の場合は距離に反比例するし、平面上に分布した電荷の作る電場 $\vec{E}$ の場合は、距離に無関係となる。

2.3 電場 $\vec{E}$ の発散：ガウスの法則の微分形

前節で考えたガウスの法則(2.3)は、右辺は体積積分、左辺はその体積を囲むような面積上の面積積分で書かれている。この体積はどんなものであってもよい。どんなものであってもよいのだから、微小な体積と、その微小な体積を囲む微小な面積に対してガウスの法則を適用するとどうなるかを考えよう。物理の常套手段であるところの「**細かく区切って考える**」をガウスの法則に適用するとどうなるかを考えるのである。こうすることで、広い範囲の積分によって表現されたガウスの法則（「積分形の法則」と呼ぶ）を、ある1点における法則（「微分形の法則」に直すことができる）。

2.3.1 直交座標系における発散

電場 $\vec{E}$ が存在する空間の中にとっても小さな直方体を考える。実際に箱を入れる必要はない。とにかく「直方体の形をした微小領域」を考えるのである。その直方体の中を電気力線が通り抜けていっている。そして「この直方体の中から正味どれだけの電気力線が出てくるのか？」という問題を考える。この問題を解くには直方体の 6 つの面での外向きの flux の和を取ればよいことはすぐにわかるだろう。

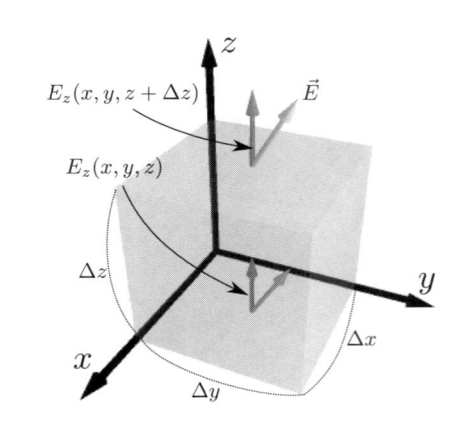

すでに述べたように、直方体の床から入ってくる電気力線の本数を考える時、問題となるのはベクトル $\vec{E}$ を (E_x, E_y, E_z) と x 成分 y 成分 z 成分にわけた時の、z 成分のみである。つまり、床から入ってくる電気力線の本数は

$$\int_x^{x+\Delta x} \mathrm{d}x' \int_y^{y+\Delta y} \mathrm{d}y' E_z(x', y', z) \tag{2.5}$$

である。

ここで、$\Delta x, \Delta y$ はどうせ小さい（0 へと向かう極限を取る）ので、

$$\int_x^{x+\Delta x} \mathrm{d}x' \int_y^{y+\Delta y} \mathrm{d}y'$$

という積分を、$\Delta x \Delta y$ をかけるだけの形に近似して考えよう。次の図に示したように、こうすることは図の三角形の面積 $\dfrac{1}{2}\dfrac{\partial E_z(x,y,z)}{\partial x}\Delta x \times \Delta x$（およびこれより高次の Δx を含む項）を無視したことになる。これは $(\Delta x)^2$ のオーダーである。微小量を計算しているのだから、オーダーがもっとも低いものだけを計算すればよい。今は Δx のオーダーを考えているので、$(\Delta x)^2$ のオーダーは気にしない[†9]。

[†9] こういうのはお金で例えるのが一番わかりやすいようである。今自分の所持金が 100 万円だとしたら、それがあと 100 円増えるかどうかは大きな意味がない。だから、100 万の隣にある 100 円は無視してもよい。しかし、自分が 100 円しか持っていなかったら、100 円を無視するわけにはいかない。

2.3 電場 $\vec{E}$ の発散：ガウスの法則の微分形

(図中)
$E_z(x,y,z)$ $\int_x^{x+\Delta x} E_z(x',y,z)\mathrm{d}x'$
$E_z(x,y,z)$ $\dfrac{\partial E_z(x,y,z)}{\partial x}\Delta x$ $E_z(x,y,z)\Delta x$

これを計算するべきだが、これを計算しても現在行っている計算では同じ結果となる。

この二つの差はおおざっぱに言って、 面積 $\dfrac{\partial E_z(x,y,z)}{\partial x}\Delta x$ すなわち $\dfrac{1}{2}\dfrac{\partial E_z(x,y,z)}{\partial x}(\Delta x)^2$

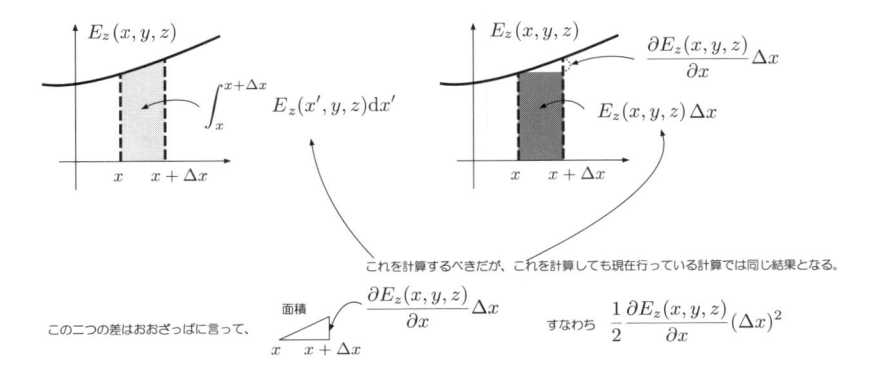

床から入ってくる量はこの近似の元で $E_z(x,y,z)\Delta x\Delta y$ である。ここでは、「抜けていく量」を計算することにしている。抜けていく量は入ってくる量の逆符号であるから、

$$-E_z(x,y,z)\Delta x\Delta y \tag{2.6}$$

である。

では、天井から抜けていく電気力線の量は？——天井では、E_z が正ならば電気力線が抜けていくことになる。だからマイナス符号は不要である[10]。天井から抜けていく量は

$$E_z(x,y,z+\Delta z)\Delta x\Delta y \tag{2.7}$$

である。この二つの式を見て、「足したら零」と思ってはいけない。天井と底面は、z 座標が Δz だけ違う。そこを考慮してちゃんと式を書くと、「天井から抜けていく量＋底面から抜けていく量」は

$$(E_z(x,y,z+\Delta z) - E_z(x,y,z))\Delta x\Delta y \tag{2.8}$$

となる[11]。ここで微分の定義

$$\lim_{\Delta z \to 0}\frac{E_z(x,y,z+\Delta z) - E_z(x,y,z)}{\Delta z} = \frac{\partial E_z(x,y,z)}{\partial z} \tag{2.9}$$

---

[10] というより、床では $\mathrm{d}\vec{S}$ が下を向いているから、$E_z > 0$ の時に $\vec{E}\cdot\mathrm{d}\vec{S}$ が負になり、天井では $\mathrm{d}\vec{S}$ が上を向いているから符号は不要、と考えた方がよいかもしれない。

[11] これもより正確に書くならば、

$$\int_x^{x+\Delta x}\mathrm{d}x\int_y^{y+\Delta y}\mathrm{d}y\,(E_z(x,y,z+\Delta z) - E_z(x,y,z))$$

である。しかし今は Δx も Δy も微小なので、(2.8) という計算で十分なのである。

を思い出せば、「天井と床面で抜けていく量」は

$$\frac{\partial E_z}{\partial z}\Delta x \Delta y \Delta z \tag{2.10}$$

となる（どうせ Δz は微小であることに注意）。

これは

$$E_z(x,y,z+\Delta z) = E_z(x,y,z) + \Delta z \frac{\partial E_z}{\partial z} + \cdots \tag{2.11}$$

のようにテーラー展開して、第3項以降を無視したと考えてもよい。

> 【FAQ】大きな $E_z(x,y,z)$ があるのに、第2項の $\Delta z \dfrac{\partial E_z}{\partial z}$ を無視しないの？
>
> 第1項の $E_z(x,y,z)$ は引き算されて消える運命にある。お金で例えると「今100万と100円持っているとすると、100円は小さく思えるかもしれないが、すぐに100万円を借金取りに取られてしまうとわかっているならば、100円を無視するわけにはいかない！」ということになる。

この式が「流れの湧き出し／吸い込み」という意味を持つことは、右の図のように考えれば理解できるだろう[†12]。

ここまで来たら後は簡単、x 方向や y 方向に関しても「抜けていく量」を考えればよいが、x,y,z の立場を入れ替えつつ全く同じ計算をやればよいので、6つの面全てを足し算した結果は

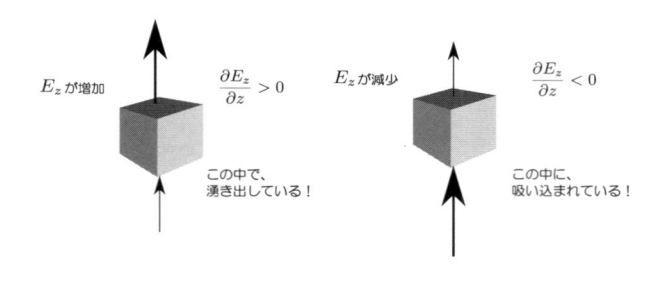

$$\left(\frac{\partial E_x}{\partial x} + \frac{\partial E_y}{\partial y} + \frac{\partial E_z}{\partial z}\right)\Delta x \Delta y \Delta z \tag{2.12}$$

となる。この式を $\Delta x \Delta y \Delta z$ すなわち直方体の体積で割って、単位体積あたりにすると、$\dfrac{\partial E_x}{\partial x} + \dfrac{\partial E_y}{\partial y} + \dfrac{\partial E_z}{\partial z}$ となる。この量は電磁気に限らず流量の出入りを考える時にはよく登場する量である。そこで $\dfrac{\partial E_x}{\partial x} + \dfrac{\partial E_y}{\partial y} + \dfrac{\partial E_z}{\partial z} = \mathrm{div}\,\vec{E}$ と書く。

[†12] 「小さな（仮想的な）部屋に入る人と出る人の数を数えて、中にいる人数が増えたか減ったかを判定している」というのがここでの計算の意味である。あるいは（またもお金で例えれば）「収入と支出を見て、貯金額の増加を計算している」と思ってもよい。

div は別に電場 $\vec{E}$ 専用の記号ではなく、一般にベクトル場[†13]$\vec{A}$ に対し、

--- **直交座標での div** ---
$$\mathrm{div}\,\vec{A} = \frac{\partial A_x}{\partial x} + \frac{\partial A_y}{\partial y} + \frac{\partial A_z}{\partial z} \quad (2.13)$$

と定義する[†14]。

div は「**ダイバージェンス** (divergence)」と読み、日本語では「**発散**」もしくは「**湧き出し**」と呼ぶ[†15]。div $\vec{E}$ は「今考えている微小領域の中で、単位体積あたりにどれだけの電気力線が湧き出したか」を表す量である（単位体積あたりになっていることに注意）。

「今考えている"流れ"は途切れなく続いているのか？——それとも何かから湧き出したり、何かに吸い込まれたりしているのか？」という問題を考える時にとっても便利なツールである[†16]。

--- **div $\vec{A}$ とは** ---

(1) ベクトル $\vec{A}$ を流れとして、微小体積から流れ出す流量を計算し、
(2) その流量を単位体積あたりの量に直し、
(3) 体積が 0 になる極限を取る。

という操作を行ったものである。

ここで、div は、「ある一点にある仮想的微小直方体」の上で、**体積あたりの量**として定義されていることに注意しよう。積分形のガウスの法則では面積分で

[†13]「ベクトル場」というのは、空間の各点各点に一個ずつベクトルがいるような状況。つまり、場所の関数であるベクトル $\vec{A}(\vec{x})$ のこと。電場 $\vec{E}$ もベクトル場の一例である。
[†14] ここで「新しく出てきた $\vec{A}$ って何ですか！」とびっくりする人が多いので補足しておくと、(2.13) の $\vec{A}$ は、ベクトル場であればなんでも代入していい。電場 $\vec{E}$ でも磁場 $\vec{H}$ でもいいし、空気の流れの速度場 $\vec{v}$ など、いろんなものが代入できる。なんでもいいのでとりあえず $\vec{A}$ と書いているだけのことである。
[†15]「発散」という言葉は∞になる時にも使ってまぎらわしい。それに「湧き出し」の方が的確に意味をとらえているように思える。
[†16] 新しい記号が出てくると「また覚えることが増えた (;＿;)」と嫌がる人が多いが、そういう記号を使う理由は「この記号を使った方が楽だから」ということにつきる。メリットがあるから使っているということを理解して、「便利なものが出てきたなぁ（＾◇＾）」と喜ばなくては。

定義されていた量が、div という記号を使って表現することで、体積あたりの量に変わってしまった。今考えていた量はガウスの法則の積分形(2.3)の左辺である
$\int_{\partial V} \vec{E} \cdot \mathrm{d}\vec{S}$ を $\Delta x \Delta y \Delta z$ で割ったものであった。一方、(2.3)の右辺 $\int_V \rho \mathrm{d}V$ は今考えている微小体積に対しては $\rho \Delta x \Delta y \Delta z$ となる（微小な体積の中なので、その中での ρ の変化は無視する）。よってこれを $\Delta x \Delta y \Delta z$ で割ったものは、右辺を $\Delta x \Delta y \Delta z$ で割ったものであるところの div $\vec{E}$ と等しいから、

―― ガウスの法則の微分形 ――
$$\mathrm{div}\ \vec{E} = \frac{\rho}{\varepsilon_0} \tag{2.14}$$

が導かれる。空間内に電荷が存在しない時、div $\vec{E} = 0$ となる。電気力線が途中で終わったり、無から始まったりしないこと、その数学的表現が div $\vec{E} = 0$ なのである。

これをもう一度体積積分した式

$$\int_V \mathrm{div}\ \vec{E} \mathrm{d}V = \int_V \frac{\rho}{\varepsilon_0} \mathrm{d}V \tag{2.15}$$

とガウスの法則の積分形(2.3)を見比べると、

$$\int_V \mathrm{div}\ \vec{E} \mathrm{d}V = \int_{\partial V} \vec{E} \cdot \mathrm{d}\vec{S} \tag{2.16}$$

という式が成立していることがわかる。実はこの式は、電場 $\vec{E}$ だから成立するわけではない。

―― ガウスの発散定理 ――
$$\int_V \mathrm{div}\ \vec{A} \mathrm{d}V = \int_{\partial V} \vec{A} \cdot \mathrm{d}\vec{S} \tag{2.17}$$

という定理（「ガウスの積分定理」と呼ぶ場合もある）があり、一般のベクトル場に対して有効な式であることが証明できる[†17]。

[†17] 上で示したのは電場 $\vec{E}$ に対してこの式が成立することであって、一般のベクトル場に対する証明にはなってないことに注意。

名前が似ているが、「ガウスの発散定理」は電場 $\vec{E}$ に対する「ガウスの法則」とは別物である[†18]。後でもいろんなところでお目にかかることであろう。この式が成立することの直観的な説明（あくまで直観的な説明であって、証明というほど厳密なものではないので、ちゃんと知りたい人は物理数学の本を読むこと）を下の図で与えておく。図は2次元の場合で示しているが、本来3次元で示さなくてはいけないのはもちろんである。

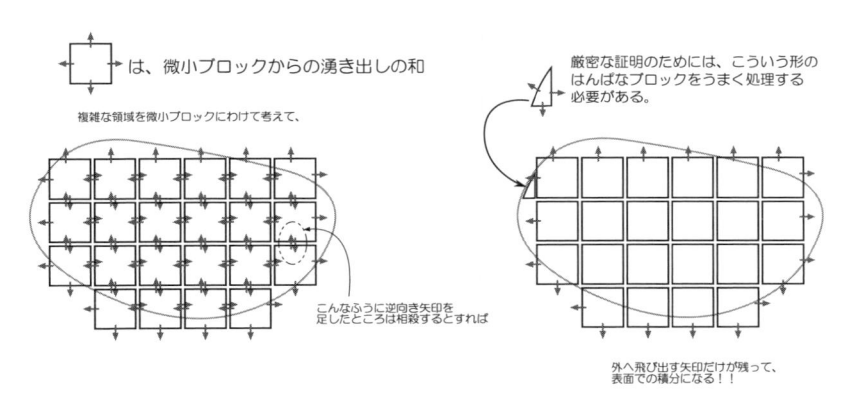

2.3.2 発散のない電場 $\vec{E}$ の例

電荷がないところでは div $\vec{E} = 0$ となるということを、これまで求めた電場 $\vec{E}$ の場合で確認しておこう。

無限に広い平面が一様に帯電している場合

電場 $\vec{E}$ はどこでも等しく、$(0, 0, \frac{\rho}{2\varepsilon_0})$ であるから、当然 div $\vec{E} = 0$ である。

原点にある点電荷 Q による電場 $\vec{E}$

$\vec{E} = \dfrac{Q}{4\pi\varepsilon_0 r^2}\vec{e}_r$ の場合を考えると、$\vec{e}_r$ の x, y, z 成分が

$$\left(\frac{x}{\sqrt{x^2+y^2+z^2}}, \frac{y}{\sqrt{x^2+y^2+z^2}}, \frac{z}{\sqrt{x^2+y^2+z^2}}\right)$$

[†18] 電場 $\vec{E}$ に対するガウスの法則は電場 $\vec{E}$ と電荷の間の関係式。つまり電場 $\vec{E}$ と電荷の間に成立する「物理法則」である。ガウスの発散定理は（任意の）ベクトルとベクトルの div の間の関係式であり、数学的な法則。

である[†19]から、

$$\vec{E} = \left(\frac{Qx}{4\pi\varepsilon_0 \left(x^2 + y^2 + z^2\right)^{\frac{3}{2}}}, \frac{Qy}{4\pi\varepsilon_0 \left(x^2 + y^2 + z^2\right)^{\frac{3}{2}}}, \frac{Qz}{4\pi\varepsilon_0 \left(x^2 + y^2 + z^2\right)^{\frac{3}{2}}} \right) \tag{2.18}$$

と書ける。まず、$\dfrac{\partial E_x}{\partial x}$ を計算すると

$$\begin{aligned}
\frac{\partial E_x}{\partial x} &= \frac{\partial}{\partial x} \left(\frac{Qx}{4\pi\varepsilon_0 \left(x^2 + y^2 + z^2\right)^{\frac{3}{2}}} \right) \\
&= \underbrace{\frac{Q}{4\pi\varepsilon_0 \left(x^2 + y^2 + z^2\right)^{\frac{3}{2}}}}_{\text{分子を微分したもの}} - \frac{3}{2} \underbrace{\frac{Qx \times 2x}{4\pi\varepsilon_0 \left(x^2 + y^2 + z^2\right)^{\frac{5}{2}}}}_{\text{分母を微分したもの}} \\
&= \frac{Q}{4\pi\varepsilon_0 \left(x^2 + y^2 + z^2\right)^{\frac{3}{2}}} - 3 \frac{Qx^2}{4\pi\varepsilon_0 \left(x^2 + y^2 + z^2\right)^{\frac{5}{2}}}
\end{aligned} \tag{2.19}$$

となる。次に x, y, z の立場を入れ替えたもの、

$$\frac{\partial E_y}{\partial y} = \frac{Q}{4\pi\varepsilon_0 \left(x^2 + y^2 + z^2\right)^{\frac{3}{2}}} - 3 \frac{Q}{4\pi\varepsilon_0 \left(x^2 + y^2 + z^2\right)^{\frac{5}{2}}} y^2$$

と、

$$\frac{\partial E_z}{\partial z} = \frac{Q}{4\pi\varepsilon_0 \left(x^2 + y^2 + z^2\right)^{\frac{3}{2}}} - 3 \frac{Q}{4\pi\varepsilon_0 \left(x^2 + y^2 + z^2\right)^{\frac{5}{2}}} z^2$$

を足す。こうして出てきた三つの式の第 1 項は全部同じものになるので 3 倍となる。第 2 項は最後で x^2, y^2, z^2 が出てくるので、全ての和は、

$$\operatorname{div} \vec{E} = 3 \frac{Q}{4\pi\varepsilon_0 \left(x^2 + y^2 + z^2\right)^{\frac{3}{2}}} - 3 \frac{Q}{4\pi\varepsilon_0 \left(x^2 + y^2 + z^2\right)^{\frac{5}{2}}} \left(x^2 + y^2 + z^2\right) \tag{2.20}$$

となるが、第 2 項を約分すると第 1 項と逆符号で同じものになり、和は 0 である。

　この計算は少々ややこしく感じるだろうけれど、後で示す極座標での div の形 (→ p66) を使うとよりわかりやすく計算できる。

[†19] $\vec{e}_r$ は位置ベクトル (x, y, z) と同じ方向を向く。長さが 1 になるように位置ベクトルの長さ $\sqrt{x^2 + y^2 + z^2}$ で割れば $\vec{e}_r$ ができる。

2.3.3 $\mathrm{div}\vec{E} = \dfrac{\rho}{\varepsilon_0}$ の簡単な例

一様に帯電した球内部の電場 $\vec{E}$

$\vec{E} = \dfrac{1}{3\varepsilon_0}\rho r\vec{e}_r$ であった ((2.4)を参照)。この場合、$r\vec{e}_r = (x, y, z)$ であるから、
→ p56

$$E_x = \frac{\rho}{3\varepsilon_0}x, \quad E_y = \frac{\rho}{3\varepsilon_0}y, \quad E_z = \frac{\rho}{3\varepsilon_0}z \tag{2.21}$$

となり、

$$\mathrm{div}\,\vec{E} = \frac{\partial}{\partial x}\left(\frac{\rho}{3\varepsilon_0}x\right) + \frac{\partial}{\partial y}\left(\frac{\rho}{3\varepsilon_0}y\right) + \frac{\partial}{\partial z}\left(\frac{\rho}{3\varepsilon_0}z\right) = \frac{\rho}{3\varepsilon_0}\times 3 = \frac{\rho}{\varepsilon_0} \tag{2.22}$$

となる。確かにこの答は $\mathrm{div}\,\vec{E} = \dfrac{\rho}{\varepsilon_0}$ を満たしている。

無限に広い板

厚さ $2d$ で無限に広い板に、体積電荷密度 ρ の電荷がたまっている。この時の電場 $\vec{E}$ を求めてみよう。板の表面を $z = d$、裏面を $z = -d$ となるように直交座標系 (x, y, z) を置く。

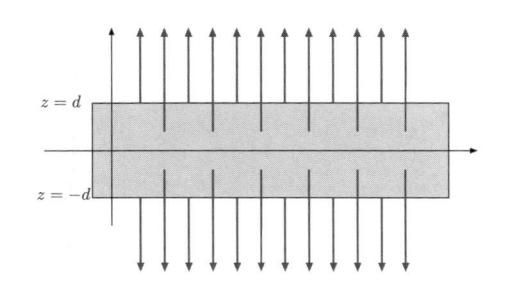

この場合、対称性から電場 $\vec{E}$ は x, y にはよらないだろうし、E_x, E_y も 0 であろう。

板の外は真空であるから $\mathrm{div}\vec{E} = 0$ であるから、$\dfrac{\partial}{\partial z}E_z = 0$ である。これまた対称性から E_z が x, y によらないであろうことを考えると E_z を z のみの関数とすれば、$\dfrac{\mathrm{d}}{\mathrm{d}z}E_z = 0$ ということであるが、これは結局 E_z が定数だということを意味する。

板の内側では $\dfrac{\mathrm{d}}{\mathrm{d}z}E_z = \dfrac{\rho}{\varepsilon_0}$ であるから、

$$E_z = \frac{\rho}{\varepsilon_0}z + C \tag{2.23}$$

が解となる。図が上下対称であることを考えると、$z = 0$ で $E_z = 0$ であろうから、積分定数 C は 0 としよう。以上をまとめると、

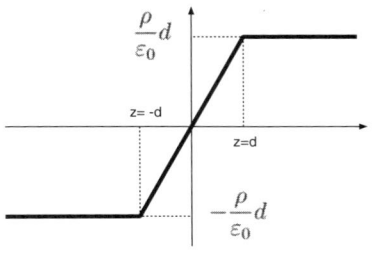

$$E_z = \begin{cases} \dfrac{\rho}{\varepsilon_0}d & (d \leq z) \\ \dfrac{\rho}{\varepsilon_0}z & (-d < z < d) \\ -\dfrac{\rho}{\varepsilon_0}d & (z \leq -d) \end{cases} \quad (2.24)$$

という答えが出る。$d \leq z$ と $z \leq -d$ での値は $z = \pm d$ で E_z の値がつながるように決める。

この問題では x, y という変数はないのと同じなので、z だけの 1 次元的な問題である。1 次元的な問題では div は単なる 1 成分の微分（今の場合、$\dfrac{dE_z}{dz}$ だった）になってしまうので、「電荷がなくて div $\vec{E} = 0$」ということはすなわち「電場 $\vec{E}$ が一定」ということになる（2 次元以上ではそうはいかない）。

2.4　極座標での div

直交座標では $\dfrac{\partial V_x}{\partial x} + \dfrac{\partial V_y}{\partial y} + \dfrac{\partial V_z}{\partial z}$ という形になった div であるが、極座標など他の座標系ではそうではない。単純に

この式は間違いだから覚えるな！！

$$\text{div } \vec{V} = \dfrac{\partial V_r}{\partial r} + \dfrac{\partial V_\theta}{\partial \theta} + \dfrac{\partial V_\phi}{\partial \phi}$$

などとやってはいけない（そもそもこの式は次元すらあってない！）。

2.4.1　極座標の div の導出

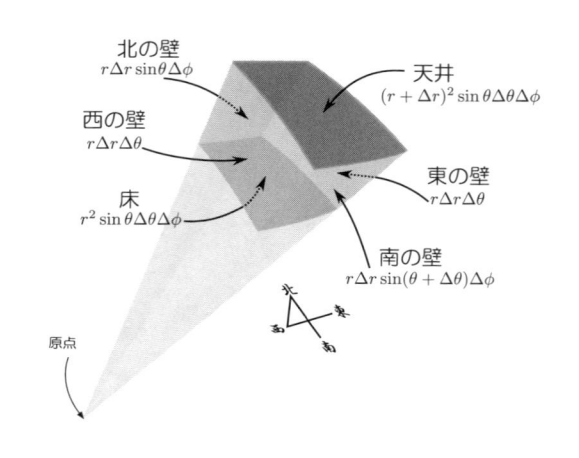

正しい極座標の div を求めるために、図のように微小体積を設定する。この微小体積は、Δr と $r\Delta\theta$ と $r\sin\theta\Delta\phi$ という 3 辺の長さを持っている。ゆえに微小体積は $r^2 \sin\theta \Delta r \Delta\theta \Delta\phi$ となる。気をつけるべきは、この微小体積は直方体ではないと

いうこと。

　図の床にあたる部分は面積 $r^2 \sin\theta \Delta\theta \Delta\phi$ を持つ。一方図の天井の部分は、$(r+\Delta r)^2 \sin\theta \Delta\theta \Delta\phi$ という面積を持っていることに注意しよう（直方体の場合と違って、向かい合う面の面積は同じではないのである）。

　天井から抜け出る flux は $(r+\Delta r)^2 V(r+\Delta r, \theta, \phi) \sin\theta \Delta\theta \Delta\phi$、床から抜け出る flux は $-r^2 V(r, \theta, \phi) \sin\theta \Delta\theta \Delta\phi$ ということになる（例によってマイナス符号は、$V_r > 0$ の時に入ってくる方向だからついている）。

　よって、天井と床からの湧き出しは、

$$(r+\Delta r)^2 V_r(r+\Delta r, \theta, \phi) \sin\theta \Delta\theta \Delta\phi - r^2 V_r(r, \theta, \phi) \sin\theta \Delta\theta \Delta\phi \\ = \Big((r+\Delta r)^2 V_r(r+\Delta r, \theta, \phi) - r^2 V_r(r, \theta, \phi)\Big) \sin\theta \Delta\theta \Delta\phi \tag{2.25}$$

となる。

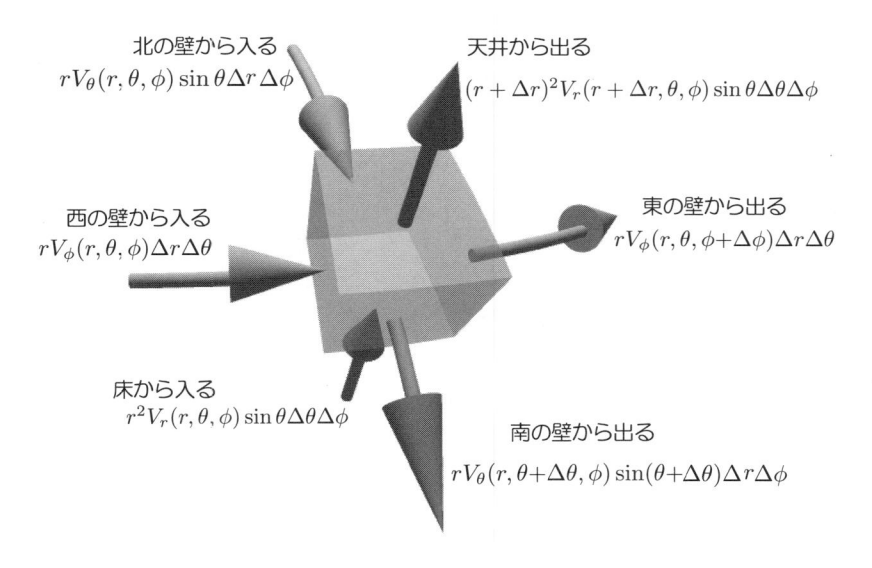

北の壁から入る
$rV_\theta(r, \theta, \phi) \sin\theta \Delta r \Delta\phi$

天井から出る
$(r+\Delta r)^2 V_r(r+\Delta r, \theta, \phi) \sin\theta \Delta\theta \Delta\phi$

西の壁から入る
$rV_\phi(r, \theta, \phi) \Delta r \Delta\theta$

東の壁から出る
$rV_\phi(r, \theta, \phi+\Delta\phi) \Delta r \Delta\theta$

床から入る
$r^2 V_r(r, \theta, \phi) \sin\theta \Delta\theta \Delta\phi$

南の壁から出る
$rV_\theta(r, \theta+\Delta\theta, \phi) \sin(\theta+\Delta\theta) \Delta r \Delta\phi$

　div は単位体積あたりの量だから、これを体積 $r^2 \sin\theta \Delta r \Delta\theta \Delta\phi$ で割る。すると div のうち、天井と床からくる部分は、

$$\frac{1}{r^2} \frac{(r+\Delta r)^2 V_r(r+\Delta r, \theta, \phi) - r^2 V_r(r, \theta, \phi)}{\Delta r} \tag{2.26}$$

であることがわかる。この式の分子は

$$\begin{array}{ll} & r^2V(r,\theta,\phi) \text{ の } r \text{ が } r+\Delta r \text{ の時の値} \quad (r+\Delta r)^2V_r(r+\Delta r,\theta,\phi) \\ -) & \qquad\qquad \text{〃} \qquad\qquad r \qquad \text{の時の値} \qquad r^2V_r(r,\theta,\phi) \end{array} \qquad (2.27)$$

という引き算である。(2.26) はそれを $r^2\Delta r$ で割った式になっている。$\dfrac{1}{r^2}$ を横にどけておいて残りを見れば $\Delta r \to 0$ という極限を取れば微分の定義そのものである。よって、div のうち、天井と床から来る部分は $r^2V(r,\theta,\phi)$ の r 微分に $\dfrac{1}{r^2}$ をかけたもの、すなわち

$$\frac{1}{r^2}\frac{\partial}{\partial r}\left(r^2V_r(r,\theta,\phi)\right) \qquad (2.28)$$

となることがわかる。

この答はナイーブな予想 $\dfrac{\partial}{\partial r}V_r$ とは違う。原因はもちろん、天井と床の面積の違いである。そのため、天井での流れ出しと床からの流れ出しは、V_r に r^2 をかけた量に比例する。よってこの量 r^2V_r を微分しないと、正しい意味での湧き出しを計算していることにならないのである。

【FAQ】 1.5.2 節で円の面積分をした時は r と $r+\mathrm{d}r$ の違いは無視していた。
→ p34
今は無視できないのはなぜ？

円の面積分をする時は $r\mathrm{d}\theta$ と $(r+\mathrm{d}r)\mathrm{d}\theta$ を比べて、$\mathrm{d}r\mathrm{d}\theta$ を無視した。つまり、微小量の 1 次の量を計算していたので、微小量の 2 次を無視したのであった。

上の計算では、

$$(r+\Delta r)^2V_r(r+\Delta r,\theta,\phi)-r^2V_r(r,\theta,\phi) \qquad (2.29)$$

という式の、微小量の 1 次を計算していた。第 1 項 $(r+\Delta r)^2V_r(r+\Delta r,\theta,\phi)$ を展開すると、

$$\begin{aligned} & (r^2+2r\Delta r+(\Delta r)^2)\left(V_r(r,\theta,\phi)+\Delta r\frac{\partial V_r}{\partial r}(r,\theta,\phi)+\cdots\right) \\ =\ & \underbrace{r^2V_r(r,\theta,\phi)}_{\text{引き算で消える 0 次}}+\underbrace{2r\Delta r V_r(r,\theta,\phi)+r^2\Delta r\frac{\partial V_r}{\partial r}(r,\theta,\phi)}_{\text{ここまで 1 次の微小量}} \\ & +\underbrace{(\Delta r)^2V_r(r,\theta,\phi)+2r(\Delta r)^2\frac{\partial V_r}{\partial r}(r,\theta,\phi)+\cdots}_{\text{ここから先は 2 次以上の微小量}} \end{aligned} \qquad (2.30)$$

となり、2 次以上の微小量は捨てても問題ない。しかし捨ててはいけない 1 次の微小量の中に $(r+\Delta r)^2$ を展開した項の中にあった $2r\Delta r$ が入っているので、$(r+\Delta r)^2 \to r^2$ とはできないのである。このように「何は無視してよく、何を無

視してはいけないか」は微小量の次数をちゃんと勘定して決めなくてはいけない。

なお、実は $(r+\Delta r)^2 \to r^2 + 2r\Delta r$ と近似することはやっても問題はない（こうやっても、ちゃんと同じ答えになる）。

北の壁と南の壁も面積が違う。その違いは $\sin\theta$ に比例しているので、南北の壁による div への寄与は、

$$\frac{1}{r^2 \sin\theta \Delta\theta}(r\sin(\theta+\Delta\theta)V_\theta(r,\theta+\Delta\theta,\phi) - r\sin\theta V_\theta(r,\theta,\phi))$$
$$\longrightarrow \quad \frac{1}{r\sin\theta}\frac{\partial}{\partial\theta}(\sin\theta V_\theta) \tag{2.31}$$

となる[†20]。最後に東西については、

$$\frac{1}{r^2 \sin\theta \Delta\phi}(rV_\phi(r,\theta,\phi+\Delta\phi) - rV_\phi(r,\theta,\phi)) \longrightarrow \quad \frac{1}{r\sin\theta}\frac{\partial}{\partial\phi}V_\phi \tag{2.32}$$

となる[†21]。まとめると、極座標での div の式は

―― 覚えるならこっちを覚えよう！！ ――

$$\mathrm{div}\,\vec{A} = \frac{1}{r^2}\frac{\partial}{\partial r}\left(r^2 A_r\right) + \frac{1}{r\sin\theta}\frac{\partial}{\partial\theta}(\sin\theta A_\theta) + \frac{1}{r\sin\theta}\frac{\partial A_\phi}{\partial\phi} \tag{2.33}$$

である。なお、円筒座標では、

―― 円筒座標の div ――

$$\mathrm{div}\,\vec{A} = \frac{1}{\rho}\frac{\partial(\rho A_\rho)}{\partial \rho} + \frac{1}{\rho}\frac{\partial A_\phi}{\partial\phi} + \frac{\partial A_z}{\partial z} \tag{2.34}$$

である。

―――――――――――――――

[†20] ここで、「壁の面積が $\sin\theta$ に比例するから、$\sin\theta$ をかけてから微分して後で $\sin\theta$ で割るのはわかるが、なぜ r で割る事が必要なのか？」と疑問に思うかもしれない。理由は、次の節で書いているように、この場合の南北間の壁の距離は $d\theta$ ではなく $rd\theta$ だからである。別の言い方をすれば、ここでの「正しい微分」は $\frac{\partial}{\partial\theta}$ ではなく、$\frac{1}{r}\frac{\partial}{\partial\theta}$ なのである。

[†21] ここで最後に $r\sin\theta$ で割っている理由も、東西間の壁の間隔は $r\sin\theta d\phi$ だから。$\frac{\partial}{\partial\phi}$ ではなく、$\frac{1}{r\sin\theta}\frac{\partial}{\partial\phi}$ が「正しい微分」なのである。

---------------------------- **練習問題** ----------------------------

【問い 2-3】 円筒座標の div が (2.34) のようになることを計算により確認せよ。

ヒント → p309 へ   解答 → p315 へ

2.4.2　$\vec{\nabla}$ を使った記法に関する注意　+++++++++++++++++ 【補足】

div は、「ナブラ」[22]と呼ばれる記号 $\vec{\nabla}$ を使って div $\vec{A} = \vec{\nabla} \cdot \vec{A}$ と書かれることもある。・はベクトルの内積を示し、あたかもベクトル $\vec{\nabla}$ とベクトル $\vec{A}$ の内積であるかのごとき書き方になっている。

直交座標の場合、$\vec{\nabla} = \vec{e}_x \dfrac{\partial}{\partial x} + \vec{e}_y \dfrac{\partial}{\partial y} + \vec{e}_z \dfrac{\partial}{\partial z}$ となり、$\vec{A} = A_x \vec{e}_x + A_y \vec{e}_y + A_z \vec{e}_z$ にかかると、$\vec{e}_i \cdot \vec{e}_j = \delta_{ij}$ という関係[23]により、

$$\vec{\nabla} \cdot \vec{A} = \left(\vec{e}_x \frac{\partial}{\partial x} + \vec{e}_y \frac{\partial}{\partial y} + \vec{e}_z \frac{\partial}{\partial z} \right) \cdot (A_x \vec{e}_x + A_y \vec{e}_y + A_z \vec{e}_z) = \frac{\partial A_x}{\partial x} + \frac{\partial A_y}{\partial y} + \frac{\partial A_z}{\partial z} \tag{2.35}$$

となり、これが div $\vec{A}$ と同じであることがわかる。ここで、上の式では $\vec{e}_x \cdot \vec{e}_x = \vec{e}_y \cdot \vec{e}_y = \vec{e}_z \cdot \vec{e}_z = 1$ になった部分だけが生き残っていることに注意しよう（内積を取るという計算だから当然なのであるが）。

$\vec{\nabla}$ の一般的定義は、任意の方向を向いた単位ベクトルを $\vec{e}$ として、

$$\vec{e} \cdot \vec{\nabla} F(\vec{x}) = \lim_{h \to 0} \frac{F(\vec{x} + h\vec{e}) - F(\vec{x})}{h} \tag{2.36}$$

である。あるいは、

$$F(\vec{x} + h\vec{e}) = F(\vec{x}) + h\vec{e} \cdot \vec{\nabla} F(\vec{x}) + \mathcal{O}(h^2) \tag{2.37}$$

と書いてもよい。

つまり、ある任意の方向に距離 h だけ移動した時の関数 $F(\vec{x})$ の変化量と、移動距離 h の割合を $h \to 0$ の極限で計算したものが、$\vec{e} \cdot \vec{\nabla} F(x)$ になるというのが $\vec{\nabla}$ の定義である。

そもそも、1次元での微分の定義は

$$\frac{\mathrm{d}F(x)}{\mathrm{d}x} = \lim_{h \to 0} \frac{F(x+h) - F(x)}{h} \tag{2.38}$$

または

$$F(x+h) = F(x) + h \frac{\mathrm{d}F(x)}{\mathrm{d}x} + \mathcal{O}(h^2) \tag{2.39}$$

であった。つまり位置座標 x を h だけ変化させた時の $F(x)$ の変化と h の割合である。2次元以上の空間では、位置座標 $\vec{x}$ をどちら向けに変化させた時の割合なのかを示す

---

[22] 「ナブラ」(nabla) はギリシャ語で「竪琴」という意味で、その形 ∇ から来ている。ではなぜこの形なのかというと、昔は微小変化を意味する記号 Δ を上下ひっくり返して使っていたらしい。
[23] $\vec{e}_x, \vec{e}_y, \vec{e}_z$ はそれぞれの長さは 1 であり、互いに直交するという関係式。

ため、微分がベクトルになってしまうわけである。直交座標の場合、$\vec{e}_x \cdot \vec{\nabla} F = \dfrac{\partial F}{\partial x}$、$\vec{e}_y \cdot \vec{\nabla} F = \dfrac{\partial F}{\partial y}$ というふうに、$\vec{e}$ が向いている方向によって、$\vec{e} \cdot \vec{\nabla} F$ が $\dfrac{\partial F}{\partial x}$ になったり $\dfrac{\partial F}{\partial y}$ になったりする。つまり、

$$\vec{\nabla} F = \vec{e}_x \frac{\partial F}{\partial x} + \vec{e}_y \frac{\partial F}{\partial y} + \vec{e}_z \frac{\partial F}{\partial z} \tag{2.40}$$

ということになる。この式から F を外して書いたものが

$\vec{\nabla}$ の定義

$$\vec{\nabla} = \vec{e}_x \frac{\partial}{\partial x} + \vec{e}_y \frac{\partial}{\partial y} + \vec{e}_z \frac{\partial}{\partial z} \tag{2.41}$$

である。本来微分記号というのは後ろに何か関数があって意味があるので、この式はあくまで「記号」として解釈しておこう。

$\vec{\nabla}$ などを使って、微分をベクトルのように扱う理由は、微分というのは本来「ある場所と、その隣の場所との関数の差を調べる」ものであるが、2次元以上の空間では「隣の場所」というのがどっちの隣なのか（東隣か西隣か、あるいは北か南か、もしくは階上か階下か）によって微分の値も違うからである。

極座標ではどうかというと、$\vec{e}$ が r 方向に向いている時すなわち、$\vec{e}_r \cdot \vec{\nabla} F(\vec{x})$ は $\dfrac{\partial F}{\partial r}$ でよいが、θ 方向を向いている時すなわち $\vec{e}_\theta \cdot \vec{\nabla} F(\vec{x})$ は $\dfrac{1}{r}\dfrac{\partial F}{\partial \theta}$ でなくてはいけない。なぜなら、θ 方向に距離 h 進むと、θ は $\dfrac{h}{r}$ だけ増加するからである。つまり、

$$\vec{e}_\theta \cdot \vec{\nabla} F(r, \theta, \phi) = \lim_{h \to 0} \frac{F(r, \theta + \frac{h}{r}, \phi) - F(r, \theta, \phi)}{h} \tag{2.42}$$

という計算を行わなくてはいけないのである。

$$F(r, \theta + \frac{h}{r}, \phi) = F(r, \theta, \phi) + \frac{h}{r}\frac{\partial F}{\partial \theta} \tag{2.43}$$

のようになることを考えれば、(2.42)の右辺は $\dfrac{1}{r}\dfrac{\partial F}{\partial \theta}$ となる。
→ p71

同様に、ϕ 方向に距離 h 進むと ϕ は $\dfrac{h}{r\sin\theta}$ だけ増加するので、$\vec{e}_\phi \cdot \vec{\nabla} F = \dfrac{1}{r\sin\theta}\dfrac{\partial F}{\partial \phi}$ である。この三つをまとめると、

$$\vec{\nabla} F = \vec{e}_r \frac{\partial F}{\partial r} + \vec{e}_\theta \frac{1}{r}\frac{\partial F}{\partial \theta} + \vec{e}_\phi \frac{1}{r\sin\theta}\frac{\partial F}{\partial \phi} \quad \to \quad \vec{\nabla} = \vec{e}_r \frac{\partial}{\partial r} + \vec{e}_\theta \frac{1}{r}\frac{\partial}{\partial \theta} + \vec{e}_\phi \frac{1}{r\sin\theta}\frac{\partial}{\partial \phi} \tag{2.44}$$

となる。この式から逆に $\vec{e}_r \cdot \vec{\nabla} = \dfrac{\partial}{\partial r}, \vec{e}_\theta \cdot \vec{\nabla} = \dfrac{1}{r}\dfrac{\partial}{\partial \theta}, \vec{e}_\phi \cdot \vec{\nabla} = \dfrac{1}{r\sin\theta}\dfrac{\partial}{\partial \phi}$ となることはすぐに確認できる。

ここでひっかかりやすい点を指摘しておこう。極座標で表したベクトル場を $\vec{A} = A_r\vec{e}_r + A_\theta\vec{e}_\theta + A_\phi\vec{e}_\phi$ と書いた時、非常によくある間違いは、

これも間違い！！

$$\vec{\nabla} \cdot \vec{A} = \left(\vec{e}_r\frac{\partial}{\partial r} + \vec{e}_\theta\frac{1}{r}\frac{\partial}{\partial \theta} + \vec{e}_\phi\frac{1}{r\sin\theta}\frac{\partial}{\partial \phi}\right) \cdot (A_r\vec{e}_r + A_\theta\vec{e}_\theta + A_\phi\vec{e}_\phi)$$
$$= \frac{\partial A_r}{\partial r} + \frac{1}{r}\frac{\partial A_\theta}{\partial \theta} + \frac{1}{r\sin\theta}\frac{\partial A_\phi}{\partial \phi} \tag{2.45}$$

とやってしまうことである。なんとなく、上の式は正しそうに見えるが、実はまずい。なぜなら、$\vec{e}_r, \vec{e}_\theta, \vec{e}_\phi$ はどれも定ベクトルではない。つまり「**右の括弧内の $\vec{e}$ も微分される**」のである。

微分してみると、

$$\frac{\partial}{\partial r}\vec{e}_r = 0, \qquad \frac{\partial}{\partial r}\vec{e}_\theta = 0, \qquad \frac{\partial}{\partial r}\vec{e}_\phi = 0,$$
$$\frac{\partial}{\partial \theta}\vec{e}_r = \vec{e}_\theta, \qquad \frac{\partial}{\partial \theta}\vec{e}_\theta = -\vec{e}_r, \qquad \frac{\partial}{\partial \theta}\vec{e}_\phi = 0, \tag{2.46}$$
$$\frac{\partial}{\partial \phi}\vec{e}_r = \sin\theta\vec{e}_\phi, \quad \frac{\partial}{\partial \phi}\vec{e}_\theta = \cos\theta\vec{e}_\phi, \quad \frac{\partial}{\partial \phi}\vec{e}_\phi = -\sin\theta\vec{e}_r - \cos\theta\vec{e}_\theta$$

となる（演習問題 2-5 参照）。この公式を使って正しい計算を行うと、
→ p76

$$\vec{\nabla} \cdot \vec{A} = \left(\vec{e}_r\frac{\partial}{\partial r} + \vec{e}_\theta\frac{1}{r}\frac{\partial}{\partial \theta} + \vec{e}_\phi\frac{1}{r\sin\theta}\frac{\partial}{\partial \phi}\right) \cdot (A_r\vec{e}_r + A_\theta\vec{e}_\theta + A_\phi\vec{e}_\phi)$$

$$= \frac{\partial A_r}{\partial r} + \frac{1}{r}\frac{\partial A_\theta}{\partial \theta} + \frac{1}{r\sin\theta}\frac{\partial A_\phi}{\partial \phi} + \frac{1}{r}\vec{e}_\theta \cdot \left(A_r\underbrace{\frac{\partial \vec{e}_r}{\partial \theta}}_{=\vec{e}_\theta} + A_\theta\underbrace{\frac{\partial \vec{e}_\theta}{\partial \theta}}_{=-\vec{e}_r}\right)$$

$$+ \frac{1}{r\sin\theta}\vec{e}_\phi \cdot \left(A_r\underbrace{\frac{\partial \vec{e}_r}{\partial \phi}}_{=\sin\theta\vec{e}_\phi} + A_\theta\underbrace{\frac{\partial \vec{e}_\theta}{\partial \phi}}_{=\cos\theta\vec{e}_\phi} + A_\phi\underbrace{\frac{\partial \vec{e}_\phi}{\partial \phi}}_{-\sin\theta\vec{e}_r - \cos\theta\vec{e}_\theta}\right)$$

$$= \frac{\partial A_r}{\partial r} + \frac{1}{r}\frac{\partial A_\theta}{\partial \theta} + \frac{1}{r\sin\theta}\frac{\partial A_\phi}{\partial \phi} + \frac{2}{r}A_r + \frac{\cos\theta}{r\sin\theta}A_\theta \tag{2.47}$$

となる。これは(2.33)に等しい。
→ p69

------ **練習問題** ------

【問い 2-4】 (2.33) と (2.47) が同じ式であることを確認せよ。

ヒント → p309 へ　　解答 → p315 へ

このように極座標などの曲線座標を使った $\vec{\nabla}$ の計算では、$\vec{e}$ が定ベクトルではないということを忘れると計算を間違えることがよくあるので気をつけよう。

＋＋＋＋＋＋＋＋＋＋＋＋＋＋＋＋＋＋＋＋＋＋＋＋＋＋＋＋＋＋＋＋【補足終わり】

2.4.3　極座標の div を使って電場 $\vec{E}$ を求める

さて、極座標の div の便利さを実感しておこう。極座標の div の式(2.33)の $\vec{A}$ (→ p69) に点電荷の場合の電場 $\vec{E} = \dfrac{Q}{4\pi\varepsilon_0 r^2}\vec{e}_r$ を代入すると 0 になる。この場合は V_r のみが $\dfrac{Q}{4\pi\varepsilon_0 r^2}$ という値を持ち、div を取る時には $r^2 V_r$ としてから微分するので定数の微分になり 0 となる。

また逆に、「球対称な電荷分布がある時、電荷の外側ではどんな電場 $\vec{E}$ ができるか？」という問題を解く時、div $\vec{E} = 0$ を手がかりにして解いていくこともできる。この場合、球対称性から E_θ や E_ϕ は存在しないので、div $\vec{E} = 0$ は

$$
\begin{aligned}
\frac{1}{r^2}\frac{\partial}{\partial r}\left(r^2 E_r\right) &= 0 \quad &&\left(r^2 \text{をかける}\right)\\
\frac{\partial}{\partial r}\left(r^2 E_r\right) &= 0 \quad &&(\text{積分して})\\
r^2 E_r &= C \quad &&\left(r^2 \text{で割って}\right)\\
E_r &= \frac{C}{r^2}
\end{aligned}
\tag{2.48}
$$

となって、逆自乗の法則が導けることになる（C は積分定数であって、他の条件から決めねばならない）。電荷が存在する場合は、div $\vec{E} = \dfrac{\rho}{\varepsilon_0}$ を出発点として計算すればよい。例えば一様に帯電した球の場合なら、ρ は定数なので、

$$
\begin{aligned}
\frac{1}{r^2}\frac{\partial}{\partial r}\left(r^2 E_r\right) &= \frac{\rho}{\varepsilon_0} \quad &&\left(r^2 \text{をかけて}\right)\\
\frac{\partial}{\partial r}\left(r^2 E_r\right) &= \frac{\rho}{\varepsilon_0}r^2 \quad &&(\text{積分して})\\
r^2 E_r &= \frac{\rho}{3\varepsilon_0}r^3 + C' \quad &&\left(r^2 \text{で割って}\right)\\
E_r &= \frac{\rho}{3\varepsilon_0}r + \frac{C'}{r^2}
\end{aligned}
\tag{2.49}
$$

となる。ここで積分定数 C' は実は 0 である。なぜなら、そうでなかったら $r = 0$ で E_r が発散してしまうからである。

【FAQ】逆自乗則の式 $E_r = \dfrac{Q}{4\pi\varepsilon_0 r^2}$ の場合だって発散しているけど気にしなかったではないですか

逆自乗の式はあくまで「電荷の存在しない範囲」で成立した式なので、電荷がいる場所は適用範囲外。適用範囲外で発散しても、「当局は一切関知しない」ということで問題はない。上の式の場合、原点は適用範囲内なので、そこで発散されては困る。

積分定数 C の方は、球の表面（$r = R$ としよう）で外部の解 $E = \dfrac{C}{r^2}$ と内部の解 $E = \dfrac{\rho}{3\varepsilon_0}r$ が接続されるようにすればよいから、

$$\frac{C}{R^2} = \frac{\rho}{3\varepsilon_0}R \to C = \frac{\rho}{3\varepsilon_0}R^3 \tag{2.50}$$

となる。一様な電荷分布を仮定したから、$\dfrac{4\pi}{3}R^3\rho = Q$ とすれば、外部での解は

$$E = \frac{\rho R^3}{3\varepsilon_0 r^2} = \frac{\frac{4\pi}{3}\rho R^3}{4\pi\varepsilon_0 r^2} = \frac{Q}{4\pi\varepsilon_0 r^2} \tag{2.51}$$

というおなじみの形になる。

こうして、一様帯電した球の内部での電場 $\vec{E}$ を求めることができる（2.2.3 節でやったよりもこっちの方が簡単である）。もう一度まとめておくと、

真空中の静電気学の基本方程式

$$\mathrm{div}\,\vec{E} = \frac{\rho}{\varepsilon_0} \tag{2.52}$$

という 1 本の式で、ここまでの物理法則を表してしまうことができる。クーロンの法則もガウスの法則も、全てこの式で表現しつくされているのである[†24]。

この式は分極という現象を起こす物質の中では少しだけ変更される。その変更された方程式が、後で電磁気学の基本法則であるマックスウェル方程式の一つとなるのである。

[†24] ただし「境界条件を決めないと答が決まらない」という微分方程式の性質を、この式も持っていることに注意。また静電場の満たす物理法則にはもう一つ、後で出てくる $\mathrm{rot}\,\vec{E} = 0$ もある。

2.5 章末演習問題

★【演習問題 2-1】
　図のように、一様に帯電したパイプ状の中空の円筒がある。
　円筒の内径（中空部分の半径）は ρ_1、外径は ρ_2 である。内部（$\rho_1 < \rho < \rho_2$ の部分）には体積電荷密度 D で電荷が一様に分布している[†25]。図は有限長さで切られているが、実際には無限に長い円筒であるとしよう。円筒の中心である z 軸から ρ 離れた場所での電場 $\vec{E}$ を求めよ。

　　　　　　　　　　　ヒント → p1w へ　　解答 → p11w へ

★【演習問題 2-2】
　球対称な電荷分布があった（ただし、ある半径 R より遠くでは電荷密度は 0 だった）。電荷が分布している部分の電場 $\vec{E}$ を測定したところ、どの場所でも電場 $\vec{E}$ は r 方向（原点から離れる方向）を向いて、その電場 $\vec{E}$ の強さは kr^n と距離の n 乗に比例していた。電荷はどのように分布していたのか？
　物理的に許される n の範囲を考察せよ。

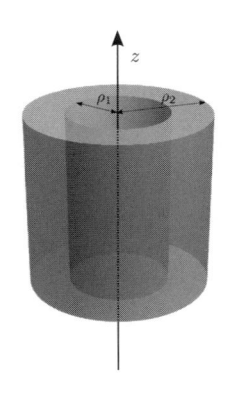

　　　　　　　　　　　ヒント → p1w へ　　解答 → p11w へ

★【演習問題 2-3】
　$\vec{E} = x\vec{e}_x - y\vec{e}_y$ という電場 $\vec{E}$ は $\mathrm{div}\,\vec{E} = 0$ を満たすので、真空中で電荷もない場所の静電場の方程式の解である（この問題では z 方向は無視して考えよう）。

(1) どのような電気力線で表される電場 $\vec{E}$ か、図を描け。
(2) 電気力線の方程式（一本の電気力線の上で成立する方程式）を求めよ。電気力線の傾きが $\dfrac{\mathrm{d}y}{\mathrm{d}x}$ であると考えて微分方程式を解けばよい。
(3) $\vec{E} = -y\vec{e}_x + x\vec{e}_y$ という電場 $\vec{E}$ も $\mathrm{div}\,\vec{E} = 0$ を満たすが、別の理由で現実の静電場の解とはなり得ない。図を描いて、なぜかを説明せよ。

　　　　　　　　　　　ヒント → p2w へ　　解答 → p12w へ

★【演習問題 2-4】
　2.2.2 節で求めたように、無限に長い棒が単位長さあたり ρ の電荷を持っている時、棒から距離 r 離れたところの電場 $\vec{E}$ は $\dfrac{\rho}{2\pi\varepsilon_0 r}$ であり、棒から離れる方向（棒が z 軸で重なる円筒座標で考えると、r 方向）を向いていた。z 軸上以外では、$\mathrm{div}\,\vec{E} = 0$ を満たすことを、

(1) 直交座標で
(2) 円筒座標で

それぞれ確認せよ。

　　　　　　　　　　　ヒント → p2w へ　　解答 → p12w へ

[†25] 円筒座標の ρ と重なるので、電荷密度に D を用いたが、文字が変わっても中身は変わらない。

★【演習問題 2-5】

(2.46)を証明せよ。方法はいろいろあるが、例えば、下の図より、$\vec{e}_r, \vec{e}_\theta, \vec{e}_\phi$ を $\vec{e}_x, \vec{e}_y, \vec{e}_z$ で表して（この答えは(A.2) にある）から微分する（この時、$\vec{e}_x, \vec{e}_y, \vec{e}_z$ は定ベクトルであることに注意）という方法もあるし、r, θ, ϕ が変化した時にどのようにベクトルの向きが変わるかを図を書いて考える方法もある。
→ p72
→ p300

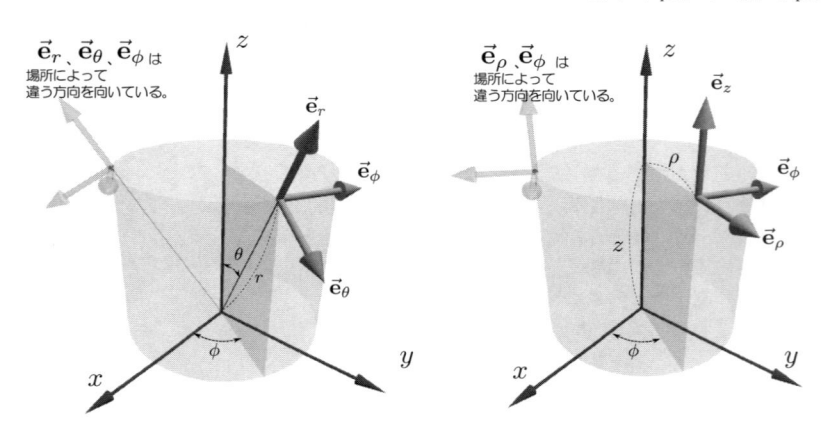

ヒント → p2w へ　　解答 → p13w へ

★【演習問題 2-6】

円筒座標に関して、(2.46)同様の式を作れ。
→ p72

ヒント → p2w へ　　解答 → p14w へ

第 3 章

静電気力の位置エネルギーと電位

この章では、電場 $\vec{E}$ を記述するもう一つの便利な方法、電位の考え方について述べる。電場 $\vec{E}$ が「単位電荷あたりの力」で定義されていたように、電位は「単位電荷あたりの位置エネルギー」で定義される量である。

3.1 1次元の静電気力の位置エネルギーと電位

3.1.1 力学的エネルギーの復習（1次元）

電位の定義に入る前にまず、力とエネルギーの関係を復習した後、静電気力による位置エネルギーを考えることにしよう。

そもそも位置エネルギーとは何か？——もう一度考えておこう。まずは1次元的な運動を考える。質量 m の物体がある直線上を運動していて、その位置 x に依存する力 $F(x)$ を受けているとする。運動方程式は $m\dfrac{\mathrm{d}^2 x}{\mathrm{d}t^2} = F(x)$ である。この式の両辺を x で積分する。今物体はある時刻 t_1 に位置 x_1 にいて、それから後のある時刻 t_2 に x_2 にいたとする。積分は x_1 から x_2 まで、その物体の運動にそって行う[†1]。

$$m \int_{x_1}^{x_2} \frac{\mathrm{d}^2 x}{\mathrm{d}t^2} \mathrm{d}x = \int_{x_1}^{x_2} F(x) \mathrm{d}x \tag{3.1}$$

右辺は $F(x)$ がちゃんとわかっていれば、後は積分するだけである。左辺はそのままでは積分しにくいが、以下のようにやるとできる。まず、$\mathrm{d}x \to \dfrac{\mathrm{d}x}{\mathrm{d}t}\mathrm{d}t$ と置き換える。つまり、積分を x でなく t で行うことにする。これで

[†1] 物体は途中で向きを変えたりしなかったとして考えよう。物体が途中で引き返したりすると積分がややこしくなる（以下の計算はその場合でも成立するが）。

$$m\int_{t_1}^{t_2}\frac{\mathrm{d}^2x}{\mathrm{d}t^2}\frac{\mathrm{d}x}{\mathrm{d}t}\mathrm{d}t=\int_{x_1}^{x_2}F(x)\mathrm{d}x \tag{3.2}$$

という積分に変わるが、$\frac{\mathrm{d}x}{\mathrm{d}t}$ は速度であるからこれを v と書いておくと（この時、$\frac{\mathrm{d}^2x}{\mathrm{d}t^2}=\frac{\mathrm{d}v}{\mathrm{d}t}$）、

$$m\int_{t_1}^{t_2}\frac{\mathrm{d}v}{\mathrm{d}t}v\mathrm{d}t=\int_{x_1}^{x_2}F(x)\mathrm{d}x \tag{3.3}$$

という積分をすることになる。この右辺の、「力 $F(x)$ を位置座標 x で積分する」という量は「仕事」と呼ばれる量である。

ここで、

$$\frac{\mathrm{d}}{\mathrm{d}t}\left(v^2\right)=2\frac{\mathrm{d}v}{\mathrm{d}t}v \tag{3.4}$$

であることを使うと、

$$\frac{1}{2}m\int_{t_1}^{t_2}\frac{\mathrm{d}}{\mathrm{d}t}\left(v^2\right)\mathrm{d}t=\int_{x_1}^{x_2}F(x)\mathrm{d}x \tag{3.5}$$

となる。左辺の積分範囲は t_1 から t_2 まで、右辺の積分範囲は x_1 から x_2 までになる。左辺の積分は v^2 を微分してからまた積分するという計算になっているので、

$$\left.\frac{1}{2}mv^2\right|_{t=t_2}-\left.\frac{1}{2}mv^2\right|_{t=t_1}=\int_{x_1}^{x_2}F(x)\mathrm{d}x \tag{3.6}$$

という結果になる[†2]。この式の左辺は「運動エネルギー $\frac{1}{2}mv^2$ の増加」であり、これが力 $F(x)$ のした仕事に等しい。すなわち、物体に加えられた仕事の分だけ、運動エネルギーが増加する。

定積分 $\int_{x_1}^{x_2}F(x)\mathrm{d}x$ が不定積分 $\int F(x)\mathrm{d}x$ を使って $\left.\int F(x)\mathrm{d}x\right|_{x=x_2}-\left.\int F(x)\mathrm{d}x\right|_{x=x_1}$ と書けることを使うと、この式を

$$\left.\frac{1}{2}mv^2\right|_{t=t_2}-\left.\frac{1}{2}mv^2\right|_{t=t_1}=\left.\int F(x)\mathrm{d}x\right|_{x=x_2}-\left.\int F(x)\mathrm{d}x\right|_{x=x_1} \tag{3.7}$$

と書き直すことができる。これをさらに、左辺に場所 x_1、時刻 t_1 での値が来て、右辺には場所 x_2、時刻 t_2 での値が来るように書き直すと、

$$\left.\frac{1}{2}mv^2\right|_{t=t_1}-\left.\int F(x)\mathrm{d}x\right|_{x=x_1}=\left.\frac{1}{2}mv^2\right|_{t=t_2}-\left.\int F(x)\mathrm{d}x\right|_{x=x_2} \tag{3.8}$$

[†2] 記号 $|_{t=t_1}$ は、「$t=t_1$ を代入せよ」という意味。

3.1 1次元の静電気力の位置エネルギーと電位

と変わる。ここで、$\int F(x)\mathrm{d}x = -U(x)$ と置くと、

$$\frac{1}{2}mv^2\bigg|_{t=t_1} + U(x_1) = \frac{1}{2}mv^2\bigg|_{t=t_2} + U(x_2) \tag{3.9}$$

となる。この式を見ると、左辺は時刻 t_1、場所 x_1 での値であり、右辺は時刻 t_2、場所 x_2 での値である。つまり、$\frac{1}{2}mv^2 + U$ という量は物体の運動する間、どの時刻どの場所でも同じ値を保つ。$\frac{1}{2}mv^2$ を「運動エネルギー」、$U(x)$ を「位置エネルギー」と呼んで、「**運動エネルギーと位置エネルギーの和は保存する**」という法則（力学的エネルギー保存の法則）が導かれたわけである。位置エネルギー $U(x)$ と力 $F(x)$ の関係は

$$U(x) = -\int F(x)\mathrm{d}x \quad \text{または} \quad F(x) = -\frac{\mathrm{d}}{\mathrm{d}x}U(x) \tag{3.10}$$

である。

今考えたような1次元問題の場合、位置エネルギーが定義できるためには「**力 $F(x)$ が場所のみの関数である**」という条件が必要である。たとえば「動摩擦力が働くとエネルギーが保存しない」というのはよく言われることだが、それは動摩擦力に「物体の運動方向と逆向きに働く」という性質があり、場所だけではなく「物体がどっちに運動しているか」にも依存しているからである。他にも空気抵抗（物体の速度に依存）が働くような場合も同様である。このような場合は上のような計算を行っても、運動エネルギーと位置エネルギーの和の形にまとめることはできない。

以上ざっと位置エネルギーとは何であったかを思い出した。1次元の場合で例を三つあげておく。

重力の位置エネルギー

地球上の重力は、どこでも mg である（厳密に言うと g は標高や緯度などによって多少変化するが、そこは無視している）。上で1次元で位置エネルギーが定義できる条件は「場所のみの関数であること」と書いたが、「どこでも mg」も（定数を

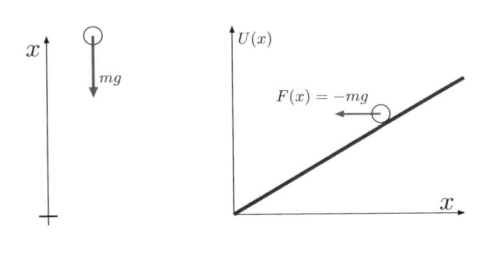

与える）立派な関数であるから、位置エネルギーが定義できる。座標 x を上向き正に取れば、力は下向きになるので、$F(x) = -mg$ と考えればよく、この場合の位置エネルギーは $U = mgx$ である。

万有引力の位置エネルギー

質量 M の物体が質量 m の物体に及ぼす万有引力は、$-\dfrac{GMm}{r^2}$ となる（マイナスをつけたのは、r の負方向であることを強調した）。

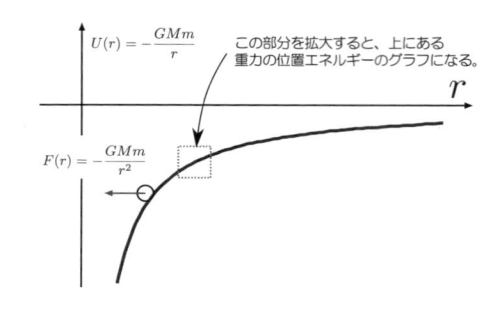

この場合の位置エネルギーは $U(r) = -\dfrac{GMm}{r}$ となる。万有引力の変化が十分小さいと近似できるほど、狭い範囲で考えるならば、上の重力と同じになる。ただし、位置エネルギーの原点は $r = \infty$ に取っている（前の重力でもそうだが、エネルギーの原点は任意にとってかまわない。大事なのは傾きである）。

ばねによる位置エネルギー

ばねが x だけ伸びている時の力の大きさは kx である。ばねが自然長（伸び縮みなし）の時の物体の位置を $x = 0$ としてばねが伸びる方向に x 座標を取ると、力は逆を向くから $F(x) = -kx$ となる。これから、位置エネルギーは $\dfrac{1}{2}kx^2$ となる。

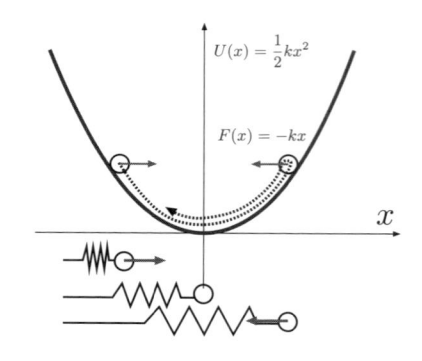

結局位置エネルギーとは何かといえば、「**力を位置座標で積分していったもの**」または、「**微分すると力になるもの**」という認識でいいだろう。

上の三つの例のうち、重力と万有引力の位置エネルギーはまさに「位置」に対応したエネルギーであり、ばねによる位置エネルギーは「位置」というよりは「ばね」という物体の「状態」に対応した位置エネルギーである。力を出して仕事をすることができるものは、なんらかの形でエネルギーを持っていて、トータルのエネルギーが保存するようになっている。

力 $F(x)$ はエネルギーの微分の逆符号 $-\dfrac{\mathrm{d}}{\mathrm{d}x}U(x)$ に等しいが、これはつまり位置エネルギーのグラフを書いた時「グラフの坂を下りる方向に、その坂の傾きに比例した力がかかる」ということになる。ばねの位置エネルギーのグラフの縦軸を「山の高さ」のように考えて、その山を降りる方向に力が働くのだ、というイメージを持つことができる（マイナス符号がつく理由は「降りる方向」だからである）。

次の節で電位を定義するが、電位も同様に「電位の高い所から電位の低い所へと降りる方向に静電気力が働く（ただし＋電荷の場合）」というイメージ（電位＝架空の高さ）を持って考えるとわかりやすい。

3.1.2　1次元の静電気力の位置エネルギーと電位

まずは1次元の場合で、静電気力による位置エネルギーを考え、電位の定義を示しておこう[†3]。

静電気力は（電荷）×（電場 $\vec{E}$）で表される。電場 $\vec{E}$ は場所の関数であるから、静電気力も場所の関数となり、位置エネルギーを定義することができる（空間が2次元以上の時は、位置エネルギーが定義できるために更に条件が必要だが、それは後で述べる）。
→ p90

なじみ深い、点電荷 Q による電場 $E = \dfrac{Q}{4\pi\varepsilon_0 r^2}$ の場合で考えてみると、$F(r) = \dfrac{Qq}{4\pi\varepsilon_0 r^2}$ であるから、対応する位置エネルギーは $U(r) = \dfrac{Qq}{4\pi\varepsilon_0 r}$ である（$F(r) = -\dfrac{\mathrm{d}}{\mathrm{d}r}U(r)$ を確認せよ）[†4]。次ページのグラフで、$U(r)$ の傾きが大きいところは $F(r)$ も大きくなっていることに注意しよう。

[†3] 現実の我々の空間は3次元なので、3次元的に考えなくてはいけない。本節はあくまで「練習」であり、イメージをつかむためのものである。

[†4] このあたりの計算は、万有引力 $\dfrac{GMm}{r^2}$ に対応して位置エネルギー $-\dfrac{GMm}{r}$ が決まるのと同様である。符号が違うのは $Qq > 0$ ならば静電気力は斥力だが、万有引力は名前通り引力であることに由来する。斥力なら近づけるほどエネルギーは増すが、引力なら遠ざけるほどエネルギーが増す。

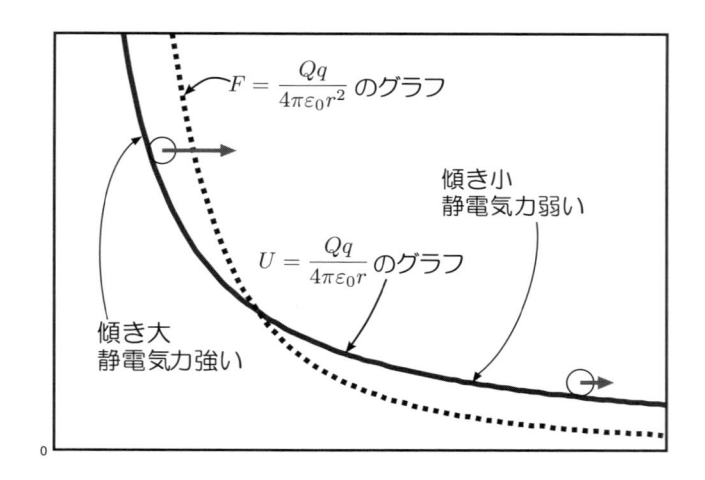

$F = \dfrac{Qq}{4\pi\varepsilon_0 r^2}$ のグラフ

傾き小
静電気力弱い

$U = \dfrac{Qq}{4\pi\varepsilon_0 r}$ のグラフ

傾き大
静電気力強い

さて、このようにして静電気力による位置エネルギーが定義できたら、その位置エネルギーを単位電荷あたりに直したものとして、電位を定義する。

「電荷 q に静電気力 $\vec{F}$ が働く時、そこには $\vec{E} = \dfrac{1}{q}\vec{F}$ の電場 $\vec{E}$ がある」として「単位電荷あたりに働く力」で電場 $\vec{E}$ を定義した時と同じ考え方で、

---- 電位の定義 ----

試験電荷 q をある場所に置いたと仮定した時、その試験電荷が静電気力に由来する位置エネルギーを U だけ持つならば、その場所の電位（または静電ポテンシャル）は $V = \dfrac{U}{q}$ である。

という定義で電位（もしくは静電ポテンシャル[†5]）V を導入する。

位置エネルギー U と力 $\vec{F}$ が $F = -\dfrac{\mathrm{d}}{\mathrm{d}r}U$ という関係にあったのだから、電場 $\vec{E}$ と電位は $E = -\dfrac{\mathrm{d}}{\mathrm{d}r}V$ という関係にある（正確な式は、3次元の話をしてから出そう）。やはり「電位 V を降りる方向に電場 $\vec{E}$ ができる」という形になる。

電位の単位は [V]（ボルト）である[†6]。市販の乾電池には 1.5V と書いてあるが、あれは電池の＋極と－極の間に 1.5V 分の電位差があるということを意味する。電

[†5] 「静電ポテンシャル」と「ポテンシャルエネルギー」は言葉は似ているが、前者は単位電荷あたりに直したもの、後者はエネルギーそのものであるから、少し違う。

[†6] 電池の発明者であるヴォルタにちなむ。

位差はしばしば「電圧 (voltage)」とも呼ばれる。

　つまり、試験電荷 q が−極付近にある時と＋極付近にある時で、$1.5 \times q$[J] の位置エネルギー差があるということである。電池の−極から＋極まで、q[C] の試験電荷を運ぶと、$1.5q$[J] の仕事をすることになる。そのような電位差が発生する理由は、電池の内部に−極から＋極に向けて正電荷を（あるいは＋極から−極に向けて負電荷を）運び込む作用（市販の電池の場合は化学反応による作用である）があるからである。試験電荷は（$q>0$ なら）−極に引っ張られ、＋極から反発される。よって試験電荷を（そこに張り付こうとする）−極からひっぱがして、（くっつきたがらない）＋極に押しつけるには、それだけの「仕事」がいるのである[†7]。

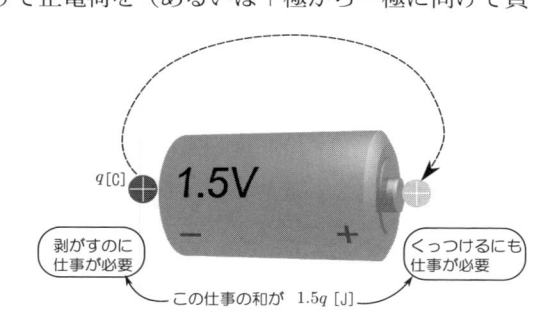

　上で考えた点電荷 Q がある場合に試験電荷の持つ位置エネルギーは $\dfrac{Qq}{4\pi\varepsilon_0 r}$ だったので、この位置エネルギーを試験電荷を単位電荷に直したものが電位となる。すなわち、点電荷 Q によって、そこから距離 r の場所に生じる電位は $V = \dfrac{Q}{4\pi\varepsilon_0 r}$ である。＋電荷付近は電位が高くなり、−電荷付近は電位が低くなる。定義により、エネルギーが低くなる方向に力を受けるので、＋電荷は電位が低くなる方向へ、−電荷は電位が高くなる方向へと力を受けることになる。

　次に示すグラフの縦軸は電位であって、z 軸などの実際の位置座標ではない。イメージとしては、電位というのは「**架空の山の高さ**」であり、＋電荷はその架空の山をすべり下りようとする。電位を作るのも電荷であり、＋電荷のある場所が盛り上がり、−電荷のある場所が盛り下がる。その様子はあたかも電位というものが弾力のあるゴム膜のようなもの（トランポリンを思い浮かべるとよい）でできていて、＋電荷があるところは（架空の）上に引っ張られ、−電荷のあるところは（架空の）下へと引っ張られているようである（このイメージについても、後で3次元的に考え直そう）。

[†7] 現実的な問題では q はかなり小さい (1.2.1 節でも書いたように、日常では 1C の電荷に出会うことはまずない)。よって $1.5q$[J] の仕事というのは非常に小さく、実際にこれをやっても「ああ仕事をしたなぁ」と実感することはないだろう。

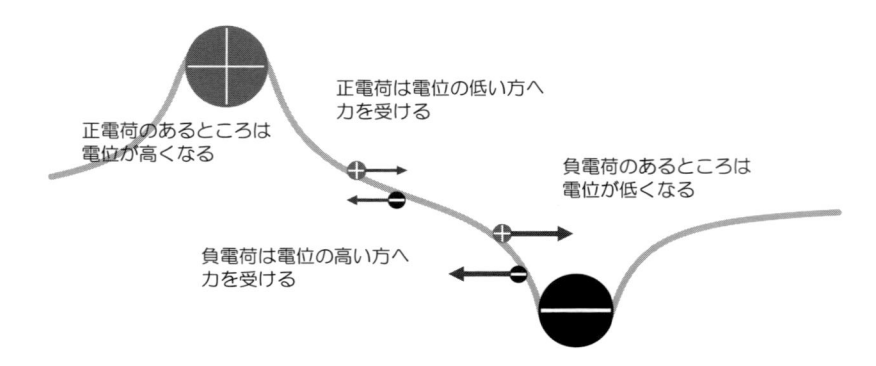

正電荷のあるところは電位が高くなる

正電荷は電位の低い方へ力を受ける

負電荷のあるところは電位が低くなる

負電荷は電位の高い方へ力を受ける

電場 $\vec{E}$ に関して重ね合わせの原理が使えたのだから、電位に関しても重ね合わせの原理は使える。すなわち、複数の電荷のつくる電位は、各々の電荷の作る電位の足し算で計算される。今はまだ1次元の話しかしていないのでそのありがたみがわかりにくいと思うが、2次元以上では電場 $\vec{E}$ がベクトルであり、電位がスカラーであることは非常に大きな差になる。電場 $\vec{E}$ の和の計算にはベクトル和（平行四辺形の法則）が必要だが電位の和の計算は単なる足し算なのである。

3.2　3次元の空間で考える電位

現実の空間は3次元だから、ここまでで述べた1次元的な考えだけでは足りない。そこでこの節では3次元の場合で位置エネルギーを定義する方法について考えた後、3次元の空間での電場 $\vec{E}$ と電位の関係を考えていこう。

3.2.1　3次元の空間における位置エネルギー

3次元で考える時には、力 $F(x)$ がベクトル $\vec{F}(\vec{x})$ となり、(F_x, F_y, F_z) のように次元の数だけの成分を持つ。ゆえに、仕事の定義も、

$$\int F_x \mathrm{d}x + \int F_y \mathrm{d}y + \int F_z \mathrm{d}z = \int \vec{F} \cdot \mathrm{d}\vec{x} \tag{3.11}$$

のように力 $\vec{F} = (F_x, F_y, F_z)$ と変位ベクトル $\mathrm{d}\vec{x} = (\mathrm{d}x, \mathrm{d}y, \mathrm{d}z)$ の内積の積分で定義される。

この力に対応するエネルギー $U(x, y, z)$ が**定義できたとするなら**、

$$F_x = -\frac{\partial U}{\partial x}, \; F_y = -\frac{\partial U}{\partial y}, \; F_z = -\frac{\partial U}{\partial z} \tag{3.12}$$

3.2 3次元の空間で考える電位

のように力を表現することができる。これは1次元の時に $F = -\dfrac{dU}{dx}$ と考えたことの自然な拡張である[†8]。

これをまとめて、

$$
\begin{array}{rl}
F_x \vec{e}_x & = -\vec{e}_x \dfrac{\partial U}{\partial x} \\
+F_y \vec{e}_y & = -\vec{e}_y \dfrac{\partial U}{\partial y} \\
+F_z \vec{e}_z & = -\vec{e}_z \dfrac{\partial U}{\partial z} \\
\hline
F_x \vec{e}_x + F_y \vec{e}_y + F_z \vec{e}_z & = -\vec{e}_x \dfrac{\partial U}{\partial x} - \vec{e}_y \dfrac{\partial U}{\partial y} - \vec{e}_z \dfrac{\partial U}{\partial z}
\end{array}
\tag{3.13}
$$

と表現する。この式の右辺をよく見ると、ナブラ記号 $\vec{\nabla} = \vec{e}_x \dfrac{\partial}{\partial x} + \vec{e}_y \dfrac{\partial}{\partial y} + \vec{e}_z \dfrac{\partial}{\partial z}$ を使って、$-\vec{\nabla}U$ と表現できる。このように、関数 $\Phi(\vec{x})$ が与えられた時に、ベクトル $\left(\dfrac{\partial \Phi}{\partial x}, \dfrac{\partial \Phi}{\partial y}, \dfrac{\partial \Phi}{\partial z}\right)$ を作る演算を「グラディエント (gradient)」（日本語では「**勾配**」）と呼ぶ。記号 grad を使って、

---
grad の定義

$$
\operatorname{grad} \Phi = \vec{\nabla} \Phi = \vec{e}_x \dfrac{\partial \Phi}{\partial x} + \vec{e}_y \dfrac{\partial \Phi}{\partial y} + \vec{e}_z \dfrac{\partial \Phi}{\partial z} \tag{3.14}
$$

と表現する。

grad も div も（後から出てくる rot も）$\vec{\nabla}$ という微分をかける演算であるが、その意味はそれぞれ違うので気をつけること。特に、div はベクトルにナブラをかけて結果はスカラーとなるが、grad はスカラーにナブラをかけて、結果がベクトルとなる。

grad の意味を補足しておく。$\vec{\nabla}$ による微分は

$$
\vec{e} \cdot (\operatorname{grad} \Phi) = \vec{e} \cdot \vec{\nabla} \Phi = \lim_{h \to 0} \dfrac{\Phi(\vec{x} + h\vec{e}) - \Phi(\vec{x})}{h} \tag{3.15}
$$

のように定義されている。

[†8] ただし、場合によってはこのように書けない場合もあり得る。ちゃんとエネルギーが定義できるための条件は後ではっきりさせるが、ここではとりあえず定義できる場合だけを考えるということで先へ進もう。後でちゃんと考察するので心配なく。
→ p92

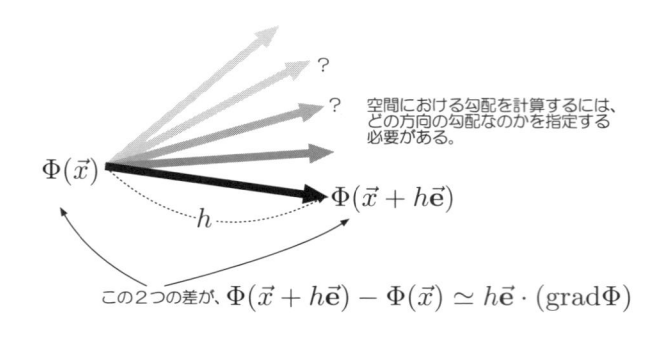

ある場所 $\vec{x}$ での Φ と、そこから h だけ離れた場所 $\vec{x}+h\vec{e}$ での Φ の差を計算して、それを h で割る。つまり、距離 h 移動した時に関数 Φ がどの程度変化したかの割合（勾配）を計算するものである。普通の微分に比べて大きく違うところは、単に x を h 増やすのではなく、ある方向（その方向を指定するのに $\vec{e}$ が必要であった）に h だけ離れた場所との比較を行う。

というわけで、grad はスカラーからベクトルを作る計算であるが、そうやってできたベクトル grad Φ と単位ベクトル $\vec{e}$ と内積をとってやると、その $\vec{e}$ が向いている方向の Φ の勾配を計算できるのである。

3.2.2　電位と電場 $\vec{E}$ の関係

以上述べてきたように、位置エネルギーの定義が可能な場合、位置エネルギーの勾配の逆符号がその物体に働く力となる（$\vec{F}=-\mathrm{grad}\ U$）。単位電荷あたりの力を電場 $\vec{E}$ と定義し、単位電荷あたりの位置エネルギーを電位と定義したのだから、上の力とエネルギーの関係を単位電荷あたりに直すと「電位の勾配の逆符号が電場 $\vec{E}$ である」ということになる。

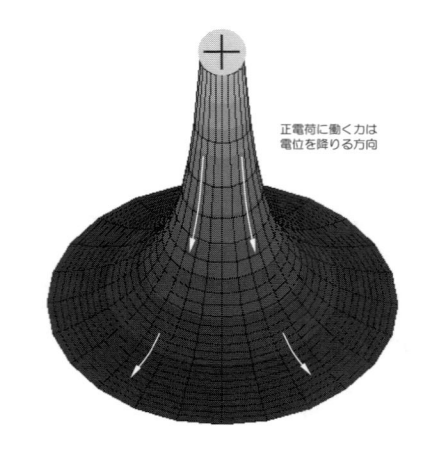

電場 $\vec{E}$ と電位の関係

$$\vec{E}=-\mathrm{grad}\ V \quad \text{または} \quad \vec{E}=-\vec{\nabla}V \tag{3.16}$$

２次元の場合で、V と $\vec{E}$ を図で表現しておこう。

3.2 3次元の空間で考える電位

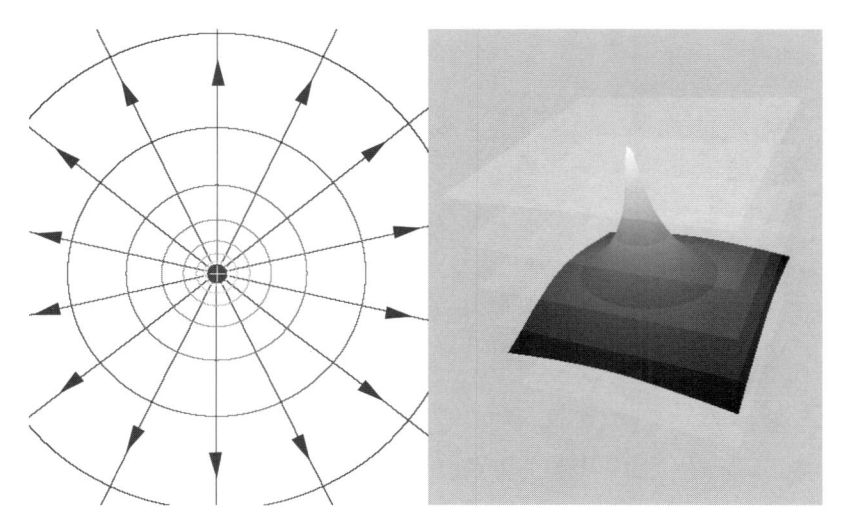

正電荷のあるところが電位が高くなっている、という様子を上の図で表現した。図の左側、矢印になっているのが電気力線である。図の右にある山のような絵の「上」は空間の z 軸ではなく、架空の高さであるところの V 軸である。右の絵において「高い」ところは「電位 V の高いところ」ということである。＋電荷のあるところは、あたかもゴム膜が「上」にひっぱられるようになって電位が高くなる。電位の高いところは白っぽく、低いところは黒っぽくして表現している。

V を山の高さと見た時に、grad によって計算できるのは、その方向に移動した時に「山の高さ」V がどんな割合で増加するかである。ベクトル grad V の向きは勾配がもっとも急な方向を意味する。その大きさはもちろん、そちらへの勾配である。電気力線で表現されているのは $-\mathrm{grad}\, V$ である。マイナス符号が着くことで「すべり落ちる方向」を向いたベクトルとなる。電荷に近づくほど、勾配も急になるので、電荷に近づくほど電場 $\vec{E}$ が強い。

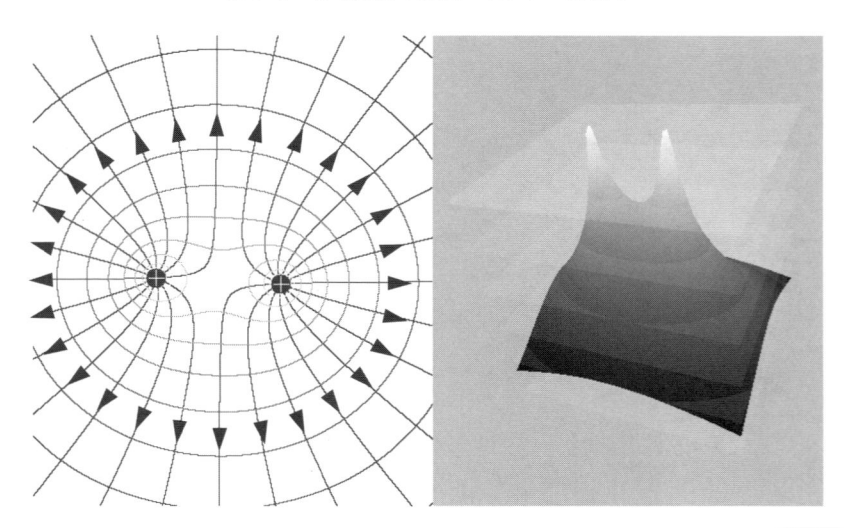

上の図は、二つの等しい＋電荷の作る電位の様子を電気力線、等電位線と電位の３Ｄ画像で表したものである。いきなり３次元的に考えるのは難しいので、まず図をよく見て、等電位線（面）のイメージをつかんでもらいたい。＋電荷のあるところが「山」になり、そこから滑り降りる方向に電場 $\vec{E}$ ができている、というイメージである。

　このように、電位という「架空の高さ」に対応する等高線を「等電位線」と呼ぶ。３次元的に考える時は等電位な場所は線ではなく面状になるので「**等電位面**」と呼ぶことが多い。

　電場 $\vec{E}$ を示す電気力線の向きは常に等電位面（線）に垂直である。山（正電荷のあるところ）から転げ落ちる方向に向いている。

　電気力線と等電位面が常に垂直に交わる（電場 $\vec{E}$ ベクトルは等電位面の法線ベクトルになる）理由は、等電位面上を動く限り、位置エネルギーが変化しないからである。等電位面上を移動する限り、電場 $\vec{E}$ は仕事をしない。力が働くのに仕事をしないということは、移動方向と力の方向が垂直だ、ということである。よって、等電位面は電気力線と垂直になる[†9]。

　これを数式で表現しよう。ある点 $\vec{x}$ において、等電位面の接線方向を向くベク

[†9] これを現実の山で理解すると、「山の斜面に丸いものを置いた時に転がり落ちる方向は等高線と垂直だ」ということである。余談であるが著者はこれが感覚的になかなか納得できず、「等高線とは垂直でない方向に物が転がり落ちるような坂があってもいいんじゃないの？」とつい思ってしまう。感覚的に納得できない人は以下の数式で納得すべきだろう（著者はそうした）。

トルを $\vec{a}$ とする。等電位面の接線方向ということは、その方向に微小な距離だけ移動しても電位は変化しないから、

$$V(\vec{x} + \epsilon\vec{a}) - V(\vec{x}) = 0 \tag{3.17}$$

が成立する（ϵ は微小量。$\vec{a}$ は微小ではないが $\epsilon\vec{a}$ は微小になる）。まだ $\vec{\nabla}$ などの記号に慣れてない人のために少しくどくなるが x, y, z という座標をあらわに書くと、

$$V(x + \epsilon a_x, y + \epsilon a_y, z + \epsilon a_z) - V(x, y, z) = 0 \tag{3.18}$$

ということである。ϵ が微小であるから、上の式は

$$\epsilon\vec{a} \cdot \mathrm{grad}\, V = 0 \quad \text{すなわち、} \quad -\epsilon\vec{a} \cdot \vec{E} = 0 \tag{3.19}$$

あるいはベクトル記号を使わないならば、

$$\epsilon a_x \frac{\partial V}{\partial x} + \epsilon a_y \frac{\partial V}{\partial y} + \epsilon a_z \frac{\partial V}{\partial z} = 0 \text{ すなわち、} -\epsilon a_x E_x - \epsilon a_y E_y - \epsilon a_z E_z = 0 \tag{3.20}$$

と書き直すことができる（こうやって並べてみると、ベクトル記号を使った書いた方がスマートで、状況がつかみやすいと思えないだろうか？）。これは $\vec{E}$ が等電位面の接線方向のベクトルと垂直、すなわち $\vec{E}$ は等電位面の法線だということになる。

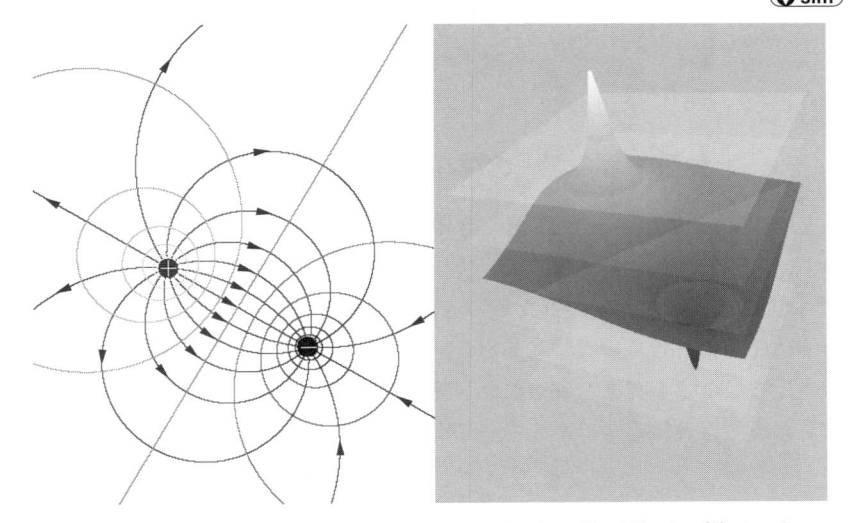

上の図は、絶対値が等しい正負の電荷がある場合の等電位面の様子である。こちらの場合は+電荷を「山」、-電荷を「谷」と考えて、山から下りて谷へ落ちる

方向へと電場 $\vec{E}$ ができる。前の図でもそうであったが、等電位面の間隔が狭い場所（混み合っている場所）は電場 $\vec{E}$ が強い（等高線だと思えば、間隔が狭いということは急な坂＝大きい勾配）ことがわかるだろう。

ここでもしこの電荷の間の距離を縮めたとすると、電荷と電荷の間にある電場 $\vec{E}$ は強くなるが、それは山と谷が近づくことでより斜面が急になるからである。一方、遠方での電場 $\vec{E}$ はむしろ弱まるが、それは山と谷が重なり合うことで、遠方では二つの効果が消し合ってしまうからだと考えられる。

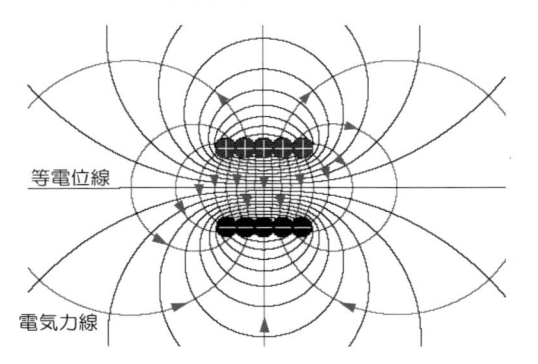

左の図はコンデンサの場合の電気力線と等電位面を描いたものである。

コンデンサの場合、電気力線は極板間に集中し、少しだけ外に漏れるという形になる。そのため、「コンデンサの外では電場 $\vec{E}$ は 0 とする」という近似を使うことが多い。

電位もコンデンサ外では変化（傾きもしくは勾配）が小さくなっていることに注意しよう。見てわかるように、電気力線の密度が高いところでは、等電位面の間隔も狭くなっている。電気力線の混雑も等電位面の混雑も、どちらも「電場 $\vec{E}$ が強い」ということを表現しているわけである。

3.3　rot と位置エネルギーの存在

3.3.1　位置エネルギーが定義できる条件

さて、前節で、力を $\vec{F} = -\vec{\nabla} U$ と書いたが、こう書けるのはあくまで、

「力に対応するエネルギーが定義できたとするなら」

という条件が成立している時であった。

2次元もしくは3次元の中で考える時には、上に挙げた「**力 $F(x)$ が場所のみの関数である**」以外にも、エネルギーが定義できるための条件がさらに必要になっ

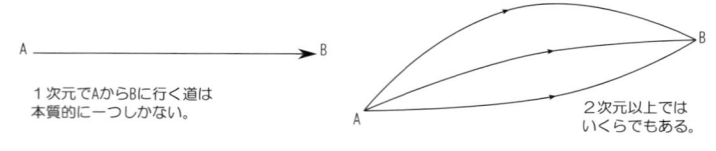

3.3 rot と位置エネルギーの存在

てくる。1次元ならある点からある点へ移動する方法は一つしかないので、力を距離で積分した時の答は一つしかありえない。ところが2次元以上の空間ではある点から別の点に行くのに、いろんな方法（道筋）があり得るのである。そして、違う道筋を通った結果積分の結果が違っていたとすると、「いったいどっちの道筋を通った結果を"エネルギー"とすればいいの？」という疑問が発生してしまうのである。

ゆえに、2次元以上では、一般に場所の関数になっている力 $\vec{F}$ が与えられた時、それが U の勾配の逆符号で与えられるとは限らない。たとえば単純な例として $\vec{F} = x\vec{e}_y = (0, x, 0)$ を考えよう。$F_y = x$ であるから $U = -xy$ と予想されるが、そうだとすると $-\dfrac{\partial U}{\partial x} = y$ となってしまって、F_x が 0 であることと矛盾する。つまり、$\vec{F} = -\vec{\nabla} U$ と書くことはできない。

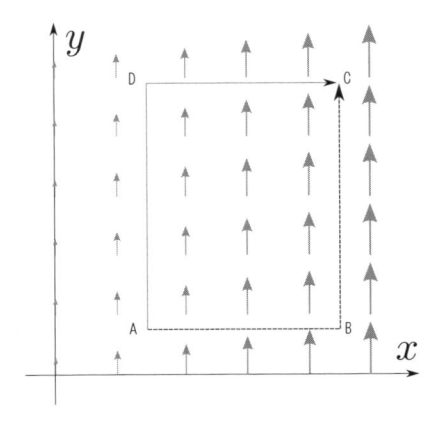

上の図のように、y 方向に力が働いていて、しかも x 座標が大きくなるに従ってその力が強くなっているような場合、仕事が経路に依存する。それは図の A → B → C と図の A → D → C で仕事を考えてみるとすぐわかる。ゼロでない仕事は B → C と A → D であるが、あきらかに B → C の方が仕事が大きい。エネルギーは「仕事の分だけ増える量」として定義されているのだから、A 点での位置エネルギーを定めた時、C 点での位置エネルギーは、経路によって違うということになってしまって、場所の関数としてエネルギーを定義することは不可能である。

そのため、エネルギーが定義できるためには、「**力を位置座標で積分していったもの**(すなわち仕事)**が経路に依存しない**」という条件が必要になってくるわけである。このような性質を持つ力を「**保存力**」と呼ぶ。後でちゃんと示すが、静電気力は保存力である。
→ p100

念のためにいくつか思い出しておこう。重力は保存力である。次ページ図の A 地点から B 地点へ移動する時、どのような経路をとっても重力がする仕事は同じである。A から B までまっすぐ行く場合、力の大きさは mg だが、力の方向は移動方向と $\pi - \theta$ だけ傾いていることになる。移動する距離は $\dfrac{h}{\cos\theta}$ であるから、仕事（力と移動の内積）は

$$mg\frac{h}{\cos\theta}\cos(\pi-\theta) = -mgh$$

となる。

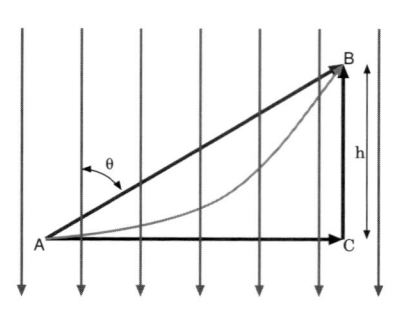

　一方、AからCまで水平に移動してから鉛直方向にBに移動する場合、A→Cの時点では重力は（移動方向と垂直なので）全く仕事をしない。C→Bでは重力は移動方向と正反対なので、仕事は$-mgh$となる。

　それ以外の場合でも同様である。仕事は力と移動方向の内積の形をしているので、重力のように一方向（z軸を鉛直上方に取るならば、$-z$方向）を向いていて、しかもどこでも一定であるような力ならば、$\int \vec{F}\cdot d\vec{x}$の結果は$z$成分の差だけで決まる（途中、どんな積分をしたかは無関係）。

　保存力である場合、$\vec{F} = -\vec{\nabla}U$という形で、位置エネルギーUを定義することができる。重力、ばねの弾性力、万有引力なども保存力であり、対応する位置エネルギーを定義可能である。

　ではどういう時にはエネルギーが定義でき、どんな時にはできないのだろうか？——そのことを単純に判定する方法はないだろうか？

3.3.2　仕事が経路に依存しない条件

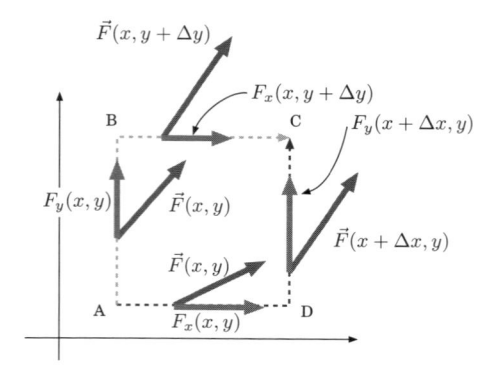

A→Bでの仕事：$F_y(x,y)\Delta y$

B→Cでの仕事：$F_x(x,y+\Delta y)\Delta x$

A→Dでの仕事：$F_x(x,y)\Delta x$

D→Cでの仕事：$F_y(x+\Delta x,y)\Delta y$

　仕事が出発点と到着点だけに依存し、経路に依存しないためにはどんな条件が必要であろうか？——それを求めるために、またしても物理の常套手段である「**細かく区切って考える**」を使うことにしよう。つまり、出発点と到着点が非常

3.3 rot と位置エネルギーの存在

に近い点にある場合を考える。簡単のため、図の $A(x,y) \to D(x+\Delta x, y) \to C(x+\Delta x, y+\Delta y)$ という経路と、$A(x,y) \to B(x, y+\Delta y) \to C(x+\Delta x, y+\Delta y)$ という経路を比較するところから始める。

二つの経路の仕事の差は、図の A⋯⋯D での仕事から B⋯⋯C,A での仕事を引くことで計算できる。

例によって $\Delta x, \Delta y$ は微小と考える（後で $\Delta x \to 0, \Delta y \to 0$ の極限をとる）。結果は

$$\begin{aligned}
&F_x(x,y)\Delta x + F_y(x+\Delta x, y)\Delta y - F_y(x,y)\Delta y - F_x(x, y+\Delta y)\Delta x \\
&= \underbrace{(F_y(x+\Delta x, y) - F_y(x,y))}_{\simeq \frac{\partial F_y}{\partial x}\Delta x}\Delta y + \underbrace{(F_x(x,y) - F_x(x, y+\Delta y))}_{\simeq -\frac{\partial F_x}{\partial y}\Delta y}\Delta x \\
&\simeq \left(\frac{\partial}{\partial x}F_y\right)\Delta x \Delta y - \left(\frac{\partial}{\partial y}F_x\right)\Delta x \Delta y
\end{aligned} \tag{3.21}$$

となる[†10]。すなわち、経路によらずに仕事が決まる条件は、

$$\frac{\partial}{\partial x}F_y - \frac{\partial}{\partial y}F_x = 0 \tag{3.22}$$

である。

この「B⋯⋯C,A での仕事を引く」という計算は、「B⋯⋯C,A での仕事を足す」という計算と同じになるので、ここでは A⋯⋯D,B⋯⋯C という一周の仕事を計算したことになる[†11]。「$\vec{F}$ は力であるとして、微小な面積の周囲を回る時に力 $\vec{F}$ がする仕事」が

$$\left(\frac{\partial}{\partial x}F_y - \frac{\partial}{\partial y}F_x\right)\Delta x \Delta y \tag{3.23}$$

である。この量を単位面積あたりにすると、面積 $\Delta x \Delta y$ で割って、

$$\frac{\partial}{\partial x}F_y - \frac{\partial}{\partial y}F_x \tag{3.24}$$

となる。

[†10] ここでも $\Delta x, \Delta y$ は微小なので、$\int_y^{y+\Delta y} F_y(x, y')\mathrm{d}y'$ という積分を $F_y(x,y)\Delta y$ という掛け算で済ませている。

[†11] 物理の世界では、反時計回りの回転を正方向に取ることが多い。これは北極から見た地球の回転方向である。

ここでは xy 平面で考えたのでこの条件が出たわけであるが、yz 面や zx 面についても同じ条件が成立せねばならないから、

$$
\begin{aligned}
xy \text{ 面} &: \frac{\partial}{\partial x} F_y - \frac{\partial}{\partial y} F_x = 0 \\
yz \text{ 面} &: \frac{\partial}{\partial y} F_z - \frac{\partial}{\partial z} F_y = 0 \\
zx \text{ 面} &: \frac{\partial}{\partial z} F_x - \frac{\partial}{\partial x} F_z = 0
\end{aligned} \tag{3.25}
$$

のように、合わせて三つの条件が必要となる。

この三つの左辺の、xy 面での条件を z 成分、yz 面での条件を x 成分、zx 面での条件を y 成分としてベクトルとしてまとめたものを

―― **rot の定義** ――
$$
\mathrm{rot}\,\vec{F} = \left(\frac{\partial}{\partial y} F_z - \frac{\partial}{\partial z} F_y, \frac{\partial}{\partial z} F_x - \frac{\partial}{\partial x} F_z, \frac{\partial}{\partial x} F_y - \frac{\partial}{\partial y} F_x \right) \tag{3.26}
$$

と定義し、「**ローテーション** (rotation)」と呼ぶ。

―― **rot $\vec{F}$ とは** ――

(1) ベクトル $\vec{F}$ を力と考えて、微小面積を一周する時にこの力がなす仕事を計算し、
(2) その仕事を単位面積あたりに直し、
(3) 面積が 0 になる極限を取る。

という操作を行ったものである。

面積 0 の極限を取ったことによって、$\mathrm{rot}\,\vec{F}$ はある一点で定義された量になる。この書き方を使うと、

―― **電位が定義できる条件** ――
$$
\text{考えている空間の全ての点で、}\mathrm{rot}\,\vec{E} = 0 \tag{3.27}
$$

3.3 rot と位置エネルギーの存在

である。日本語では「回転」と呼ぶ。なぜ rotation(回転) と呼ぶのかは、3.3.3 節と 3.3.4 節のイメージで理解するとよい[†12]。
→ p96
→ p97

「rot はなぜベクトルなんだろう？」と疑問に思う人がいるかもしれない。それは、今考えたように微小な四辺形一個一個に対して（単位面積あたりの密度として）定義されているのが rot であるからである。四辺形がどんな向きを向いているかによって rot の値は当然、違う。そのベクトルの向きは、四辺形の運航を右ネジを回す向きと考えた時のネジの進む向きとする。ある一点を指定しても、その場所に四辺形はたくさん（いろんな方向を向いて）書ける。だから、「rot はベクトルで x 成分と y 成分と z 成分がある」という表現は正しいのだが、より正確には、「rot には yz 面に垂直な成分と zx 面に垂直な成分と xy 面に垂直な成分がある」（もちろん、「x 成分」は「yz 面に垂直な成分」のように対応する）と言うべきである[†13]。

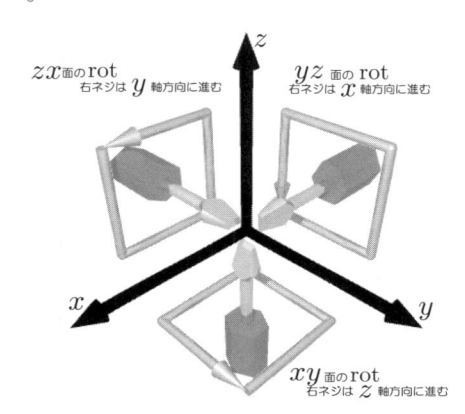

逆にこの三つが成立すれば、この微小な四辺形を組み合わせていくことでどんな形の面でも作ることができる。次ページの図で示すように、微小な四辺形を一周して仕事が 0 であれば、任意の形の経路で一周して仕事が 0 であるということになる（→付録のストークスの定理も参照すること）。それは、出発点と到着点が
→ p303
同じならば、仕事の大きさが不変であることを意味する。

[†12] 記号は curl（カール）を使うこともある。マックスウェルは curl を使っていた。
[†13] もし 3 次元じゃない空間を考えたら、「面積に対応する量」はベクトルではなくなる。たとえば 2 次元では面積は 1 つ、ベクトルは 2 成分。4 次元なら面積は 6 つあるがベクトルは 4 成分。面積に対応する量がベクトルと同じになるのは 3 次元のみ。我々の住むこの空間が 3 次元であることには何か深い意味があるのだろうか？？？

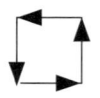

各点の微小面積を一周回った時の仕事が0であると証明できれば…

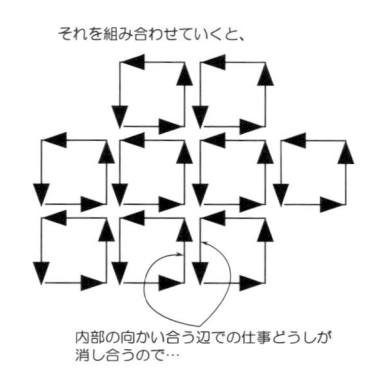

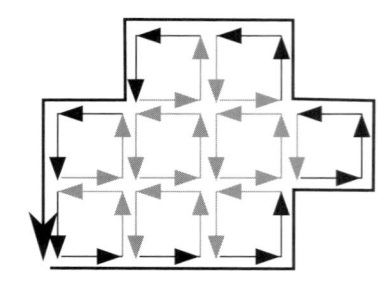

それを組み合わせていくと、

内部の向かい合う辺での仕事どうしが消し合うので…

外側の一周分だけが残る。
0である微小部分の総和なので、これはやはり0である。

3.3.3 rot のイメージ1：ボートの周回

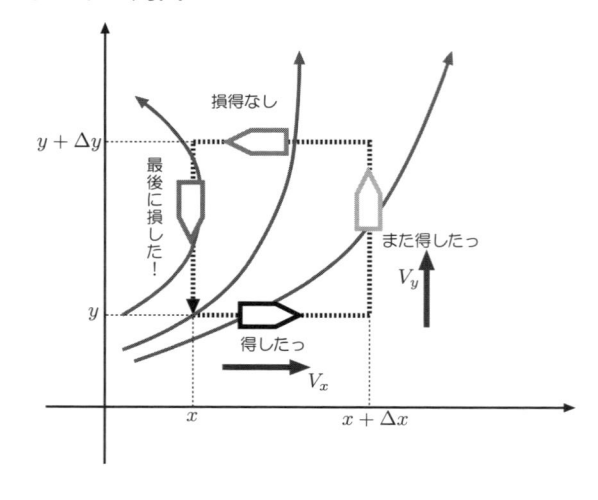

　rot の意味を、水の流れで考えよう。水面の上に仮想的なボートを浮かべてみる。そして、その仮想的なボートが四辺形の形に水面を運航する。この時「ボートは水の流れにどれだけの仕事をしてもらったでしょうか」という問題を考えると、これの答えを出すために必要になるのがrotなのである。上の図の点線のように水が流れていて、四辺形の形に仮想的ボートが動いたとする。最初ボートは右に移動し、流れは少し右に傾いているから、ちょっと得をする。次に上へ進む時も得をする。その次には左へ進むが、この時は流れと運動方向が垂直に近いのでそれほど得も、損もしない。最後の下への移動では流れに逆らっているので損をする。これを1サイクル分足し上げたものが rot の正体である。

　ではこれを式で書こう。まず最初の右へ動くとき、どれぐらい得をするかとい

うと、$V_x\Delta x$ くらいであろう。上の方で左に動く時は、逆向きなので $-V_x\Delta x$ になる。ここで「$V_x\Delta x$ と $-V_x\Delta x$ だから、足したらゼロになる」と思ってはいけない。今は微小な領域でのちょっとした差を勘定していることに注意しよう。

この場所では y 座標が Δy だけ増えているのだから、

$$\underbrace{-V_x(x, y+\Delta y, z)\Delta x}_{\text{上の辺での得}} + \underbrace{V_x(x, y, z)\Delta x}_{\text{下の辺での得}} \qquad (3.28)$$

と解釈すべきなのである。例によって $V_x(x, y+\Delta y) = V_x(x,y) + \frac{\partial V_x}{\partial y}(x,y)\Delta y +$ … とテーラー展開すれば、上と下の辺での得は $-\frac{\partial V_x}{\partial y}\Delta x\Delta y$ となる。同様の計算を、右の辺の上向きの移動の部分と、左の辺の下向き移動の部分についておこなうと、今度は関係するのは V_y であり、$x+\Delta x$ の位置（右の辺）が＋で、x の位置（左の辺）が－で効くので、$\left(\frac{\partial V_y}{\partial x}\right)\Delta x\Delta y$ となる。

上下の辺と左右の辺の寄与を合わせて、

$$\left(\frac{\partial V_y}{\partial x} - \frac{\partial V_x}{\partial y}\right)\Delta x\Delta y \qquad (3.29)$$

の「得」をこのボートは得る。これが rot の意味するところである。

3.3.4 rot のイメージ2：電場車

rot の意味を「電場車」を使って説明しよう。電場車[†14]とは、一辺 a の四辺形の辺の中点に正電荷 q をくくりつけたものを用意し、四辺形の中央に軸をつけてくるくる回転できるようにしたものである（ただし、腕の長さ a については、後で $a\to 0$ の極限をとるものとする）。風を受けた風車が回るように、電場の中にこの装置を入れたら回るだろうか？——それを判定するために、この装置に働く力の軸回りのモーメントを求めてみよう。

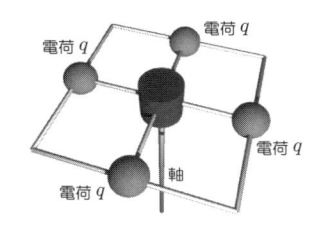

次ページの図のように座標系をおき計算する。図の $\left(x+\frac{a}{2}, y\right)$ という場所にある電荷の受ける力は $q\vec{E}\left(x+\frac{a}{2}, y\right)$ であるが、軸の周りに回転させるモーメン

[†14] ここで命名したもので、一般的に使われている名称ではない。風で回るのは「風車」だから、電場で回るのは「電場車」というわけ。

トを考えると、$\vec{E}$ の y 成分 E_y のみが寄与することになる。つまりこの部分の電荷による z 軸回りのモーメント（反時計回りに回そうとする方向を正とする）は

$$qE_y\left(x+\frac{a}{2},y\right)\frac{a}{2} \tag{3.30}$$

である。同様に考えると、$\left(x,y+\dfrac{a}{2}\right)$ にある電荷によるモーメントは

$$-qE_x\left(x,y+\frac{a}{2}\right)\frac{a}{2} \tag{3.31}$$

となる。この力は（$E_x>0$ の場合）電場車を時計回りに回そうとするモーメントとなるため、上の式に比べてマイナス符号がついている。このように符号に気をつけながら 4 つの電荷に働く力のモーメントの合計を求めると、

$$q\left[E_y\left(x+\frac{a}{2},y\right)-E_x\left(x,y+\frac{a}{2}\right)-E_y\left(x-\frac{a}{2},y\right)+E_x\left(x,y-\frac{a}{2}\right)\right]\frac{a}{2} \tag{3.32}$$

となる。a が微小であるとして展開すれば、

$$E_y\left(x+\frac{a}{2},y\right)-E_y\left(x-\frac{a}{2},y\right)=\frac{\partial}{\partial x}E_y(x,y)a \tag{3.33}$$

となるので、モーメントは

$$q\left[\frac{\partial E_y}{\partial x}-\frac{\partial E_x}{\partial y}\right]\frac{a^2}{2} \tag{3.34}$$

と書くことができる。ゆえに、z 軸方向を向いた電場車は rot $\vec{E}$ の z 成分に比例するモーメントを受けることがわかる。

【FAQ】 $(\text{rot}\vec{E})_y=\dfrac{\partial}{\partial z}E_x-\dfrac{\partial}{\partial x}E_z$ って順番おかしくない？

$(\text{rot } \vec{E})_x=\dfrac{\partial}{\partial y}E_z-\dfrac{\partial}{\partial z}E_y$ の右辺は $y\to z$ の順番、$(\text{rot } \vec{E})_z=\dfrac{\partial}{\partial x}E_y-\dfrac{\partial}{\partial y}E_x$

3.3 rot と位置エネルギーの存在

の右辺は $x \to y$ の順番、とアルファベットの順番通りなのに、なぜ $(\mathrm{rot}\,\vec{E})_y = \dfrac{\partial}{\partial z}E_x - \dfrac{\partial}{\partial x}E_z$ の右辺は $z \to x$ と逆順なのかを不思議に思う人がよくいる。

これは、この「電場車」がモーメントを受けて回ったと仮定して、その時に「電場車」が右ネジであったとしたら進む方向を rot の向きとする、という定義になっているから。「x 軸から y 軸へ」という方向にネジが回ると、z 方向に、「y 軸から z 軸へ」という方向にネジが回ると、x 方向にネジが進む。これに対し、「x 軸から z 軸へ」という方向にネジが回ると、$-y$ 方向にネジが進んでしまう。だから、「z 軸から x 軸へ」という方向にネジが回る方が正になるように定義してある。

静電場の場合に $\mathrm{rot}\,\vec{E} = 0$ にならなくてはいけない理由は、エネルギー保存則の観点から考えるとわかりやすい。上で書いた「電場車」を静電場の中に置いたとすると、このマシンは力を受け、くるくると回転を始めるだろう。しかしそれでは、このマシンは静電場からどんどんエネルギーを取り出せることになってしまうのである。そんなことはできるはずがない！——エネルギー保存則に反しているではないか[†15]。

rot は「回転」という名前がついているせいもあって、何かが渦を巻くように回っている時だけ nonzero になると誤解する人が多いので注意しておく。

前に示した $\vec{F} = x\vec{e}_y$ の場合、どこにも渦が発生していないが、rot は nonzero
→ p90
である（$\dfrac{\partial F_y}{\partial x} = 1$ だから）。

「この電場 $\vec{E}$ の rot は 0 ではない」ということを実感するためには、「その電場 $\vec{E}$ の中で電場車が回り出すかどうか？」と考えるとわかりやすい。$\vec{E} = x\vec{e}_y$ の場合、右の方が電場 $\vec{E}$ が強いので、電場車は反時計回りに回転を始めるはずである。

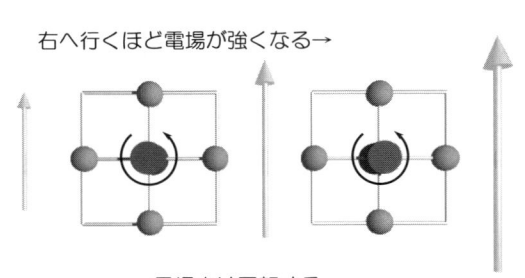

右へ行くほど電場が強くなる→

電場車は回転する

rot のあるなしは、今考えている流れ自体に「渦」のような回転のあるなしを示

[†15] なお、風車の場合にエネルギーが取り出せるのは、風車が回ることによって風速が落ちる（風のエネルギーが減る）からである。後で時間的に変動する電磁場の場合は $\mathrm{rot}\,\vec{E} \neq 0$ であることを学ぶが、その時は電荷の回転によって電磁場のエネルギーが減るという現象がちゃんと起こる。
→ p266

しているわけではない。「回転」という名前に惑わされないように注意しよう。

ベクトルの外積の式と rot の式を見比べると、

$$\text{rot } \vec{F} = \left(\frac{\partial}{\partial y}F_z - \frac{\partial}{\partial z}F_y, \frac{\partial}{\partial z}F_x - \frac{\partial}{\partial x}F_z, \frac{\partial}{\partial x}F_y - \frac{\partial}{\partial y}F_x \right)$$
$$\vec{a} \times \vec{b} = \left(a_y b_z - a_z b_y, \quad a_z b_x - a_x b_z, \quad a_x b_y - a_y b_x \right) \quad (3.35)$$

となり、同じ形をしていることがわかる。rot は、ちょうど $\vec{\nabla} = \left(\frac{\partial}{\partial x}, \frac{\partial}{\partial y}, \frac{\partial}{\partial z} \right)$ と $\vec{F} = (F_x, F_y, F_z)$ と外積を取っている計算になる。よって、

$$\text{rot } \vec{F} = \vec{\nabla} \times \vec{F} \quad (3.36)$$

という表記もよく使われる。

ここまでで電磁気で使うベクトル解析で重要な div,rot,grad を説明したことになるが、これらに図形的なイメージを持っていると、電磁気のいろんな式を理解しやすい。これらのイメージとベクトル解析の公式については付録 A.4.4を見よ。
→ p304

さて、以上で準備は終わったので、この話を静電気力の具体的な問題に適用して、「電位」という概念を使っていこう。

3.4　電位の満たすべき方程式

3.4.1　位置エネルギーの微分としてのクーロン力

点電荷によるクーロン力が

$$\vec{F} = -\text{grad}\left(\frac{Qq}{4\pi\varepsilon_0 r} \right) = -\vec{\nabla}\left(\frac{Qq}{4\pi\varepsilon_0 r} \right) = -\vec{e}_r \frac{\partial}{\partial r}\left(\frac{Qq}{4\pi\varepsilon_0 r} \right) \underbrace{+\vec{e}_\theta \frac{1}{r}\frac{\partial}{\partial \theta} \cdots}_{\theta, \phi \text{による微分は効かない}} \quad (3.37)$$

とも書けることは重要である。$U = \dfrac{Qq}{4\pi\varepsilon_0 r}$ はポテンシャルエネルギーであるから、これを単位電荷あたりに直した $V = \dfrac{Q}{4\pi\varepsilon_0 r}$ こそが点電荷による電位である。

$\vec{E} = -\text{grad } V$ であるが、V に定数 C を加えても（grad $C = 0$ なので）、これから導かれる電場 $\vec{E}$ は全く同じである（$\vec{E} = -\text{grad } (V+C)$）。よって、電位の定義には常に定数を加えるという任意性がある[16]。
→ p82

---

[16] もともと、位置エネルギーにも「原点を動かしていい」という任意性があったのだから当然である。

3.4 電位の満たすべき方程式

点電荷による電位の式を使う時は、無限遠 ($r = \infty$) を基準点 $V = 0$ において、

―― 点電荷の電位 ――
$$V = \frac{Q}{4\pi\varepsilon_0 r} \tag{3.38}$$

という表現を使うことが多い。

電場 $\vec{E}$ に関しては重ね合わせの原理が使えたが、$\vec{E} = -\vec{\nabla}V$ で定義される V についても、重ね合わせの原理が使える。電位に関する重ね合わせの原理は、電場 $\vec{E}$ に関する重ね合わせの原理より、さらに便利である。なぜなら電場 $\vec{E}$ はベクトルであるから重ね合わせるにもベクトル和をとる必要があるが、電位はスカラーであるから単なる足し算で重ね合わせることができるのである。実は前の章でやった問題の多くも、この考え方で電位を使った方が簡単に解くことができる。

電気量が $Q_1, Q_2, \cdots, Q_N$ である N 個の電荷が $\vec{x}_1, \vec{x}_2, \cdots, \vec{x}_N$ に存在している場合、点 $\vec{x}$ における電位は

$$V(\vec{x}) = \frac{Q_1}{4\pi\varepsilon_0|\vec{x}-\vec{x}_1|} + \frac{Q_2}{4\pi\varepsilon_0|\vec{x}-\vec{x}_2|} + \cdots = \sum_{i=1}^{N} \frac{Q_i}{4\pi\varepsilon_0|\vec{x}-\vec{x}_i|} \tag{3.39}$$

と表せる。これの grad を取ると電場 $\vec{E}$ が出る。grad ($\vec{\nabla}$) は微分演算子であり、級数の和をとってから微分しても微分してから級数和をとっても結果は同じになる[†17]ことから、

$$-\vec{\nabla}V(\vec{x}) = -\sum_{i=1}^{N} \vec{\nabla} \frac{Q_i}{4\pi\varepsilon_0|\vec{x}-\vec{x}_i|} = \sum_{i=1}^{N} \frac{Q_i}{4\pi\varepsilon_0|\vec{x}-\vec{x}_i|^2} \vec{e}_{\vec{x}_i \to \vec{x}} \tag{3.40}$$

という計算になる。各電荷の電場 $\vec{E}$ を考えてから和をとっても、各電荷の作る電位の和をとってから微分して電場 $\vec{E}$ を考えても、結果は同じである。この後やる具体例では、連続的に分布した電荷を考えるが、その場合は微小部分による電位の和（つまりは積分）を計算すればよい。

すなわち、

―― 電荷密度 $\rho(\vec{x})$ が存在する時の電位 ――
$$V(\vec{x}) = \frac{1}{4\pi\varepsilon_0} \int \frac{\rho(\vec{x}')}{|\vec{x}-\vec{x}'|} \mathrm{d}^3\vec{x}' \tag{3.41}$$

[†17] こう言えるためには級数が収束しなくてはいけないが、今は収束する場合のみを考えている。

のように積分で計算できる[†18]。この式は、場所 $\vec{x}'$ にいる微小電荷 $\rho(\vec{x}')\mathrm{d}^3\vec{x}'$ による影響を足し算することで、場所 $\vec{x}$ における電位 $V(\vec{x})$ が計算できる、という式である。$\vec{x}'$ の積分は、電荷のあるところ全部について行う。これは電荷密度から電場 $\vec{E}$ を求める式(1.35)に似た形で、電荷密度から電位を求める式となっている。
→ p41

3.4.2 ポアッソン方程式

真空中の静電気学の法則は $\mathrm{div}\,\vec{E} = \dfrac{\rho}{\varepsilon_0}$ と $\mathrm{rot}\,\vec{E} = 0$ という二つの式にまとめることができるが、$\vec{E} = -\mathrm{grad}\,V$ を使うと、

---**電位を使って表現する真空中の静電気学の法則**---

$$\mathrm{rot}\,\vec{E} = 0 \to \text{自明 (grad の rot は常に 0 だから)}$$
$$\mathrm{div}\,\vec{E} = \frac{\rho}{\varepsilon_0} \to \mathrm{div}\,(-\mathrm{grad}\,V) = \frac{\rho}{\varepsilon_0} \tag{3.42}$$

となり、基本法則は

$$\mathrm{div}\,(\mathrm{grad}\,V) = -\frac{\rho}{\varepsilon_0} \tag{3.43}$$

のみになる(grad についていたマイナス符号は右辺に移した)。

この、grad の div という量をまじめに計算すると、$\mathrm{grad}\,V$ は $\left(\dfrac{\partial V}{\partial x}, \dfrac{\partial V}{\partial y}, \dfrac{\partial V}{\partial z}\right)$ という成分を持つベクトルであり、div とはベクトル (A_x, A_y, A_z) に対して $\dfrac{\partial A_x}{\partial x} + \dfrac{\partial A_y}{\partial y} + \dfrac{\partial A_z}{\partial z}$ を計算することであったから、上の二つめの式は

$$\mathrm{div}\,(\mathrm{grad}\,V) = \left(\frac{\partial^2}{\partial x^2} + \frac{\partial^2}{\partial y^2} + \frac{\partial^2}{\partial z^2}\right)V = -\frac{\rho}{\varepsilon_0} \tag{3.44}$$

と書ける。中辺の2階微分演算子をまとめて $\triangle \equiv \dfrac{\partial^2}{\partial x^2} + \dfrac{\partial^2}{\partial y^2} + \dfrac{\partial^2}{\partial z^2}$ という記号[†19]で書いて、

[†18] $\mathrm{d}^3\vec{x}$ という記号は $\mathrm{d}x\mathrm{d}y\mathrm{d}z$ という3重積分を省略して書いたもの。^{3} は三つの積分があることを示す。$\mathrm{d}^3\vec{x}' = \mathrm{d}x'\mathrm{d}y'\mathrm{d}z'$ である。
[†19] $\triangle$ と Δ は別の記号であるので注意。活字だと太い部分があるのが Δ(ギリシャ文字のデルタ)。

3.4 電位の満たすべき方程式

― 静電気学におけるポアッソン方程式 ―

$$\triangle V = -\frac{\rho}{\varepsilon_0} \tag{3.45}$$

という方程式が作られる。この演算子 $\triangle$ はラプラシアンと呼ばれる。この式のように、$\triangle f = j$ という形の方程式を「**ポアッソン方程式**」と呼ぶ。右辺に入る j（静電気学の場合、$-\frac{\rho}{\varepsilon_0}$）は「**源** (source)」と呼ばれる。特に右辺が 0 の時（静電気学の場合、電荷がない時）の方程式である $\triangle f = 0$ は**ラプラス方程式**と呼ばれる[20]。

---------- **練習問題** ----------

【問い 3-1】 点電荷による電位 $V = \dfrac{Q}{4\pi\varepsilon_0 r}$ が（原点以外で）ラプラス方程式を満たしていることを以下の二つの方法で確認せよ。
(1) 直交座標を使って
(2) 極座標を使って

ヒント → p309 へ　解答 → p315 へ

問い 3-1 を解くために必要な極座標のラプラシアンについて補足しておく。

極座標の grad V は $\left(\dfrac{\partial V}{\partial r}, \dfrac{1}{r}\dfrac{\partial V}{\partial \theta}, \dfrac{1}{r\sin\theta}\dfrac{\partial V}{\partial \phi}\right)$ と書ける（前から順に、r 成分、θ 成分、ϕ 成分）。これを極座標での div の表記

$$\text{div}\,\vec{A} = \frac{1}{r^2}\frac{\partial}{\partial r}\left(r^2 A_r\right) + \frac{1}{r\sin\theta}\frac{\partial}{\partial \theta}(\sin\theta A_\theta) + \frac{1}{r\sin\theta}\frac{\partial A_\phi}{\partial \phi} \tag{3.46}$$

に代入すると、

― 極座標のラプラシアン ―

$$\triangle V = \frac{1}{r^2}\frac{\partial}{\partial r}\left(r^2\frac{\partial V}{\partial r}\right) + \frac{1}{r^2\sin\theta}\frac{\partial}{\partial \theta}\left(\sin\theta\frac{\partial V}{\partial \theta}\right) + \frac{1}{r^2\sin^2\theta}\frac{\partial^2 V}{\partial \phi^2} \tag{3.47}$$

となる。少しややこしいので注意しよう。

---

[20] ポアッソンもラプラスもフランス人数学者。

3.4.3 ラプラシアンの物理的意味

gradに「勾配」という意味が、divに「湧き出し」という意味があることは、電場や電位の物理的イメージを得るのにたいへん役立った。そこでこの節では、ラプラシアン（△）にはどんな意味があるのかを考えておくことにする。

2次元、3次元から考えるのはたいへんなので、まずは1次元（1直線上）で感覚をつかんでおこう。1次元ならば、ラプラス方程式 $\triangle f = 0$ は単なる $\dfrac{\mathrm{d}^2}{\mathrm{d}x^2}f = 0$ という「2階微分すると0」という方程式になる（1次元上なので、偏微分ですらない）。

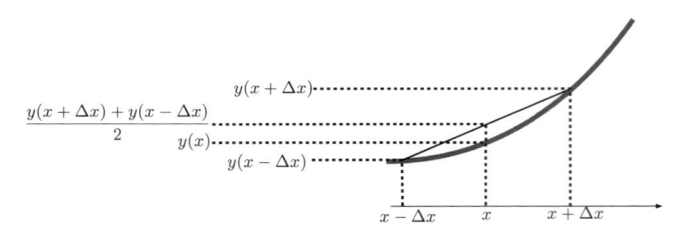

微分はそもそもグラフの傾き（勾配）という意味があり、その定義は、

$$\frac{\mathrm{d}y}{\mathrm{d}x} = \lim_{\Delta x \to 0} \frac{y(x+\Delta x) - y(x)}{\Delta x} \tag{3.48}$$

であった。では2階微分はというと、これを繰り返すのであるから、

$$\begin{aligned}\frac{\mathrm{d}^2 y}{\mathrm{d}x^2} &= \lim_{\Delta x \to 0} \frac{(y(x+\Delta x) - y(x)) - (y(x) - y(x-\Delta x))}{(\Delta x)^2} \\ &= \lim_{\Delta x \to 0} \frac{y(x+\Delta x) + y(x-\Delta x) - 2y(x)}{(\Delta x)^2}\end{aligned} \tag{3.49}$$

という式になる。この式の分子を見ると「両サイドの和 $(y(x+\Delta x)+y(x-\Delta x))$ から中央での値×2（$2y(x)$）を引く」という計算になっている。あるいはこれを2で割ると「両サイドの平均（$\dfrac{y(x+\Delta x)+y(x-\Delta x)}{2}$）から中央での値（$y(x)$）を引く」という量である。つまり、2階微分は「中央の値と両サイドの平均値とのずれ」を表す。これは「グラフがその場所でどの程度たわんでいるか」を示す量になっている（グラフが直線ならば2階微分が0であることは、そもそもの定義から理解できるだろう）。

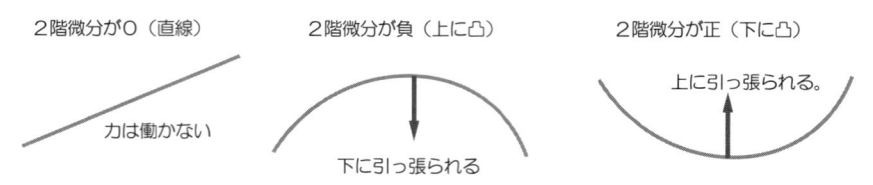

3.4 電位の満たすべき方程式

もしこのグラフの線がゴム紐のような弾力のあるものであったとすると、2階微分が＋である場所では、ゴム紐のその部分は上に引っ張られる。2階微分が－なら話は逆となる。この2階微分はゴム紐の復元力のようなものを表現しているのである。

2次元ではラプラシアンは $\triangle = \frac{\partial^2}{\partial x^2} + \frac{\partial^2}{\partial y^2}$ を意味する。この場合、$\frac{\partial^2}{\partial x^2}$ の部分は x 方向でのたわみ具合を、$\frac{\partial^2}{\partial y^2}$ は y 方向でのたわみ具合を勘定することになる。よって、$\triangle f(x,y) = 0$ というのは、x 方向で下に凸ならば、y 方向に同じだけ上に凸になっていることを意味する。

右の図は2次元の場合のラプラス方程式の解である

$$f(x, y) = -\log(x^2 + y^2)$$

の立体的グラフである。このグラフをゴム膜のように考えると、x 方向のたわみはこの膜を下に引っ張るだろう。そして、y 方向のたわみはこの膜を上に引っ張る。この二つの力がつりあって、この膜が静止している。このつりあい関係を表すのが、$\triangle f = 0$ なのである。

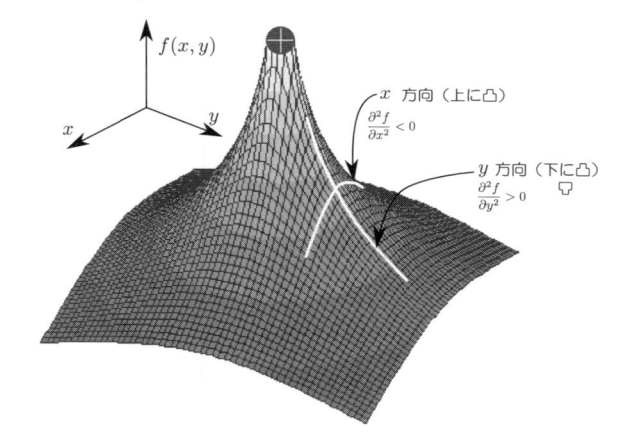

3次元でも同様で、$\triangle f = 0$ は、x, y, z の三つの方向のたわみによる力のつりあいを意味する (図で表現するのは難しい！[21])。

このことからラプラス方程式を満たす関数（たとえば真空中の電位 V）はけっして極大や極小を持てない[22]ことがわかる。数式での証明は略するが、ゴム膜のイメージを使って述べれば、極大値や極小値があるとその場所では決して引っ張り力がつりあうことがないことが理解できるだろう。x 方向のたわみはゴム（電位）を上に引っ張り、y, z 方向のたわみがゴム（電位）を下に引っ張るという形

---

[21] x, y, z にさらに f を合わせて、4次元がイメージできればできるが、普通の人間にはムリである。
[22] このことをアーンショーの定理と呼ぶ。静電場など、ラプラス方程式の解であるポテンシャルを持つ力だけでは安定なつりあいは達成できないということである。

でしか平衡状態は出現しない。

　電場も電位もゴム膜のような物質でできた存在ではないが、電位という量の示す物理は、（上で述べたように）ゴム膜のような弾力のある物質の示す物理に非常によく似ている。電場や電位にこのような力学的イメージを考えることで、電磁気現象は理解しやすくなる。何より、電場や電位も力学的な性質を持った、立派な物理的実体なのだということを把握しておこう。

　1次元のラプラシアンが（両端での値の和）−（中央での値）×2であったのと同様に、2次元のラプラシアンは（4辺での値の和）−（中央での値）×4となるし、3次元のラプラシアンは（6面での値の和）−（中央での値）×6となる。図で表現するならば以下の通り。この図を見ると「△ は grad の div だ」ということがよくわかる。

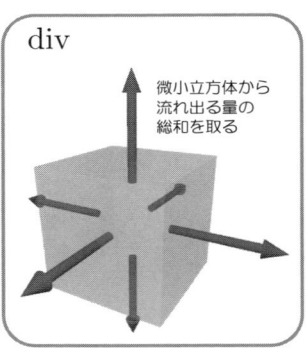

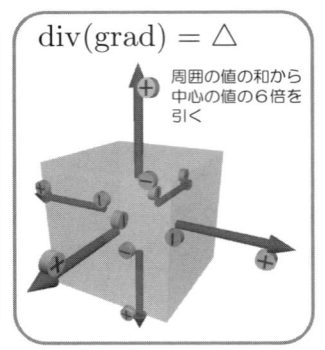

3.5　電位の計算例

3.5.1　一様な帯電球

　一様な電荷密度 ρ で帯電した半径 R の球のつくる電位について考える。電位を計算する方法を列挙しよう。

電場 $\vec{E}$ から計算する

　すでにこの場合の電場 $\vec{E}$ は求めてある。
→ p55

$$\vec{E} = \begin{cases} \dfrac{\rho R^3}{3\varepsilon_0 r^2}\vec{e}_r & r > R \\[2mm] \dfrac{\rho r}{3\varepsilon_0}\vec{e}_r & r \leq R \end{cases} \tag{3.50}$$

である。

$\vec{E}$ は r のみの関数であるから、V も r のみの関数になると考えて良いであろう。その場合、$\vec{E} = E_r \vec{e}_r$ として、$\vec{E} = -\vec{\nabla}V = -\vec{e}_r \dfrac{dV}{dr}$ となるから、$E_r = -\dfrac{dV}{dr}$ になるように V を決めると、

$$V = \begin{cases} V_1 + \dfrac{\rho R^3}{3\varepsilon_0 r} & r > R \\[2mm] V_2 - \dfrac{\rho r^2}{6\varepsilon_0} & r \leq R \end{cases} \tag{3.51}$$

となる。これに $-\vec{\nabla}$ をかければ上の $\vec{E}$ になることはすぐにわかる。

ここで現れた定数 V_1, V_2 はそれぞれ、$r = \infty, r = 0$ での電位である。電位は「微分して（$\vec{\nabla}$ をかけて）−をつけると電場 $\vec{E}$ になる」という定義なので、定数をつける自由度は常にある（いわゆる「積分定数」である）。

まず、無限遠での電位は 0 であるとおくことにすると、$V_1 = 0$ であることがわかる。V_2 の値は、$r > R$ での式に $r = R$ を代入した時と、$r \leq R$ の式に $r = R$ を代入した時に両者が等しいという条件（接続条件）から決める。すなわち、

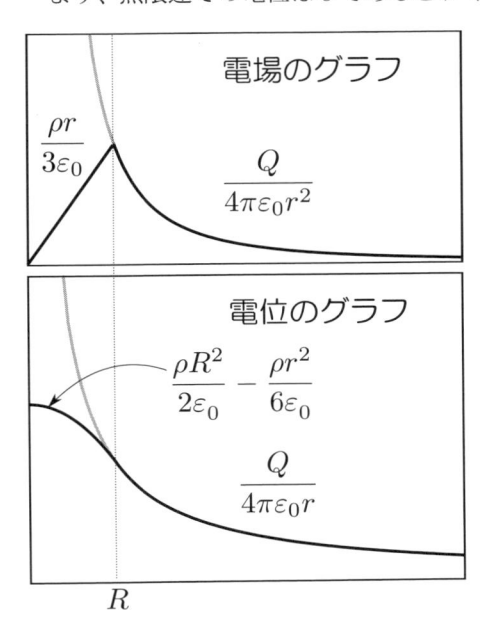

$$\begin{aligned} V_2 - \dfrac{\rho R^2}{6\varepsilon_0} &= \dfrac{\rho R^2}{3\varepsilon_0} \\ V_2 &= \dfrac{\rho R^2}{2\varepsilon_0} \end{aligned} \tag{3.52}$$

ということ。

電場 $\vec{E}$ と電位の概略のグラフを並べてみたのが左の図である。上で V_2 の値をちゃんと調整しておいたので、電位のグラフがスムーズにつながる曲線となっていること、電位

の傾き×(-1) が電場 $\vec{E}$ となっていることを確認してほしい。特に $r=R$ で電位の傾きがスムーズであること（これは $r=R$ での電場 $\vec{E}$ が接続されることを意味する）は注意しよう。後の計算ではこれを積極的に利用する。

　電場 $\vec{E}$ から求める方法は電場 $\vec{E}$ が求まっていれば簡単だが、そうでない場合はむしろ回り道であることは言うまでもない。

微小部分の作る電位を考えてそれを積分する

　電場 $\vec{E}$ の時にも使った、「細かく区切って考える」という手法である。$\to$ p29

　電場 $\vec{E}$ の計算同様、まず微小部分（体積は $(r')^2 \sin\theta \mathrm{d}r' \mathrm{d}\theta \mathrm{d}\phi$）[23]のつくる電位を考えると、

$$\mathrm{d}V = \frac{\rho(r')^2 \sin\theta \mathrm{d}r' \mathrm{d}\theta \mathrm{d}\phi}{4\pi\varepsilon_0\sqrt{r^2 + (r')^2 - 2rr'\cos\theta}} \quad (3.53)$$

であるから、これを積分する。

　ϕ 積分はすぐに終わって 2π を出す。θ 積分をするためにまた $\int_0^\pi \sin\theta \mathrm{d}\theta \to \int_{-1}^1 \mathrm{d}t$ の置き換えをして、

$$V = \frac{\rho}{2\varepsilon_0}\int_0^R \mathrm{d}r' \int_{-1}^1 \frac{(r')^2 \mathrm{d}t}{\sqrt{r^2+(r')^2-2rr't}} \quad (3.54)$$

とする。ここで、$\dfrac{\mathrm{d}}{\mathrm{d}t}\sqrt{A+Bt} = \dfrac{B}{2\sqrt{A+Bt}}$ ということを使えば、

$$V = \frac{\rho}{2\varepsilon_0}\int_0^R \mathrm{d}r' (r')^2 \left[-\frac{1}{rr'}\sqrt{r^2+(r')^2-2rr't}\right]_{-1}^1 \quad (3.55)$$

となる（今の場合は $A = r^2 + (r')^2, B = -2rr'$）。

$$\left[-\frac{1}{rr'}\sqrt{r^2+(r')^2-2rr't}\right]_{-1}^1 = -\frac{1}{rr'}\sqrt{r^2+(r')^2-2rr'} + \frac{1}{rr'}\sqrt{r^2+(r')^2+2rr'} \quad (3.56)$$

---

[23] r は電位を計算したい場所を表す変数に使っているので、球内部の電荷の位置を表す変数として r' を使った。r', θ, ϕ で極座標になっている。

として $r^2 + (r')^2 \pm 2rr' = (r \pm r')^2$ となることを使うと、

$$\left[-\frac{1}{rr'}\sqrt{r^2 + (r')^2 - 2rr't}\right]_{-1}^{1} = -\frac{1}{rr'}\left(|r - r'| - |r + r'|\right) \tag{3.57}$$

となる（$\sqrt{A^2}$ は A ではなく、$|A|$ であることに注意！）。

この式は $r > r'$ ならば $-\frac{1}{rr'} \times (-2r')$、$r < r'$ ならば $-\frac{1}{rr'} \times (-2r)$ である。r' は 0 から R まで積分するので、$R < r$ ならば常に $r > r'$ である。その場合、

$$V = \frac{\rho}{\varepsilon_0}\int_0^R \mathrm{d}r' (r')^2 \frac{1}{r} = \frac{\rho R^3}{3\varepsilon_0 r} \tag{3.58}$$

である。

$r < R$ の時は積分域をわけて、

$$\begin{aligned}
V &= \frac{\rho}{\varepsilon_0}\left(\int_0^r \mathrm{d}r' (r')^2 \frac{1}{r} + \int_r^R \mathrm{d}r' (r')^2 \frac{1}{r'}\right) \\
&= \frac{\rho}{\varepsilon_0}\left(\left[\frac{(r')^3}{3r}\right]_0^r + \left[\frac{(r')^2}{2}\right]_r^R\right) \\
&= \frac{\rho}{\varepsilon_0}\left(\frac{r^2}{3} + \frac{R^2}{2} - \frac{r^2}{2}\right) = \frac{\rho}{2\varepsilon_0}R^2 - \frac{\rho}{6\varepsilon_0}r^2
\end{aligned} \tag{3.59}$$

この結果は当然、電場 $\vec{E}$ から求めたものと等しい。

ポアッソン方程式を解く

問題が球対称なので、電位も球対称になると仮定する。ポアッソン方程式は

$$\frac{1}{r^2}\frac{\mathrm{d}}{\mathrm{d}r}\left(r^2 \frac{\mathrm{d}}{\mathrm{d}r}V(r)\right) = -\frac{\rho}{\varepsilon_0} \tag{3.60}$$

となる。ただし、$r > R$ ではラプラス方程式

$$\frac{1}{r^2}\frac{\mathrm{d}}{\mathrm{d}r}\left(r^2 \frac{\mathrm{d}}{\mathrm{d}r}V(r)\right) = 0 \tag{3.61}$$

が成り立つ。こちらから解こう。

$$\frac{\mathrm{d}}{\mathrm{d}r}\left(r^2\frac{\mathrm{d}}{\mathrm{d}r}V(r)\right) = 0 \qquad \text{(両辺を積分)}$$
$$r^2\frac{\mathrm{d}}{\mathrm{d}r}V(r) = C_1 \qquad \left(r^2\text{で割り}\right)$$
$$\frac{\mathrm{d}}{\mathrm{d}r}V(r) = \frac{C_1}{r^2} \qquad \text{(再び両辺を積分)} \tag{3.62}$$
$$V(r) = -\frac{C_1}{r} + C_2$$

$r = \infty$ で $V = 0$ という境界条件を採用することにすれば、$C_2 = 0$ である。次に内部での方程式を解くと、上と全く同じ手順を踏んで、

$$\frac{\mathrm{d}}{\mathrm{d}r}\left(r^2\frac{\mathrm{d}}{\mathrm{d}r}V(r)\right) = -\frac{\rho}{\varepsilon_0}r^2 \qquad \text{(積分して)}$$
$$r^2\frac{\mathrm{d}}{\mathrm{d}r}V(r) = -\frac{\rho}{3\varepsilon_0}r^3 + C_3 \qquad \left(r^2\text{で割って}\right)$$
$$\frac{\mathrm{d}}{\mathrm{d}r}V(r) = -\frac{\rho}{3\varepsilon_0}r + \frac{C_3}{r^2} \qquad \text{(もう一度積分して)} \tag{3.63}$$
$$V(r) = -\frac{\rho}{6\varepsilon_0}r^2 - \frac{C_3}{r} + C_4$$

となる。原点で V が発散しないという条件から、$C_3 = 0$ である。

後は C_1, C_4 を求めればいいが、そのためには今求めた二つの V と、その微分 $\dfrac{\mathrm{d}V}{\mathrm{d}r}$ が、$r = R$ で等しいという条件を置く。電位の微分が電場 $\vec{E}$ であるから、その電位がジャンプするような関数であってはならない（微分ができないから）し、微分がジャンプしてはならない（一カ所に二つの電場 $\vec{E}$ があることになってしまう）。その条件は

$$V(r) \text{ の接続条件：} \quad -\frac{\rho}{6\varepsilon_0}R^2 + C_4 = -\frac{C_1}{R} \tag{3.64}$$

と、

$$\frac{\mathrm{d}V}{\mathrm{d}r}(r) \text{ の接続条件：} \quad -\frac{\rho}{3\varepsilon_0}R = \frac{C_1}{R^2} \tag{3.65}$$

である。下の式から $C_1 = -\dfrac{\rho}{3\varepsilon_0}R^3$ となり、これを上の式に代入すれば、

$$-\frac{\rho}{6\varepsilon_0}R^2 + C_4 = \frac{\rho}{3\varepsilon_0}R^2 \tag{3.66}$$

となるから、$C_4 = \dfrac{\rho}{2\varepsilon_0}R^2$ と求められる。こうして得た最終結果も、もちろん他の手段で得たものに等しい。

以上、三つの方法で一様な帯電球のまわりの電位を求めた[†24]。この結果において注目すべきことが一つある。それは、$r > R$ を考えているかぎり、結果は点電荷 Q が原点にある場合の電位 $\dfrac{Q}{4\pi\varepsilon_0 r}$ と区別がつかないということである。箱の中に球対称な電荷が入っていて、我々が箱の外でだけ電場 $\vec{E}$ や電位 V が測定できるとすると、その箱の中の電荷が一点に集中しているのか、それとも球状に広がっているのか、我々には判定できない。

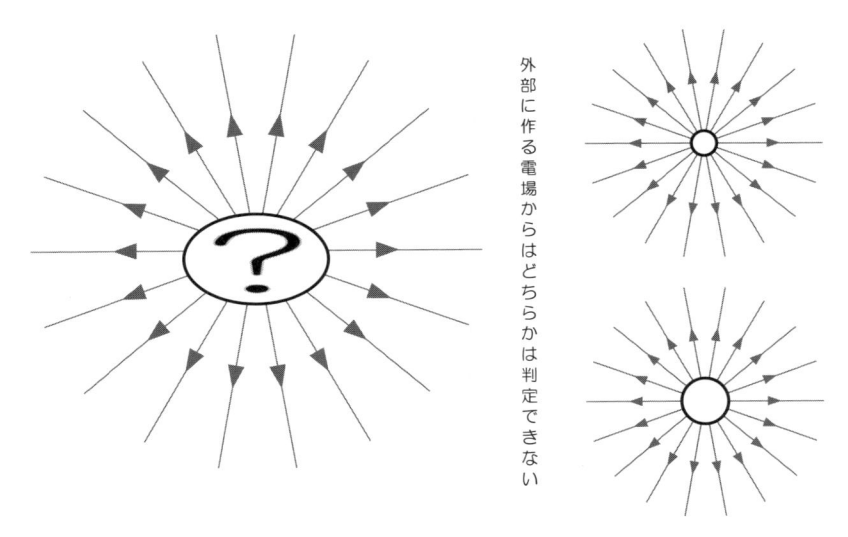

外部に作る電場からはどちらかは判定できない

[†24] どの方法がいいかは時と場合によるので「これを使え」という万能の処方箋はない。それぞれの特質をよく理解して状況にあった方法を選ぼう。

点電荷は、この球の半径が0になった極限であると考えられるので、点電荷の作る電位は、$V = \dfrac{Q}{4\pi\varepsilon_0 r}$である。ただし、$Q = \dfrac{4\pi}{3}R^3\rho$は全電気量。これを一定にしつつ$R \to 0$の極限を取ることになる（$\rho$は$\dfrac{3Q}{4\pi R^3}$であり、$R \to 0$で発散する）。よって、

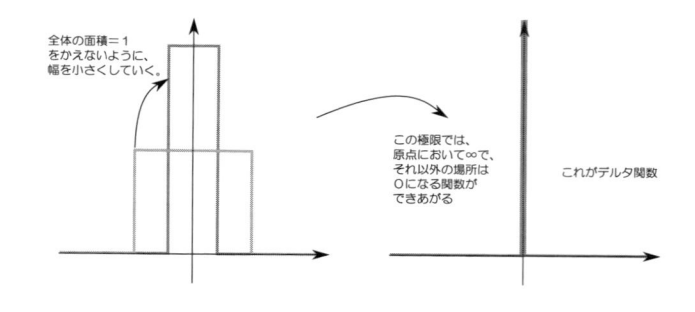

$$-\triangle\left(\frac{Q}{4\pi\varepsilon_0 r}\right) = \begin{cases} \infty & r = 0 \\ 0 & \text{それ以外} \end{cases} \tag{3.67}$$

ということになる。この式は、$r \neq 0$では0になるが、$r = 0$では発散する。そして、積分すると（もともと電荷密度÷ε_0であって、全電荷はQなので）$\dfrac{Q}{\varepsilon_0}$になる。

物理では以下に示すような性質を持つ「関数」を定義する。

デルタ関数

任意の関数$f(\vec{x})$に関して、

$$\int d^3\vec{x}' f(\vec{x}')\delta(\vec{x} - \vec{x}') = f(\vec{x}) \tag{3.68}$$

を満たす関数を「Diracのデルタ関数」あるいは単に「デルタ関数」と呼ぶ。関数の値としては、

$$\delta(\vec{x}) = \begin{cases} \infty & \vec{x} = 0 \\ 0 & \vec{x} \neq 0 \end{cases} \tag{3.69}$$

を持つことになる。

このデルタ関数の一つの例が、

$$\delta^3(\vec{x} - \vec{x}') = \vec{\nabla} \cdot \left(\frac{1}{4\pi|\vec{x} - \vec{x}'|^2}\vec{e}_{\vec{x}' \to \vec{x}}\right) \tag{3.70}$$

で、もう一つの例が、

$$\delta^3(\vec{x} - \vec{x}') = \triangle\left(-\frac{1}{4\pi|\vec{x} - \vec{x}'|}\right) \tag{3.71}$$

である。ただし、$\delta^3(\vec{x}) = \delta(x)\delta(y)\delta(z)$ である。これらの関数はそれぞれ、$\text{div}\,\vec{E} = \dfrac{\rho}{\varepsilon_0}$ と $\triangle V = -\dfrac{\rho}{\varepsilon_0}$ に点電荷の場合の電場 $\vec{E}$ および電位を代入し、$\dfrac{Q}{\varepsilon_0}$ で割ったものである。どちらも、$\vec{x} \neq \vec{x}'$ の点では 0 となり、$\vec{x} = \vec{x}'$ の点では無限大となる。そして積分結果は

$$\int d^3\vec{x}'\,\delta(\vec{x}-\vec{x}') = 1 \tag{3.72}$$

である。この積分結果が 1 であることは、ガウスの発散定理を使って $\dfrac{1}{4\pi|\vec{x}-\vec{x}'|^2}$ の表面積分に直してもわかるし、元々が $\dfrac{\rho}{\varepsilon_0}$ （すなわち積分すれば $\dfrac{Q}{\varepsilon_0}$ になるもの）を $\dfrac{Q}{\varepsilon_0}$ で割ったものなのだから、1 になるのは当然とも言える。

　デルタ関数は電磁気のみならず、量子力学など物理のいろんなところでよく使う関数[†25]なので、今覚えておいて損はない。電磁気では点電荷のように「一点に集中している電荷」の表現に使われる。

　ここで一つ注意。「一点に集中している電荷」というのは現実には存在しえない[†26]。実際の電荷は必ず広がりを持つ。だが、広がって存在している電荷は（ここでやったように、$r<R$ と $r>R$ で場合分けすることが必要になったりして）扱いが面倒な面もあるので、点電荷という仮想的なものを採用している（言わば「計算が楽になるようにズルをしている」）わけである。

　デルタ関数を数学的に理解しようとして「ほとんどの場所で 0 なのに積分すると 1？？——そんな関数あるわけない！」と拒否反応が起きてしまう人が多い。だがここでのデルタ関数は「点電荷」という非物理的な状況を表現するためのものとして理解した方がいい。上に述べたように「点電荷が存在する時の $\text{div}\,\vec{E}$」を考えれば、「ほとんどの場所で 0 だが、ある一点だけ ∞ で、積分すると 1」という不思議な性質も納得できるだろうし、物理において必要な関数なのだと認識できるだろう。どうしてもデルタ関数を使うのは嫌だという人は、電荷に大きさ R を与えて計算するしかないが、そうするとデルタ関数を使う時以上に面倒な計算を行わなければならなくなるのである。

[†25] 正確に言うとデルタ関数は「関数」ではなく「超関数」と呼ばれるものの仲間である。
[†26] このことを反映して、点電荷の作る電場 $\vec{E}$ や電位は発散を含んでしまう。

3.5.2 無限に広い板

$z = -d$ で表現される面と $z = d$ で表現される面を表面として持つ厚さ $2d$ の板内部に一様に電荷密度 ρ_0 で電荷が分布しているとしよう。この電荷は $x = -\infty$ から $x = \infty$ まで（y に関しても同様）、つまり宇宙の端から端までずっと同じように分布しているとしよう。

この場合、x, y に依存しない形のポテンシャルになることが対称性からわかる。「対称性からわかる」という言葉の意味は以下の通りである。

今ある場所のポテンシャルが x もしくは y に依存していたとしよう。そうだとすると、その方向には電場 $\vec{E}$ があることになる。しかし、今考えている状況は宇宙の端から端まで、均等に電荷が分布しているのだから、どんな方向の電場 $\vec{E}$ があったとしてもおかしい。

よって、x 微分と y 微分は 0 になるので、方程式は、

$$\frac{\mathrm{d}^2}{\mathrm{d}z^2}V(z) = -\frac{1}{\varepsilon_0}\rho(z) \tag{3.73}$$

という常微分方程式の形になる。

電荷分布を

$$\rho(z) = \begin{cases} \rho_0 & -d < z < d \\ 0 & \text{それ以外} \end{cases} \tag{3.74}$$

としよう。領域 $-d < z < d$ でこの方程式の解は

$$\frac{\mathrm{d}V(z)}{\mathrm{d}z} = -\frac{\rho_0}{\varepsilon_0}z + C_1$$

$$V(z) = -\frac{\rho_0}{2\varepsilon_0}z^2 + C_1 z + C_2 \tag{3.75}$$

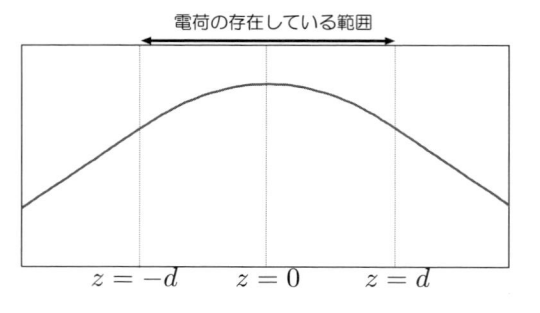

となる（C_1, C_2 は積分定数）。$z = 0$ の場所には（これまた対称性から）電場 $\vec{E}$ はないと考えられるので、$\dfrac{\mathrm{d}V(0)}{\mathrm{d}z} = 0$ から C_1 は 0 である。電位の基準はどこに選んでもよいのだから、$z = 0$ を基準にすることにすれば、$C_2 = 0$ となる。

最終的な電位のグラフは図の通りである。イメージとしてはここでも、電荷があるところでは、電位が上に引っ張られると考えるとよい。板の部分を出ると電荷がなくなり（電位に対する引っ張りがなくなり）、電位の2階微分が0になるので、電位を表すグラフは直線となる。今は1次元的な問題を考えているので、ある方向で2階微分が正、別の方向では負という形でラプラス方程式を満たすことはできない。電場 $\vec{E}$ はこのグラフの傾き× (-1) であるから、中央で 0、$z > 0$ では正方向、$z < 0$ では負方向を向く。

3.5.3 電気双極子

　実際の物質においては、正電荷、負電荷が単独で存在していることはあまりなく、原子核（＋）に電子（－）がついているように、あるいは Na^+ イオンに Cl^- イオンがついているように、トータルで電荷0になるような組み合わせになって物質を作っていることが多い。たとえば水分子は酸素原子の部分はマイナス電荷を持ち、水素原子の部分はプラス電荷を持つ[27]。このように非常に小さい一個の粒子にプラス電荷とマイナス電荷が含まれてその位置が一方向に偏っているような状態を「電気双極子」と呼ぶ。もっとも単純な電気双極子としては、プラス電荷とマイナス電荷を一個ずつ貼り付けたようなものを思い浮かべるとよい。

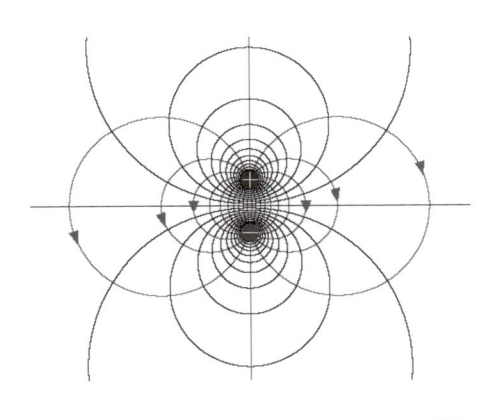

　電気双極子がどのような電場 $\vec{E}$ を作るかを考えるには、まず電気双極子のつくる電位を考えて、その微分を考えるのがよい。直交座標で考えて、$(0, 0, d)$ に $+q$ の電荷が、$(0, 0, -d)$ に $-q$ の電荷が存在しているとしよう。この時、この二つの作る電位はそれぞれによる電位の和で計算できるので、

$$V(x,y,z) = \frac{q}{4\pi\varepsilon_0\sqrt{x^2+y^2+(z-d)^2}} - \frac{q}{4\pi\varepsilon_0\sqrt{x^2+y^2+(z+d)^2}} \quad (3.76)$$

である。

---

[27] もともと中性だった酸素原子と水素原子が結合すると、電子が酸素側に偏る。原子核が電子を引きつける力の違いによりこういう事が起こる。

ここでは原子のような小さな物の話をしているので、以下で $d \to 0$ の極限を考えることにする。そうやっても結果には大きな差がない。もちろん、極限を取らない式の方が正しい式であって、極限をとった式は近似式である。「正確な式が出ているのに近似式を使わなくてもいいのでは？」と思う人もいるかもしれないが、二つの理由で近似式を使う。

一つ目の理由は、そうすることで少し式が簡単になるということである。(3.76)よりも、後で出てくる (3.79) の方が簡単である。

もう一つの理由は、双極子の作る電場 $\vec{E}$ の測定結果からまずわかるのは p であって q ではないということである。

近似計算をするにあたって $2qd$、すなわち（電荷の大きさ）×（電荷間の距離）を p と書く[†28]、これを一定値として、$d \to 0$ の極限を取る。ということは $q \to \infty$ という計算をしていることになるが、これもまた近似によって起こったことで、現実に ∞ の電荷があるというわけではないのはもちろんのことである。実際にここに正電荷 q と負電荷 $-q$ が非常に短い距離でくっついている物体があったとすると、遠方から q を測定することは難しい。後で出す式を見るとわかるように、遠方での電場は $p = 2qd$ に依存していて、p の方が測定しやすいのである。

p は「電気双極子モーメント」[†29]と呼ばれる量である。p を使って上の式を書き直すと、

$$V(x,y,z) = \frac{p}{4\pi\varepsilon_0} \times \frac{1}{2d}\left(\frac{1}{\sqrt{x^2+y^2+(z-d)^2}} - \frac{1}{\sqrt{x^2+y^2+(z+d)^2}}\right) \quad (3.77)$$

となる。ここで $d \to 0$ の極限を取ると、

$$\begin{aligned}&\lim_{d \to 0} \frac{1}{2d}\left(\frac{1}{\sqrt{x^2+y^2+(z-d)^2}} - \frac{1}{\sqrt{x^2+y^2+(z+d)^2}}\right) \\ &= -\frac{d}{dz}\left(\frac{1}{\sqrt{x^2+y^2+z^2}}\right) = \frac{z}{(x^2+y^2+z^2)^{\frac{3}{2}}}\end{aligned} \quad (3.78)$$

のように微分を使って表現できる。真ん中でマイナス符号がついているのは、ここでの引き算が $z-d$ での値から $z+d$ での値を引くという、普通の微分の場合

[†28] 分子が電気双極子になっている場合、電気双極子モーメントはだいたい、1.6×10^{-16}C $\times 10^{-10}$m ぐらいになる。

[†29] 「力のモーメント」と同じ言葉が使われているが、その理由は以下の通り。双極子に電場 $\vec{E}$ をかけると、その電場 $\vec{E}$ の方向に回転する。その時働く力のモーメントは電場 $\vec{E}$ と双極子モーメントの積に比例する。

の「$x+\Delta x$ での値から x での値を引く」という状況とは逆の引き算になっているからである。Δx に対応するのが $-2d$ なのだと考えればよい。

以上から電気双極子による電位は、

$$V(x,y,z) = \frac{p}{4\pi\varepsilon_0} \times \frac{z}{(x^2+y^2+z^2)^{\frac{3}{2}}} = \frac{p\cos\theta}{4\pi\varepsilon_0 r^2} \tag{3.79}$$

となる。最後の表現では、$x^2+y^2+z^2 = r^2, z = r\cos\theta$ として極座標に直した。

- 練習問題 -
【問い 3-2】 (3.79) が（原点以外で）ラプラス方程式の解であることを具体的に確認せよ。

ヒント → p309 へ　解答 → p317 へ

双極子による電場 $\vec{E}$ は、これに $-\vec{\nabla}$ をかけて、

$$\vec{E} = -\vec{\nabla}\left(\overbrace{\frac{p}{4\pi\varepsilon_0}}^{\text{微分の前に}} \times \frac{z}{(x^2+y^2+z^2)^{\frac{3}{2}}}\right)$$

$(\nabla(ab) = (\nabla a)b + a(\nabla b))$

$$= -\frac{p}{4\pi\varepsilon_0} \times \left(z\vec{\nabla}\left(\frac{1}{(x^2+y^2+z^2)^{\frac{3}{2}}}\right) + \frac{1}{(x^2+y^2+z^2)^{\frac{3}{2}}}\vec{\nabla}(z)\right)$$

$\left(\vec{\nabla}\left(f^{-\frac{3}{2}}\right) = -\frac{3}{2}\vec{\nabla}f f^{-\frac{5}{2}}, \quad \vec{\nabla}z = \vec{e}_z\right)$

$$= -\frac{p}{4\pi\varepsilon_0} \times \left(-\frac{3z}{2}\frac{\vec{\nabla}(x^2+y^2+z^2)}{(x^2+y^2+z^2)^{\frac{5}{2}}} + \frac{1}{(x^2+y^2+z^2)^{\frac{3}{2}}}\vec{e}_z\right)$$

$\left(\vec{\nabla}(x^2) = 2x\vec{e}_x, \vec{\nabla}(y^2) = 2y\vec{e}_y, \vec{\nabla}(z^2) = 2z\vec{e}_z\right)$

$$= \frac{p}{4\pi\varepsilon_0}\left(\frac{3z(x\vec{e}_x + y\vec{e}_y + z\vec{e}_z)}{(x^2+y^2+z^2)^{\frac{5}{2}}} - \vec{e}_z\frac{1}{(x^2+y^2+z^2)^{\frac{3}{2}}}\right) \tag{3.80}$$

となる。極座標で表すならば、$\vec{\nabla} = \vec{e}_r\frac{\partial}{\partial r} + \vec{e}_\theta\frac{1}{r}\frac{\partial}{\partial \theta} + \vec{e}_\phi\frac{1}{r\sin\theta}\frac{\partial}{\partial \phi}$ を使って、

$$\vec{E} = \frac{p}{4\pi\varepsilon_0}\left(\vec{e}_r\frac{2\cos\theta}{r^3} + \vec{e}_\theta\frac{\sin\theta}{r^3}\right) \tag{3.81}$$

となる (言うまでもないが計算自体は極座標の方が簡単に終わる)。

この二つの式 (3.80) と (3.81) は違うように見えるかもしれないが、$r\vec{e}_r = x\vec{e}_x + y\vec{e}_y + z\vec{e}_z$ と、$\vec{e}_z = \cos\theta\vec{e}_r - \sin\theta\vec{e}_\theta$ を使って書き直すと同じになる。

ここまでは、電気双極子の電荷の配置を z 軸に沿って、$+$電荷が $+z$ 側に移動し、$-$電荷が $-z$ 側に移動していると考えたが、一般的な配置としては電気双極子モーメントはベクトル $\vec{p}$ であると考え、その向きは$-$電荷から$+$電荷に向かう向きである。この場合、

$$V = \frac{\vec{p} \cdot \vec{x}}{4\pi\varepsilon_0 |\vec{x}|^3}, \quad \vec{E} = 3\frac{\vec{p} \cdot \vec{x}}{4\pi\varepsilon_0 |\vec{x}|^5}\vec{x} - \frac{1}{4\pi\varepsilon_0 |\vec{x}|^3}\vec{p} \quad (3.82)$$

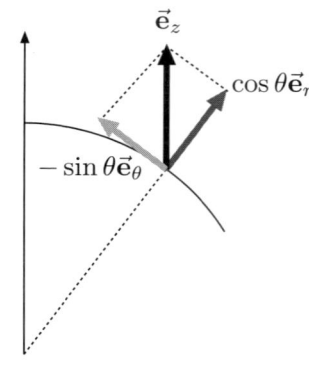

である。ここで微分は $\vec{\nabla}(\vec{p} \cdot \vec{x}) = \vec{p}, \quad \vec{\nabla}\left(\frac{1}{|\vec{x}|^3}\right) = -3\frac{\vec{x}}{|\vec{x}|^5}$ のように行った。

3.6 静電場の保つエネルギー

3.6.1 位置エネルギーは誰のもの？

さて、3.4.1 で計算した 2 個の電荷の場合、$U = \dfrac{Qq}{4\pi\varepsilon_0 r}$ であったから、この式を「電荷 Q が位置エネルギー $\dfrac{Qq}{4\pi\varepsilon_0 r}$ を持つ」と解釈すれば、「電荷 Q がある場所の電位は $\dfrac{q}{4\pi\varepsilon_0 r}$」ということになる。しかしこの式を、「電荷 q が位置エネルギー $\dfrac{Qq}{4\pi\varepsilon_0 r}$ を持つ」と解釈すれば、「電荷 q がある場所の電位は $\dfrac{Q}{4\pi\varepsilon_0 r}$」ということになる。これは考え方（立場）の違いであって、どちらも正しい[†30]。さらに言えば、「電荷 Q は $\dfrac{1}{2} \times \dfrac{Qq}{4\pi\varepsilon_0 r}$ のエネルギーを、電荷 q も $\dfrac{1}{2} \times \dfrac{Qq}{4\pi\varepsilon_0 r}$ のエネルギーを持ち、トータルでエネルギー $\dfrac{Qq}{4\pi\varepsilon_0 r}$ を持つ」という考え方も、間違いではない（後でこの立場を出発点にする）。

たとえば 2 個の物体がひっぱりあっている例として、バネにつながれた物体を考える。このバネが伸びているならばこの 2 物体は引き合う力を感じる。その力で仕事をすることができる。そのエネルギーは、バネの伸びが x、バネ定数が k であれば $\frac{1}{2}kx^2$ であるが、このエネルギーは誰が持っているかといえば、もちろ

[†30] 「電荷 Q も電荷 q も $U = \dfrac{Qq}{4\pi\varepsilon_0 r}$ を持つので、全エネルギーはこの 2 倍」と考えるのは正しくない。これでは同じエネルギーを 2 回数えている (double-counting) ことになる。どちらかの立場を選ばねばならない。

3.6 静電場の保つエネルギー

んバネである。

　電荷二つの場合、異符号で引き合っている場合にせよ、同符号で反発している場合にせよ、そこにバネのようなものはないように思える。しかし、そこには「電場」があるので、電場がエネルギーを持っているという立場もとれる。ばね定数 k のばねが x 伸びている時に $\frac{1}{2}kx^2$ のエネルギーを持つように、電場 $\vec{E}$ がある時にはその場所、その時の状況に応じてエネルギーを持っていることになる[†31]。先に答えを書いておくと、そのエネルギーの単位体積あたりの値は、ばねのエネルギーによく似た式 $\frac{1}{2}\varepsilon_0|\vec{E}|^2$ となる。

　この式を導出する前に、電場 $\vec{E}$ の持つエネルギー（静電エネルギーと呼ばれる）がどのようなエネルギーなのか、イメージをつかんでおこう。上に書いたバネの場合と同様、異符号でひっぱり合う時、その二つの電荷の間に何か「二つの電荷が近づくことでエネルギーが下がるもの」がなくてはいけない。そのバネに対応するものとして、電気力線を考えよう。

　電気力線は伸ばされたゴムひものように、「短くなろうとする」性質を持っていた。右の図のように「プラス電荷とマイナス電荷を引き離す」という操作は、「電気力線という仮想ゴムひもを引き延ばす」という操作なのだと考えることができる。このエネルギーを持っているのは「仮想ゴムひも」であるところの電気力線、または電場 $\vec{E}$ である。

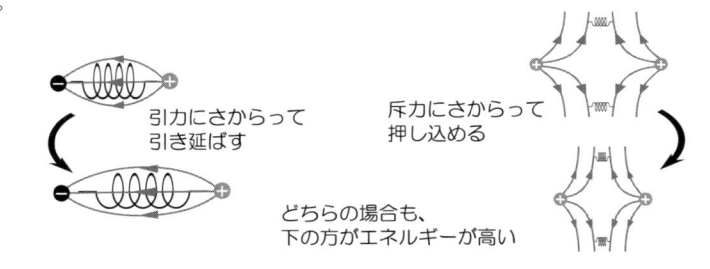

　プラス電荷どうし、マイナス電荷どうしの反発力はどのように説明できるだろうか。これは電気力線のもう一つの性質「混雑を嫌う」で理解できる。平行な電気力線の間に押し合うバネがあると考えて反発力が働くと考えよう。電気力線の密度が高くなると、この仮想的バネが縮むことで電場 $\vec{E}$ の蓄えるエネルギーも大きくなる。

[†31] と、エネルギーを持っているのは電場である、ということを述べたが、これは上に書いた電荷がエネルギーを持っているという考えが間違いだと言っているのではない。電荷と電場というのは本来切り離せないものなのだから、エネルギーをどちらの所属とするかは、自由である。バネと物体は切り離せるので、「エネルギーを持っているのはバネだ」と明確にできる。

3.6.2　電場のエネルギー——電荷と電位による表現

　3.4.1 節で 2 個の電荷 (電気量 q, Q) が距離 r だけ離れている時、この二つの電
→ p100
荷は $\dfrac{Qq}{4\pi\varepsilon_0 r}$ というエネルギーを持つということがわかったわけであるが、となると次に考えるべきは三つ、もしくはそれ以上の電荷があった時はどうなるかである。ここでも、重ね合わせの原理が計算を簡単にしてくれる。

　今第 3 の電荷 q' を無限遠からゆっくりと近づけて、q_1 からの距離が r_1、q_2 からの距離が r_2 であるような場所まで持ってくるとする。この時、その「持ってくる」という動作をした人はどれだけ仕事をしなくてはいけないかを考えると、その仕事は「電荷 q_1 だけがあった場合にするべき仕事」と「電荷 q_2 だけがあった場合にするべき仕事」の和である。

　結果は

$$\frac{q_1 q'}{4\pi\varepsilon_0 r_1} + \frac{q_2 q'}{4\pi\varepsilon_0 r_2} \quad (3.83)$$

となる。これに最初からあったエネルギーである $\dfrac{q_1 q_2}{4\pi\varepsilon_0 r}$ を加えて、

$$\frac{q_1 q'}{4\pi\varepsilon_0 r_1} + \frac{q_2 q'}{4\pi\varepsilon_0 r_2} + \frac{q_1 q_2}{4\pi\varepsilon_0 r} \quad (3.84)$$

が、この三つの電荷の系の持つエネルギーである。

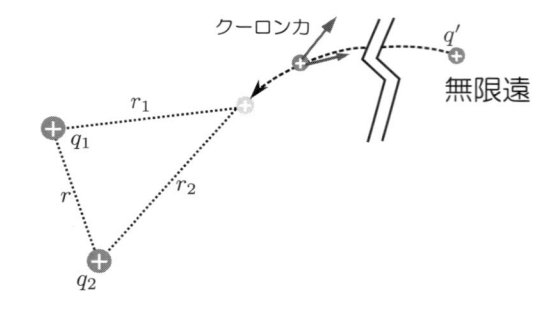

　数をどんどん増やしていこう。それぞれ $q_1, q_2, \cdots, q_N$ の電気量を持つ N 個の電荷があり、q_i の電気量を持つ電荷と q_j の電気量を持つ電荷が r_{ij} だけ離れていたとする（記号 r_{ij} は i 番目の電荷と j 番目の電荷の間の距離と定義する）ならば、結局この N 個の電荷の集合体の持つ位置エネルギーは

$$\frac{1}{2}\sum_{i=1}^{N}\sum_{\substack{j=1\\j\neq i}}^{N}\frac{q_i q_j}{4\pi\varepsilon_0 r_{ij}} \quad (3.85)$$

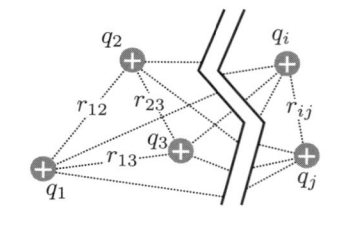

ということになる。ここで、和記号から $i = j$ が除かれていることに注意しよう。元々この位置エネルギーは電荷と電荷の相互関係で生まれているのだから、自分自身との間には位置エネルギーが発生するはずはない。だいたい、$i = j$ にすれば $r_{ii} = 0$ なので、分母が発散してしまう。$\dfrac{1}{2}$ がついているのは、こ

3.6 静電場の保つエネルギー

の和をどんどんやっていくと、同じ式が2回現れるからである。

たとえば $N=3$ なら、

$$
\frac{1}{2}\sum_{i=1}^{3}\sum_{\substack{j=1\\j\neq i}}^{3}\frac{q_iq_j}{4\pi\varepsilon_0 r_{ij}}
$$
$$
=\frac{1}{2}\left(\sum_{\substack{j=1\\j\neq 1}}^{3}\frac{q_1q_j}{4\pi\varepsilon_0 r_{1j}}+\sum_{\substack{j=1\\j\neq 2}}^{3}\frac{q_2q_j}{4\pi\varepsilon_0 r_{2j}}+\sum_{\substack{j=1\\j\neq 3}}^{3}\frac{q_3q_j}{4\pi\varepsilon_0 r_{3j}}\right)
$$
$$
=\frac{1}{2}\left(\frac{q_1q_2}{4\pi\varepsilon_0 r_{12}}+\frac{q_1q_3}{4\pi\varepsilon_0 r_{13}}+\frac{q_2q_1}{4\pi\varepsilon_0 r_{21}}+\frac{q_2q_3}{4\pi\varepsilon_0 r_{23}}+\frac{q_3q_1}{4\pi\varepsilon_0 r_{31}}+\frac{q_3q_2}{4\pi\varepsilon_0 r_{32}}\right)
$$
$$
=\frac{q_1q_2}{4\pi\varepsilon_0 r_{12}}+\frac{q_1q_3}{4\pi\varepsilon_0 r_{13}}+\frac{q_2q_3}{4\pi\varepsilon_0 r_{23}} \tag{3.86}
$$

となる。$\frac{1}{2}$ がついていて、ちょうど正しい答えとなる。このように何も考えずに和をとる計算をすると2回同じ物が出てくる場合「double-counting している」と表現する。$\frac{1}{2}$ は double-counting を補正するためのものである[†32]。

この式を、少し違う表現で書いてみよう。

$$
\frac{1}{2}\sum_{i=1}^{N}\sum_{\substack{j=1\\j\neq i}}^{N}\frac{q_iq_j}{4\pi\varepsilon_0 r_{ij}}=\frac{1}{2}\sum_{i=1}^{N}q_i\underbrace{\sum_{\substack{j=1\\j\neq i}}^{N}\frac{q_j}{4\pi\varepsilon_0 r_{ij}}}_{=V_{\bar{i}}(\vec{x}_i)}=\frac{1}{2}\sum_{i=1}^{N}q_iV_{\bar{i}}(\vec{x}_i) \tag{3.87}
$$

と書くことができる。$V_{\bar{i}}(\vec{x}_i)$ は、場所 $\vec{x}_i$ における電位であるが、ただし、q_i が作る電位は省いている。$\bar{i}$ という下付き添字は「i 番目を除いて計算した電位です」ということを示す記号である。

連続的に分布した電荷について考えると、微小体積 $dxdydz=\mathrm{d}^3\vec{x}$ の中に電荷 $\rho\mathrm{d}^3\vec{x}$ があるのだと考えて、その各微小体積によるエネルギーの和を考える。微小体積を0とする極限では和は積分に置き換わるので、

$$
\frac{1}{2}\sum_{i=1}^{N}q_iV_{\bar{i}}(\vec{x}_i)\to\frac{1}{2}\int\rho(\vec{x})V(\vec{x})\mathrm{d}^3\vec{x} \tag{3.88}
$$

となる。これが静電場の持つエネルギーを、電荷密度 ρ と電位 V で表現した式である。ここで $\frac{1}{2}\int\rho(\vec{x})V(\vec{x})\mathrm{d}^3\vec{x}$ には「自分自身の作る電位は勘定に入れない」と

[†32] 2回とは限らず、数えすぎている時は「over-counting」と言う。

いう計算に対応する「$i=j$ を除く」のような注意書きがないことを不審に思う人がいるかもしれない。この場合の「自分自身」に対応するのは微小体積内の微小電荷 $\rho d^3\vec{x}$ である。この量は、微小領域のサイズの3乗に比例する。一方、$V(\vec{x})$ の分母 $|\vec{x}' - \vec{x}|$ は微小領域のサイズの1乗に比例するので、微小領域にある電荷による同じ微小領域への電位は、微小領域のサイズを0とする極限では0になる。微小電荷を取り除いても、取り除く前と電位の値は無視できるほどの高次の微小量しか変化しないので、わざわざ「同一点を除く」と断る必要がないのである。

3.6.3 電場の持つエネルギー——電場 $\vec{E}$ による表現

さて、我々は「静電エネルギーは電場 $\vec{E}$ が持っている」という予想のもと、ここまで電荷の位置エネルギーを書き直してきた。$\frac{1}{2}\int \rho(\vec{x})V(\vec{x})d^3\vec{x}$ という式は、いまだ電荷を使って表現している（エネルギーは電荷が持っている、という形の式になっている）。

ここで、電荷密度 ρ は電場 $\vec{E}$ と関係あることを思い出そう。すなわち、$\mathrm{div}\,\vec{E} = \frac{\rho}{\varepsilon_0}$ である。これを使って書き直すと、エネルギーは

$$\frac{\varepsilon_0}{2}\int (\mathrm{div}\,\vec{E}(\vec{x}))V(\vec{x})d^3\vec{x} \tag{3.89}$$

という積分になる（電場と電位の式になったので、目標に一歩近づいた）。

ここで、$\mathrm{div}\,\vec{E}$ という形で $\vec{E}$ にかかっている微分を V の方におっかぶせる（もちろん部分積分を使ってである）。x,y,z 成分を使って書くと上の式は

$$\frac{\varepsilon_0}{2}\int \left(\frac{\partial}{\partial x}E_x(\vec{x}) + \frac{\partial}{\partial y}E_y(\vec{x}) + \frac{\partial}{\partial z}E_z(\vec{x})\right)V(\vec{x})d^3\vec{x} \tag{3.90}$$

で、これを各項ごとに部分積分する。

部分積分の公式

$$\int_a^b \frac{df(x)}{dx}g(x)dx = \underbrace{\Big[f(x)g(x)\Big]_a^b}_{\text{表面項}} - \int_a^b f(x)\frac{dg(x)}{dx}dx \tag{3.91}$$

を $\frac{\partial}{\partial x}E_x(\vec{x})V(\vec{x})$ などに適用していけば、

$$-\frac{\varepsilon_0}{2}\int \left(E_x(\vec{x})\frac{\partial}{\partial x}V(\vec{x}) + E_y(\vec{x})\frac{\partial}{\partial y}V(\vec{x}) + E_z(\vec{x})\frac{\partial}{\partial z}V(\vec{x})\right)d^3\vec{x} \tag{3.92}$$

3.6 静電場の保つエネルギー   123

となる。いわゆる「表面項」[†33]、たとえば

$$\left[\frac{\varepsilon_0}{2}\int E_x(\vec{x})V(\vec{x})\mathrm{d}y\mathrm{d}z\right]_{x=-\infty}^{x=\infty} \quad (3.93)$$

は無限遠では $V(\vec{x})$ や $\vec{E}(\vec{x})$ が 0 になっているのだと考えて無視した[†34]。ここで、$\vec{E} = -\vec{\nabla}V$ (たとえばこのうち x 成分を取り出すならば $E_x = -\frac{\partial}{\partial x}V$) を使えば、

$$\frac{\varepsilon_0}{2}\int (E_x(\vec{x})E_x(\vec{x}) + E_y(\vec{x})E_y(\vec{x}) + E_z(\vec{x})E_z(\vec{x}))\,\mathrm{d}^3\vec{x} \quad (3.94)$$

となり、まとめると、

---- 真空中の静電場の持つエネルギー ----

$$U = \frac{\varepsilon_0}{2}\int |\vec{E}|^2 \mathrm{d}^3\vec{x} \quad (3.95)$$

となる[†35]。これは電場 $\vec{E}$ のみで書かれた式になっている。これから、電場 $\vec{E}$ の持つエネルギー密度は $\frac{\varepsilon_0}{2}|\vec{E}|^2$ となる。数式の形としては、ばねのエネルギーの式 $\frac{1}{2}kx^2$ にも似ている。

3.6.4 平行平板コンデンサの蓄えるエネルギー

静電気力の持つ位置エネルギーは $\frac{1}{2}qV$ で表現されるということから、平行平板コンデンサの持つエネルギーを計算する。両極板に電荷 Q と電荷 $-Q$ がためられているとする。極板の面積を S とすると極板間にできる電場の強さは $\frac{Q}{\varepsilon_0 S}$ となるというのはこれまで計算した通りであるから、極板間の電位差 V は $\frac{Qd}{\varepsilon_0 S}$ と

[†33] 「表面項」とは $\int \mathrm{d}^3\vec{x}\,\mathrm{div}\,(なんとか)$ の形の項のこと。ガウスの発散定理により、これは積分範囲の表面での積分に直せる。よって積分の端(無限遠とする事が多い)で(なんとか)が 0 になるならばこの項は無視できる。
[†34] これが 0 になると言っていいのかは、状況による。しかし、通常起こり得る状況の中、たとえば「実験室の中で電荷を持ってきて配置してどんなエネルギーがあるか観測しよう」というような状況において、無限遠にある電荷がその実験に影響を及ぼすなどとは考えられないので、実際に無限遠に電荷や電場があるかないかに関係なく、0 だと置いて間違いはあるまい、という推測のもと、0 として計算する。
[†35] 慣れてきたら上の計算は、$\int (\vec{\nabla}\cdot\vec{E})V = -\int \vec{E}\cdot\vec{\nabla}V = \int \vec{E}\cdot\vec{E}$ といっきにやりたいところである。

なる（今電場 $\vec{E}$ は一定なので、電位差は電場 $\vec{E}$ ×距離となる）。電位差 V というのは、$-Q$ がたまっている方の電位が V_0 としたら、Q がたまっている方の電位が $V_0 + V$ だということであり、この時に静電エネルギーは、

$$\frac{1}{2}Q(V+V_0) + \frac{1}{2}(-Q)V_0 = \frac{1}{2}QV = \frac{1}{2}\frac{Q^2 d}{\varepsilon_0 S} \tag{3.96}$$

となる。この $\frac{1}{2}QV$ という式は、以下のように考えても導出できる。

電荷 q を電位差 V の間を運ぶと、qV だけ仕事をすることになる。今、コンデンサに電気 q がたまっている時に、電気を $q \to q + \mathrm{d}q$ に増やすために必要な仕事を考えれば、それはもちろん $\mathrm{d}qV$ なのだが、今の場合 $V = \frac{qd}{\varepsilon_0 S}$ であるから、$\mathrm{d}q \frac{qd}{\varepsilon_0 S}$ となり、この q を 0 から Q まで積分することで「コンデンサを充電するのに要した仕事」が計算できる。それは、

$$\int_0^Q \mathrm{d}q \frac{qd}{\varepsilon_0 S} = \frac{d}{\varepsilon_0 S}\left[\frac{q^2}{2}\right]_0^Q = \frac{Q^2 d}{2\varepsilon_0 S} \tag{3.97}$$

である。これはもちろん上の式と一致する。ちゃんと $\frac{1}{2}$ がついていること、つまり QV という計算をしてはいけないことに注意しよう。微小な電荷を持っていく時の仕事が $\mathrm{d}qV$ なのに、微小でない有限な電荷を持っていく時の仕事は $\frac{1}{2}QV$ となる。これは V が定数ではなく、電荷が溜まっていくに従って増加する関数であるからである。V が外部から与えられた電位差であって電荷が移動しても変化することがないような関数なら、エネルギーは QV となる。

ここで、コンデンサの持つエネルギー $\frac{Q^2 d}{2\varepsilon_0 S}$ をコンデンサの極板にはさまれた部分の体積 Sd で割ると、コンデンサの持つエネルギーは単位体積あたり、

$$\frac{1}{2}\frac{Q^2}{\varepsilon_0 S^2} = \frac{1}{2}\varepsilon_0 \left(\frac{Q}{\varepsilon_0 S}\right)^2 \tag{3.98}$$

となる。これはちょうど、$\frac{1}{2}\varepsilon_0|\vec{E}|^2$ にほかならない。

3.6 静電場の持つエネルギー

電荷に仕事をすることで溜め込んだエネルギーは「電場 $\vec{E}$ の持つエネルギー」としてコンデンサの極板間に溜められることになる。

電位をゴム膜に例えたアナロジーからすると、電荷をためることで＋電荷のたまった部分は電位が高くなり（ゴム膜が上に引っ張られ）、−電荷のたまった部分は電位が低くなる（ゴム膜が下に引っ張られる）。結果としてコンデンサの内部では強い電場 $\vec{E}$（ゴム膜の大きな傾斜）ができる。この引っ張られたゴム膜の弾性エネルギーに対応するものが電場 $\vec{E}$ のエネルギーである。ゴム膜の場合も、エネルギーはゴム膜を持ち上げたり下げたりする部分（極板）に局在するのではなく、広がって分布している。

次の図は電位を高さで表現した図で、コンデンサを充電する前と充電した後の電位の様子を描いている。

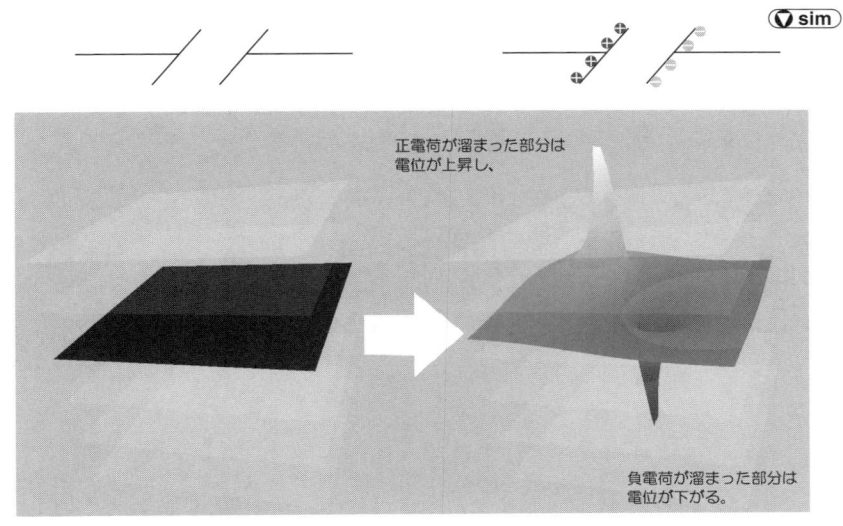

正電荷が溜まった部分は電位が上昇し、
負電荷が溜まった部分は電位が下がる。

電荷が溜まっていない状態　　　電荷の溜まった状態

このエネルギーを「極板を引っ張り上げる仕事」として計算することもできる。コンデンサの極板間に大きさ E の電場 $\vec{E}$ ができている時、極板に働く引力は $\frac{1}{2}QE$ である。まず極板間の距離が 0 になっていると仮定する。この時のコンデンサのエネルギーは 0 である（プラスマイナスの電荷が重なって存在しているというのは、何もないのと同じ）。この引力に逆らって距離 d だけ極板を引きはがすと考える。ちょうど右の図のように、弾力で引っ張り合う物体を引き離すという仕事を

行うことになる。

仕事は力 × 距離で $\frac{1}{2}QEd = \frac{1}{2}QV$ となる。

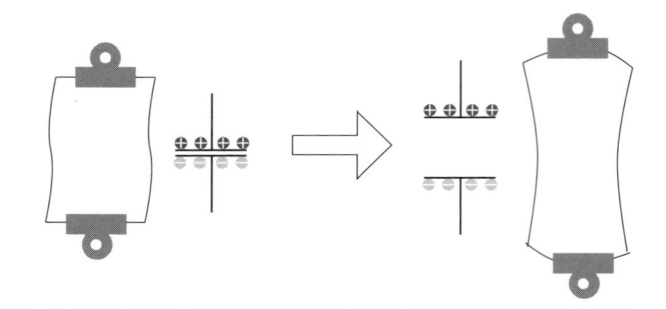

【FAQ】極板に働く力は QE じゃないの？

電場 $\vec{E}$ の定義である $\vec{F} = q\vec{E}$ からすると、なぜこの極板間の引力に $\frac{1}{2}$ がつくのか、不思議に思う人もいるかもしれないが、これにはいろいろな説明ができる。

まず、$\vec{F} = q\vec{E}$ という式は、電場 $\vec{E}$ の中にどっぷりと電荷が浸かっている場合の式であるが、コンデンサの場合、電荷の内側にしか電場 $\vec{E}$ はない。これが半分になる理由である。

別の説明としては、極板間の電場 E というのは実は、プラス電荷の作った $\frac{1}{2}E$ とマイナス電荷の作った $\frac{1}{2}E$ の和であるという点に注意すればよい。プラス電荷はマイナス電荷の作った電場だけを感じるのである。

$\frac{1}{2}QE$ となることを納得するもう一つの方法は、次にあげるマックスウェル応力の考え方を使うことである。いずれかの方法で納得しておこう。

3.7 電場の応力

電気力線には「短くなろうとする」「混雑を嫌う」という性質があることを何度か話してきた。この二つの性質は、どちらも、「電場 $\vec{E}$ のエネルギー $U = \dfrac{\varepsilon_0}{2}\int |\vec{E}|^2 \mathrm{d}^3\vec{x}$

3.7 電場の応力

を小さくしようとする」という統一した見方で考えることができる。

3.7.1 電気力線は短くなろうとする→電場の張力

図のように電気力線が（密度を変えずに）長くなるところを想像する。こうなることで電気力線の存在する場所の体積が大きくなる。電気力線の密度は変わらないから、電場 $\vec{E}$ の強さは変わらないが、体積が増えれば積分 U の値は大きくなる。これに抗する力がクーロン引力と解釈できる。

この場合、「電気力線が短くなろうとする」ということは「電場の存在する空間を狭くしようとする」ということにほかならない。

ここで今仮想的に考えたチューブの底面積を S とし、長さを L とすると、このチューブ内の電場 $\vec{E}$ の持つ静電エネルギーは $\frac{\varepsilon_0}{2}|\vec{E}|^2 SL$ である。$L \to L+x$ と増えることによるエネルギーの増加は

$$\Delta U = \frac{\varepsilon_0}{2}|\vec{E}|^2 Sx \quad (3.99)$$

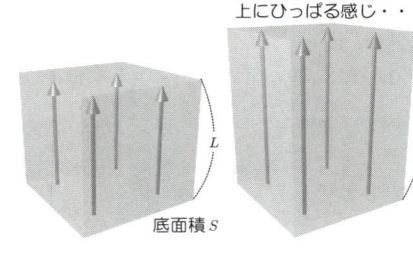

となるから、

$$-\frac{\partial U}{\partial x} = -\frac{\varepsilon_0}{2}|\vec{E}|^2 S \quad (3.100)$$

である。この力の式に−符号がつくのは「x が増える方向の反対（引っ張り）」を意味する。単位面積あたり $\frac{\varepsilon_0}{2}|\vec{E}|^2$ の力で張力が発生していることがわかる。

3.7.2 電気力線は混雑を避ける→電場の圧力

今度はこの仮想的チューブが長さを変えずに面積を増大させたとする。簡単のためチューブの底面を縦 a、横 b の長方形として、横を y だけ増やしてみよう。この時、電気力線の本数が変わらずに面積が増えるので、電場 $\vec{E}$（単位面積あたりの電気力線）が減ることになる。

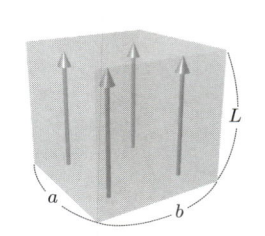

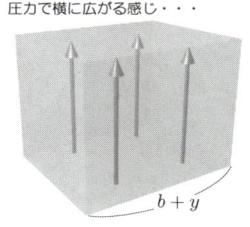

そこで今度は $\vec{E}S$ が定数になると考える。すると、$U = \frac{\varepsilon_0}{2}|\vec{E}S|^2 \frac{L}{S}$ となる。これを（$\vec{E}S$ はこの組み合わせで定数なので微分せずに！）S が ΔS だけ変化する

とすると、
$$\Delta U = -\frac{\varepsilon_0}{2}|\vec{E}S|^2\frac{L}{S^2}\Delta S = -\frac{\varepsilon_0}{2}|\vec{E}|^2 L\Delta S \tag{3.101}$$

という結果が出る。今の場合、$\Delta S = ay$ であるからこれを代入して両辺を y で割れば、
$$-\frac{\partial U}{\partial y} = \frac{\varepsilon_0}{2}|\vec{E}|^2 La \tag{3.102}$$

が出る。これは側面にかかる力であるから、単位面積あたりにするには La で割ればよい。つまり、電気力線が広がろうとする圧力が $\frac{\varepsilon_0}{2}|\vec{E}|^2$ だけ働いていることがわかる。

3.7.3 応力から考える静電気力

張力・圧力などの力が面に働く時、まとめて「**応力** (stress)」と呼ぶ。今、ある微小面積 $d\vec{S}$ がある時、その面にどんな力が働くことになるかを式で表そう。もし、$d\vec{S}$ と $\vec{E}$ が平行ならば、この面には $\frac{\varepsilon_0}{2}|\vec{E}|^2 d\vec{S}$ の力が働く。一方、$d\vec{S}$ と $\vec{E}$ が垂直ならば、$-\frac{\varepsilon_0}{2}|\vec{E}|^2 d\vec{S}$ の力が働く。

水平でも垂直でもない場合については、ちょっとややこしいが、
$$\varepsilon_0 \vec{E}\left(\vec{E}\cdot d\vec{S}\right) - \frac{\varepsilon_0}{2}|\vec{E}|^2 d\vec{S} \tag{3.103}$$

となる。

実際にこれがクーロン力を表現していることを確認しておく。

下の図は、外部からの電場がないところに正電荷が一個存在している場合の電気力線と、外部から一様な電場 $\vec{E}$ がかけられているところに置かれた正電荷の回りの電気力線を描いたものである。

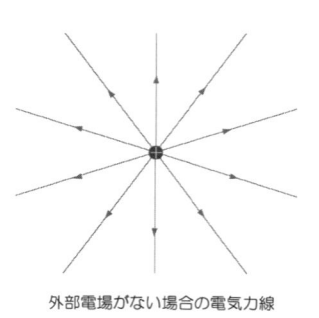

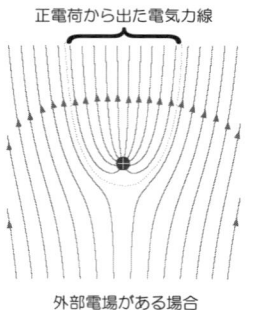

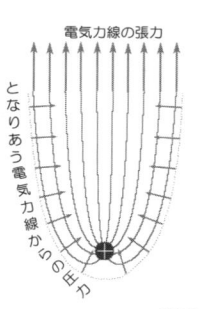

破線は、正電荷から出た電気力線が存在する範囲を示している。この破線は電気力線と同じ方向を向いているので、破線に垂直な方向に圧力が働く。その圧力は（ちょうど水の中に入れた木片が上向きに浮力を受けるように）、上向きの力を作る。また、正電荷から出た電気力線は張力を持って上向きに引っ張る。この二つの力の和が上向きの力（外部電場 $\vec{E}$ から正電荷が受けるクーロン力）を作るのである。

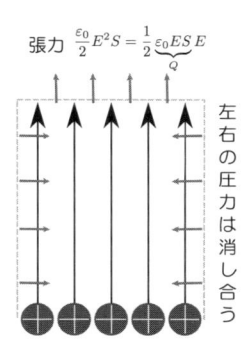

右の図はコンデンサに溜まった電荷の電場 $\vec{E}$ の応力を図にしたもので、圧力の部分はちょうど消し合い、張力の部分が残る。張力はちょうど $\frac{1}{2}QE$ になることがわかる。

次の図は二つの電荷（電気量は q と $-q$）が距離 $2L$ 離れている状態を描いたものである。

二つの電荷のちょうど中間にあたる位置に面（図の点線）を考えて、その面に働く張力を考える。図に書き込んだように、二つの電荷を結ぶ直線から角度 θ だけ離れた面を考えると、その場所に一方の電荷が作る電場 $\vec{E}$ は $\frac{q\cos^2\theta}{4\pi\varepsilon_0 L^2}$ となる（電荷からこの点までの距離が $\frac{L}{\cos\theta}$ となることに注意。合成電場は二つの電荷の作る電場 $\vec{E}$ をベクトル的に足すことで得られるから、

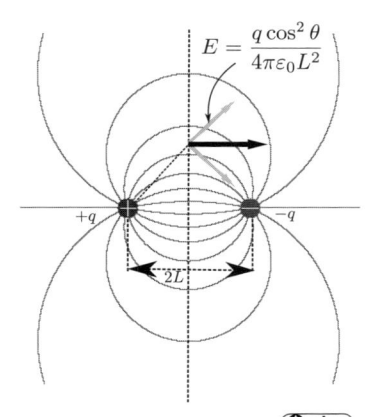

$$2 \times \frac{q\cos^2\theta}{4\pi\varepsilon_0 L^2} \times \cos\theta = \frac{q\cos^3\theta}{2\pi\varepsilon_0 L^2} \tag{3.104}$$

となる。これを自乗して $\frac{1}{2}\varepsilon_0$ をかけたもの

$$\frac{1}{2}\varepsilon_0 E^2 = \frac{1}{2}\varepsilon_0 \left(\frac{q\cos^3\theta}{2\pi\varepsilon_0 L^2}\right)^2 = \frac{q^2\cos^6\theta}{8\pi^2\varepsilon_0 L^4} \tag{3.105}$$

が電場 $\vec{E}$ の（単位面積あたりの）張力である。

------ 練習問題 ------

【問い 3-3】(3.105) を面積積分することで、今考えた面全体に働く張力が $\dfrac{q^2}{16\pi\varepsilon_0 L^2}$ となることを示せ。

ヒント → p309 へ　解答 → p317 へ

　問い 3-3 で求めた力は、距離 $2L$ 離れた電気量 q と $-q$ の電荷に働くクーロン引力 $\dfrac{q^2}{4\pi\varepsilon_0 (2L)^2}$ そのものである。なお、＋電荷どうしの斥力も同様の計算で求めることができる。この場合は電場 $\vec{E}$ の圧力を積分すればよい。これについては章末演習問題 3-7 を見よ。
→ p132

　以上のように、空間の各点各点に分布している電場 $\vec{E}$ が、そのとなりの電場 $\vec{E}$ との間に張力や圧力を及ぼすということが静電気現象で起こる力全ての源泉であるというふうに考えられることになる。近接作用論をとなえた時、ファラデーは目に見えない「電場」や「電気力線」の力の及ぼし合いが本質であることを見抜いていたのである。

　電場はもちろん「物質」とは違うが、このように押し合い引き合いしながら力を伝えたりエネルギーをたくわえることができる。この意味では、立派な物理的実体のある存在なのである。

　以上で出てきた応力を、磁場による応力[36]とまとめて、「マックスウェル応力」と呼ぶ。

---

[36] 磁場に関しても電場同様に応力を考えることができる。

3.8 章末演習問題

★【演習問題 3-1】
3次元空間に $V = kx^2$ で表される電位があったとする。
(1) 電場 $\vec{E}$ を求めよ。
(2) 図のような一辺 a の立方体の中には、どれだけの電荷が入っているか2通りの計算方法で計算せよ。

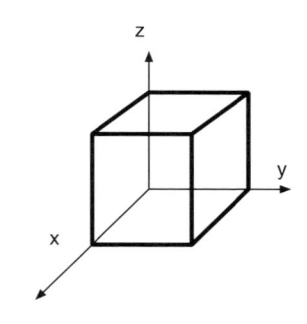

ヒント → p2w へ　解答 → p15w へ

★【演習問題 3-2】
以下のような静電場は存在できるか？—存在できない場合はその理由を記せ。存在できる場合はその電位と、電荷分布を求めよ。
(a) $E_x = kx, E_y = ky, E_z = 0$
(b) $E_x = ky, E_y = kx, E_z = 0$
(c) $E_x = -ky, E_y = kx, E_z = 0$
(d) $E_x = k(x^2 + y^2), E_y = 2kxy, E_z = 0$

ヒント → p2w へ　解答 → p15w へ

★【演習問題 3-3】
演習問題2-1 を、電位を使って解き直す。
円筒座標の場合のラプラシアンの式

$$\triangle = \frac{1}{r}\frac{\partial}{\partial r}\left(r\frac{\partial}{\partial r}\right) + \frac{1}{r^2}\frac{\partial^2}{\partial \theta^2} + \frac{\partial^2}{\partial z^2}$$

を使って、ポアッソン方程式 $\triangle V = -\dfrac{(電荷密度)}{\varepsilon_0}$ を解くと電位が求められる。電荷密度は $r_1 < r < r_2$ で ρ、それ以外の場所では 0 である。境界条件は、$r = 0$ で $V = 0$ とせよ。
電位から $\vec{E} = -\text{grad } V$ を使って電場 $\vec{E}$ を求めると、演習問題2-1 の答と一致することを確認せよ。

ヒント → p2w へ　解答 → p15w へ

★【演習問題 3-4】
「電荷のない空間では、電位が極大値もしくは極小値になることはない」という法則がある。この法則が成立しなかったと仮定すると（すなわち、電荷のない空間に電位の極大値もしくは極小値があったと仮定すると）、ガウスの法則が成立しないことを説明せよ。

ヒント → p3w へ　解答 → p17w へ

★【演習問題 3-5】
　厚みの無視できる半径 R_1 と半径 $R_0 (R_1 > R_0)$ の球殻を、中心を揃えて配置し、外側に電荷 Q、内側に電荷 $-Q$ を与えた。電荷は球殻上で球対称に分布したとして、
　(a) 電場 $\vec{E}$ と電位はどのようになるか？——電位の基準は好きに選んでよい（註：この場合、薄い球殻の中に電荷が集中して存在するため、電場 $\vec{E}$ はなめらかにつながらない。電位は接続される）。
　(b) この系が蓄えている静電エネルギーはいくらになるか？——電荷と電位で表現する式 $\frac{1}{2}qV$ から求めよ。
　(c) この系が蓄えている静電エネルギーはいくらになるか？——エネルギー密度の式 $\frac{1}{2}\varepsilon_0|\vec{E}|^2$ から求めよ。

ヒント → p3w へ　　解答 → p17w へ

★【演習問題 3-6】
　z 軸方向を向いた電気双極子の作る電位は、$V(r, \theta) = \dfrac{p\cos\theta}{4\pi\varepsilon_0 r^2}$ であった。
　この電気双極子を 90 度回転して、双極子モーメントのベクトルが x 方向を向くようにしたとすると、電位 $V(r, \theta, \phi)$ はどうなるか（この時の電位は ϕ の関数でもあることに注意）を求めよ。さらに、この式もまた原点を除いてラプラス方程式の解となることを確認せよ。

ヒント → p3w へ　　解答 → p18w へ

★【演習問題 3-7】
　3.7.3 節の計算を参考にして、二つの正電荷（ともに電気量 q）が $2L$ 離れている時に二つ
→ p128
の電荷の間に働く力は $\dfrac{q^2}{4\pi\varepsilon_0 (2L)^2}$ の斥力であることをマックスウェル応力から計算せよ。

ヒント → p3w へ　　解答 → p18w へ

★【演習問題 3-8】
　今、二つの点電荷（電気量は q と q'）があるとする。q の作る電場を $\vec{E}$、q' の作る電場を $\vec{E}'$ とすれば、

$$\vec{E}(\vec{x}) = \frac{q}{4\pi\varepsilon_0|\vec{x}-\vec{x}_q|^3}(\vec{x}-\vec{x}_q)$$

$$\vec{E}'(\vec{x}) = \frac{q}{4\pi\varepsilon_0|\vec{x}-\vec{x}_{q'}|^3}(\vec{x}-\vec{x}_{q'})$$

である（$\vec{x}_q, \vec{x}_{q'}$ は電荷 q, q' のいる位置）が、実際にできる電場 $\vec{E}$ はもちろん、この二つの重ね合わせである $\vec{E} + \vec{E}'$ となる。この電場 $\vec{E}$ の持つエネルギーは

$$\frac{1}{2}\varepsilon_0\left(\vec{E}+\vec{E}'\right)\cdot\left(\vec{E}+\vec{E}'\right) = \frac{1}{2}\varepsilon_0|\vec{E}|^2 + \frac{1}{2}\varepsilon_0|\vec{E}'|^2 + \varepsilon_0\vec{E}\cdot\vec{E}'$$

となる。このうち $\frac{1}{2}\varepsilon_0|\vec{E}|^2$ は「電荷 q だけが存在した場合の電場 $\vec{E}$ のエネルギー」であり、$\frac{1}{2}\varepsilon_0|\vec{E}'|^2$ は「電荷 q' だけが存在した場合の電場 $\vec{E}$ のエネルギー」であるから、残っ

3.8 章末演習問題

た $\varepsilon_0 \vec{E} \cdot \vec{E}'$ は「両方の電荷が存在して初めて生まれるエネルギー」であり、つまりはこれこそが「二つの電荷の相互作用によって生まれるエネルギー」であると考えられる。

適当な座標系を考えて $\varepsilon_0 \vec{E} \cdot \vec{E}'$ を全空間で積分し、結果が $\dfrac{qq'}{4\pi\varepsilon_0|\vec{x}_q - \vec{x}_{q'}|}$ となること（これが静電気力の位置エネルギーそのものであること）を確認せよ。

（hint:一方を原点に置き、もう片一方を z 軸上例えば $(0,0,L)$ に置くなど、自分が計算しやすい配置で考えるとよい。）

ヒント → p3w へ　　解答 → p19w へ

第4章

導体と誘電体

ここまでは、真空中（せいぜい、電荷が存在する程度）の静電場を扱った。水中、空気中、あるいは木や金属などの固体の中など、物質がある場合には静電場はどのように変わるだろうか。

4.1 導体と電場・電位

　導体とは、内部に電荷が存在し、その電荷が自由に移動できるような物質である。例えば金属では、電子の一部が「自由電子」となって金属内を移動することができる。このような状況では静電場はどうなるだろうか？

　金属の場合で考えよう。自由電子は（マイナスの電荷を持つから）電場 $\vec{E}$ と逆向きに力を受け、その方向に動き出すであろう。そして、電位の高いところに集まる。もし自由に動けるプラス電気があれば、それらは電位の低い方向に集まるだろう。

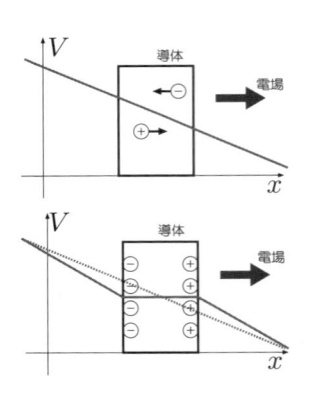

　プラス電気が集まるとその場所の電位は高くなるし、マイナス電気が集まればその場所の電位は低くなる。つまりは、電荷の移動が「電位の平均化」を引き起こし、導体内部では電位が平坦に近づく。

　最終的にどうなったら電荷の移動が止まるかというと、結局は電場 $\vec{E}$ が 0、すなわち電位が一定値になってしまうと、電荷はもう動かない。我々が今扱っているのは静電場なので、この「電荷がもう動かない」状態になってしまった後のみを考えることにする。すると、金属などの自由に電荷が移動できる導体中では、電場 $\vec{E}$ は 0 すなわち電位一定となることがわかる。

電荷の動きを模式化して表したのが下の図である。

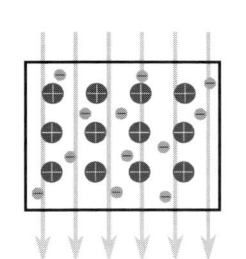

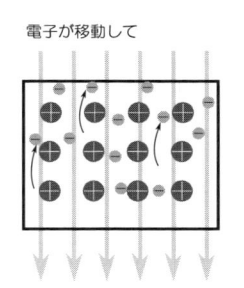

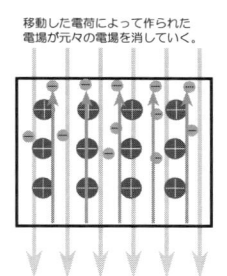

電場がかかることによって、導体内の電荷が移動し、上の方にプラス電荷、下の方にマイナス電荷が整列する。この結果導体内には外部からかけられた電場 $\vec{E}$ のほかに、この整列した電荷による電場 $\vec{E}$ ができることになる。この二つの電場 $\vec{E}$ が重ね合わされて導体内の電場が消える（正確に言えば、導体内の電場 $\vec{E}$ が 0 になる状態になるまで電荷が移動する）。こうして導体内では電場 $\vec{E}$ が消えるのである。この現象は「**静電遮蔽**」と呼ばれる。

上の図では導体がびっしりつまっている場合を考えたが、実は電荷が自由に移動することさえできれば、間の部分の導体がなくても同じようにして電場 $\vec{E}$ は消えてしまう。導体内にできた空洞では電場 $\vec{E}$ は 0 になる。

電場がないところでは電位は変化しないから、導体表面、導体内部、そして導体内部の空洞は全て等電位となる。

【FAQ】移動できる電荷が足りなくなったりしないんですか？？

単純な概算として、数 100g の金属の中にはアボガドロ数以上（10^{24} 個ぐらい）は自由電子がいる。電子一個の電荷は 1.6×10^{-19} と小さいが、それでも 10^5 クーロン（アボガドロ数個の電子が持つ電荷は約 -96485 クーロンで、この値 (96485C) は「1 ファラデー」という単位が与えられている）ぐらいの「動ける電荷」がいるわけである。1.2.1 節で説明したように、1 クーロンというのは実は日常見られない巨大な電荷であることを思い出せば、電荷が不足するなんてことはなかなか起こりそうにない。

4.1.1　導体表面の電場 $\vec{E}$

　導体内部には電場 $\vec{E}$ はなくなるということは、導体内に電荷が存在するとしたら導体表面しかあり得ず、しかも電気力線は導体外に向けてしか出ることはできない。

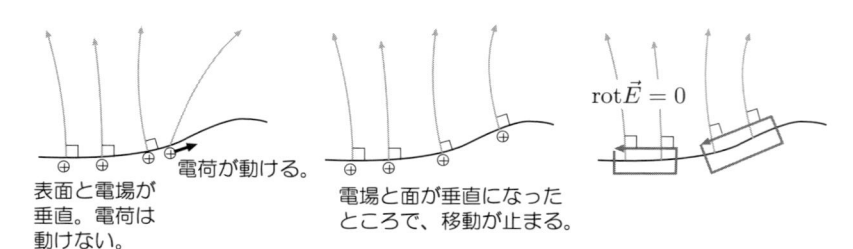

表面と電場が垂直。電荷は動けない。／電荷が動ける。

電場と面が垂直になったところで、移動が止まる。

$\mathrm{rot}\vec{E} = 0$

　さらにもう一つ電場 $\vec{E}$ には、導体表面に垂直でなくてはいけないという条件がつく。もし垂直でなかったら、その水平成分の分だけ、表面電荷を横に動かそうとする力が働いてしまう。それでは平衡状態にならない。その状態では電荷の移動が起こり、最終的には必ず電場 $\vec{E}$ は面に垂直となる[†1]。

　電場 $\vec{E}$ の面に平行な成分が 0 になることは、静電場の場合の式 $\mathrm{rot}\,\vec{E} = 0$ からもわかる。$\mathrm{rot}\,\vec{E} = 0$ ということは微小な面積を回るように試験電荷を動かした時、電場のする仕事が 0 だということである。

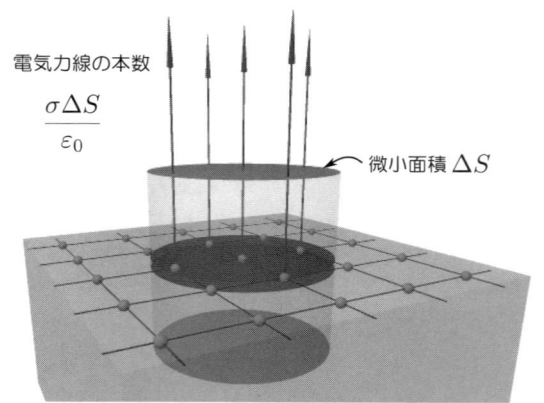

電気力線の本数
$$\frac{\sigma \Delta S}{\varepsilon_0}$$

微小面積 ΔS

導体内部に向かう電気力線はない。

　その微小面積を図のように導体表面の外側をなぞるように取る。導体の内側では電場 $\vec{E}$ は 0 だから、導体内部ではどんな経路を取るかに関係なく、電場は仕事をしない。導体外側には電場が存在するが、この電場が仕事をしてしまわないようにするためには、電場 $\vec{E}$ は表面に垂直でなくてはならない。

[†1] 電場が十分強いと、電荷は導体の外に出る。これが放電という現象で、雷もその一例である。

では、この電場の強さはどれだけになるか。これはガウスの法則から計算できる。導体表面上の微小な面積 ΔS を含むように微小体積を取る。もし表面における電荷の面積密度が σ であるとすれば、この微小体積内には $\sigma \Delta S$ の電荷がいる。この電荷は $\frac{\sigma \Delta S}{\varepsilon_0}$ の電気力線を出し、その電気力線は外にだけ抜けるから、ΔS という面積を通り抜ける。ゆえに電場の強さは $E = \frac{\sigma}{\varepsilon_0}$ である。面の法線ベクトルを $\vec{n}$ とすると、$\vec{E} = \frac{\sigma}{\varepsilon_0} \vec{n}$ と書くことができる。前に考えた無限に広い板の場合は電場 $\vec{E}$ がこの $\frac{1}{2}$ になっていたが、それは電気力線が上下両方に分配されていたからである。導体表面の場合、内側（図の下側）には電気力線が出ないので、電場 $\vec{E}$ の強さは2倍になる。

4.2 導体付近の電場

4.2.1 点電荷と平板導体

点電荷 Q が無限に広い平板導体から距離 r の場所に置かれたとしよう。すると平板上には負電荷が現れる。負電荷が現れることによって Q から発した電気力線が導体内に進入することを防ぐわけである。現れる負電荷はトータルで $-Q$ である（これで電気力線が全部吸い取れることになる）。平板導体の持つ電荷のトータルが 0 なのであれば、その分だけ無限遠に電荷 Q が現れていることになる。

さてこの電荷がどのように配置されることになり、結果としてどのような電場 $\vec{E}$ ができるのかを考えてみよう。条件としては、この面の上では電場 $\vec{E}$ が面に垂直な方向（図で言えばまっすぐ右）を向いていなくてはいけない。点電荷 Q の作る電場 $\vec{E}$ は面に平行な分を持っているから、平板導体の表面に配置された負電荷のつくる電場 $\vec{E}$ が、ちょうどこの面に平行な成分を打ち消すことになるように電荷を配置すればよいことになる。

あるいは電位を使って表現するならば、導体表面が等電位になるようにする。無限遠の電位を 0 とするという境界条件で考えると、導体表面は無限遠まで続いているのだから、導体表面も電位は 0 である。無限遠と $x=0$ で $V=0$ という境界条件でラプラ

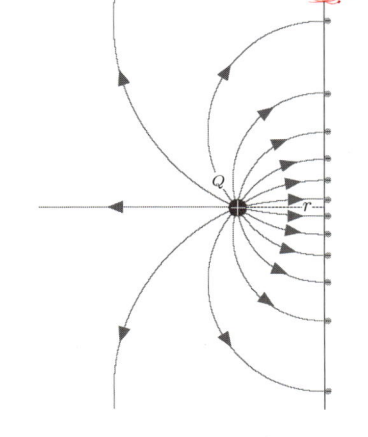

ス方程式 $\triangle V = -\dfrac{\rho}{\varepsilon_0}$ を解けばよい（電荷は導体表面にのみ存在するから、ρ は $x = 0$ 面上でのみ、0 でない値を持つ）。

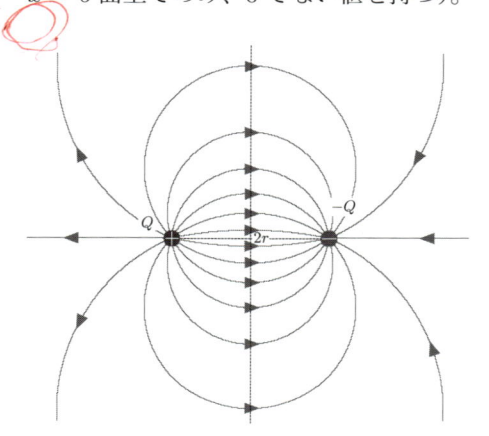

しかし、これを計算で求めるのは少々ややこしい。

そこで、楽をして求める方法としては、「**鏡像法**」（または「**電気映像法**」）という方法がある。

$+Q, -Q$ の2個の電荷が $2r$ 離れて存在している時の電気力線の様子を思い浮かべる（左の図）。この図の半分を取り出すと求めたい状態とぴったり同じであることがわかるのである。

鏡像法と呼ぶ理由は明らかであろう。まるで平板導体が鏡であるかのごとく考えて、正電気のちょうど反対側に負電荷の鏡像が現れると考えれば、まさにこの形なのである。

ここまでわかれば、後は電位を使って計算するのが簡単である。図の横方向に x 軸を取ることにして、正電荷がいる場所を $(-r, 0, 0)$、負電荷のいる場所を $(r, 0, 0)$ とすると、鏡像負電荷があるとして考えると場所 (x, y, z) における電位は

$$V(x,y,z) = \frac{Q}{4\pi\varepsilon_0}\left(\frac{1}{\sqrt{(x+r)^2+y^2+z^2}} - \frac{1}{\sqrt{(x-r)^2+y^2+z^2}}\right) \quad (4.1)$$

となる。実際にできる電位の場合、負電荷は存在しないかわり、$x > 0$ の領域は導体内部なので等電位であり、

$$V(x,y,z) = \begin{cases} \dfrac{Q}{4\pi\varepsilon_0}\left(\dfrac{1}{\sqrt{(x+r)^2+y^2+z^2}} - \dfrac{1}{\sqrt{(x-r)^2+y^2+z^2}}\right) & x < 0 \\ 0 & x > 0 \end{cases} \quad (4.2)$$

となる。電場 $\vec{E}$ はこれに $-\vec{\nabla}$ をかければ得られる。

【補足】 ✛✛✛✛✛✛✛✛✛✛✛✛✛✛✛✛✛✛✛✛✛✛✛✛✛✛✛✛✛✛✛✛✛✛✛✛✛✛✛

ここで、無限遠と $x = 0$ で $V = 0$ になるという境界条件で電位を求めたわけであるが、さてこの解は唯一のものであろうか（別解があったりはしないか？）という疑問が

湧くかもしれない。そこで、境界条件を満たすポアッソン方程式 $\triangle V = -\dfrac{\rho}{\varepsilon_0}$ の解は唯一性が保証されなくてはいけない[†2]。そこを調べよう。$\triangle V_1 = -\dfrac{\rho}{\varepsilon_0}, \triangle V_2 = -\dfrac{\rho}{\varepsilon_0}$ と二つの解が見つかっていたとして矛盾を示す。この二つの式が両立したとすると、

$$\triangle(V_1 - V_2) = 0 \tag{4.3}$$

という式になることからわかる。この式は $V_1 - V_2$ というポテンシャルに対するラプラス方程式のようなものである。適切な境界条件でこの方程式を解いたとする。たとえば上の場合、V_1 も V_2 も「無限遠と導体表面上 $(x=0)$ で電位は 0」という境界条件になっている。この方程式はラプラス方程式（＝真空中のポアッソン方程式）であるから、どこにも極大値も極小値もない。どこにも極大も極小もないのに境界で 0 になるということは全て 0 しかあり得ない[†3]ので、$V_1 = V_2$。つまり、二つの解が見つかることはあり得ない。

╬╬╬╬╬╬╬╬╬╬╬╬╬╬╬╬╬╬╬╬╬╬╬╬╬╬╬╬╬╬╬╬╬╬╬╬╬╬ 【補足終わり】

最後に平板上に現れる電荷を求めておこう。まず電場 $\vec{E}$ の x 方向成分を計算しておくと、

$$E_x = -\frac{\partial}{\partial x}V = \frac{Q}{4\pi\varepsilon_0}\left(\frac{x+r}{((x+r)^2+y^2+z^2)^{\frac{3}{2}}} - \frac{x-r}{((x-r)^2+y^2+z^2)^{\frac{3}{2}}}\right) \tag{4.4}$$

平板の表面 $x=0$ では、電場 $\vec{E}$ は x 方向を向いている。$x=0$ を代入すると、$E_x = \dfrac{Q}{4\pi\varepsilon_0} \times \dfrac{2r}{(r^2+y^2+z^2)^{\frac{3}{2}}}$ である。導体表面では電荷の面積密度を σ とした時、$\vec{E} = \dfrac{\sigma}{\varepsilon_0}\vec{n}$ が成立していたので、この表面での電荷密度は

$$\sigma = -\frac{Q}{2\pi} \times \frac{r}{(r^2+y^2+z^2)^{\frac{3}{2}}} \tag{4.5}$$

となる。マイナス符号がつくのは、今の場合電場 $\vec{E}$ は面の法線ベクトル $\vec{n}$ と逆を向いているからである。

------------------------------- 練習問題 -------------------------------

【問い 4-1】 (4.5) を全平面で積分すると $-Q$ になることを確認せよ。

ヒント → p309 へ　解答 → p317 へ

[†2] 今解いているのは微分方程式なので、境界条件を指定しなければ解は無数にある。
[†3] このことをちゃんと数学的に証明するには、境界で 0 でいたる所 $\triangle V = 0$ ならば $0 = \int V \triangle V \mathrm{d}^3\vec{x} = -\int (\mathrm{grad}\ V)^2 \mathrm{d}^3\vec{x}$ となることを使う。右辺が 0 になるのは、いたる所で $\mathrm{grad}\ V = 0$（V が定数！）となる場合だけである。

4.2.2　平行電場内に置かれた導体球

z 軸正の方向に強さ E の電場があるような場所に、半径 R の導体球を置いてみる。この球は上半球に正電荷が、下半球に負電荷が現れて、導体内部の電場 $\vec{E}$ を 0 にする。この時の電荷分布と電場 $\vec{E}$ について考えてみよう。

この時も同様に、「誘導された電荷による電位を別のもので置き換える」という方法で考えよう。具体的には、球面 $r = R$ の上で電位が定数になるようにすればよい。外部から与えられた電場の電位 ($z = 0$ を基準として) は $V_{外} = -Ez = -Er\cos\theta$ である。球面上では $r = R$ なので、$V_{外}|_{r=R} = -ER\cos\theta$ である。よって、$r = R$ において $V_{球} = ER\cos\theta$ になるようなもう一つの真空での電位の式を持ってきて足せばよい。

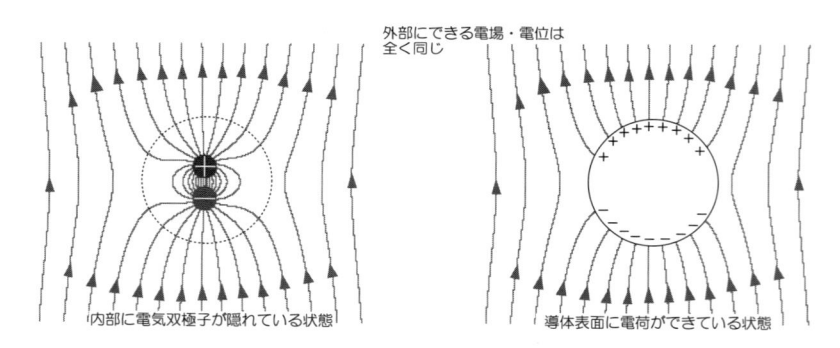

これは電気双極子の作る電位 $V = \dfrac{p\cos\theta}{4\pi\varepsilon_0 r^2}$ において、$p = 4\pi\varepsilon_0 ER^3$ とすればちょうどよい。ゆえに

$$V = V_{外} + V_{内} = -Er\cos\theta + \frac{ER^3\cos\theta}{r^2} = \frac{E(R^3 - r^3)\cos\theta}{r^2} \tag{4.6}$$

が解である。導体球の内部では電位は一定になるので、

$$V(r,\theta) = \begin{cases} 0 & 0 \leq r \leq R \\ \dfrac{E(R^3 - r^3)\cos\theta}{r^2} & R < r \end{cases} \tag{4.7}$$

とまとめることができる ($R = r$ でちゃんと二つの式が接続されることに注意)。この場合、導体球の表面に現れた電荷の代わりに、原点に電気双極子を置いて電位を表現したことになる。この電位に対応する電場 $\vec{E}$ は、

$$\vec{E} = -\vec{\nabla}V = -\left(\vec{e}_r\frac{\partial}{\partial r} + \vec{e}_\theta\frac{1}{r}\frac{\partial}{\partial \theta} + \underbrace{\vec{e}_\phi\frac{1}{r\sin\theta}\frac{\partial}{\partial \phi}}_{\text{後ろに}\phi\text{はないから消える}}\right)\frac{E(R^3 - r^3)\cos\theta}{r^2}$$

$$= -\vec{e}_r\left(-3E\cos\theta - \frac{2E(R^3 - r^3)\cos\theta}{r^3}\right) - \vec{e}_\theta\frac{E(R^3 - r^3)\sin\theta}{r^3} \tag{4.8}$$

である。表面に現れる電荷を計算するには、まず上の式に $r = R$ を代入し、

$$\vec{E}|_{r=R} = 3E\cos\theta\,\vec{e}_r \tag{4.9}$$

となる。当然であるがこの電場 $\vec{E}$ は球面に垂直（$\vec{e}_r$ 方向）を向いている。ゆえに現れる電荷密度は

$$\sigma = 3\varepsilon_0 E\cos\theta \tag{4.10}$$

ということになる。球の上半分 $0 \leq \theta < \frac{\pi}{2}$ には正電荷が、下半分 $\frac{\pi}{2} < \theta \leq \pi$ には負電荷が現れる。

4.3 静電容量

二つの導体のそれぞれに正負反対符号で同じ量の電荷（Q と $-Q$）を帯電させた時、この二つの導体の間には電位差 V があるとする。この時の Q と V の間には、

静電容量の定義

$$Q = CV \tag{4.11}$$

という単純な比例関係が成立する。C は**静電容量**と呼ばれる量であり、二つの導体の形状と導体間の状況によって決まる。

静電容量の単位

1V の電位差で 1C の電荷が溜まる場合、1F の静電容量があるという。F は「ファラッド」と読む。F=C/V と考えることができる。

1F は通常使用するには大きすぎるので、$1\mu\mathrm{F}$(マイクロファラッド)=10^{-6}F、1pF(ピコファラッド)=10^{-12}F が使われることが多い。

静電容量 C が定数であるということは、帯電させる電荷を定数倍（$Q \to kQ$）

すれば、各点に存在する電場 $\vec{E}$ も $\vec{E} \to k\vec{E}$ と定数倍され、電位も $V \to kV$ となること、つまり、Q と V が線型（一次式）の関係を持つことからわかる[†4]。

2.2.4節で計算したように、面積 S で極板間距離 d の平行平板コンデンサの場合、電場 $\vec{E}$ の強さは $\dfrac{Q}{\varepsilon_0 S}$ であったから、電位は
→ p56

$$V = \frac{Qd}{\varepsilon_0 S} \quad \text{ゆえに、} \quad Q = \frac{\varepsilon_0 S}{d} V \tag{4.12}$$

となり、この場合の静電容量は $\dfrac{\varepsilon_0 S}{d}$ である。

---------------------------- 練習問題 ----------------------------

【問い 4-2】 半径 R_1 と半径 R_2（$R_2 > R_1$）の同心球殻（厚さは無視）をコンデンサとした時の静電容量を求めよ。

ヒント → p309 へ　解答 → p318 へ

【問い 4-3】 半径 R_1 と半径 R_2（$R_2 > R_1$）の同軸円筒（厚さは無視、無限に長いとする）をコンデンサとした時の軸方向単位長さあたりの静電容量を求めよ。

ヒント → p309 へ　解答 → p318 へ

4.4　誘電体と分極

4.4.1　分極

「**誘電体** (dielectrics)[†5]」とは何かというと、より世間でよく使われる言葉で言うならば「**絶縁体** (insulator)」である。つまり、電気を流さないような物質である。誘電体は電流は流さないが、電場に対して反応しないというわけではない。原子というのはプラス電気を帯びた原子核と、そのまわりにある、マイナス電気を帯びた電子で構成されている。金属などの導体の場合は、電子が原子核を離れて自由に動けるようになっていたがゆえに、外部からの電場を完全に打ち消すことができた。誘電体では電子は自分の所属する原子から離れることはできない。離れることはできないが電場から力を受けるには違いないので、外部から電場をかけられるとこの原子に「**分極** (polarization)」という現象が起こる。分極とは、

[†4] ただし、電場 $\vec{E}$ が変化したことによって導体の形状が変わったりすると、話は変わってくる。ここではそういうことは起こらないと仮定する。

[†5] 'dielectrics' というのは「電場を通すもの（電気を通すものではない！）」という意味の言葉である。「電場は真空中でも伝わる」ということを知っている現代の眼から見ると「電場なんて何でも通るのでは？」と奇妙に思えてしまう。しかし、昔は真空中にもエーテルという物質（今ではそんなものはなかったことがわかっている）が詰まっていてこれが「電場を伝えている」と考えていた。つまり真空も一つの「誘電体（電場を通すもの）」であった。

4.4 誘電体と分極

原子のうちプラス電気を持っている部分が電場の方向に、マイナス電気を持っている部分が電場と逆方向にひっぱられて、原子の電荷分布に偏りが生じることである。

右の図は、分極した電荷の近くの電場を描いたものである。電場が場所によって全く違う大きさ、違う向きになっていることがわかるであろう。現実的に考えれば分子一個一個は複雑な運動をしているだろうし、分子の状態も刻一刻と変化するだろう。そういう意味では、ミクロな目で見ると状況は図のような静的なものではないしすっきりしたものではない。しかしそんなものをまじめに計算するのはたいへんなので、以下では言わば「遠くから目を細めて見る」ようなことをする。つまり「空間的にも時間的にも複雑な変化をしているものの平均をとってその場所にある電場を代表させる」のである。

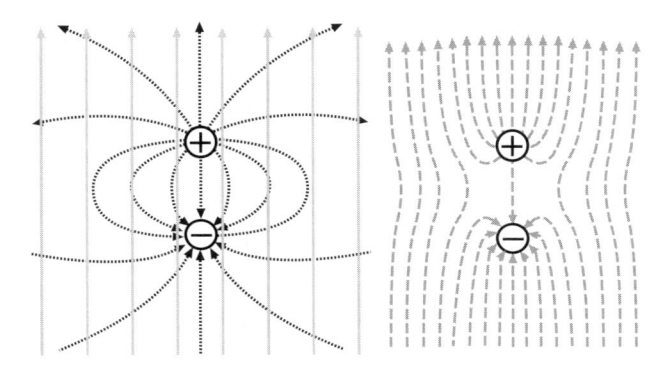

たとえばこの誘電体が油のような液体だとして、その液体中に試験電荷を置いたとする。試験電荷がこの図に書き込める程度に小さいならば、右の図の破線の密度に従って力を受けるだろう。しかし試験電荷自体がある程度の広がりのある物体であるならば、受ける力はその「場所によって違う力」の足し算となるだろう。誘電体がなければ電気力線は実線のようになっており、平均をとるまでもなく電場の強さが決まる。一方、誘電体がある場合の電気力線は破線であり、この平均をとって考えると、電場 $\vec{E}$ は誘電体がなかった場合とは違う（多くの場合、弱くなっている）。

通常我々が「誘電体中の電場」と言う時、それは上の「実在する微視的な電場の平均」を意味する。ミクロな（原子レベルの）目で見れば、電場は場所によってまたは時間によって激しく変化している[†6]。それを平均化した（ならした）ものを「電場」と呼んでいるわけである。実際に試験電荷をつっこんで測定するこ

[†6] 今は静電場を考えているので時間的変化はあまり重要ではないが、一般的な状況ではもちろん、たいへん重要である。

とができる電場 $\vec{E}$ は平均の電場 $\vec{E}$ の方（ミクロなレベルより小さい試験電荷に働く力を測定することなどできない！）なので、実用上このように定義しておくしかないだろう[†7]。

4.5 真電荷と分極電荷——静電気学の基本法則

まず、分極という物理現象の強さ（大きさ）を測るための物理量を用意しよう。

分子一個の分極を測るならば、それは電気双極子モーメントを見ればよい。電気双極子モーメントは、電気のない状態から正電荷 $+q$ と負電荷 $-q$ に分離するようなことが起こった時、その負電荷から正電荷に向かうベクトル $\vec{d}$ に q をかけて、$\vec{p} = q\vec{d}$ と定義されている。

分子一個一個が分極した時、単位体積あたりに n 個の双極子モーメント $\vec{p}$ が現れたとしたら、単位体積内の双極子モーメントの和 $n\vec{p}$ を分極 $\vec{P}$ の定義としよう。実際には各々の分子が持つ双極子モーメントは同じではないので、$\langle \vec{p} \rangle$ を双極子モーメントの平均として、

$$\sum_{単位体積内} \vec{p}_i = n\langle \vec{p} \rangle = \vec{P} \tag{4.13}$$

と考えた方がいいだろう。双極子モーメントの単位は [C·m] なので、分極の単位はこれを体積 [m³] で割って、[C/m²] となる。

実際には分子ごとにいろいろな双極子モーメントを持っているはずだが、それをならして考えて単位体積あたりとしたのが分極 $\vec{P}$ である。

分極があってもトータルの電荷密度は 0 であると述べたが、分極の大きさが場所によって変わる場合、局所的な電荷密度は 0 とは限らない。誘電体がもともと電荷を持っていなかったとしても、場所によって違う分極を持っていると、結果として電場 $\vec{E}$ を持つことになる。例によって微小な直方体を考えると、その 6 つ

[†7] ここまでの話は物質を構成する分子などは分極はしても、イオン化したり化学変化をしたりはしないとして考えている。たとえば電場 $\vec{E}$ が $3 \times 10^6 \text{V/m}$ ぐらいになると、空気は電離してイオンになってしまう（分極が強すぎて引きちぎられてしまう）。

4.5 真電荷と分極電荷—静電気学の基本法則

の面のそれぞれを通って分極により電荷が進入してくることになる。

たとえば z 方向の成分（図の天井と床での電荷の出入り）を考えると、天井から $P_z(x,y,z+\Delta z)\Delta x\Delta y$ の電荷が抜け、床から $P_z(x,y,z)\Delta x\Delta y$ の電荷が入ってくる。差し引きすると、$\dfrac{\partial P_z}{\partial z}\Delta x\Delta y\Delta z$ の電荷が出て行くことになる。x,y 方向も考えると結局、

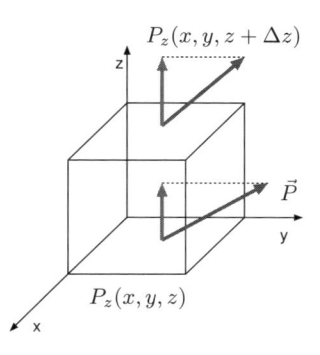

$$\rho_P \Delta x\Delta y\Delta z = -\left(\frac{\partial P_x}{\partial x}+\frac{\partial P_y}{\partial y}+\frac{\partial P_z}{\partial z}\right)\Delta x\Delta y\Delta z \tag{4.14}$$

の電荷がこの直方体の中に入っていることになる。

よって、分極による電荷の電荷密度 ρ_P は $-\mathrm{div}\,\vec{P}$ と書くことができる。ρ_P を分極電荷密度と呼ぶ。分極とは関係ない電荷を「真電荷」と呼んで区別しよう。

結果として、誘電体内には真電荷の電荷密度 $\rho_\text{真}$ と分極電荷の電荷密度 $-\mathrm{div}\,\vec{P}$ の両方がある。よって誘電体内では

$$\mathrm{div}\,\vec{E} = \frac{\rho_\text{真}-\mathrm{div}\,\vec{P}}{\varepsilon_0} \tag{4.15}$$

という式が成立することになる。逆に真空中で成立していた $\mathrm{div}\,\vec{E}=\dfrac{\rho}{\varepsilon_0}$ は（分極が存在する分だけ）成立しなくなる。$\dfrac{1}{\varepsilon_0}\mathrm{div}\,\vec{P}$ を左辺に移項することにより、(4.15) は

$$\mathrm{div}\left(\varepsilon_0\vec{E}+\vec{P}\right) = \rho \tag{4.16}$$

と書き直される。ここで、「**電束密度** (electric displacement[†8] または electric flux density)」と呼ばれる新しい量 $\vec{D}$ を以下のように定義しよう。

電束密度の定義

$$\vec{D} = \varepsilon_0\vec{E}+\vec{P} \tag{4.17}$$

[†8] 「electric displacement」は直訳すれば「電気変位」となるが、この呼び名は日本ではあまり使われない。これが「変位」と呼ばれる理由は誘電体の分極によって起こった電荷の移動（変位）に関連するからである。そういう意味では真空中でも $\vec{D}\neq 0$ である場合があるのはおかしいのだが、昔は真空も一種の誘電体と考えられていたのである。

電束密度を測る単位は電場 $\vec{E}$ の単位とは（SI 単位系では）ε_0 倍違う。電場 $\vec{E}$ の単位は [N/C] または [V/m] であるし、電束密度は上の式からわかるように分極と同じ単位 [C/m^2] を使って表す。

電束密度にそれに垂直な面積をかけたもの (flux) が「電束」である。単位は [C] となり、1C の電荷から 1C の電束が出る。$\vec{D}$ を使って書くと、(4.16) は

─────── 媒質中の静電気学の基本公式 ───────
$$\text{div}\,\vec{D} = \rho \tag{4.18}$$

と書ける。この電荷密度 ρ には分極による電荷密度は含まない（真電荷のみである）。

真空中ならば $\vec{P}$ がないので $\vec{D} = \varepsilon_0 \vec{E}$ となり、$\vec{E}$ と $\vec{D}$ は定数倍されるだけで同じ方向を向いたベクトルとなる。真空中に一個の点電荷 Q が置かれている場合の電場は $\vec{E} = \dfrac{Q}{4\pi\varepsilon_0 r^2}\vec{e}_r$ であったから、この場合 $\vec{D} = \dfrac{Q}{4\pi r^2}\vec{e}_r$ である。真空中での電束密度を考えると、電場 $\vec{E}$ に比べて単純に ε_0 で割るという操作をしなくてよい、というだけの違いとなる（真空中では、$\vec{E}$ と $\vec{D}$ の両方を考える意味はあまりない）。

真空中でなくても、多くの物質では、$\vec{P}, \vec{D}, \vec{E}$ はみな同じ方向を向く[†9]。その場合は、(4.17) の右辺はやはり $\vec{E}$ に比例するので、その比例定数を ε（添字 $_0$ がないのに注意）とおいて、

─────── 線型な媒質の場合の $\vec{D}$ と $\vec{E}$ の関係 ───────
$$\vec{D} = \varepsilon \vec{E} \tag{4.19}$$

とまとめることができるだろう（こうまとめられる場合、その物質を「線型な媒質」と呼ぶ）。ε は $\varepsilon\vec{E} = \varepsilon_0\vec{E} + \vec{P}$ によって定義される定数であり「誘電率」と呼ぶ（ε_0 は「真空の誘電率」であった）。

このように電束密度 $\vec{D}$ なるものを定義することの意義については、以下で具体的な分極が起こっている物質の例を述べた後でまとめよう。

[†9] 一般の誘電体では、$\vec{P}$ は $\vec{E}$ と同じ方向を向くとは限らない。そのような誘電体は「異方性の誘電体」と言う。

4.5 真電荷と分極電荷——静電気学の基本法則

ここまでの計算式を見ると $\mathrm{div}\,\vec{P}=0$ になる状況では誘電体の存在は電場に何の影響もしないように思えるかもしれないが、そうではない。もし誘電体がどこまでいっても $\mathrm{div}\,\vec{P}=0$ を満たすように分極しているのなら、電場への影響はないだろう。しかし、現実の誘電体には必ずどこかに $\mathrm{div}\,\vec{P}\neq 0$ の場所があり[†10]その影響は誘電体内部にも及ぶのである。

以下でその例を考えよう。断面積 S、高さ d の角柱を考えて、その角柱内に一様な分極 $\vec{P}$（向きは断面の法線に等しいとしよう）ができていたとする。ここには電荷密度 nq の正電荷の集まりと電荷密度 $-nq$ の負電荷の集まりがあり、正電荷の集まりの方だけが d だけずれたと考えればよい。

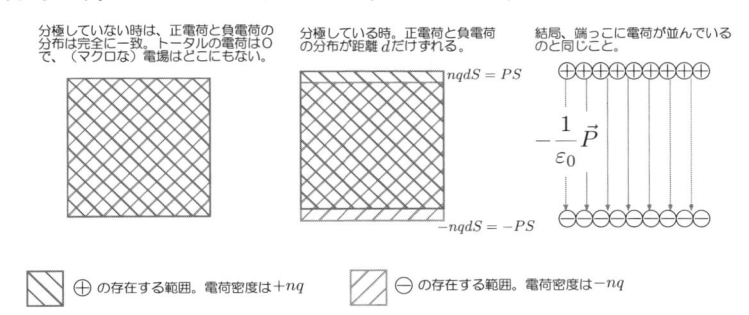

その天井からは $qd\times S = PS$ の正電荷が飛び出し、床の部分には $-qd\times S=-PS$ の負電荷が取り残されていることになる。分極ベクトル $\vec{P}$ は、単位面積あたりどれだけの電荷が面から浸み出してくるか、という量だと考えてもよい。

このはみだした電荷によって作られる電場 $\vec{E}$ が図の上下方向とぴったり同じ方向を向くのであれば、下向きに $\dfrac{P}{\varepsilon_0}$ の電場 $\vec{E}$ が作られる。この場合は、

$$\underbrace{\vec{E}}_{\text{実際の電場}} = \frac{1}{\varepsilon_0}\vec{D} \quad \underbrace{-\frac{1}{\varepsilon_0}\vec{P}}_{\text{分極による電場}}$$

と見て、$\dfrac{1}{\varepsilon_0}\vec{D}$ の部分は「**実際の電場から、分極によって発生した電場を除いたもの**」と解釈できるのである[†11]。

[†10] というのはどんな誘電体にも端（境界）があり、境界の外では分極も 0 になってしまうからである。

[†11] イメージとして、「電荷は $\mathrm{div}\,\vec{D}=\rho$ にしたがって $\vec{D}$ を作るのだが、誘電体の影響で電場 $\vec{E}$ は $\dfrac{1}{\varepsilon_0}\vec{D}$ よりも弱くなる」と考えることもできる。このように $\dfrac{1}{\varepsilon_0}\vec{D}$ の意味を解釈するのはわかりやすい面もあるが、いつでもそう解釈できるわけではない点に注意しなくてはいけない。

しかし、コンデンサによってできる電場 $\vec{E}$ が $\dfrac{Q}{\varepsilon_0 S}$ という式が厳密には正しくなかった（コンデンサの端の部分で電気力線が外に漏れるため、電場 $\vec{E}$ が弱まった）のと同様、厳密にはこの $\dfrac{P}{\varepsilon_0}$ という式は正しくはない。

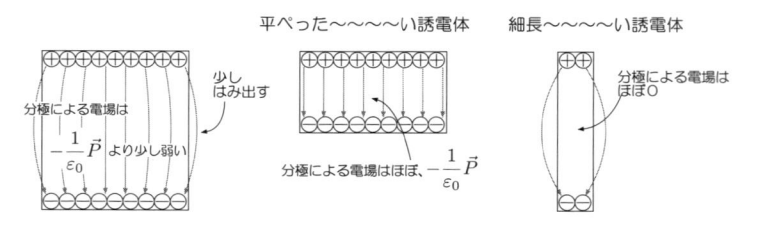

平べった〜〜〜〜い誘電体　　細長〜〜〜〜い誘電体

分極による電場は $-\dfrac{1}{\varepsilon_0}\vec{P}$ より少し弱い

少しはみ出す

分極による電場はほぼ、$-\dfrac{1}{\varepsilon_0}\vec{P}$

分極による電場はほぼ0

たとえば上の図の細長い誘電体の場合、分極によって作られる電場 $\vec{E}$ は $-\dfrac{1}{\varepsilon_0}\vec{P}$ よりもずっと小さい。

【FAQ】 外部からきた電場を分極による電場が打ち消すのだとすると、その結果電場が弱くなるから分極も弱くなる。そういうふうに考えると鶏と卵のようにいつまでも互いに影響し合って、話が終わらないのではないか？

ごもっともな疑問であるが、上の関係 $\varepsilon\vec{E} = \vec{D}$ は、そういう影響の及ぼしあいが起こった結果、このような状態で落ち着いていると考えるべきである。つまり、$\varepsilon\vec{E} = \vec{D}$ は因果関係を示す式ではなく、最終的状態が満たすべき関係である。

では、変化が落ち着く前に電場がさらに変化すればどうなるのか、という疑問を持った人もいるかもしれない。これはたいへんよい疑問である！

変動する電磁場（電磁波など）をかけた時、分極がついていけないというようなことも起こり、その場合は誘電率が一定電場をかけた時とは変わってくる（実際、変動する電場に対する水の比誘電率は、後で書く 80 という値よりずっと小さい）。誘電率が電磁波の振動数の関数になったりするのである。この章で述べたことはあくまで静電場に対する話であり、変動する電磁場についてはより深い考察が必要になるということになる。

分極による電場 $\vec{E}$ が $-\dfrac{1}{\varepsilon_0}\vec{P}$ になるもう一つの例を述べよう。

電荷 Q を持つ半径 R の球が誘電率 ε の液体中に浮かんでいる場合を考える[†12]。この場合 $\vec{D} = \dfrac{Q}{4\pi r^2}\vec{e}_r,\ \vec{E} = \dfrac{Q}{4\pi\varepsilon r^2}\vec{e}_r$ となるので、

[†12] この場合、半径 R の球が存在している場所には誘電体はないわけだから、半径 R の球の表面が「誘電体の境界」となる。

4.5 真電荷と分極電荷—静電気学の基本法則

$$\vec{P} = \vec{D} - \varepsilon_0 \vec{E} = \left(1 - \frac{\varepsilon_0}{\varepsilon}\right) \frac{Q}{4\pi r^2} \vec{e}_r \quad (4.20)$$

となる。誘電体の境界には、分極と同じ大きさの電荷密度が現れるので、誘電体の半径 R の球の表面に接する部分には、

$$\sigma_P = -\left(1 - \frac{\varepsilon_0}{\varepsilon}\right) \frac{Q}{4\pi R^2} \quad (4.21)$$

の電荷密度が現れて、トータルで
$4\pi R^2 \sigma_P = -\left(1 - \frac{\varepsilon_0}{\varepsilon}\right) Q$ の電荷が現れる。
この境界の電荷が元々の真電荷 Q を一部打ち消して

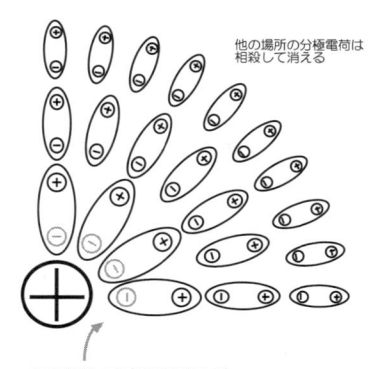

$$Q - \left(1 - \frac{\varepsilon_0}{\varepsilon}\right) Q = \frac{\varepsilon_0}{\varepsilon} Q \quad (4.22)$$

の電荷がそこにあるのと同じことになる。これが、誘電体中で電場が弱くなる理由である。

すなわち、点電荷が誘電体内に作る電場は、

（1）誘電率が違う分弱くなると考えて、真空中の公式の ε_0 を ε に書き換えて、$\vec{E} = \frac{Q}{4\pi\varepsilon r^2} \vec{e}_r$ の電場 $\vec{E}$ ができる。

（2）誘電体の境界に分極による表面電荷により一部の電荷が相殺されて $\frac{\varepsilon_0}{\varepsilon} Q$ の電荷になっていると考えて、$\vec{E} = \frac{\frac{\varepsilon_0}{\varepsilon} Q}{4\pi\varepsilon_0 r^2} \vec{e}_r$ の電場ができる。

の2通りの方法で求めることができる[13]。

点電荷のまわりに誘電体を置いた時、誘電体が線型な媒質であれば、電場 $\vec{E}$ は真空の場合の $\frac{\varepsilon_0}{\varepsilon}$ 倍になる。真空であれば距離 r の場所での電場 $\vec{E}$ は $\frac{Q}{4\pi\varepsilon_0 r^2} \vec{e}_r$ であったから、誘電体中ならば、$\frac{Q}{4\pi\varepsilon r^2} \vec{e}_r$ となる（$\varepsilon_0 \to \varepsilon$ という置き換えを行った形になっている）。

結局、ミクロな目で見ると、「分極によって作られた電場が元の電場を打ち消して、電場を弱くしている。その弱くなる度合いは物質によって違い、その違いが誘電率 ε の差である」と考えることができる。与えられた電場によってどの程度

---

[13] この両方を同時に考えて「電荷が相殺されて $\frac{\varepsilon_0}{\varepsilon} Q$ になり、誘電体中だから $\vec{E} = \frac{\frac{\varepsilon_0}{\varepsilon} Q}{4\pi\varepsilon r^2} \vec{e}_r$ になって」などと考えると間違える。同じ効果を2回考えてしまったことになる。

分極が起こるかは物質の性質で決まるので、誘電率も物質によって違う。物質の誘電率と真空の誘電率との比 $\frac{\varepsilon}{\varepsilon_0} = \varepsilon_r$ を「比誘電率」と呼ぶ[†14]。

	空気	水	エタノール（液体）	ガラス	大理石	紙	酸化チタン
比誘電率	ほぼ1	80	24	4	8	3	100

いろいろな物質の比誘電率のおおまかな値は上の表の通り。

$\mathrm{div}\, \vec{E} = \frac{1}{\varepsilon_0}(\rho + \rho_P)$ ではなく $\mathrm{div}\, \vec{D} = \rho$ と書く意義を確認しておこう。誘電体が存在している場合、$\mathrm{div}\, \vec{E}$ は $\frac{\rho}{\varepsilon_0}$ とは $\frac{\rho_P}{\varepsilon_0}$ だけ違ってくる。分極というのは原子分子レベルで起こっている現象で目に見えるものではないから、測定がしにくいため、$\mathrm{div}\, \vec{E} = \frac{1}{\varepsilon_0}(\rho + \rho_P)$ という式は使いにくい。それに比べ、$\mathrm{div}\, \vec{D} = \rho$ という式は測定可能（もしくはコントロール可能）な量だけが右辺にある。しかも、真電荷がない場合ならば（誘電体が存在しても）$\mathrm{div}\, \vec{D} = 0$ である。

電場 $\vec{E}$ に対して「電気力線」を定義したように、電束密度 $\vec{D}$ に対して「電束線」を定義すると、電束線は（真空中の）電気力線同様、途切れたり分裂したり合流したりしないし、正電荷（または無限遠）で始まり負電荷（または無限遠）で終わる。

これに対し、電場 $\vec{E}$ を表現する電気力線の方は、誘電体が存在している状況では「途切れたり分裂したり合流したりしない」という性質を失ってしまう。分極電荷によって始まったり終わったりするからである（分極電荷をちゃんと考慮に入れるならば問題なく使えるのだが、それは問題を難しくする）。

もちろん、ある閉曲面から出る電束線の本数は、その閉曲面内に含まれている電気量に等しい（ガウスの法則）。$\vec{E}$ と $\vec{D}$ では単位が変わっているので、真空中の電場 $\vec{E}$ に関するガウスの法則では必要であった $\frac{1}{\varepsilon_0}$ は、電束密度に関する法則においては必要ない。

途中でまわりにある物体の誘電率が変わると、電場 $\vec{E}$ や電束密度はそれに応じて変化することになる。真電荷がない場合、誘電率が変わる境界面ではどのような条件がつくのかを確認しておこう。

[†14] ここまで述べた状況はかなり理想化されたものだということに注意しなくてはいけない。まず分極が電場に比例するとは限らない。電場が分極に比例するということはつまり「外力に比例した距離だけ電荷が移動する」ということであって、そうなるのは原子のプラス電荷とマイナス電荷を引き留める力がちょうどフックの法則を満たしている場合だけである。ただ、現実的な力でも平衡点の周りの短い距離の近似としてならフックの法則が成立する場合が多いので、近似計算としては正しい。

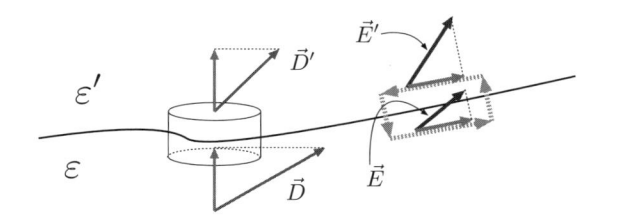

4.5 真電荷と分極電荷——静電気学の基本法則

本質的には基本法則である $\text{div}\,\vec{D}=\rho$、$\text{rot}\,\vec{E}=0$ を考えればよい。真電荷がないならば、$\text{div}\,\vec{D}=0$ であるから、左図のような境界面を含むような微小な円柱を考えると、天井から抜ける電束と床から抜ける電束は等しい。よって、$\vec{D}$ のうち、境界面に垂直な成分は同じでなくてはいけない。

一方、$\text{rot}\,\vec{E}=0$ から、境界面に平行な電場 $\vec{E}$ は等しくなくてはいけない。

以上をまとめると、「電場 $\vec{E}$ の面に平行な成分と、電束密度の面に垂直な成分が接続される」ということになる。

> **【FAQ】** $\vec{E}$ と $\vec{D}$ と電場 $\vec{E}$ を表現するものが二つありますが、どっちが本質的なんですか？
>
> 実際のところ、実在するのは $\vec{E}$ でも $\vec{D}$ でもない、「ミクロな電場」である。そのミクロな電場は場所によって、時間によって激しく（つまりミクロなレベルで）変動している。しかしこの実在するミクロな電場はあまりに激しく変化しすぎて（たとえば原子の右側と左側で違うのだ）、何かを計算する時の使い勝手が悪い。そこで平均を取った結果が「マクロな電場」$\vec{E}$ であると考えればよい。これに対し、ミクロな電場から、物質が存在することに起因する乱れの部分をとっぱらっておいてから平均したものが $\dfrac{1}{\varepsilon_0}\vec{D}$ である。どちらが本質的かという比較で言えば、物質の影響を取り去るという作業をしていない分だけ $\vec{E}$ の方が本質的であろう。
>
> $\vec{D}$ は、誘電体中の電場を表現する時に便利になるように作った人工的な量であると考えられる（歴史的には物質が原子や分子でできていることがわかる前から $\vec{D}$ は使われていたのだが）。

本質的でないのに $\vec{D}$ を使うのはなぜかというと、実際に我々が実験を行う時に設定できるのは真電荷 ρ であり、分極電荷 $\rho_P=-\text{div}\,\vec{P}$ は我々には制御できない（原子レベルで起こっている現象なので直接測定できず推測するしかない）からである。

電束密度 $\vec{D}$ を使って式を書いている間は、我々はその「感知できない電荷であるところの ρ_P」を考慮しないで、真電荷の分布だけを考えればよいという利点が

ある。たとえば div $\vec{D} = \rho$ という式が成立することからわかるように、真電荷に対するガウスの法則を使うことができるのは $\vec{D}$ に対してである。
→ p146

そのかわり、rot $\vec{D} = 0$ という法則がないという点に注意しよう。rot が 0 になることを使う必要があるような状況では、$\vec{D}$ を使うのは得策ではない。

この式を見て、「$\vec{D} = \varepsilon \vec{E}$ なのだから、これは div $\vec{E} = \dfrac{\rho}{\varepsilon}$ ということだな」と早とちりしないように注意すること。誘電率 ε はそこにある物質によって違うのだから、微分（div）の外に出せない可能性もある。

4.6　強誘電体と自発分極

ここまでは、外部から電場がかけられたことによって誘電体が分極する、という話をした。ところが物質の中には、外部から電場がかからなくても勝手に分極している物質もある。そのような状態を「**自発分極している**」と言う。自発分極するような性質を持つ物質を「**強誘電体**」と言う。

自発分極している場合で同様の図を書いてみると、電場 $\vec{E}$ と電束密度 $\vec{D}$ は下の図のようになる。

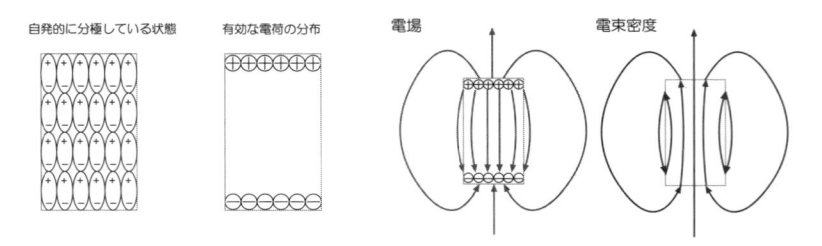

この場合、真電荷はどこにもないので、div $\vec{D} = 0$ が成立する。電束線（電気力線の $\vec{D}$ 版）は途切れることなく一周する[15]。電場 $\vec{E}$ の方は分極によって生じた正電荷から発して負電荷に入る。特に強誘電体内部では、電場 $\vec{E}$ と電束密度 $\vec{D}$ の方向は全く逆を向いていると言ってよい。

強誘電体は日常ではあまりなじみがなくぴんとこないと思う[16]が、後で出てくる強磁性体（同様のことが電場ではなく磁場で起こっている物質）はなじみがあ

---

[15] rot $\vec{E} = 0$ という法則はあるが、rot $\vec{D} = 0$ という法則はないことに注意。一般に rot $\vec{P} \neq 0$ だからである。よって電気力線はループしないが電束線はループすることもあってよい。

[16] ガスの火をつける時に使うカチッと音が出て火花が散るタイプのライターは、強誘電体に圧力をかけると高電圧が発生するという性質を利用している。

ると思う。つまりそれが永久磁石というものである。永久磁石の中でも $\vec{E}, \vec{D}$ に対応する $\vec{H}, \vec{B}$ が、この場合と同様に完全に逆を向いてしまったりする。

4.7　誘電体中の静電場の持つエネルギー

真空中の静電場は単位体積あたり $\frac{\varepsilon_0}{2}|\vec{E}|^2$ のエネルギーを持っていた。誘電体中ではどうなるだろうか？？

そもそも $\frac{\varepsilon_0}{2}|\vec{E}|^2$ を出す時には、$\frac{1}{2}\int \rho V d^3\vec{x}$ から出発して、$\mathrm{div}\,\vec{E} = \frac{\rho}{\varepsilon_0}$ を使って書き直した。誘電体中では、$\mathrm{div}\,\vec{D} = \rho$ が成立するのだから、

$$\frac{1}{2}\int \rho V d^3\vec{x} = \frac{1}{2}\int (\vec{\nabla}\cdot\vec{D})V d^3\vec{x} = -\frac{1}{2}\int \vec{D}\cdot\vec{\nabla}V d^3\vec{x} = \frac{1}{2}\int \vec{D}\cdot\vec{E} d^3\vec{x} \quad (4.23)$$

となる。

―― 誘電体中の電場の持つエネルギー ――

$$U = \frac{1}{2}\int \vec{D}\cdot\vec{E} d^3\vec{x} = \frac{\varepsilon_0}{2}\int |\vec{E}|^2 d^3\vec{x} + \frac{1}{2}\int \vec{P}\cdot\vec{E} d^3\vec{x} \quad (4.24)$$

が成立する。ここで、真空中との違い $\frac{1}{2}\int \vec{P}\cdot\vec{E} d^3\vec{x}$ に注目しよう。$\vec{P}$ が $nq\vec{d}$ と書き直せることを使うと、

$$\frac{1}{2}\int \vec{P}\cdot\vec{E} d^3\vec{x} = \frac{1}{2}\int nq\vec{d}\cdot\vec{E} d^3\vec{x} = \frac{1}{2}\int n\vec{F}\cdot\vec{d} d^3\vec{x} \quad (4.25)$$

となる。$\vec{F} = q\vec{E}$ は電場から双極子の電荷 q に働く力である。この力がフックの法則に従っていたとすると、$\vec{F} = K\vec{d}$ となり、この式は

$$\frac{1}{2}\int nK|\vec{d}|^2 d^3\vec{x} \quad (4.26)$$

となり、まさに弾性力の位置エネルギーそのものとなる。一個あたり $\frac{1}{2}K|\vec{d}|^2$ のエネルギーと考えて、双極子モーメントの数 $\int n d^3\vec{x}$ をかけているのである。つまりこのエネルギー密度 $\frac{1}{2}\vec{D}\cdot\vec{E}$ という式の中には、分極している物質がたくわえているエネルギーも含まれていることになる。

4.8 章末演習問題

★【演習問題 4-1】
　導体でできた球殻の中に電荷を置く。電荷が球殻の中心にある場合、この電荷と球殻の作る電場 $\vec{E}$ は、球殻外部で見ると中心に電荷がある場合と全く違いはない。面白いことに、電荷が球の中心からずれた場所にあったとしても、外部の電場 $\vec{E}$ は中心に点電荷がある場合と全く違いはないという。このことの説明を考えよ。

ヒント → p3w へ　　解答 → p20w へ

★【演習問題 4-2】
　誘電率 ε の物質を使って、無限に広く厚さ d の板を作った。真空中に一様な電場 $\vec{E}$ がある時、この板を法線ベクトルが電場 $\vec{E}$ と角度 θ を為すように配置した。板内部では電場 $\vec{E}$ と電束密度 $\vec{D}$ はどのようになるか？
　真空中と誘電体内で電場 $\vec{E}$ が等しくなるのはどのような時か？
　また、真空中と誘電体で電束密度 $\vec{D}$ が等しくなるのはどのような時か？

ヒント → p3w へ　　解答 → p20w へ

★【演習問題 4-3】
　半径 R の球形をした強誘電体が、ある一方向に一様に $\vec{P}$ の分極をしている。外部から電場はかかっていないとして、この時の球の内部・外部それぞれについて、$\vec{E}, \vec{D}$ を求めよ。

　(hint：3.5.1 節で考えた一様に分布した球の作る電位を元にして考える。「一様に正に帯電した球」と「一様に負に帯電した球」を少しだけずらして重ね合わせると「一様に分極した球」ができる。電荷密度 ρ の球と電荷密度 $-\rho$ の球を d だけ離して重ねたとすると、分極の大きさは ρd となる。後で $d \to 0$ の極限を取る。)
　　→ p106

ヒント → p4w へ　　解答 → p20w へ

第 5 章

電流と回路

この章では、導体を流れる電流について、そして導体で作られた回路内にどのような電流が流れるかを決定する法則について述べる。

5.1　導体を流れる電流

まず電流という量の定義であるが、これは「**単位時間あたりに流れ込んでくる電荷の量**」で定義する。SI 単位系では、「1 秒あたり 1C(クーロン) の電荷が流れる時の電流を 1A(アンペア) とする」[†1]ということになる（実際の SI の定義は、先に A(アンペア) が定義されて、1A の電流が 1 秒に運んでくる電荷を 1C とする）。

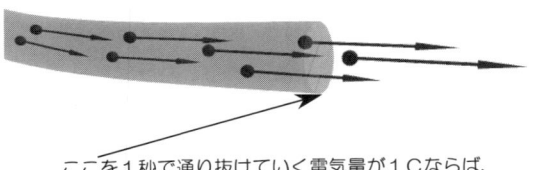

ここを 1 秒で通り抜けていく電気量が 1C ならば、「1A の電流が流れている」と呼ぶ。

→ p216

同じ電流でも、太い線を通るか細い線を通るかで状況は違うので、そこを表現するために「単位時間に単位面積をどれだけの電荷が通り抜けていくか[†2]」という量で電流密度を定義する。

電荷が速度 $\vec{v}$ で流れている場合について、電流密度 $\vec{j}$ を考えよう。電荷密度が ρ であるとし、考えている面積の面積ベクトルを $\vec{S}$ とすれば、体積 $\vec{v}\cdot\vec{S}$ の平行六

[†1]　「アンペア」という単位は電流が作る磁場の法則を発見したフランス人物理学者アンペール (Ampère) にちなむ。英語読みするので「アンペア」になる。
[†2]　SI 単位系で表現すれば「1 秒間に 1 平方メートルを突き抜けていく電荷は何クーロンか」ということになる。

面体の中に入っているだけの電荷がこの面を通って外にでる。つまり流れ出る電流は

$$\rho \vec{v} \cdot \vec{S} = \rho v S \cos\theta \tag{5.1}$$

である。θ は $\vec{v}$ と面積の法線ベクトルのなす角度である（このあたりの考え方は、電場 $\vec{E}$ の流量 (flux) を考えた時と全く同じで、電荷の流量を考えていると思えばよい）。S で割って、
→ p45

$$j = \rho v \cos\theta \tag{5.2}$$

としたものが電流密度（単位面積あたりの電流）である。この場合も電流の方向と考えている面積が垂直でない場合には面積と垂直な成分の電流密度だけをとって評価する。

　金属の場合、内部には「自由電子」という、自由に動き回ることができる電子が存在し、その電子の移動がすなわち電流である。単純に電子が全て等速運動しているとする。単位体積あたり η 個の電子（一個あたりの電荷が $-e$）があって、それらがすべて速度 v で、断面積 S の導線内を流れているとすれば、ある断面を単位時間に通り抜ける電子は、体積 Sv の中に入っている電子、すなわち ηSv 個の電子であり、その電荷量は $-e\eta Sv$ である。よって電流の強さ I は $I = e\eta Sv$ で表される。

　速度 v を大まかに見積もってみよう。100A の電流で、断面積 1 平方センチ（10^{-4}m）として、η は 1mol あたりアボガドロ数程度（10^{23}）で、金属 1mol なら 10 立方センチ（10^{-5}m^3）程度とする。大まかな計算なので、素電荷 e も 10^{-19} クーロンとしよう[†3]。

$$100 = 10^{-19} \times \frac{10^{23}}{10^{-5}} \times 10^{-4} v = 10^5 v \tag{5.3}$$

から、$v = 10^{-3}$m/s 程度、秒速 1 ミリ程度になる。100A の電流というのはかなり大きいが、それでもたったの秒速 1 ミリ程度なのである。

　この計算では、電子がみな同じ方向に速度 v で進んでいるかのごとく考えたが、実際にはそうではなく、電子はばらばらな方向にばらばらな速度で進んでいる。一般的な金属の場合、電子の運動の速さは秒速数千キロに達する[†4]。完全にばら

[†3] ほんとうは、$1.60217733 \times 10^{-19}$。ここまでおおざっぱな計算をしている以上、1.6 程度どうってことはない。
[†4] 実際には、金属中の電子の運動は、古典力学では記述できないので、この「速さ」にはあまり意味がない。

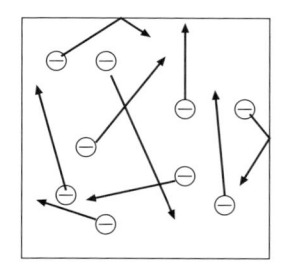

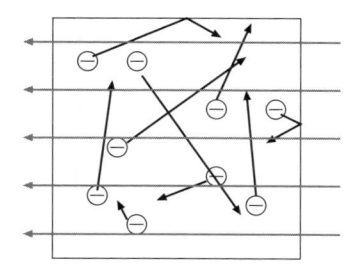

電場がかけられていない時の電子　　　　電場がかけられると、

運動は完全にばらばらである。　　　　　電子の運動が、電場と逆方向に少し偏る

ばらならば速度の平均[†5]は 0 になるのだが、電流が流れている時は平均を取ると速度 v になる。つまり、ほんの少しだけ、電子の運動に偏りが生まれているということである。この偏りの速度 v は「**ドリフト速度**」と呼ぶ（drift は「吹き流される」という意味）。

ここでは導線の中の電子の運動を等速直線運動として扱った。そのため「導線が曲がっていたらどうなるのだろう？」と心配になる人がいるかもしれない。

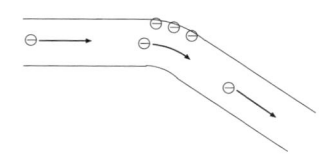

曲がった導線の場合、その曲がりの部分に電荷が集まり、中を通る電子にちょうど「電子が導線にそって運動するように進路をねじ曲げる力」（電子を等速運動させるとすると、その力は運動方向に垂直である）を与え、うまく電子の流れを誘導してくれる。「うまく」と書いたが、そうなる理由はもちろん、電流がスムーズに流れる状態になったところで状態変化しなくなるから（そして、今は状態変化しなくなった後だけを考えているから）である。

5.2　抵抗を流れる電流——オームの法則

前節では導体内において電子が全くエネルギーを失うことなしに動き回っているかのごとく考えたが、現実の導体においてはそうはいかない。導体内の電子は抵抗力を受けながら運動することになる。

ここでは、速度に比例する抵抗を受けながら自由電子が運動するとして、電流

[†5]「速さの平均」ではなく「速度の平均」であることに注意。つまりベクトル和をとって個数で割る。

と電場 $\vec{E}$（あるいは電位差）との関係を求めてみよう。電子（電荷 $-e$、質量 m とする）が速度に比例する抵抗力 kv を速度と反対方向に受けるとすれば、

$$m\frac{\mathrm{d}^2 x}{\mathrm{d}t^2} = eE - k\frac{\mathrm{d}x}{\mathrm{d}t} \tag{5.4}$$

という式が成立する。

　ここでは、x 軸負の向きに強さ E の電場が存在しているとした（よって eE の力が x 軸正の向きに働く）。この微分方程式は $t = 0$ で $\frac{\mathrm{d}x}{\mathrm{d}t} = 0$ という初期条件のもと、

$$\frac{\mathrm{d}x}{\mathrm{d}t} = \frac{eE}{k}\left(1 - \mathrm{e}^{-\frac{k}{m}t}\right) \tag{5.5}$$

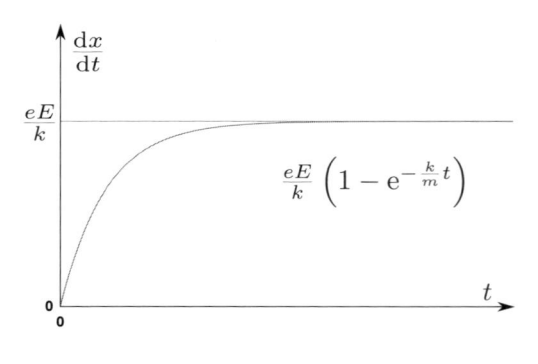

という解を持つ。これが解であることは、t で微分すると、

$$\frac{\mathrm{d}^2 x}{\mathrm{d}t^2} = \frac{eE}{k}\left(\frac{k}{m}\mathrm{e}^{-\frac{k}{m}t}\right) = \frac{eE}{m}\mathrm{e}^{-\frac{k}{m}t} \tag{5.6}$$

となることから確認できる。この速度の式 (5.5) は、$t = 0$ では 0 だが少しずつ増加して、$t \to \infty$ において一定値 $\frac{eE}{k}$ に近づく。つまり充分な時間[†6]が経ったのち、電荷は電場 $\vec{E}$ に比例した速度で運動していることになる。以下ではこの速度を v としよう。

定常電流の力学

　力学を勉強した時「力は加速度に比例する」（ニュートンの運動の法則）ことを学んだに違いない。ところが今考えている定常電流では、「力が速度に比例する」という法則が成立していることになる。これは（上で具体的に述べたように）速度に比例する力が働いて、しかも定常状態に達している場合に起こることである。力学の練習問題では空気抵抗などを無視して計算することが多いが、ここから述べる状況においてはむしろ、抵抗力の方が大きな役割を果たしている。したがって、力学の学習で身につけた感覚には合わないように思えるかもしれないが、状況の違いを理解して考えてほしい。

[†6] この「充分な時間」は実はとても短い。電流は即座に一定値に達すると思ってよい。

この状態に達した後、流れている電流は

$$I = e\eta v S = \frac{e^2 \eta S E}{k} \tag{5.7}$$

となる。ここで、電場 E は一定で棒の方向に平行としたので、E に棒の長さ L をかけると棒の両端の電位差 V となる。これを使えば、

$$I = \frac{e^2 \eta S}{kL} V \quad \text{あるいは} \quad V = \underbrace{\frac{k}{e^2 \eta} \times \frac{L}{S}}_{\text{抵抗 } R} I \tag{5.8}$$

となる。

物質	抵抗率 [Ω·m]
銀	1.59×10^{-8}
銅	1.67×10^{-8}
アルミ	2.65×10^{-8}
ニクロム	100×10^{-8}
ゲルマニウム	0.46
飽和食塩水	0.044
純粋な水	2.5×10^5
ガラス	$10^{10} \sim 10^{14}$
ゴム	$10^{13} \sim 10^{16}$

この $\frac{k}{e^2 \eta} \times \frac{L}{S}$ を R と書いて「**抵抗**（または**電気抵抗**）」と呼ぶ。抵抗は長さ L に比例し、断面積 S に反比例するので、

$$R = \rho \times \frac{L}{S} \tag{5.9}$$

と書いてこの比例係数 $\rho = \frac{k}{e^2 \eta}$ を「**抵抗率**」と呼ぶ。抵抗率は η と k だけで決まる量であるから、物質固有の量である（いくつかの物質の常温での抵抗率を左の表に載せた）[†7]。

このように、電流と電位差（電圧）が比例関係にあることを

---**オームの法則**---

$$V = IR \tag{5.10}$$

と言う[†8]。発見者オームにちなんで、抵抗の単位も [Ω]「オーム」である（[Ω=V/A]）。抵抗率の単位は [Ω·m] となる。

[†7] 抵抗率は金属では温度上昇によって増大する。半導体や電解質などでは逆に温度が上がると低下する（電流が流れやすくなる）。これは電流が流れるメカニズムによって異なる。ある種の物質では極低温に冷やすと電気抵抗が消滅し、抵抗 0 の「超伝導状態」になる。
[†8] オームの法則は名前の通りオームが発見したのであるが、それより前にキャヴェンディッシュも発見して記録に残している。ただしキャヴェンディッシュがこの実験を行った時には正確な電流計はなかったので、キャヴェンディッシュはなんと、自分の身体に電気を流してその感電の具合から電流を測定したという。自分の身体を電流計にしたわけである。

抵抗率の逆数を「**電気伝導度**（または電気伝導率）」と呼ぶ。電気伝導度を σ で表すと、

微視的なオームの法則

$$\vec{j} = \sigma \vec{E} \tag{5.11}$$

という関係が成立する。

ここでは E が一定として計算し、結果として電子の速度 v も一定となった。だが、実際に電池に抵抗をつなぐという操作を行った時、我々は電場 E を一定になるように制御したりはできず、ただ抵抗の両端の電位差を V にできるだけである。

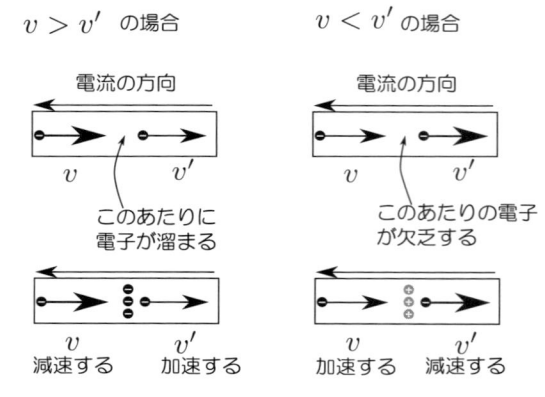

しかし、均質な抵抗線ならば、電場 E も速度 v も（少なくとも定常に達した後は）一定になるべきだということはすぐにわかる。もし速度 v が変化するような状況が現れたとすると、上の図のように電荷分布が不均一になってしまう。この出現した電荷は当然のように電場を作るから、電場も一定ではなくなる。一定でなくなった電場によって電子の加速度は変化するわけであるが、その変化は v を一定にするように働くのである。

抵抗の記号

抵抗器の記号は、長い間 ─〰〰〰─ が使われていたが、1997～1999 年にかけて制定された JIS 規格で ─▭─ に変えられた。古い本を読む時には気をつけよう。

5.3　ジュール熱

電気量 Q の電荷が電位 V の場所にいる時には、QV という位置エネルギーを持っている（これが電位の定義）。ゆえに、電位差が V だけある2点間を電位の高い方から電位の低い方へと電流 I が流れたならば、当然ながら単位時間あたり IV だけ、電荷の持つ位置エネルギーが減少したことになる。このエネルギーはどこにいくのだろうか？
（→ p82）

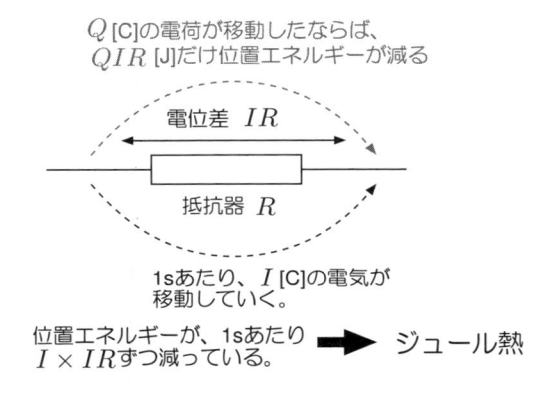

電流の運動エネルギーではない。なぜなら、今考えている電流は定常電流であって、運動の状態は変化しないから、運動エネルギーも増減しないのである。一個の電子を追いかけると、回路を流れるうちに速度が速くなったり遅くなったりしている可能性もあるが、その場合でも回路全体に定常電流が流れているならば全ての電子の運動エネルギーのトータルは変化していない。

オームの法則を微視的に理解した時に空気中を進むボールに働くのと同様の抵抗力 kv を仮定した。空気中を運動するボールの運動エネルギーの一部は、熱になって空気中に散逸する。同様にいったんは電子の運動エネルギーとなった静電エネルギーは、熱となって導体内外に散逸することになる。熱量は当然ながら、単位時間あたり IV だけ発生する。これをジュール熱と言う[†9]。

[†9] 1840年にジュールが発見した。熱と仕事が等価であることを発見したのもジュールであり、これらを元にエネルギー保存則が作られた。

【FAQ】ジュール熱が発生してエネルギーが少なくなっているんだから、電流は減るような気がしてなりません。どうして電流が変化しないんでしょう？

ここでしている計算は「定常状態に達した後を考えている」ということを忘れてはいけない。入ってくる電流と出て行く電流が等しくなかったら、抵抗の中に電荷が溜まっていってしまう。もし正電荷が溜まれば、そのクーロン力は入ってくる電流を妨げ、出て行く電流を加速するだろう。負電荷が溜まればこの逆が起こる。こうして、電流が同じになるように是正していく作用が働く。実際の回路ではあっという間に定常に達し、抵抗を流れる電流はどこでも同じになる。

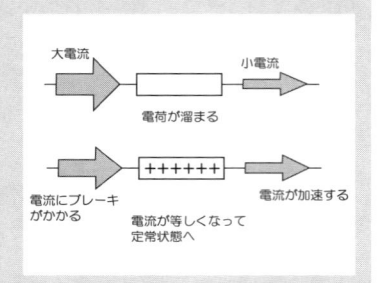

ジュール熱として放出されるエネルギーは、電流の運動エネルギーではなく、位置エネルギー（＝（電荷）×（電位））の方から供給されている。

5.4 電池と起電力

市販されている 1.5V の電池の内部には、＋極の方が－極よりも 1.5V だけ電位が高くなるようにするメカニズムが組み込まれている。乾電池などの場合、そのメカニズムはマンガンなりリチウムなりの化学的変化をともなう作用であるが、ここでは詳細には立ち入らずにただ象徴的に、電池の中に「－極から＋極へと正電荷を（あるいは逆向きに負電荷を）運ぶ電気の妖精さん[†10]」が存在していると考えよう。その妖精さんのおかげで、電池の＋極は正電荷が集められることによって電位が高くなり、－極は負電荷が集められることによって電位が低くなる。結果として両極間には電位差が生まれる。電池が作り出

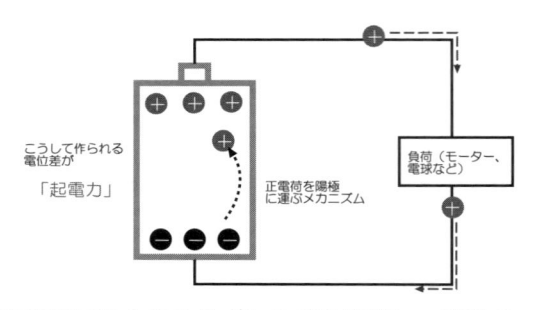

[†10] 電池内の妖精さんが電荷を運ぶのに使う力は静電気力とは別のものである。そもそも、この力は電荷が回路を一周する間にエネルギーを与えているので、保存力ですらない。ただし、これはエネルギーが保存しないという意味ではない。電池はこの分エネルギーを消耗する。

す電位差を「**起電力**」と呼ぶ[†11]。起電力の単位は電位と同じV（ボルト）である。

　実際に使われている電池の場合重要なことは、「電荷を運んで電位差を作り出す」で終わりではなく、その電荷が電流となって運ばれていった後に、どんどん電荷を運び続け、電位差および電流の大きさをほぼ一定値に保つという能力を持っていることである（もちろん永遠に続くわけではないが）。

起電力は力ではない！

　起電力（electromotive force）は「妖精さんによって作り出された**電位差**」を示すものなので、「力」（force）という文字を使うのはほんとうはよくない。しかし、もはや訂正しようもないほどに広まっている言葉なので、ここでも使っておく。残念ながら物理の世界にもこういう理不尽な歴史的事情というものはある。

　実際の導線は決して完全な導体というわけではないが、簡単のためにそうだと仮定すると、電池の＋極と－極に導線をつないで何か別の部品（電球であったりモーターであったり）と接続すると、その部品の両端も電池両極と同じ電位差となる。

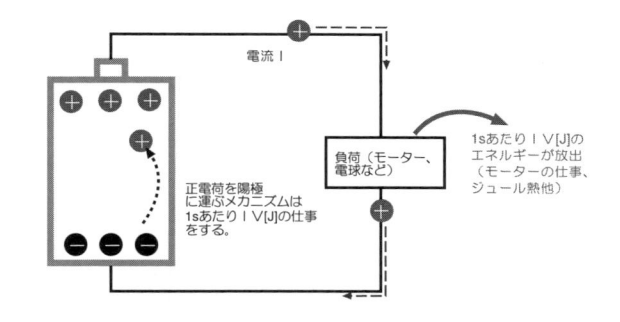

　この部品の両端には電位差があるので、この中を電荷が動くと、その位置エネルギーの差の分だけ、部品はエネルギーを得ることができる。

　電流の担い手である電荷に、電池はエネルギーを与え、負荷はエネルギーを奪う。負荷がモーターであれば奪われたエネルギーは運動のエネルギーになるし、電球であれば光のエネルギーとなる。

【FAQ】この電位差が電子を動かすのだとすると、この位置エネルギーは電子の運動エネルギーになるのではないんですか？

　もちろん運動エネルギーにもなり得る。しかし、たいていの理想的回路の場合、

[†11] 後で、電池以外にもコイルや磁場中を動く導線なども起電力を持っていることがわかる。

すぐに電流は一定値になる。というより、我々は電流が一定値に落ち着いてから後に何らかの実験を行うことがほとんどである。その段階ではもはや電子の持つ運動エネルギーも一定値になっていて、起電力のする仕事が運動エネルギーに変わることを考慮する必要はなくなっているのである。

電流が一定値に落ち着くまでの間は、電子に運動エネルギーを与えることになるが、実はそのエネルギーはとても小さい。電子は非常に軽いし、既に述べたように通常の場合、電流のドリフト速度は非常に遅いからである。

------------------------------ 練習問題 ------------------------------

【問い 5-1】 1A の電流が流れているとする。電流がすべて電子の運動によるものとすれば、1 秒間に導線を通り抜ける電子の質量はどれだけか？

また、電子の運動の速さが（5.1 節で考えたように）10^{-3}m/s だったとすると、
← p155
この電子の持つ運動量と運動エネルギーはどれだけか？

電子一個の電荷は -1.6×10^{-19}C で、質量は 9.1×10^{-31}kg である。

ヒント → p309 へ　解答 → p318 へ

部品には単位時間あたり I の電荷が流れるから、単位時間ごとに IV のエネルギーが部品に供給されることになる。この「電流によって運ばれる単位時間あたりのエネルギー」を**「電力」**と呼ぶ。電力の単位は W（ワット）である。

――――――――――――― 「電力」も力ではない ―――――――――――――

英語では electric power であり、power は（日常用語としてでは「力」と訳されることが多いが）物理用語としての訳は「仕事率」である。英語では「force=力」「power=仕事率」と使い分けされているので、「electric power」という単語は整合性が保たれている。正確な日本語訳をするならば「electric power=電気仕事率」とすべきだった。しかしこれも、訂正するには遅すぎる。

5.5　キルヒホッフの法則

回路に流れる電流を求めたりするにはキルヒホッフの法則を使う。このキルヒホッフの法則は、実はこれまで出てきた法則を電気回路向けにまとめなおしたものであって、別に目新しいものではない。キルヒホッフの法則は二つの法則からなるが、それぞれは**「電流の保存則」**と**「電位の一意性」**である。この法則が成立す

ることは、この本をここまで読んできた人には容易に理解できるはずである。「電流の保存則」については「電荷の保存則」と同等の法則である。「電位の一意性」とは「電位がちゃんと決まること」であり、そのための条件は$\mathrm{rot}\,\vec{E}=0$である。
→ p94

5.5.1 電流の保存則

右図のような、二股に分かれる導線を考えよう。図の I_1 は分岐点に流れ込んでくる電流であり、I_2, I_3 は分岐点から流れ出る電流である。この三つの電流の間には、

$$I_1 = I_2 + I_3 \tag{5.12}$$

が成立する。もしこれが成立していなかったとすると、分岐点へのおよび分岐点からの電荷の流れはつりあうことなく、分岐点にどんどん電荷 ($I_1 > I_2 + I_3$ なら正電荷が、$I_1 < I_2 + I_3$ なら負電荷が) たまっていってしまう。

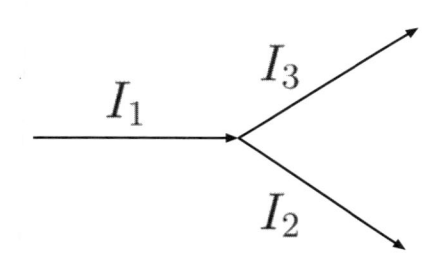

ゆえに、

電流の保存則

あらゆる種類の電流の分岐に対して、

$$\sum_{\text{流れ込んでくる電流}} I_i = \sum_{\text{流れ出していく電流}} I_j \tag{5.13}$$

が成立する。
あるいは、電流 I が流れ込んでくる時には「電流 $-I$ が流れ出した」と定義することにすれば、

$$\sum_{\text{流れ出していく電流}} I_i = 0 \tag{5.14}$$

でもよい。

回路の分岐点が一個あれば一個式が立つ。しかし、分岐点の個数だけ式を作ると、必ず一個独立でない式が現れる。それは考えている回路全体では必ず電流が出入りしないようになっているはず（電荷総量の保存）だからである。

この計算を見て「$\mathrm{div}\,\vec{E}$ の時の話に似ているなぁ」と思った人もいるかもしれ

ない。実際、電流が広がって分布していて、かつ定常的な場合には電流密度（単位面積あたりの電流）$\vec{j}$ について、$\mathrm{div}\,\vec{j} = 0$ という式が成立する。

5.5.2 電位の一意性

静電場の場合の $\mathrm{rot}\,\vec{E} = 0$ という式は、静電気力が保存力であること、あるいは場所を決めればその場所の電位が決まる（経路にはよらない）ということを保証する式であった。電気回路においても、経路によって電位が変わるということはあってはならない。それを規定する法則がキルヒホッフの第2法則である。$\mathrm{rot}\,\vec{E} = 0$ を「一周回ってくると、電位は元に戻る」と解釈すればよい。そして「一周回る」の回り方として、回路にそっての一周（以下「ループ」と呼ぶ）を選ぶのである。

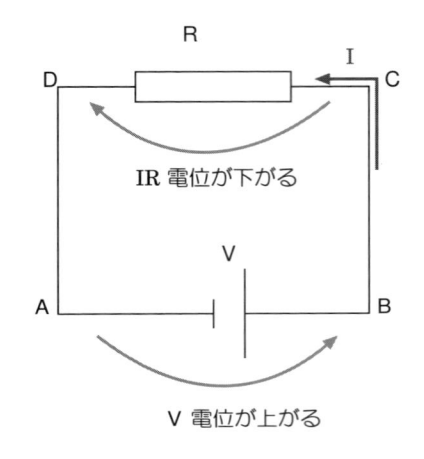

もっとも単純な回路として、起電力 V の電池と抵抗 R の抵抗器の回路を考えると、図の A 地点に比べ、B 地点は V だけ電位が高い（電池の起電力）。一方、C 地点は D 地点に比べ、IR だけ、電位が低い。A→B→C→D→A という一周を考えると、

$$V - IR = 0 \tag{5.15}$$

という式が成立する。

このように「回路を回る」時、電池を＋極から－極へ抜ける時は電位が電池の起電力の分だけ下がるし、抵抗器においても電流の流れる向きと逆向きに回った場合は、IR だけ電位が上がることになることに注意しよう。

次の図の例の場合、最初の式の V_2 は電位が上がる方向（－極から＋極へ）だが、V_1 は電位が下がる方向（＋極から－極へ）なのでマイナス符号がついている。R_2 の抵抗器は電流と同じ方向へ回るので電位が下がる（ゆえに、$-I_2R_2$ のようにマイナス符号つき）だが、R_1, R_4 の二つの抵抗器は電流を遡る方向なので電位が上がる（ゆえに、$+I_1R_4 + I_1R_1$ と足し算されている）。

5.5 キルヒホッフの法則

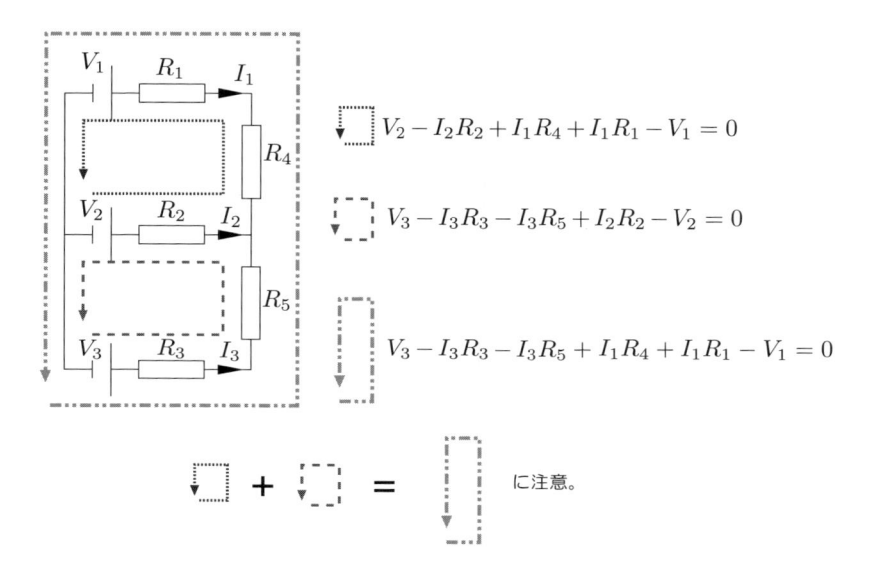

$V_2 - I_2 R_2 + I_1 R_4 + I_1 R_1 - V_1 = 0$

$V_3 - I_3 R_3 - I_3 R_5 + I_2 R_2 - V_2 = 0$

$V_3 - I_3 R_3 - I_3 R_5 + I_1 R_4 + I_1 R_1 - V_1 = 0$

□ + □ = □ に注意。

　回路が複雑な形をしている場合、回り方はいろいろあるわけだが、$\text{rot}\,\vec{E} = 0$ ならば任意の経路において電位は一意的であったから、「どのようなループに対しても、電位は元に戻る」と考える。ゆえに考えられる全てのループに対して電位の一意性の式は成立する。ただし、全ての可能なループの式をずらっと並べると、独立でない式も入ってくる。上の図の場合でも、三つの式を書いたが、実はうち二つだけが独立である。第1の式と第2の式の和を考えると第3の式になっている。これは図を見ても理解できるだろう。

　証明は略すが、一般に、回路においてループを作って電位の式を作る時、独立な式の数は「回路にあいた穴の数」である。あるいは、回路図を紙の上に書いた時、回路をなす線によって区切られる「面の数」であるとも言える。

　以上で述べたように、キルヒホッフの法則は $\text{div}\,\vec{j} = 0$ と $\text{rot}\,\vec{E} = 0$ を電気回路に適用したものである。特別な新しい法則が出てきたというわけではない。

　電流回路に関する方程式についても、重ね合わせの原理が使える（これは、方程式が電流 I に関して線型だからである）。たとえば電池 V_1 と電池 V_2 を持つ回路に流れる電流を計算するときは、電池 V_1 のみがある時の電流と電池 V_2 のみがある時の電流の和を計算すればよい。

5.6 合成抵抗

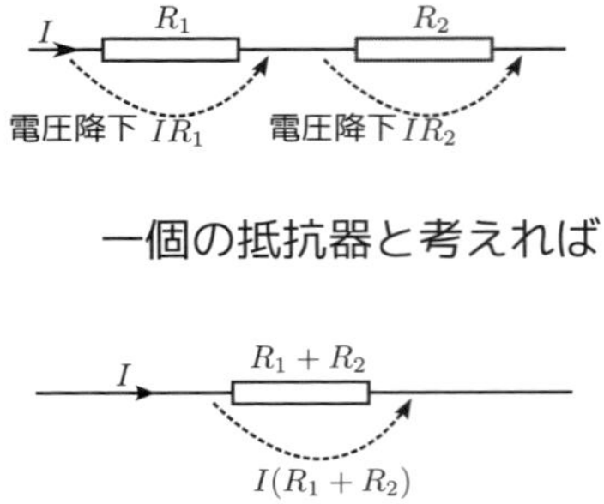

回路を製作する時は、たくさんの部品を使用する。たとえば右図のように抵抗器を直列に配置した場合を考える。図に示したようにこの回路に電流 I が流れている時の電圧降下は IR_1 と IR_2 の和となって、$I(R_1 + R_2)$ とまとめられる。よって、抵抗値 $R_1 + R_2$ の抵抗が一個あると考えてもいい。

次に並列に抵抗を接続した場合を考える。直列の場合は二つの抵抗に流れる電流が等しくなったが、並列の場合は抵抗にかかる電圧（V とする）が等しくなる。そして、足し算されるのは電流である。この回路に流れる電流は $\dfrac{V}{R_1}$ と $\dfrac{V}{R_2}$ の和となり、

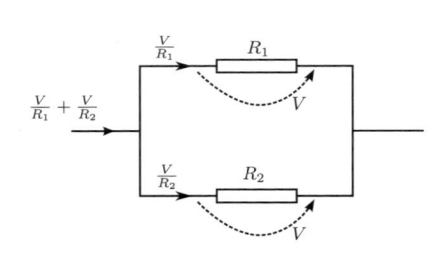

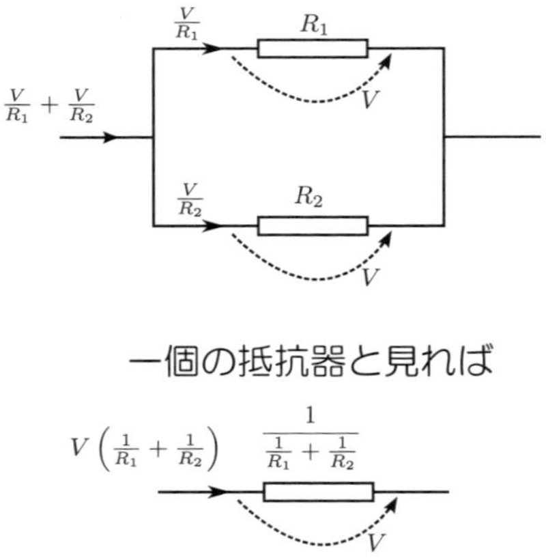

$$\frac{V}{R_1} + \frac{V}{R_2} = V\left(\frac{1}{R_1} + \frac{1}{R_2}\right) \quad (5.16)$$

とまとめることができる。並列な抵抗を一個の抵抗と考えた時に、

$$\frac{1}{R} = \frac{1}{R_1} + \frac{1}{R_2} \quad (5.17)$$

という関係が成立していることになる。

このようにして直列や並列の抵抗の連なりは、一個の抵抗に還元することができる。実際の回路においてはもっと複雑なつながり方があり得るので、いつでもこうやって複数の抵抗を等価な一個の抵抗に還元できるとは限らないが、様々な等価回路の作り方が知られている。

5.7 回路を閉じた時に起こること

回路が開かれている時（つまりスイッチが OFF の状態の時）、回路内の電位がどのようになっているかを表したのが次の図である。電池は電位差を作るから、ス

イッチのうち、電池のプラス極につながっている方は電位が高く、マイナス極につながっている方は電位が低い。プラス極からやってきた正電荷、マイナス極からやってきた負電荷はスイッチの接合部分に（ほんの少しだけなのだが）溜まる。いわば、スイッチの接合部分は「小さなコンデンサ」と同じ役割を果たしているのである。

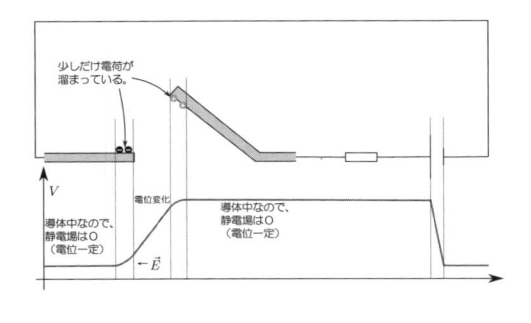

図に示したように、電荷のあるところで電位のグラフが曲がることに注意せよ。

そしてこの部分の電位差と電池の起電力による電位差がちょうど同じになって、電位の一意性が保たれているわけである。

回路が閉じられて（スイッチがONにされて）しばらくたった後の回路の電位の状態は右の図のようになる。スイッチが閉じられたことによって「小さなコンデンサ」はなくなって、そこに溜まっていた電荷も正負が出会うことによって消えてしまう。すると電場が存在する場所がスイッチの位置から抵抗の位置へと移動する。

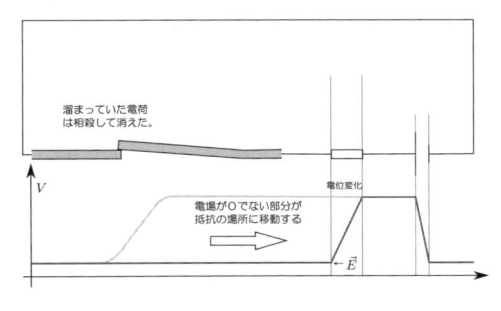

電場 $\vec{E}$ が0でない部分が移動していく速さは、動的な電磁場について考えた後でないと計算できないが、結果は光速度になる。
→ p286

【FAQ】結局のところ「電流の速さ」はどれだけなのですか？

電流現象に関係する速さは三つある。

(1) ドリフト速度 電流のキャリアである電子の流れの平均速度。日常目にする電流では秒速1ミリ以下である。

(2) 電子の運動速度 一個一個の電子の持つ速度。秒速数千キロに達する。

(3) 電場変化の伝わる速度 光速である。

「電子はどれだけの速さで走っているのですか？」という意味で「電流の速さ」を考えるならば、「速度の平均」なら (1)、「速さの平均」なら (2) ということにな

る。どちらも光速よりは遅い。

　「スイッチを入れた後、電球がつくにはどれだけかかるか？」という意味で「電流の速さ」を考えるならば、それは (3) である。電子自体が移動しなくても、電子を動かす力の源である電場さえ伝われば、電流は流れ始める。

5.8　コンデンサの充電

　起電力 E の電池に静電容量 C のコンデンサを接続すると、コンデンサの極板に $+CE, -CE$ の電荷が蓄えられる。これもキルヒホッフの法則のおかげ（もっと根本的なところから言えば、$\mathrm{rot}\,\vec{E} = 0$ のおかげ）である。

　この過程の時間的変化を追いかけよう。時刻 $t = 0$ で電荷が溜まっていなかったとして、時刻 t での電気量 $Q(t)$ を求めたいとする。電位の一意性から、

$$E - I(t)R - \frac{Q(t)}{C} = 0 \quad (5.18)$$

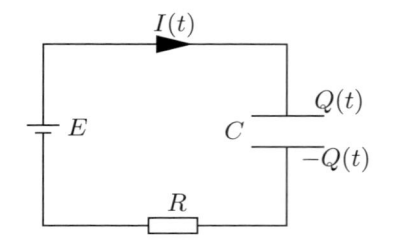

という式が成立することはすぐにわかる。コンデンサに蓄えられている電荷は流れ込んでくる電流の分だけ変化するのだから、$\dfrac{\mathrm{d}Q(t)}{\mathrm{d}t} = I(t)$ が成立するので、

$$E - \frac{\mathrm{d}Q(t)}{\mathrm{d}t}R - \frac{Q(t)}{C} = 0 \quad (5.19)$$

という微分方程式を解けばよい。$Q(t) = CE$ はこの方程式の特解である[†12]。しかし、この解は初期条件 $Q(0) = 0$ を満たさないから求めたい解ではない。そこで、$Q(t) = CE + q(t)$ と書くと、

$$\begin{aligned} E - \frac{\mathrm{d}q(t)}{\mathrm{d}t}R - \frac{CE + q(t)}{C} &= 0 \\ -\frac{\mathrm{d}q(t)}{\mathrm{d}t}R - \frac{q(t)}{C} &= 0 \end{aligned} \quad (5.20)$$

[†12] 「特解」というのは、考えている微分方程式の一つの解。しかし、微分方程式の解は（境界条件で指定しない限り）たくさんあるのが普通。つまり特解を求めただけでは微分方程式はまだ解けていない。

5.8 コンデンサの充電

となって、今度は $q(t)$ に対する方程式（線型同次方程式）を解けばよいということになる。

この方程式は、$\dfrac{\mathrm{d}q(t)}{\mathrm{d}t} = -\dfrac{1}{CR}q(t)$ と書き直せばすぐに、

$$q(t) = A\mathrm{e}^{-\frac{t}{CR}} \tag{5.21}$$

が解であることがわかる（A は積分定数）。初期条件 $Q(0) = 0$ から、

$$q(0) + CE = 0 \quad \text{すなわち、} A + CE = 0 \tag{5.22}$$

となるので、$A = -CE$ とすればよい。

結果として、

$$Q(t) = CE\left(1 - \mathrm{e}^{-\frac{t}{CR}}\right) \tag{5.23}$$

がわかる。これをグラフにしたのが右の図で、$t = \infty$ で $Q = CE$ に近づいていく線となる。グラフの傾き、すなわち

$$\dfrac{\mathrm{d}Q(t)}{\mathrm{d}t} = \dfrac{E}{R}\mathrm{e}^{-\frac{t}{CR}} \tag{5.24}$$

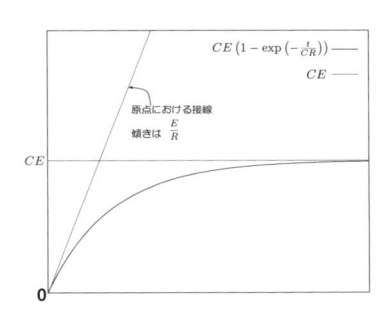

は流れる電流を表すが、$t = 0$ では $\dfrac{E}{R}$ となる。これはコンデンサがない場合の電流と同じである（コンデンサに電荷がない状態では、そこにコンデンサがないかのごとき電流が流れるということ）。

この時の電池のする仕事を考えると、電池は単位時間あたり $I(t) = \dfrac{\mathrm{d}Q(t)}{\mathrm{d}t}$ の電荷をマイナス極からプラス極へと運んでいることになるので、

$$\int E\dfrac{\mathrm{d}Q(t)}{\mathrm{d}t}\mathrm{d}t = [EQ(t)] = QE = CE^2 = \dfrac{Q^2}{C} \tag{5.25}$$

の仕事をする。電池のする仕事が QE でコンデンサに溜まるエネルギーが $\dfrac{1}{2}QE$ であると考えると、そこで $\dfrac{1}{2}QE$ のエネルギーがどこかへ消えたことになる。

それはどこかというと、回路のもう一つの部品である抵抗である。抵抗で発生するジュール熱は単位時間あたり $I^2 R$ であるから、

$$\int I^2 R\mathrm{d}t = \int \dfrac{E^2}{R^2}\mathrm{e}^{-\frac{2t}{CR}}R\mathrm{d}t = \dfrac{E^2}{R}\left[-\dfrac{CR}{2}\mathrm{e}^{-\frac{2t}{CR}}\right]_0^\infty = \dfrac{1}{2}CE^2 \tag{5.26}$$

となって、まさに正しい値となる。

【FAQ】回路に抵抗がなかった場合、$\frac{1}{2}QE$ のエネルギーはどこへ行くのですか？

抵抗が全くない回路というのはあくまで仮想的なものである。たとえ回路に抵抗器を接続しなかったとしても、起電力を提供している電池には（現実の電池の場合）内部抵抗が存在する。

あくまで仮想的な問題として $R = 0$ とすると何が起こるかというと、その時は（実は上の計算では無視していた）回路の自己インダクタンスが無視できなくなる。詳しくは11.5.1節で自己インダクタンスについて説明した後の章末演習問題 11-2 の解答の中で説明しよう。
→ p269　→ p277
→ p29w

5.9 章末演習問題

★【演習問題 5-1】
回路に関する重ね合わせの原理を使って、次の定理を証明せよ。

ある回路の2点、A と B の間の電位差が V であったとする。AB 間に抵抗 R をつなぐと、その抵抗に流れる電流は $\dfrac{V}{R+R_0}$ である。ただし、R_0 は抵抗 R をつなぐ前の AB 間の抵抗である。

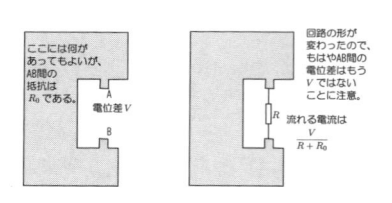

ヒント → p4w へ　解答 → p21w へ

★【演習問題 5-2】
断面積が同じだが電気伝導度が違う2種類の金属を接合させ、接合面と垂直に電流を流した。電流密度が j で表され、二つの金属の電気伝導度が $\sigma_1, \sigma_2 (\sigma_1 < \sigma_2)$ とする。金属の境界面にはどれだけの電荷が溜まっているだろうか？

ヒント → p4w へ　解答 → p21w へ

第 6 章

静電場から静磁場へ

ここまで、電場および電荷に関する物理法則を学んできた。
ここからは磁場と電流に関する物理法則を学ぶ。
ただし、この章からしばらくは電流および磁場は時間的に変動
しないものとする。

この章では、静磁場の持つ性質を定性的に扱う。具体的な計算などは次の章以降にまわす。

6.1 磁場とは何か

6.1.1 磁石の作る磁場

　磁場[†1]というものを直観的に感じることができるのは磁石である。磁石を人類が発見したのはかなり古い（電荷よりも古い）。磁石に働く力は静電気と似た性質をたくさん持っている。まず、N 極と N 極など、同種の極が反発し、N 極と S 極つまり異種の極は引き合う。これは同種電荷が反発し異種電荷が引き合うのと同じである。また、実験によりこの力にもクーロンの法則が成立することがわかっている。そこで、「電荷」に対応するものとして「磁極」を定義し、N 極を「プラスの磁極」、S 極を「マイナスの磁極」と呼ぶ。単位として Wb（ウェーバー）[†2]を使って測定した場合、二つの磁極（それぞれ m_1[Wb] と m_2[Wb]）が距離 r[m] 離れている時に、

[†1] 電場が「電界」という別名を持つように、磁場も「磁界」という別名がある。意味には全く差はない。
[†2] まず後で述べる方法で電流の単位 A（アンペア）を定義し、電流が作る磁場の大きさから磁場
　→ p216
の単位 A/m を定義し、その磁場が磁極に及ぼす力が $\vec{F} = m\vec{H}$ となるように磁極の単位 Wb を定義する。そういうわけで今の段階では単に「そういう単位がある」と思っておいてほしい。

$$F = \frac{m_1 m_2}{4\pi\mu r^2} \quad \text{真空中なら} \quad F = \frac{m_1 m_2}{4\pi\mu_0 r^2} \qquad (6.1)$$

という式で力を表すことができる。μ は透磁率と呼ばれる量で、誘電率と同様にまわりの物質によって決まり、特に真空での値を μ_0 と書く。MKSA 単位系では $\mu_0 = 4\pi \times 10^{-7}$ という値であるが、こういうぴったりした数字になるのは、MKSA では電流の単位 [A] をこの式で定義しているからである[†3]。静電気力に対応して「電場」$\vec{E}$[N/C] という場を考えたように、「磁場」$\vec{H}$[N/Wb] を考えることもできる。

透磁率の単位は、上の定義からすると [Wb²/N·m²] となるが、[Wb] が [N·m/A] であることを使って書き直すと、[N/A²] である。本来 SI 単位系は [m][kg][s][A] を基本に使うということになっているので、[N/A²] という表記がその原則には沿っているのだが、後で出てくるインダクタンスの単位 [H] (「ヘンリー」と読む) を使って [H/m] という表記もよく使われる。

→ p270

以上のように「磁場 $\vec{H}$」を電場 $\vec{E}$ との対応させて定義した。表にすると以下のようになる。

	源	定義式	クーロンの法則	源の単位	場の強さの単位
電場	電荷 q	$\vec{F} = q\vec{E}$	$F = \dfrac{q_1 q_2}{4\pi\varepsilon_0 r^2}$	[C]	[N/C] または [V/m]
磁場	磁極 m	$\vec{F} = m\vec{H}$	$F = \dfrac{m_1 m_2}{4\pi\mu_0 r^2}$	[Wb]	[N/Wb] または [A/m]

電場と磁場の類似点はこれだけではなく、重ね合わせの原理が使えるところも同じである。また、電気力線に対応する磁力線は電気力線と同様の性質（混雑を嫌がり、なるべく短くなろうとする）を持ち、磁力をこの磁力線の力学的性質から説明することもできる。これは、電場の基本法則と磁場の基本法則であるクーロンの法則が同じ形をしているので当然と言えば当然ではある（しかし、面白い）。

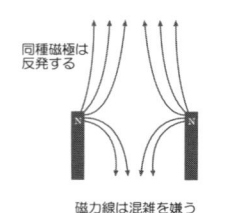

[†3] 「ぴったりした数字」と言いながら、なんで 4π やら 10^{-7} やらがつくんだよ？と思うかもしれない。この辺も歴史的事情がいろいろある。

6.1.2 電流の作る磁場

　ここまでの話だと、電場と磁場は二つの全く別々のもので、たまたまその性質が似ているというふうに感じられるかもしれない。実際、電気的現象と磁気的現象が科学的に研究されるようになった1600年頃から200年近くの間、科学者たちは電場と磁場の間の直接的関係を見つけられずにいた。この認識に大きな変化が現れたのは、エールステッド（Oersted）が「電流が磁場によって力を受けること」を発見した1820年である。同じ年にアンペール（Ampère)[†4]が「電流と電流の間に力が働くこと」を発見[†5]し、さらに電流と磁場の間の関係を深く研究している。

　アンペールたちの研究により、電流がどのように磁場を作るかという法則（経験則）が得られたわけであるが、ここでは式で説明するのは後に回し、どのような形の磁場ができるのかだけを説明しておく。

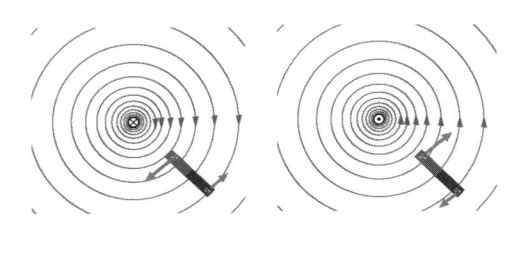

　電流によって作られる磁場 $\vec{H}$ の向きは「右ネジの法則」で決まる。すなわち、電流が流れていると、その電流の周りを回るような磁場 $\vec{H}$ が生まれる。

　図の○の中に×が書かれたマークは「紙面の表から裏へ抜ける方向」を意味する。この方向に紙面を電流が貫いている時、図のように電流の周りに同心円状の磁場 $\vec{H}$ が発生する。逆に「紙面の裏から表へ抜ける方向」は○の中に小さな●を入れたマークで表現する。

　これは飛んでいる矢を前後から見た時の見え方を示している。×は矢羽根なのである。この場合は電流の向きが逆転したのだから、磁場 $\vec{H}$ の向きも逆転する。「右ネジの法則」と呼ばれるのは、右ネジ[†6]を回転

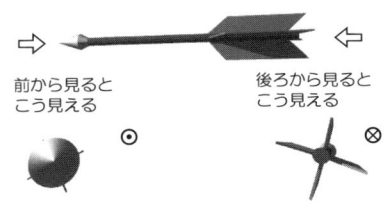

[†4] 電流の単位アンペアは、彼の名にちなむ。ちなみにエールステッドの方も cgs 単位系の磁場 $\vec{H}$ の単位になっているのであるが、cgs 単位系は最近使われることが少なくなっている。
[†5] 実は電流と電流の間に力が働くことは1801年にゴートゥローによって発見されていたのだが、それ以上の発展はなかった。
[†6] 市販されているネジのほとんどは右ネジであるので「普通のネジ」と思っておけばよい。回転する部品（扇風機など）には左ネジと右ネジが両方使われて、ネジが自然に抜けないように工夫されている。

させる方向を磁場 $\vec{H}$ の向きと考えた時、ネジが進む方向が電流の向きに対応しているからである。

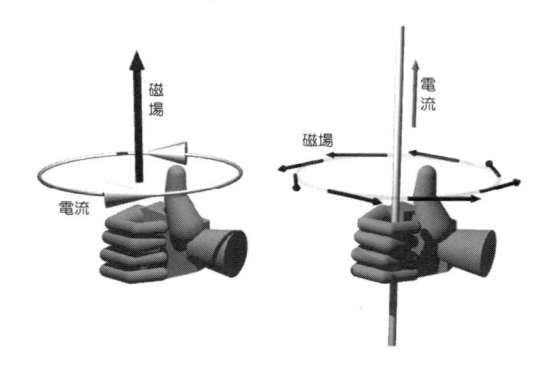

右ネジの法則同様によく使われるのは「右手親指の法則」で、この法則は親指を電流と見立てる場合と磁場と見立てる場合の二つの使い方がある。

電流の作る磁場に関して、アンペールら発見者を大いに驚かせたのは、電流によって作られる磁場が磁極に及ぼす力がクーロン力のような中心力ではなかったことである。

二つの電荷の間に働くクーロン力は、(引力の場合も斥力の場合も) 二つの電荷を結ぶ線の上にあった。ところが磁場が電流に及ぼす力は、磁場とも電流とも垂直な方向を向くのである。それゆえ、通常の力と違って、作用反作用の法則を完全には満足しない。

作用反作用の法則は、作用と反作用が

(1) 逆向きであること
(2) 大きさが等しいこと
(3) 一直線上にあること

を要求する。(3) は教科書などでは省略されていることも多い[†7]が、角運動量保存則を導くためには必要である (右の図を見れば、(3) を満たしてないと角運動量が保存しないことが理解できるだろう)。

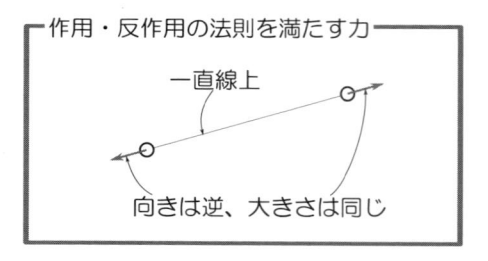

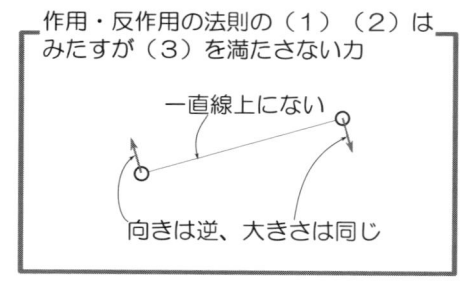

電流と磁極の間に働く力の場合、一見 (3) が満足されない。より細かく調べると、電場や磁場も運動量や角運動量を持ち、電磁場も含めた系で考える

[†7] ニュートンの「プリンキピア」冒頭にある力学の第3法則の中には書かれていない。

とちゃんと作用反作用の法則が満足されることがわかる（後述）。
→ p292

　余談ながら、アンペールがもう一つ不可解に思ったのは、この力が左右対称に見えないということである。次の図のように、磁針の上に導線が通っているところを考える。これを鏡に映したと考えると、鏡の中（鏡像）で起こることは、現実世界で起こることと逆になるように思われる。

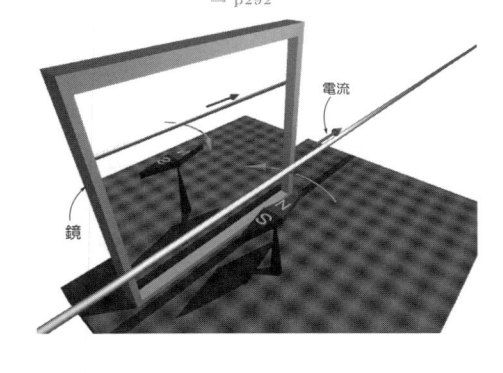

　ということは、電磁気の法則は左右対称ではないのだろうか？？？

　この時代では、「物理法則というのは左と右を区別しない」と思われていたので、この疑問は実にもっともなものである。

　後で磁極というものの正体がわかれば謎は氷解することになるだろう。結論を述べると、物理法則の左右対称性は（この段階では）破れていない[†8]。実は鏡の中のN極はS極になるのである（章末演習問題6-1 の解答を参照）。
→ p182

6.1.3　磁場中の電流の受ける力

　静磁場に関する問題については、電流と磁場の関係は

- 電流が磁場を作る。
- 磁場中の電流は力を受ける。

ということになる[†9]。この「磁場中の電流は力を受ける」ということを、磁力線の張力と斥力で説明しよう。

[†8] 後にβ崩壊という現象の中で、左右対称性が破れていることが発見されるが、これは電磁気学の範囲外である。
[†9] 変動する電磁場の場合、「磁場が変化すると電場が発生する（電磁誘導）」という現象が加わる。それは後の章でやろう。

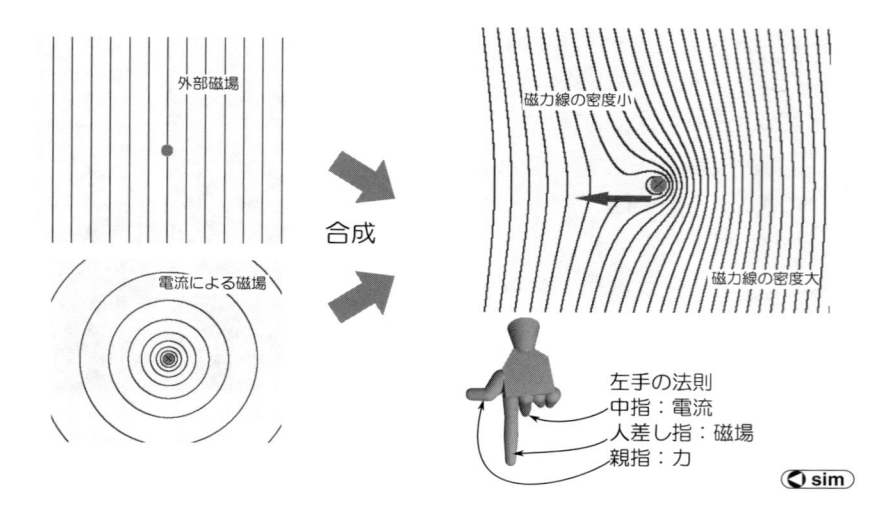

外部から（磁石などにより）上から下へ向かう磁場が存在している場所があったとする（図左上）。ここに電流を紙面表から裏へ流すと、電流の周りを回る磁場ができる（図左下）。この二つが合成された磁場を考えると、右図のように電流の右側では二つの磁場が強め合って強い磁場となる。ここで、磁力線が電気力線同様に「短くなろうとする」「混雑を嫌う」という性質を持っていると考える。すると、右側の強い磁場、すなわち混雑した電気力線による強い圧力によって電流が左に押されることになる。図を見ると「磁力線が短くなろうとする」という性質でこの左向きの力を理解することもできる。

磁場中の電流が磁場とも電流とも垂直な方向に力を受けることを表現するのが「フレミングの左手の法則」である。左手の中指と人差し指がそれぞれ「電流の方向」と「磁場の方向」を示し、親指の方向に力が発生する。

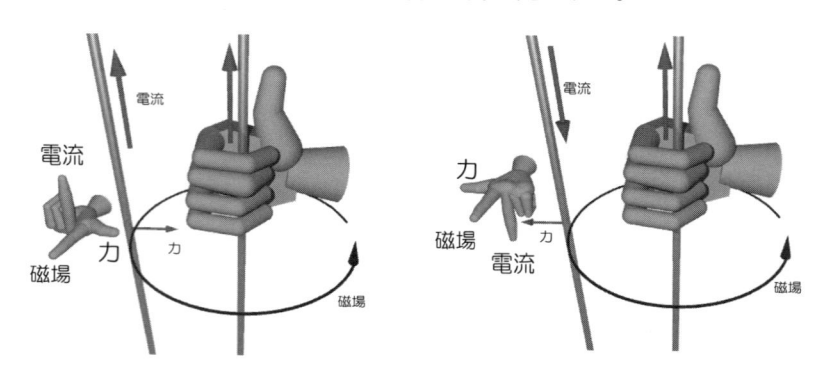

図のように、フレミングの法則から考えると、平行な電流は引っ張り合い、逆行する電流は互いに反発することがわかる。そのことは、磁力線を描いてみると、

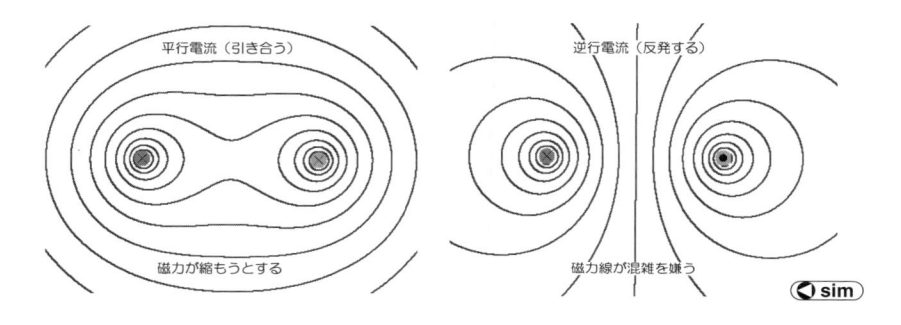

（図：平行電流（引き合う）／逆行電流（反発する）／磁力が縮もうとする／磁力線が混雑を嫌う）

のようになって、やはり、「磁力線が短くなろうとする」「磁力線は混雑を嫌う」という性質によってこの力が発生するのだと考えることができる。

6.1.4 磁極の正体

　実は電荷のように独立した存在としての「磁極」などというものは存在しない。磁場を作るのは電流である[†10]。そして、磁場中に置かれた電流が力を受ける。

　電磁石はまさに電流の作る磁石である。永久磁石は一見どこにも電流など流れていないように思えるが、実は原子分子レベルで流れている電流がその磁力の源である[†11]。「磁極」は実は電流が作っているものなので、磁極どうしに力が働くように見えるわけである。静電場における「電荷」に対応するものは静磁場では「電流」であると考えるべきなのである[†12]。

　立場としては次の図に示したように「電荷と磁極が対応するという立場（電場 $\vec{E}$ と磁場 $\vec{H}$ が対応するので、E-H 対応と呼ばれることが多い）」と「電荷と電流が対応するという立場（こちらは E-B 対応と呼ばれる）」の二つがある。ミクロに見ると（少なくとも今現在知られている）磁力はすべて電流に由来すると言ってよいので、E-B 対応の方がより本質的だと考えてよいだろう。

[†10] 棒磁石などの磁石が作っている磁場は、原子レベルで流れている電流によって作られていると考える。
[†11] スピンと呼ばれる、粒子の自転に対応する"運動"も源の一つである。というより、磁石の磁力のほとんどは、電子のスピンに由来する。スピンは量子力学で理解すべき物理量であって、古典力学的な意味の"運動"ではないので、電荷粒子のスピンを「電流」と呼ぶには語弊がある。しかし電荷のある粒子の持つ角運動量が磁場の源であることには違いない（スピンは角運動量なのである）。このあたりは量子力学を勉強してから考え直してほしい。
[†12] こう考えると、アンペールの疑問に答えることができるのである！

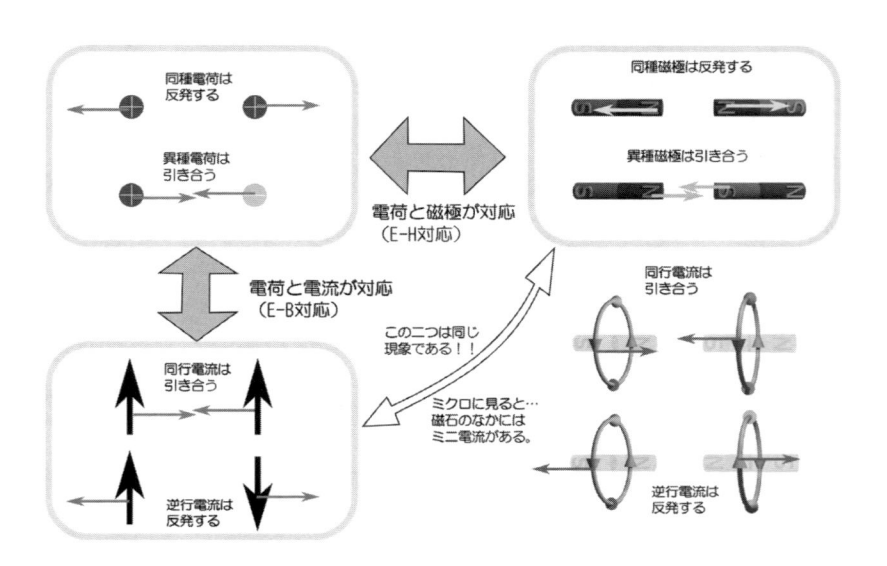

そこで、以下では電流の間に働く力を使って「磁場」を定義する方法で考えよう。

問題をややこしくしているのは、電荷と電荷の間の力である静電気力の場合には電荷に向きがない（プラスマイナスはある）が、電流には向きがある、ということである。これに関連して、電場が電荷に力を与える場合、その力の方向は電場の方向と一致する（負電荷なら逆を向くが、方向は同じ）が、電流と磁場の場合は電流の方向とも磁場の方向とも違う方向に力が働くという点が少しややこしい。

もう一つややこしいことがある。電場を表現するベクトル場として電場 $\vec{E}$ と電束密度 $\vec{D}$ があったように、磁場を表現するベクトル場には磁場 $\vec{H}$ と磁束密度 $\vec{B}$ [13]がある[14]。電流を主役として磁場を定義する場合、最初に定義されるのは $\vec{B}$ の方である[15]。ではまず、磁束密度 $\vec{B}$ の定義[16]を述べよう。

---

[13] 英語では、$\vec{B}$ を「magnetic induction」と呼ぶこともある。

[14] 物理現象を表すための言葉である「電場」「磁場」と、物理量であるところの $\vec{E}, \vec{H}$ を表す言葉としての「電場」「磁場」が同じなのはちょっとややこしい（無用な混乱を招くことがある）。文脈で判断しよう。

[15] 磁極を主役として磁場を定義するならば最初に定義されるのは $\vec{H}$ となる。これがこのような形式を「E-H 対応」と呼ぶ理由である。この本では E-B 対応で行くので、まず $\vec{B}$ が定義される。

[16] $\vec{B}$ の方が本質的であるので、$\vec{B}$ のことを単純に「磁場」と呼ぶ本も中にはある。そういう本では、$\vec{H}$ は「補助場」扱いされている。

6.1 磁場とは何か

> **―― $\vec{B}$ の定義 ――**
>
> 試験電流 $\vec{I}$（向きも表現してベクトルで書く）に、単位長さあたり
> $$\vec{F}_{単位長さあたり} = \vec{I} \times \vec{B} \tag{6.2}$$
> の磁場による力が働く時、そこには磁束密度 $\vec{B}$ の磁場がある。
>
> 試験電流は直線とは限らないので、直線と見なせるほどに微小部分を取り出して考えることにすると、試験電流のうち、場所 $\vec{x}$ から場所 $\vec{x}+\mathrm{d}\vec{x}$ までの部分には、$\vec{F}_{微小部分} = I\mathrm{d}\vec{x} \times \vec{B}$ の微小な力が働くと考えられる。

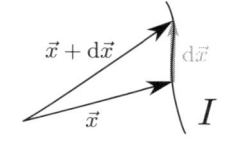

真空中では、磁場 $\vec{H}$ と磁束密度 $\vec{B}$ は $\vec{B} = \mu_0 \vec{H}$ の関係がある。

上の式から組み立てるならば、磁束密度 $\vec{B}$ の単位は（電流と長さをかけると力になるので）N/A·m となる。ただし、磁束密度 $\vec{B}$ には T（テスラ）という独自の単位が割り振られている。また、磁極の単位である Wb を使って表すと Wb/m^2 となる。

この定義の仕方は、電場 $\vec{E}$ を「**単位電荷あたりに働く静電気力**」としたのと同様である。磁束密度 $\vec{B}$ は「**単位電流あたり、単位長さあたりに働く磁場による力**」ということになるが、この定義式には外積（付録 A.1 を見よ）が入っているため、電流と力の方向に注意しなくてはいけない。

電場の定義の場合、試験電荷を一個おけば電場 $\vec{E}$ は向きと大きさが全てわかったが、それとは違って、磁場の場合試験電流 $\vec{I}$ が 1 本あるだけでは、$\vec{B}$ が決定できない。$\vec{I}$ を持ってきて、$\vec{F}_{単位長さ当たり}$ を測定したとして、$\vec{B}$ は一つに決まらないのである（具体的には、$\vec{B}$ のうち、$\vec{I}$ と平行な成分が決まらない。そういう成分があったとしても、式 (6.2) には効かないからである）。

------ **練習問題** ------

【問い 6-1】互いに平行でない試験電流 2 本 $\vec{I}_1, \vec{I}_2$ があったとして、それぞれの単位長さに力 $\vec{F}_1, \vec{F}_2$ が働いたとしよう。どのように $\vec{B}$ が決定されるか？

ヒント → p310 へ　解答 → p318 へ

次の章から、磁場と電流の間にどのような法則が成立するかを数式で表現していこう。

6.2 章末演習問題

★【演習問題 6-1】
　アンペールは電流が方位磁石に及ぼす力を見て、「物理法則は左右対称ではないのだろうか？」と不思議に思った。しかし「磁場を作るのは電流である（ゆえに、方位磁石の磁場も物質内に流れる電流によってできている）」ということを考えると、物理法則は左右対称であることが理解できる。図を参照して、どのように考えればそれがわかるのかを説明せよ。

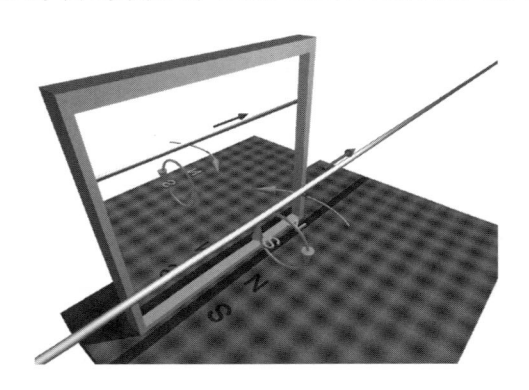

ヒント → p4w へ　　解答 → p22w へ

第 7 章

静磁場の法則 その1
—— アンペールの法則

前章で、電場と電荷の相互作用を考えるのと同様に磁場と電流の相互作用を考えていくことができることを示した。この章では、磁場と電流の相互作用を具体的に数式で表現していこう。

7.1 無限に長い直線電流による磁場

電流が磁場を作っている状況の中でももっともシンプルである、「無限に長い直線電流による磁場」について考えるところから始めよう。

以下のことが知られている。

―――――― 無限に長い直線電流による磁場 ――――――

真空中に無限に長い直線電流 I[A] がある時、その電流から距離 r 離れた点での磁場は、$\dfrac{I}{2\pi r}$ で、電流と垂直な平面上で、電流からその地点に伸ばした線と垂直な方向で、電流に対して右ネジの方向を向く。

実際には無限に長い直線電流を作ることはできないが、十分長い導線を設置して実験し、その磁場を測定することができる(さらに導線の長さによる実験結果の違いを分析すれば、「無限に長い導線ならどうなるか」を推測することも可能であろう)。そうやって実験することで、上のような結果を得ることができる。

$$\vec{H} = \frac{I}{2\pi r}\vec{e}_\phi$$

導線を z 軸に一致させた時、円筒座標または極座標を取った時の方位角 ϕ 方向の単位ベクトル

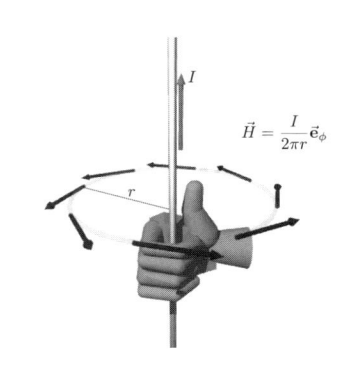

$\vec{e}_\phi$ を使って表現すれば、

$$\vec{H} = \frac{I}{2\pi r}\vec{e}_\phi \tag{7.1}$$

である。$\vec{e}_\phi$ は各点各点で z 軸周りに回転する方向を向く単位ベクトルである。

真空中であれば

$$\vec{B} = \frac{\mu_0 I}{2\pi r}\vec{e}_\phi \tag{7.2}$$

と書いても同じことである。

ところで、静電場の場合の基本法則の特に大事な二つの式は
$\mathrm{div}\,\vec{D} = \rho$ と $\mathrm{rot}\,\vec{E} = 0$ である。
→ p146　　→ p94

電荷に対応する「磁荷」は実は存在してない[†1]ということがわかっているので、$\mathrm{div}\,\vec{D} = \rho$ に対応する法則として、$\mathrm{div}\,\vec{B} = 0$ という法則[†2]が成立する。

$\mathrm{rot}\,\vec{E} = 0$ から、電気力線はループすることはない。一方、磁力線はループすることもあることがわかった。ということは、$\vec{H}$ については $\mathrm{rot}\,\vec{H} = 0$ という法則は成立しないということになる。ではどんな法則が成立するのだろうか？——実験的に得られた式の一つである $\vec{H} = \frac{I}{2\pi r}\vec{e}_\phi$ から予想をたててみよう（あくまで予想であるから、どんな場合でも予想が正しいかどうか、検証することが必要である）。

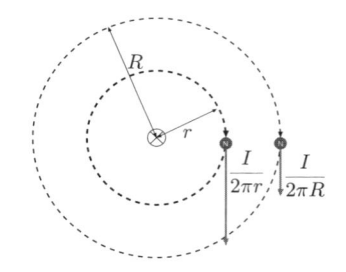

rot の意味は「**微小な面積を囲む閉曲線にそってベクトル場 $\vec{A}$ を線積分した値を単位面積あたりに直したもの**」[†3]であった。もっと物理的に表現すると「$\vec{A}$ を各点各点で場所に依存して働く力だとみなして、微小な面積を囲む閉曲線にそってその力を受けながら動いた物体がどれだけ仕事をされたかを考え、それを単位面積あたりに直すとそれが $\mathrm{rot}\,\vec{A}$ である」ということになる。

そこで、磁場を力だとみなしてある面積を一周させた時にどれだけの仕事をするかを考えよう。「みなして」などと言わなくても磁場は単位磁極に働く力と定義されているのだから、単位磁極をある面積を回るように一周させた時に磁場がする仕事を計算して単位面積あたりに直せば、$\mathrm{rot}\,\vec{H}$ を計算できる。

[†1] もちろん、将来発見されるかもしれない。その時には電磁気の教科書全部に改訂が必要である。

[†2] 真空中では $\mathrm{div}\,\vec{H} = 0$ と $\mathrm{div}\,\vec{B} = 0$ は同じ式であってどっちを使っても差し支えない。物質中では $\mathrm{div}\,\vec{B} = 0$ だけが正しい。これについては後で述べる。

[†3] この「微小な面積」は→ 0 という極限をとることに注意。

7.1 無限に長い直線電流による磁場

電流と垂直な面上で電流を中心とする半径 r の円の上を、$m[\text{Wb}]$ の磁極が運動する場合を考えると、力は一定値 $m \times \dfrac{I}{2\pi r}$ であり、常に運動方向に働くから、距離をかければ仕事が計算できる。すなわち、

$$m \times \frac{I}{2\pi r} \times 2\pi r = mI \tag{7.3}$$

となる。ここで半径 r に依存しない答が出ていることに注意しよう（遠いところでは磁場が弱くなるが、その分距離が長くなるので、仕事は一定値となる）。

では次に、図のような経路で動かすとどうなるかを考えてみよう。図の A → B では、磁場は

$$m \times \frac{I}{2\pi r} \times r\Delta\theta = \frac{mI\Delta\theta}{2\pi} \tag{7.4}$$

の仕事をする。B → C では磁場による力と運動方向が垂直なので仕事をしない（これは後の D → A も同様）。C → D では

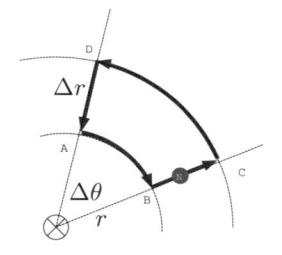

$$-m \times \frac{I}{2\pi(r+\Delta r)} \times (r+\Delta r)\Delta\theta = -\frac{mI\Delta\theta}{2\pi} \tag{7.5}$$

の仕事がされる（これもまた、半径 $r+\Delta r$ への依存性がなくなったことに注意）。一周分トータルの仕事は 0 になってしまった。

これから「電流を回るように磁極を動かすと仕事は mI となる（電流をまわらないで磁極を動かすと仕事は 0）」という法則が成り立つことが予想される。今考えた経路だけではなく、一般の経路でもそうだろうか？？？

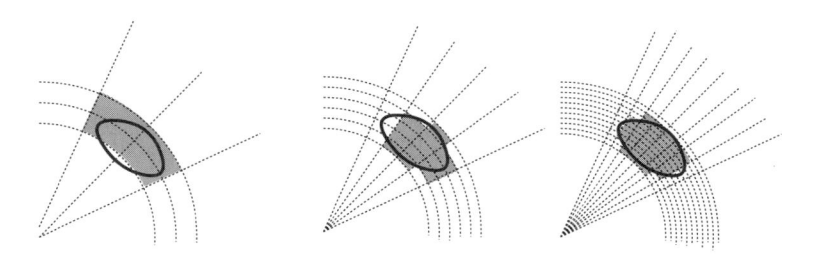

一般の経路で考える時には、再び物理の定石である「細かく区切って考える」という手段を使う。上図のように、任意の図形を既に計算した形の小さな図形の集まりと取るのである。右へ行くほどより細かい分割を考えている。最終的に分割のサイズを無限小とした極限で、任意の図形は上で計算した図形の集合として扱

うことができる。

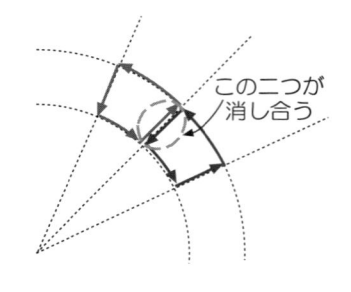

　こうやって細かく分けた時、「後でくっつけることができるのかどうか」という点が重要になるが、今の場合、ループの方向を常に同じになるように（「上から見て反時計回り」とか）決めておけば、となり合う微小ループの接する部分については仕事（線積分）の寄与は常に消え「ループの外側部分」だけが残るのである（どんな形のループでも大丈夫であることを厳密に証明するのは少しややこしいので、ここでは証明は略する）。実験により、磁場についても重ね合わせの原理が成立することが確かめられているので、電流が一本でなく複数本ある時も同様の計算が成立すると結論してよい。

7.2　アンペールの法則

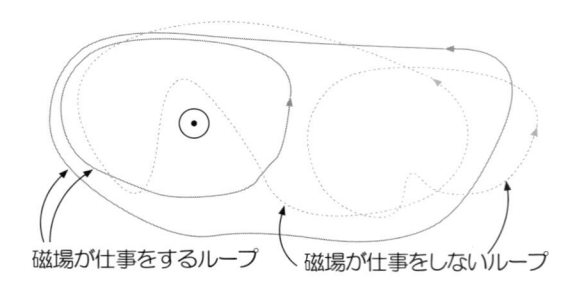

　以上をまとめると、次のような結論が出る。右の図に書いた、電流の周りを回っていないループ（破線）の場合は、磁場のする仕事はトータルで0となる。一方電流の周りを回るループ（実線）の場合は磁場のする仕事は磁極の大きさ×電流となる。後者の場合、経路を小さく分割していった時に、一個だけ電流の周りを円を描いて回るという経路が含まれていると考えればよい。

　以上から、「**電流 $I[\mathrm{A}]$ の周りを回るように磁極 $m[\mathrm{Wb}]$ を周回させると、磁場は一周の間にちょうど $mI[\mathrm{J}]$ の仕事をする。**」という法則（「アンペールの貫流則」と呼ぶこともある）があることが結論される。あるいは、$m=1$ として、

アンペールの法則（積分形）

　電流 $I[\mathrm{A}]$ の周りを回るように単位磁極を周回させると、磁場は一周の間にちょうど $I[\mathrm{J}]$ の仕事をする。
$$\oint \vec{H} \cdot \mathrm{d}\vec{\ell} = I \tag{7.6}$$
ただし、周回の方向は電流 I に対して右ネジの方向をとる。

7.2 アンペールの法則

この式からも、[Wb·A]=[J] という単位の関係があることがわかる。これは静電場の時の [C·V]=[J] に対応する式である。

前節での考察は無限に長い電流の場合の式だけを使ってなされたが、実際にはもちろん、無限に長い直線とは限らない、さまざまな電流を使って磁場を測定する実験が行われ、その結果をもとにして、この法則が導き出されたわけである[†4]。

アンペールの法則における周回の軌道を、微小面積 $\mathrm{d}\vec{S}$ の周りを回るような経路に設定する。すると、この時の仕事はすなわち、$m \times \mathrm{rot}\, \vec{H} \cdot \mathrm{d}\vec{S}$ となる[†5]。

電流が単位面積あたり $\vec{j}$ という密度で流れているとすれば、アンペールの法則は

$$m\,\mathrm{rot}\,\vec{H} \cdot \mathrm{d}\vec{S} = m\vec{j} \cdot \mathrm{d}\vec{S} \qquad (7.7)$$

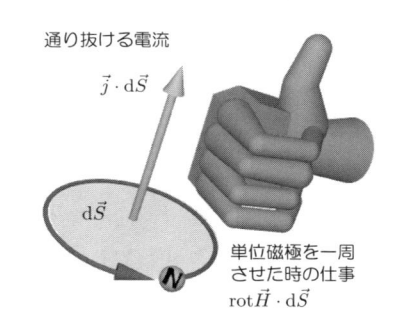

という式となる。

この式を、$\left(\mathrm{rot}\,\vec{H} - \vec{j}\right) \cdot \mathrm{d}\vec{S} = 0$ と変形してのち「$\mathrm{d}\vec{S}$ というのは任意のベクトルだから、その任意のベクトルとの内積をとって 0 ということは $\mathrm{rot}\,\vec{H} - \vec{j} = 0$ だ」というふうに考えると、両辺にある $m\mathrm{d}\vec{S}$ を取り去ることができる[†6]。

このようにして、

アンペールの法則の微分形

$$\mathrm{rot}\,\vec{H} = \vec{j} \quad \text{真空中であれば} \quad \mathrm{rot}\,\vec{B} = \mu_0 \vec{j} \quad \text{でも同じ。} \qquad (7.8)$$

という式が作られる。

ここでは無限に長い直線電流の例に対してのみこの式が成立することを確かめたが、幸いなことにこの式は静磁場の任意の状況で成立することがわかっている。

[†4] 「アンペールの法則」と言われているが、数式の形でまとめたのはマックスウェルである。
[†5] 力は $m\vec{H}$ であり、微小面積 $\mathrm{d}\vec{S}$ を回る仕事は $\mathrm{rot}\,(m\vec{H}) \cdot d\vec{S}$ ということになるが、定数である m は rot という微分演算子の外に出してもよい
[†6] これを、「$m\mathrm{d}\vec{S}$ で割る」などと表現する人がいるが、もちろん、文字通りの意味で「割る」ことはできない。

	div の式	rot の式
電場	$\text{div}\,\vec{D} = \rho$	$\text{rot}\,\vec{E} = 0$
磁場	$\text{div}\,\vec{B} = 0$	$\text{rot}\,\vec{H} = \vec{j}$

$\text{rot}\,\vec{H} = \vec{j}$ と、p184 に書いた $\text{div}\,\vec{B} = 0$ を合わせると、真空中の静磁場の基本法則となる。静電場、静磁場の基本法則は左の表のようにまとまる。

上の分類では式で div を使ったか rot を使ったかで分けたが、物理法則としての役割を基準に分類するならば、

	源と場の関係	ポテンシャルが定義できる条件
電場	$\text{div}\,\vec{D} = \rho$	$\text{rot}\,\vec{E} = 0$
磁場	$\text{rot}\,\vec{H} = \vec{j}$	$\text{div}\,\vec{B} = 0$

という分類が有効である。静電場における「電荷が電場を作る」という式である $\text{div}\,\vec{D} = \rho$ に対応するのは、「電流が磁場を作る」という式である $\text{rot}\,\vec{H} = \vec{j}$ となる。一方、静電場において $\text{rot}\,\vec{E} = 0$ という式は、電位を定義して $\vec{E} = -\text{grad}\,V$ と書くことができることを保証する条件であった[†7]。$\text{div}\,\vec{B} = 0$ という式もまた、磁場に対するポテンシャル（ベクトルポテンシャル）を定義することができる条件になる[†8]。
→ p226

7.3 磁位

電場 $\vec{E}$ に対して電位 V を考えて $\vec{E} = -\text{grad}\,V$ という関係を使って考えることで静電場の計算を簡単にすることができた。ならば、磁場 $\vec{H}$ に対して磁位 V_m（スカラー量）を考えて $\vec{H} = -\text{grad}\,V_m$ のように表すことができるのでは、と考えたくなるところである。

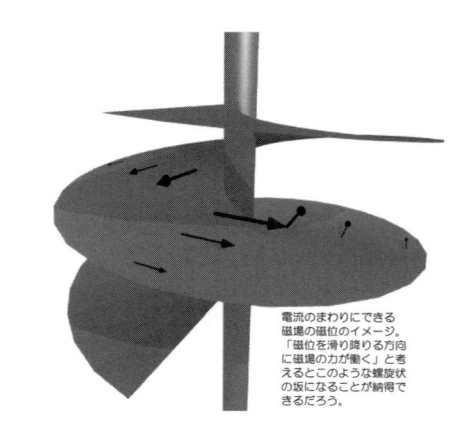

電流のまわりにできる磁位の磁位のイメージ。「磁位を滑り降りる方向に磁場の力が働く」と考えるとこのような螺旋状の坂になることが納得できるだろう。

[†7] これはベクトル解析における「rot が 0 であるベクトル場はスカラー場の grad で書ける」という定理のおかげである。

[†8] ここで注意しておくべきことは、この「磁場に対するポテンシャル」は電場における「電位」とは全く違ったものになるということである。大きな違いは、このポテンシャルは電流というベクトル量が作るポテンシャルなので、ベクトル量になるということである。電荷というスカラー量が源となって作られるポテンシャルである電位はスカラーであった。ベクトル解析には「div が 0 になるベクトル場はベクトル場の rot で書ける」という定理もあるので、$\text{div}\,\vec{B} = 0$ であるところの $\vec{B}$ は $\vec{B} = \text{rot}\,\vec{A}$ と書くことができる。この $\vec{A}$ を「ベクトルポテンシャル」と呼ぶ。ベクトルポテンシャルについては、電流と電流の間に働く力について学んだ後で再び触れよう。
→ p226

7.3 磁位

しかし「磁位」という考え方は問題を含んでいる。rot $\vec{H}$ が 0 ではないからである。「磁場は磁位の高いところから低いところに向かう」と考えてみよう（これは「電場は電位の高いところから低いところに向かう」の磁場バージョンである）。すると「磁場をさかのぼる方向に進めば、磁位はどんどん上がっていく」ことになる（電位の場合ならば、「電場をさかのぼる方向に進めば電位はどんどん上がっていく」ということになるが、これは全く正しい）。図のような円形電流の場合にこれを適用すると、どんどん磁場をさかのぼっていくと、「磁位はどんどん上がっていったのに、元の場所に戻ってきてしまった」ということになるわけである。

ただし、「磁位」というものは全く使えないのかというと、そんなことはない。「一周回ってきても元に戻らない関数[†9]」であるということに注意して使えば、十分使える。たとえば一例として、空間の一部に「切れ目」を入れて、その部分で磁位が不連続になると考えてもよい。不連続な関数を考えるのはいろいろな問題があるので、その不連続面は問題と関係ないところに来るようにしてややこしい問題を回避するようにする（たとえば考えている物体は決してその不連続面を通らないような状況のみを考える）。また、「電流が磁場を作る」という考え方でなく「磁極が磁場を作る」という考え方に立った場合も、磁位は有効である。そのような問題点に注意さえ払えば、磁位を使って磁場を計算する方法も有用になる。しかし、この本ではこれ以上取り上げないことにする。直線電流の場合で磁位を考えるとどのようになるかについては、次の問題を見よ。

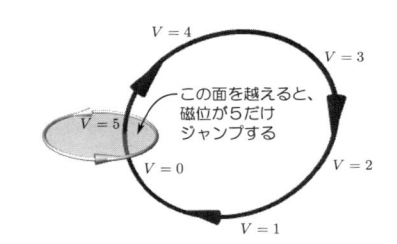

-------------- 練習問題 --------------

【問い 7-1】 無限に長い直線電流による磁場に対応する磁位は $V_m = -\dfrac{I}{2\pi}\phi$ と表現することができる。これの $-\text{grad}$ を取ると磁場は円筒座標 (r, ϕ, z) で表現して $\vec{H} = \dfrac{I}{2\pi r}\vec{e}_\phi$ が出てくることを確認せよ。

確かに $\vec{H} = -\text{grad}\, V_m$ が成立するという意味では V_m を「磁位」と呼んでいいのだが、これを電位と同様にポテンシャルとして使用しようとすると、困ったことが起こる場合がある。どこで困るのだろうか？？

ヒント → p310 へ　　解答 → p319 へ

[†9] こういう関数は「多価関数」と呼ばれる。複素関数論でリーマン面に cut が必要な状況に似ている。

7.4 アンペールの法則の応用例

この節でアンペールの法則の応用例を示すが、その前に一つ注意をしておこう。アンペールの法則（積分形）は「単位磁極を一周させた時の仕事」と「一周のループ内を通り抜ける電流」との関係式であって、磁場そのものの大きさを求める式ではない（この事情は微分形でも同様で、$\vec{H}$ ではなく rot $\vec{H}$ が求められる）。

つまり、アンペールの法則は磁場自体を求める法則にはなっていないのである。よってアンペールの法則を使って磁場を求めることができるのは、なんらかの形で線積分である「単位磁極に対して磁場がする仕事」から磁場を逆算できる場合、すなわち磁場が（考えているループの上で）一定の強さを持っているような（幸運な）場合に限られる。そのような状況になるのは、今考えている系になんらかの対称性がある時が多い（たとえば直線電流であれば、直線を軸とした回転に対して対象である）。

対称性がない場合はどうするか、ということは次の章で考えることにして、ここでは対称性がある場合についてアンペールの法則を使う方法を考えよう。従って、以下の問題を考えるときには「この系にはどんな対称性があるか？—あるとしたら、アンペールの法則は使えるのか？」という点に注意していかなくてはいけない。

7.4.1 ソレノイド内部の磁場

アンペールの法則を使って磁場を求めることができる例として、ソレノイドコイル内部の磁場を考えよう。「ソレノイドコイル」とは、導線をびっちりと詰めて巻いたコイルを意味する。

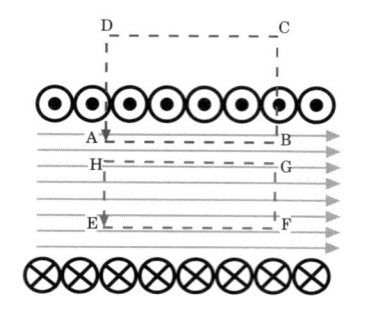

実際のコイルでは磁場は多少は外に漏れることもあるのだが、ここでは理想的状況を考えて、コイルが無限に長いと近似できるとして考える。すると、コイルの中にのみ磁場が存在し、その向きはコイルの軸方向を向く（これはコイルの軸方向の並進対称性からわかる）。そのような状況で、左図のようにループを考えよう。

ループ EFGH は、内部に電流が通っていな

い。よってこのループに沿って磁極を一周させると、磁場のする仕事は 0 でなくてはならない。F → G と H → E では明らかに磁場は仕事をしない（進行方向と垂直）。よって、E → F での仕事と G → H での仕事がちょうど逆符号とならなくてはいけない。ということは直線 EF 上と直線 GH 上では、磁場の強さが全く同じでなくてはいけない。これはコイルの内側のどこでも成り立つから、コイル内部では磁場の強さは一様となる[†10]。

　ループ ABCD では、C → D での仕事も 0 である。磁場が仕事をするのは A → B のみである。直線 AB の長さを L とし、磁場の強さを H とすれば、磁場が一周する仕事単位磁極に対しては HL となる。ループ ABCD の中には電流が貫いている。今コイルが単位長さあたり n 回巻きになっているとすると、電流 I が nL 回貫くことになり、全電流は nLI となる。アンペールの法則により、

$$HL = nLI \quad \text{ゆえに } H = nI \tag{7.9}$$

とソレノイドコイル中の磁場の強さを求めることができた。

　この事情は、断面が円形でなく四角形であろうと、どのような断面のソレノイドでも同じである。

　磁場の強さが「巻き数」そのものに比例するのではなく「単位長さあたりの巻き数」に比例するのは、電流が遠ざかればそれだけ電流の作る磁場の強さも弱くなるからである。よってコイル内の磁場の強さは「その近辺にどれだけの電流を詰め込むことができるか」によって変わることになるわけである。

- 練習問題 -

【問い 7-2】 $H = nI$ という式は、コイルの端では成立しない。磁力線の「混雑を嫌う」という性質によって、磁力線の密度（単位面積あたりの本数）が下がってしまうからである。よって図の AB で磁場がする仕事は nLI より小さくなる。
では、図のループ ABCD の場合はアンペールの法則は成立しなくなってしまうのか？——成立するとしたらどのようにか？——計算で確かめなくてもよいので「このようにして成立する」という予想を示せ。

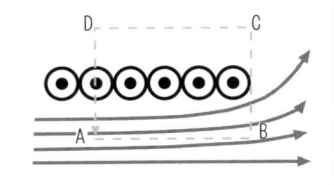

ヒント → p310 へ　解答 → p319 へ

[†10] この結果は微分形のアンペールの法則で考えることもできる。電流がない場所では rot $\vec{H} = 0$ である。磁場が同じ方向を向いていて rot が 0 なら、同じ強さでないとおかしい。「電場車」を考えた時のように「磁場車」を考えてみれば、磁場の強さが等しいことは、磁場車が回り出さないという条件になる。

7.4.2 平面板を流れる電流

無限に広い板（厚さ $2d$ として、z 軸に垂直に配置して、$z = d$ の面と $z = -d$ の面が表面になるようにしよう）を考えて、これに電流密度 j の一様な電流を x 方向に流す。この板の近所ではどのような磁場ができるだろうか。

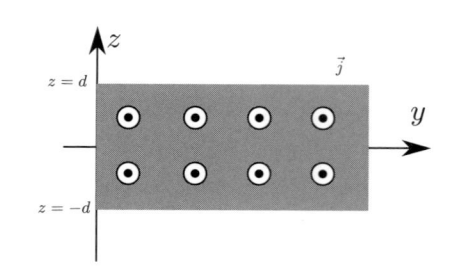

問題を解くためにはこの状況の対称性を手がかりにする。まず、x, y 方向にいくら移動しても物理的状況が変わらない（無限に広い板に一様に電流が流れているので）ということを考えると、できる磁場は z のみに依存する。

次に、電流が x 方向に流れていることを考えると、磁場はそれに垂直な yz 面内にできるはずである。

一方、状況は $z \to -z$ という反転に関して対称である。ゆえに磁場の z 成分が $z > 0$ で上向きなら $z < 0$ では下向きになるだろう（あるいはこの逆）。しかしそれでは $\mathrm{div}\,\vec{H} = 0$ にならない（磁場に湧き出しや吸い込みがあることになる）。

よって磁場は z 成分もない。つまり y 成分しかないであろう。$|z| > d$ の部分（電流の流れていない部分）では $\mathrm{rot}\,\vec{H} = 0$ であるから、その部分では H_y は変化できない。

電流のある部分では、$\mathrm{rot}\,\vec{H} = \vec{j}$ の x 成分を考えると、

$$\underbrace{\frac{\partial}{\partial y} H_z}_{=0} - \frac{\partial}{\partial z} H_y = j \tag{7.10}$$

という式が成立しているので、$H_y = -jz$ というのが解になるだろう。

まとめると、

$$H_y = \begin{cases} -jd & d < z \\ -jz & -d < z \leq d \\ jd & z \leq -d \end{cases} \tag{7.11}$$

ということになる。

磁場のできる状況をグラフに書くと次の右図のようになる。灰色の部分が電流が流れている部分で、この部分では $\mathrm{rot}\,\vec{H}$ が 0 ではない。電流が流れていないところでは磁場は一定になり、もちろん $\mathrm{rot}\,\vec{H} = 0$ である。

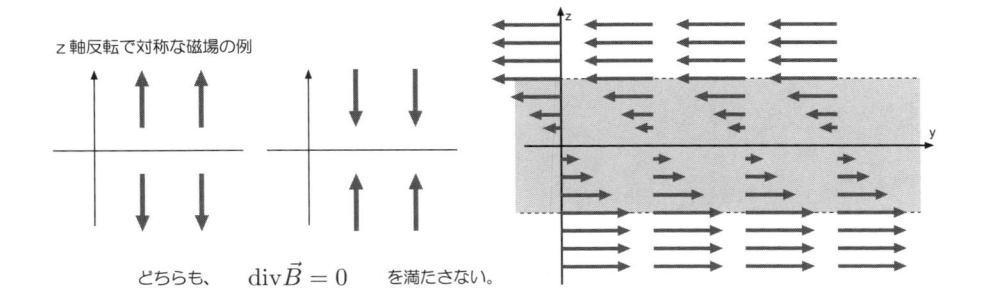

z軸反転で対称な磁場の例

どちらも、 $\operatorname{div}\vec{B}=0$ を満たさない。

7.5 章末演習問題

★【演習問題 7-1】
無限に長い直線電流による磁場 $\vec{H} = \dfrac{I}{2\pi r}\vec{e}_\phi$ を直交座標で表現するとどのようになるか。その式を使って $x=0, y=0$ の線上を除けば $\operatorname{rot}\vec{H}=0$ であることを確認せよ。

ヒント → p4w へ 　解答 → p22w へ

★【演習問題 7-2】
アンペールの法則を使って、図のようなドーナツ型のコイル（電流 I が流れていて、全部で N 回巻いてあるとする）の内側での磁場の強さがどのようになるかを求めよ。ただし、コイルの外には一切磁場は漏れることなく、コイル内の磁力線は全て図の z 軸上に中心を持つ円の形をしているものとする。

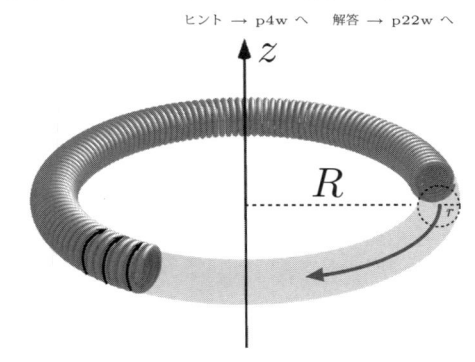

ヒント → p4w へ 　解答 → p22w へ

★【演習問題 7-3】
静磁場のアンペールの法則の微分形 $\operatorname{rot}\vec{H}=\vec{j}$ をある面積 S で積分し、ストークスの定理
→ p303
を適用すると

$$\int_{\partial S} d\vec{x}\cdot\vec{H} = \int_S d\vec{S}\cdot\vec{j} \tag{7.12}$$

になることを示せ（∂S は「S の境界」を示し、$\displaystyle\int_{\partial S} d\vec{x}$ は境界にそっての線積分である）。今作った式の右辺は、境界 ∂S が同じならば、どんな形でも同じ答を出すことになる。なぜそうなるのか、説明せよ（今考えているのは時間的に変化しない状態であることに注意！）。

ヒント → p4w へ 　解答 → p22w へ

第 8 章

静磁場の法則その2
——ビオ・サバールの法則

アンペールの法則はきれいにまとめられているが、実際の状況では使いにくいこともある。この章では、静磁場を求めるためにもう少し使い勝手のよい方法を考えよう。

8.1 ビオ・サバールの法則

8.1.1 微分形の法則から場を求めること

法則 $\mathrm{div}\,\vec{D} = \rho$ にせよアンペールの法則 $\mathrm{rot}\,\vec{H} = \vec{j}$ にしても、未知の量であることが多い $\vec{D}, \vec{H}$ を微分すると $\rho, \vec{j}$ が出てくるという形の式になっている。ゆえに $\vec{D}, \vec{H}$ を求めるには積分が必要である。電場の場合は、以下のように考えることで ρ から $\vec{E}$ を求めることができる（例によって「**細かく区切って考える**」という物理の極意のお世話になる）。
→ p29

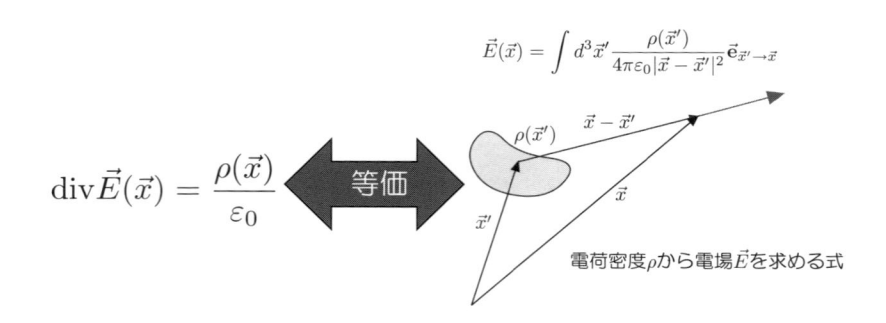

$$\mathrm{div}\vec{E}(\vec{x}) = \frac{\rho(\vec{x})}{\varepsilon_0} \quad\Longleftrightarrow\text{等価}\quad \vec{E}(\vec{x}) = \int d^3\vec{x}' \frac{\rho(\vec{x}')}{4\pi\varepsilon_0|\vec{x}-\vec{x}'|^2}\vec{\mathbf{e}}_{\vec{x}'\to\vec{x}}$$

電荷密度 ρ から電場 $\vec{E}$ を求める式

8.1 ビオ・サバールの法則

電荷密度から電場を計算する式 $\vec{E}(\vec{x}) = \int \mathrm{d}^3\vec{x}' \dfrac{\rho(\vec{x}')}{4\pi\varepsilon_0|\vec{x}-\vec{x}'|^2}\vec{e}_{\vec{x}'\to\vec{x}}$ （導出はp41 を見よ）と $\operatorname{div}\vec{E} = \dfrac{\rho}{\varepsilon_0}$ は、適切な境界条件[†1]の下では等価である[†2]。実際この式の両辺に div をかけると、デルタ関数が出てきて、ちゃんと右辺が $\dfrac{\rho}{\varepsilon_0}$ になる。

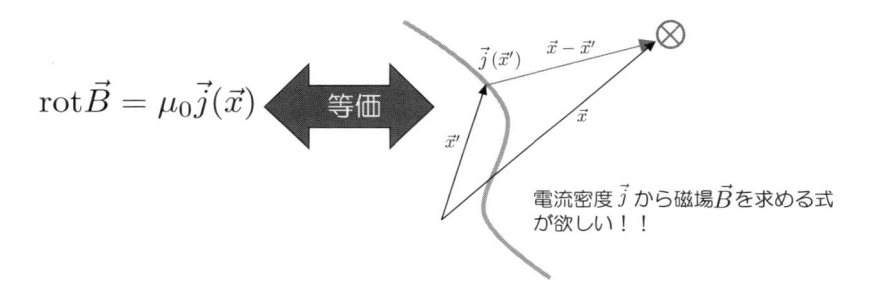

$$\operatorname{rot}\vec{B} = \mu_0 \vec{j}(\vec{x}) \quad \Longleftrightarrow\text{等価}\Longleftrightarrow \quad \text{電流密度}\vec{j}\text{から磁場}\vec{B}\text{を求める式が欲しい！！}$$

電場の場合で $\operatorname{div}\vec{E} = \dfrac{\rho}{\varepsilon_0}$ から $\vec{E}(\vec{x}) = \int \mathrm{d}^3\vec{x}' \dfrac{\rho(\vec{x}')}{4\pi\varepsilon_0|\vec{x}-\vec{x}'|^2}\vec{e}_{\vec{x}'\to\vec{x}}$ を作ったように、磁場で対応する法則を作ろう。つまり、

$$\vec{B}(\vec{x}) = \int \mathrm{d}^3\vec{x}' \left(\vec{j}(\vec{x}') \text{と、} \vec{x}-\vec{x}' \text{の関数}\right) \tag{8.1}$$

という法則を作り、各点における電流密度 $\vec{j}(\vec{x}')$ が与えられればその各点の電流密度が場所 $\vec{x}$ にどんな磁束密度を作るかを考え（当然それは $\vec{x}-\vec{x}'$ に依存する）、全空間の $\vec{j}(\vec{x}')$ の影響を足し上げる（積分する）ことで $\vec{B}(\vec{x})$ がわかるようにしたいわけである。

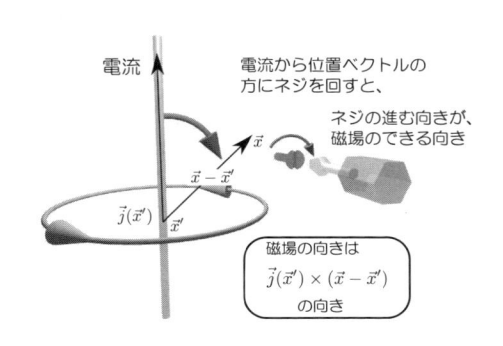

まず最初に「どんな向きの磁場ができるのか」を考えよう。その向きも、$\vec{j}$ と $\vec{x}-\vec{x}'$ で決まる。直線電流の例から

[†1] この式で電場を計算するということは、「無限遠では電場は 0」という境界条件を取っていることになる。

[†2] 「$\dfrac{1}{4\pi|\vec{x}-\vec{x}'|^2}\vec{e}_{\vec{x}'\to\vec{x}}$ をかけて積分する」という操作が div の逆演算のようなものだということ。

わかるように、電流の作る磁場は、電流とも、電流からその位置にひっぱった変位ベクトル（図の $\vec{x} - \vec{x}'$）とも垂直である。よって、$\vec{j} \times (\vec{x} - \vec{x}')$ が出てくることを仮定する[†3]。$\vec{j} \times (\vec{x} - \vec{x}')$ は $\vec{j}$ とも $\vec{x} - \vec{x}'$ とも直交し、$\vec{j}$ から $\vec{x} - \vec{x}'$ の方向に右ネジを回した時に進む方向であるので、磁場のできる方向を向いているようである。

こうして、各点各点にある微小電流素片が作る微小磁場を足していったものがその場所の磁場になる。

ではある程度この形を予想しよう。まず、

$$\vec{B}(\vec{x}) = K \int d^3\vec{x}' \frac{\vec{j}(\vec{x}') \times (\vec{x} - \vec{x}')}{|\vec{x} - \vec{x}'|^n} \tag{8.2}$$

としてみる。

K は比例定数であり、n は距離によってどの程度磁場が弱まっていくかを決定する数字である。

磁場と電場の法則がよく似ていることから考えて「電流の作る磁場も、距離の二乗に反比例するのでは？」と予想すれば、$n = 3$ となる。「二乗に反比例」なのに $n = 2$ でないのは、分子にも $\vec{x} - \vec{x}'$ があるからである。とりあえず $n = 3$ とおいて、

$$\begin{aligned}\vec{B}(\vec{x}) &= K \int d^3\vec{x}' \frac{\vec{j}(\vec{x}') \times (\vec{x} - \vec{x}')}{|\vec{x} - \vec{x}'|^3} \\ &= K \int d^3\vec{x}' \frac{\vec{j}(\vec{x}') \times \vec{e}_{\vec{x}' \to \vec{x}}}{|\vec{x} - \vec{x}'|^2}\end{aligned} \tag{8.3}$$

とする。これは電場の場合の式

$$\vec{E}(\vec{x}) = \int d^3\vec{x}' \frac{\rho(\vec{x}')\vec{e}_{\vec{x}' \to \vec{x}}}{4\pi\varepsilon_0 |\vec{x} - \vec{x}'|^2} \tag{8.4}$$

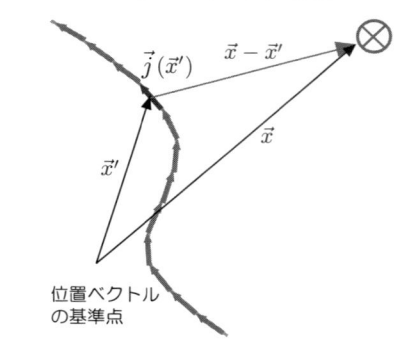

に似ている。違いは磁束密度を作るのが ρ ではなく $\vec{j}$ だということと、磁束密度の向きが $\vec{x} - \vec{x}'$ の方向を向かない（むしろそれに垂直な方向を向く）ということであるが、これは磁場の性質にかなっている。

この式で計算した磁場が無限に長い直線電流の場合の答である $\vec{B} = \frac{\mu_0 I}{2\pi r}\vec{e}_\phi$ を再現するように、定数 K の値を決めてみよう。

[†3] これはあくまで仮定である。無限に長い直線電流と微小な電流密度で、同じ向きの磁場を作る保証はない。よって、この後作る式は実験で検証されなくてはいけない。また、すぐ後で説明するように、そもそも微小な電流密度という考え方は物理的ではない。

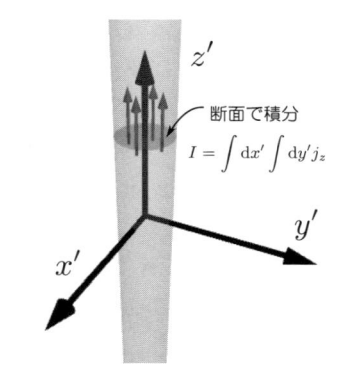

電流を z 軸に沿って置く。電流密度は j_z しかない。よって
$\int d^3\vec{x}'j_z = \int dx' \int dy' \int dz' j_z$ という積分を行うのだが、このうち $\int dx' \int dy' j_z$ をやってしまうと、全体の電流 I になる（電流密度を面積積分したことに対応する）。

電流は z' 軸（$x' = y' = 0$）の付近に局在している（つまりその部分だけが 0 でない）場合を考えているので、積分の結果 $x' = y' = 0$ の部分だけが残ると考えてよい。結局 $\vec{x}' = z'\vec{e}_z$ となる。後は残った dz' 積分をやっていく。

$\vec{x} = r\vec{e}_r + z\vec{e}_z$ として、
$$\vec{x} - \vec{x}' = r\vec{e}_r + (z - z')\vec{e}_z \tag{8.5}$$
である。電流は $I\vec{e}_z$ であるから、これとの外積を取ることで $\vec{e}_z$ の部分は消えてしまって、$\vec{I} \times (\vec{x} - \vec{x}') = I(\vec{e}_z \times r\vec{e}_r) = rI\vec{e}_\phi$ となる（p209 の図を参照。ただし図の $\vec{e}_\rho$ が今の場合の $\vec{e}_r$）。これを使うと、
$$\vec{B}(\vec{x}) = K \int_{-\infty}^{\infty} dz' \frac{Ir}{(r^2 + (z-z')^2)^{\frac{3}{2}}} \vec{e}_\phi \tag{8.6}$$
となる。

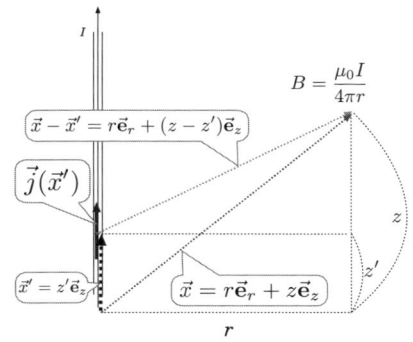

この積分は前に帯電した棒の場合にした計算と同じである。$z' - z = r\tan\theta$ とした後、θ を $-\frac{\pi}{2}$ から $\frac{\pi}{2}$ まで積分すれば計算できる（当然ながら、$dz' = \frac{r}{\cos^2\theta}d\theta$ となる）。結果は

$$\vec{B}(r) = \frac{KI}{r} \int_{-\frac{\pi}{2}}^{\frac{\pi}{2}} \frac{d\theta}{\cos^2\theta} \frac{1}{(1 + \tan^2\theta)^{\frac{3}{2}}} \vec{e}_\phi = \frac{2KI}{r}\vec{e}_\phi \tag{8.7}$$

となる。この答が $\vec{B} = \frac{\mu_0 I}{2\pi r}\vec{e}_\phi$ と一致しなくてはいけないので、比例定数 K は $\frac{\mu_0}{4\pi}$ とすればよい[†4]。

[†4] $\frac{\mu_0}{4\pi}$ の値は、10^{-7}。電流と電流の間に働く力を元に電流の単位を決定したので、このような数字になっている。

以上から、体積積分の形で書いた電流密度と磁場の関係式が求まった。この式はビオ・サバール (Biot-Savart) の法則と呼ばれる。ビオ (Biot) とサバール (Savart) という二人の物理学者が 1820 年に実験的研究で確認した式に基づくものであるが、正確に言うと、この時代にはまだ「磁場」という概念はなく、「電流と磁石の相互作用」という形での式だったし、ここに書いたような形には整理されていない。

ビオ・サバールの法則（体積積分形）

電流密度 $\vec{j}(\vec{x})$ が空間に存在している時、$\vec{x}$ における磁束密度 $\vec{B}(\vec{x})$ は

$$\vec{B}(\vec{x}) = \frac{\mu_0}{4\pi}\int d^3\vec{x}'\frac{\vec{j}(\vec{x}')\times(\vec{x}-\vec{x}')}{|\vec{x}-\vec{x}'|^3} \quad \text{または} \quad = \frac{\mu_0}{4\pi}\int d^3\vec{x}'\frac{\vec{j}(\vec{x}')\times\vec{e}_{\vec{x}'\to\vec{x}}}{|\vec{x}-\vec{x}'|^2} \tag{8.8}$$

である。この法則は、すぐ後で示す線積分で書いた形もよく使われる。

今は無限に長い直線電流の場合でのみ式を合わせたので、実際に他の状況でも成立するかどうかは実験で確認すべきことである。幸いなことに、この式は一般の静磁気的状況で成立することがわかっている[†5]。

【補足】 ✦✦✦✦✦✦✦✦✦✦✦✦✦✦✦✦✦✦✦✦✦✦✦✦✦✦✦✦✦✦✦✦✦✦✦✦✦

電場を求める積分と磁場を求める積分の決定的な違いを一つ述べておこう。それは

「孤立した電荷は存在するが、孤立した電流は存在しない」

ということである。電荷はある一点にだけ存在することが有り得る（いわゆる点電荷）。しかし、電流は「流れ」である以上、一点だけに流れているわけにはいかず、かならず流れがつながらなくてはいけない。

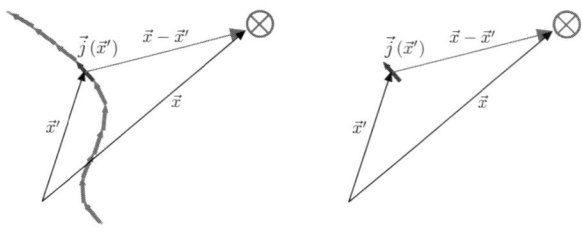

数式で表現するならば、$\text{div}\,\vec{j} = 0$ でなくてはいけないのである。電流の流線（電気力線に対応するもの）は湧き出しも吸い込みもなくつながっていなくてはいけない。ビオ・サバールの法則はあたかも「微小な電流素片が微小な磁場を作る」という法則のように書いているが、これを文字通りに解釈してはいけない。「微小な電流素片」は実在しないからである。

[†5] ビオとサバールが行った最初の実験では、V字型に折れ曲がった導線を流れる電流が使われた。この時磁場の強さは、方位磁石を振動させた時の周期で測定されたという。

正電荷の溜まる場所と負電荷の溜まる場所があって、その間に電荷が流れて入れば「電流素片」もあるのでは、と考える人もいるかもしれない。だがその場合、電流が流れだす場所の正電荷は減少し続けることになり、正電荷の作る電場は時間変動する。数式で書くと、$\text{div}\,\vec{j} = -\dfrac{\partial}{\partial t}\rho$ となる（電流が湧き出すところでは、電荷密度 ρ が減少する）。

実は、時間変動する電場は、磁場にある影響を与えるのである。よって、このような状況で静磁場の法則であるビオ・サバールの法則を使えるかどうかは慎重に検討しなくてはいけない問題になる。これについては後で詳しく説明しよう。
→ p278

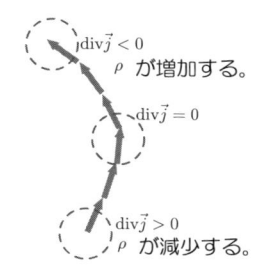

＋＋＋＋＋＋＋＋＋＋＋＋＋＋＋＋＋＋＋＋＋＋＋＋＋＋＋＋＋＋＋＋＋＋【補足終わり】

8.1.2 アンペールの法則との関係

では、今導出したビオ・サバールの法則の式は、$\text{rot}\,\vec{H} = \vec{j}$ と等価であろうか。それを確認するために、ビオ・サバールの法則からアンペールの法則を導いてみよう。ビオ・サバールの法則の両辺の rot を取る。

$$\text{rot}\,\vec{B} = \vec{\nabla} \times \int d^3\vec{x}' \frac{\mu_0 \vec{j}(\vec{x}') \times \vec{e}_{\vec{x}' \to \vec{x}}}{4\pi |\vec{x} - \vec{x}'|^2} \tag{8.9}$$

ベクトル解析の公式 $\vec{A} \times (\vec{B} \times \vec{C}) = \vec{B}(\vec{A}\cdot\vec{C}) - \vec{C}(\vec{A}\cdot\vec{B})$ をちょっと順番を変えて $\vec{A} \times (\vec{B} \times \vec{C}) = \vec{B}(\vec{A}\cdot\vec{C}) - (\vec{B}\cdot\vec{A})\vec{C}$ にしてから使うと、

$$\begin{aligned}
&\underbrace{\vec{\nabla}}_{\vec{A}} \times \left(\underbrace{\vec{j}(\vec{x}')}_{\vec{B}} \times \underbrace{\left(\frac{\vec{e}_{\vec{x}' \to \vec{x}}}{4\pi |\vec{x} - \vec{x}'|^2}\right)}_{\vec{C}}\right) \\
&= \underbrace{\vec{j}(\vec{x}')}_{\vec{B}} \left(\underbrace{\vec{\nabla}}_{\vec{A}} \cdot \underbrace{\left(\frac{\vec{e}_{\vec{x}' \to \vec{x}}}{4\pi |\vec{x} - \vec{x}'|^2}\right)}_{\vec{C}}\right) - \left(\underbrace{\vec{j}(\vec{x}')}_{\vec{B}} \cdot \underbrace{\vec{\nabla}}_{\vec{A}}\right) \underbrace{\left(\frac{\vec{e}_{\vec{x}' \to \vec{x}}}{4\pi |\vec{x} - \vec{x}'|^2}\right)}_{\vec{C}}
\end{aligned} \tag{8.10}$$

と計算できる。ここで気をつけてやらないと失敗するポイントは、$\vec{\nabla}$ は単なるベクトルではなく微分記号であり、「何を微分するのか」を忘れてはならないという点である。ここで出てきた $\vec{\nabla}$ は $\vec{x}$ による微分である[†6]。それゆえ、$\vec{\nabla}$ は $\vec{j}(\vec{x}')$ は微分しない（$\vec{x}$ の関数じゃないのだから）。微分されるのは $\left(\dfrac{\vec{e}_{\vec{x}' \to \vec{x}}}{|\vec{x} - \vec{x}'|^2}\right)$ の中の $\vec{x}$ である。そのため、$\vec{A}\left(\vec{\nabla}\right)$ と $\vec{C}\left(\dfrac{\vec{e}_{\vec{x}' \to \vec{x}}}{4\pi |\vec{x} - \vec{x}'|^2}\right)$ の順番は変えてはいけない。一

[†6] 正確に書くならば、$\vec{x} = (x, y, z)$ であり、$\vec{\nabla} = \left(\dfrac{\partial}{\partial x}, \dfrac{\partial}{\partial y}, \dfrac{\partial}{\partial z}\right)$。$\vec{x}' = (x', y', z')$ であり、$\vec{\nabla}' = \left(\dfrac{\partial}{\partial x'}, \dfrac{\partial}{\partial y'}, \dfrac{\partial}{\partial z'}\right)$ と書くことにしよう。

方、$\vec{A}(\vec{\nabla})$ と $\vec{B}(\vec{j}(\vec{x}'))$ の順番は（$\vec{B}$ と $\vec{C}$ の順番も）変えてもいいので、上の式では公式とは並び方を変えている。

今の場合 $\vec{B}$ が微分されなかったので（微分しても 0 だったので）計算が以上で済んだが、もし $\vec{B}$ も $\vec{C}$ も両方が微分されるのであれば、

$$\vec{\nabla} \times (\vec{B} \times \vec{C}) = \vec{B}\left(\vec{\nabla}\cdot\vec{C}\right) + \left(\vec{C}\cdot\vec{\nabla}\right)\vec{B} - \left(\vec{B}\cdot\vec{\nabla}\right)\vec{C} - \vec{C}\left(\vec{\nabla}\cdot\vec{B}\right) \quad (8.11)$$

のように、それぞれの微分を両方考える必要がある。

以上に注意しつつこの公式を使うと、

$$\operatorname{rot}\vec{B} = \mu_0 \int \mathrm{d}^3\vec{x}' \left(\vec{j}(\vec{x}')\vec{\nabla}\cdot\left(\frac{\vec{e}_{\vec{x}'\to\vec{x}}}{4\pi|\vec{x}-\vec{x}'|^2}\right) - \vec{j}(\vec{x}')\cdot\vec{\nabla}\left(\frac{\vec{e}_{\vec{x}'\to\vec{x}}}{4\pi|\vec{x}-\vec{x}'|^2}\right) \right) \quad (8.12)$$

である。ここで括弧内の第二項に対応する式が 0 になることを示そう。

$\vec{\nabla}$ が微分している相手は $\dfrac{\vec{e}_{\vec{x}'\to\vec{x}}}{4\pi|\vec{x}-\vec{x}'|^2}$ という、$\vec{x}-\vec{x}'$ という差にのみ依存する関数である。これを x で微分した結果は、$-x'$ で微分した結果と同じになる。ゆえに、$\vec{\nabla} \to -\vec{\nabla}'$ と置き換えると、

$$-\mu_0 \int \mathrm{d}^3\vec{x}' \vec{j}(\vec{x}')\cdot\vec{\nabla}\left(\frac{\vec{e}_{\vec{x}'\to\vec{x}}}{4\pi|\vec{x}-\vec{x}'|^2}\right) = \mu_0 \int \mathrm{d}^3\vec{x}' \vec{j}(\vec{x}')\cdot\vec{\nabla}'\left(\frac{\vec{e}_{\vec{x}'\to\vec{x}}}{4\pi|\vec{x}-\vec{x}'|^2}\right) \quad (8.13)$$

となる（$\vec{\nabla}'$ は $\vec{x}'$ による微分）。こうしておいて部分積分を使うと、

$$\mu_0 \int \mathrm{d}^3\vec{x}' \vec{j}(\vec{x}')\cdot\vec{\nabla}'\left(\frac{\vec{e}_{\vec{x}'\to\vec{x}}}{4\pi|\vec{x}-\vec{x}'|^2}\right) = -\mu_0 \int \mathrm{d}^3\vec{x}' \left(\vec{\nabla}'\cdot\vec{j}(\vec{x}')\right)\frac{\vec{e}_{\vec{x}'\to\vec{x}}}{4\pi|\vec{x}-\vec{x}'|^2} \quad (8.14)$$

と書き直すことができる（表面項は、積分範囲の端では $\vec{j}$ が 0 になっていると仮定して落とした）。

ところが、$\vec{\nabla}'\cdot\vec{j}(\vec{x}') = \operatorname{div}\vec{j}(\vec{x}') = 0$ である。なぜなら今考えているのは定常状態であり、ある領域に流れ込んで来た電荷は同じだけ流れださなくてはいけない。そうでないとその領域内の電気量が変化してしまうのである（それでは定常状態にならない！）。定常状態では電流密度は湧き出しも吸い込みもなく、div が 0 になる。よって、(8.12) の括弧内第二項は 0 となる[†7]。

[†7] このように、ビオ・サバールの法則を導出する時に電流の保存則 $\operatorname{div}\vec{j} = 0$ が必要であったことは記憶しておこう。定常状態でない時はこの保存則は $\operatorname{div}\vec{j} + \dfrac{\partial\rho}{\partial t} = 0$ と書き換えられるので、その場合の式も変わってくることに注意。

8.1 ビオ・サバールの法則

括弧内第一項には $\vec{\nabla} \cdot \left(\dfrac{1}{4\pi|\vec{x}-\vec{x}'|^2} \vec{e}_{\vec{x}'\to\vec{x}} \right)$ が登場する。これはデルタ関数と呼ばれる関数の一例であることはすでに示した。ゆえに、

$$\text{rot}\,\vec{B}(\vec{x}) = \mu_0 \int \mathrm{d}^3\vec{x}'\, \vec{j}(\vec{x}')\delta^3(\vec{x}-\vec{x}') = \mu_0 \vec{j}(\vec{x}) \tag{8.15}$$

となる。真空中なので $\vec{B} = \mu_0 \vec{H}$ であることを思えば、これはアンペールの法則 $\text{rot}\,\vec{H} = \vec{j}$ にほかならない。

以上から、ビオ・サバールの法則は $\text{rot}\,\vec{H} = \vec{j}$ の逆の計算に対応している。アンペールの法則の微分形からビオサバールの法則を出す方法は、次の問題を見よ。

------------------------------ 練習問題 ------------------------------

【問い 8-1】 $\text{rot}\,\vec{H}(\vec{x}') = \vec{j}(\vec{x}')$ の両辺と $\dfrac{\vec{x}-\vec{x}'}{4\pi|\vec{x}-\vec{x}'|^3}$ の外積を取り、$\vec{x}'$ に関して積分することで、ビオ・サバールの法則を導け[†8]。

ヒント → p310 へ   解答 → p319 へ

以上から、

$$\begin{aligned}
\text{div}\,\vec{E} = \frac{\rho}{\varepsilon_0} &\quad\leftrightarrow\quad \vec{E}(\vec{x}) = \frac{1}{4\pi\varepsilon_0}\int \mathrm{d}^3\vec{x}'\,\frac{\rho(\vec{x}')(\vec{x}-\vec{x}')}{|\vec{x}-\vec{x}'|^3} \\
\text{rot}\,\vec{B} = \mu_0 \vec{j} &\quad\leftrightarrow\quad \vec{B}(\vec{x}) = \frac{\mu_0}{4\pi}\int \mathrm{d}^3\vec{x}'\,\frac{\vec{j}(\vec{x}')\times(\vec{x}-\vec{x}')}{|\vec{x}-\vec{x}'|^3}
\end{aligned} \tag{8.16}$$

という関係が得られた。これはつまり、

$$\begin{aligned}
&\text{div の逆}: \frac{\vec{x}-\vec{x}'}{4\pi|\vec{x}-\vec{x}'|^3} \text{をかけて積分する。} \\
&\text{rot の逆}: \frac{\vec{x}-\vec{x}'}{4\pi|\vec{x}-\vec{x}'|^3} \text{と外積を取って積分する。}
\end{aligned} \tag{8.17}$$

という関係になっていることになる[†9]。ただし、この関係はどんな時でも成立するわけではない。どちらも、遠方で電場や磁場が 0 になるという境界条件を満たしていなければいけない。また、rot の逆が取れる[†10]のは、div が 0 になっているベクトル場だけである(計算の中で $\text{div}\,\vec{j}=0$ を何度か使っていることに注意)。

[†8] ここで $\vec{H}$ と $\vec{j}$ を $\vec{x}$ ではなく $\vec{x}'$ の関数としているが、これは単に記号を変えているだけである。こうしたのは (8.8) の形に合わせるためである。
[†9] このように微分演算子に対してその「逆演算」に対応する積分を考えるのは、「Green 関数の方法」と呼ばれていて、電磁気に限らず物理でよく使われる。
[†10] 逆演算を作ることを「逆を取る」と表現する。

8.1.3 線積分で書いたビオ・サバールの法則

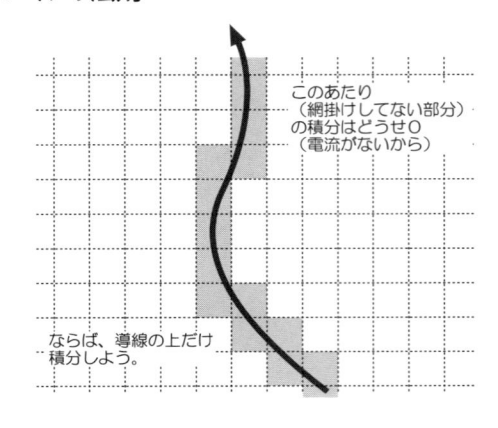

さて、電流密度が与えられている時の式は以上の通りだが、実際には電流密度ではなく電流 I と、その電流がどの場所を通っているかという線（導線の位置）が与えられている場合が多い。太さの無視できる細い導線に電流 I が流れているとする（この I は定数である。分岐する電流は考えないので、導線上では電流は一定）。その時は電流密度は導線のある場所でのみ 0 ではないので、空間積分は導線のある場所のみの線積分でよいことになる。

電流が x 方向を向いている時であれば、

$$\int \mathrm{d}x \int \mathrm{d}y \int \mathrm{d}z \; j_x \vec{\mathrm{e}}_x \times (\cdots) \tag{8.18}$$

という計算をしなくてはいけないわけだが、$\int \mathrm{d}y \int \mathrm{d}z j_x$ でちょうど「電流密度×電流に垂直な面積」になっているから、この積分で電流 I が出る。

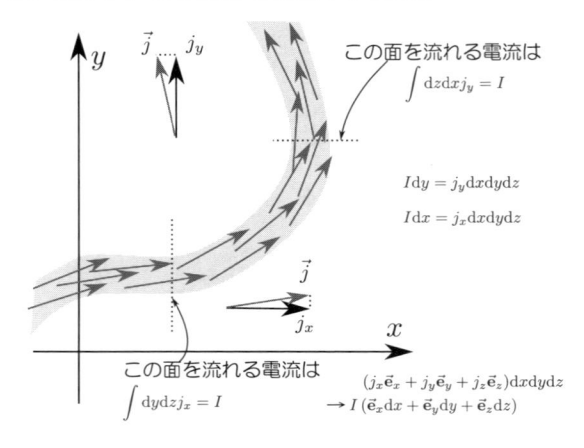

つまり電流が x 方向を向いているなら、積分は

$$\int \mathrm{d}x \; I\vec{\mathrm{e}}_x \times (\cdots) \tag{8.19}$$

に変わるわけである[†11]。今は電流が x 方向を向いていたので $\mathrm{d}x$ 積分だけが残る結果となったが、電流が一般の方向を向いているならば答は三つの成分を持つことになる。

[†11] 3次元の積分 $\int\int\int \mathrm{d}x\mathrm{d}y\mathrm{d}z$ のうち、2次元分の積分が終了し、$\int \mathrm{d}x$ が残っている。

8.1 ビオ・サバールの法則

そのことを説明するのが前ページの図である。電流密度は灰色に塗った部分だけで nonzero の値を持つとしよう。計算すべき量は $\vec{j}d^3\vec{x}$ すなわち

$$(j_x\vec{e}_x + j_y\vec{e}_y + j_z\vec{e}_z)dxdydz$$

である。j_x に比例する部分は $dydz$ で積分することで電流を出す。つまり、$\int dx \int dy \int dz j_x$ を $\int dx I$ に置き換えることができる。

同様に j_y に比例する項は $\int dy I$ と、j_z に比例する項は $\int dz I$ となるので、面積分をやった結果は三つの項の和、

$$\int (Idx\vec{e}_x + Idy\vec{e}_y + Idz\vec{e}_z) \times (\cdots) \tag{8.20}$$

ということになるのである。(dx, dy, dz) という成分を持つベクトルを $d\vec{x} = dx\vec{e}_x + dy\vec{e}_y + dz\vec{e}_z$ と書く[†12]。電流をどの面で切ってもその面を流れていく電流は I であるから、結果はすべて I という係数を持つ。しかもこの I は定数なので、積分の外に出せることになる。こうしてこの積分は $I \int d\vec{x} \times (\cdots)$ となる。

結果をまとめると、

$$\int dx \int dy \int dz\, \vec{j} \times (\cdots) \to I \int d\vec{x} \times (\cdots) \tag{8.21}$$

と積分が書き換わる。この積分の置き換え ($\int\int\int d^3\vec{x}\vec{j} \to I \int d\vec{x}$) は今後もよく使われる[†13]。

【FAQ】・・・ の部分は $\vec{x}$ の関数なのに、置き換えて大丈夫ですか？

体積積分が線積分に置き換えるということは積分する場所が大きく減ってしまうことを意味するので、不安に感じてしまうかもしれない。しかし、$\vec{j}$ が 0 でないのは、電流が流れている特定の場所だけなので、体積積分するといっても電流が流れてないところは積分してない。つまりどっちの積分も、$\vec{j}$ が 0 でないところだけを積分していることになるのである。よってその点を心配することはない。

[†12] $d^3\vec{x} = dxdydz$ と $d\vec{x}$ は違うことに注意！— $d^3\vec{x}$ は微小な体積（3 次元的な広がり）でありスカラーである。一方、$d\vec{x}$ は微小な線（1 次元的な広がり）を表すベクトルである。

[†13] $\int\int\int d^3\vec{x}\vec{j}$ と書いている時の $d\vec{x}$ は体積要素であって、ベクトルではないことに注意。$\int\int\int d^3\vec{x}\vec{j} \to I\int d\vec{x}$ の左辺は $\vec{j}$ の向きを向いたベクトルで、右辺は $d\vec{x}$ の方向を向いたベクトルである。

こうして書き換えた結果、

ビオ・サバールの法則（線積分形）

電流 I が空間を流れている時、$\vec{x}$ における磁束密度 $\vec{B}(\vec{x})$ は

$$\vec{B}(\vec{x}) = \frac{\mu_0 I}{4\pi} \int \frac{\mathrm{d}\vec{x}' \times (\vec{x} - \vec{x}')}{|\vec{x} - \vec{x}'|^3} \tag{8.22}$$

である。積分は、存在している電流の経路全体について行う（I が定数なので積分の外に出てしまったことに注意）。

という形でビオ・サバールの法則を書き記せる。

線積分形を使う時の注意

この式は、「太さ0の導線」という、本当のことを言えばありえないものを、計算の都合上導入している。そのため、導線からの距離0の点では、磁束密度が発散してしまうという弱点を持つ。距離0の点を考慮することがないのであれば問題ないが、後で出てくる自己インダクタンスの計算などは、この式を使うとおかしな結果が出てしまう。しかしそのおかしな結果は、計算が楽だからとありえないものを採用してしまったためのツケであって、ちゃんと有限の太さを持つ導線を考えれば、そんなおかしな結果は出ない。

→ p269

8.1.4 ビオ・サバールの法則のもう一つの導出

少しだけ楽な導出方法をもう一つ紹介しておく。ただしこの導出法には「電流と磁場の間に働く力は互いに逆向きで大きさが同じである」という仮定が必要になる[†14]。

今、場所 $\vec{x}$ に磁極 m を置く。この磁極は場所 $\vec{x}'$ には

$$\vec{B} = m \frac{\vec{x}' - \vec{x}}{4\pi|\vec{x}' - \vec{x}|^3} = \frac{m}{4\pi|\vec{x}' - \vec{x}|^2} \vec{e}_{\vec{x} \to \vec{x}'} \tag{8.23}$$

[†14] 前にも述べたが、これは作用反作用の法則の一部である。単に逆向きではなく「逆向きで一直線上」とすればこれは作用反作用の法則そのものとなる。この仮定はもっともではあるが、実は電流と磁場の間に働く力の式を作る時に必須のものではない。一見作用反作用の法則を満たさないような式の作り方もある。なぜそんなふうに法則の作り方に任意性があるのかというと、p198 の補足のところにあるように「孤立した電流は存在しない」のに、孤立した電流に対する法則を作ろうとしているからである。
→ p176

という磁束密度ができる（磁場に関するクーロンの法則）。

この場所に I という大きさで、$\mathrm{d}\vec{x}$ なる長さと方向を持つ電流素片があったとすると、この素片の受ける力は、$\vec{F} = I\mathrm{d}\vec{x} \times \vec{B}$ で計算して、
$$\vec{F} = mI\frac{\mathrm{d}\vec{x} \times (\vec{x}' - \vec{x})}{4\pi|\vec{x}' - \vec{x}|^3} \quad (8.24)$$

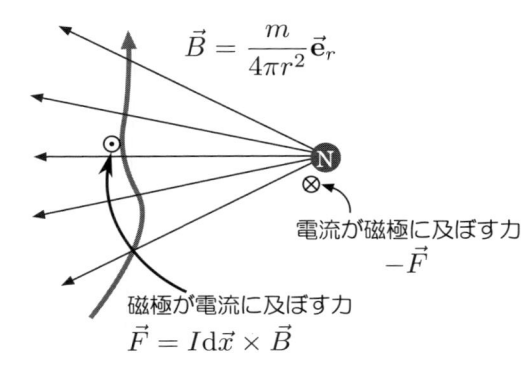

となる。さて、今計算したのは「磁極が電流に及ぼす力」であるが、これと向きが逆で大きさが同じ力が「電流が磁極に及ぼす力」として働くとする。その力は
$$\vec{F} = -mI\frac{\mathrm{d}\vec{x} \times (\vec{x}' - \vec{x})}{4\pi|\vec{x}' - \vec{x}|^3} = mI\frac{\mathrm{d}\vec{x} \times (\vec{x} - \vec{x}')}{4\pi|\vec{x}' - \vec{x}|^3} \quad (8.25)$$

である。これを磁極の大きさ m で割れば「電流によって作られる磁場」$\vec{H}$ が計算できる。結果は上の式と同じである。

8.2 ビオ・サバールの法則の応用

この節では、ビオ・サバールの法則を使って実際に電流のつくる磁場を計算してみよう。

8.2.1 円電流の軸上の磁場

半径 R の円形コイルに電流 I が流れている。この時に周りにできる磁束密度を計算しよう。

図のように、円の中心が原点であるとして、この点を基点として位置ベクトルを考える。まず、比較的計算が簡単な、円の中心軸上を計算してみよう。

$\vec{x}'$ は原点から導線の上のどこか1点へと向かうベクトルである。$\mathrm{d}\vec{x}'$ と

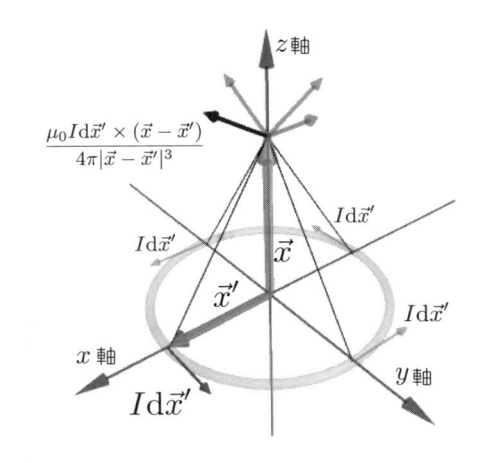

いうベクトルは $\vec{x}'$ の変化量を表すベクトルであり、$\vec{x}'$ が円の上を一周するうちに、やはり360度回転する。ここでは磁場を求める場所を z 軸上にしたので、$\vec{x} = z\vec{e}_z$ と書くことができる。$\vec{x} - \vec{x}'$ は図のようなベクトルになる。微小磁場の式の分子にある外積 $Id\vec{x}' \times (\vec{x} - \vec{x}')$ は図のように斜め上を向く。これは p195 の図と同様、$Id\vec{x}'$ から $\vec{x} - \vec{x}'$ へとネジを回した時に、ネジが進む向きである。

円上を $\vec{x}'$ を積分するうちに、この微小磁場もくるりと一回転することになる。もし $z = 0$ なら、磁束密度は常に上（$+z$ 方向）を向く。$z \neq 0$ ではそうはいかないが、磁束密度の z 方向成分は常に同じ大きさである。またそれ以外の成分は一周積分するうちに対称性から 0 になると考えられる。

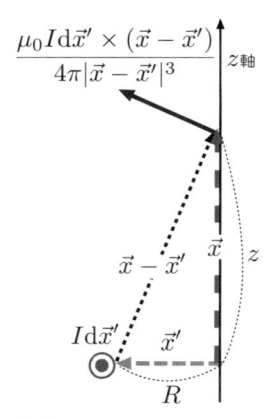

立体的に把握するのは難しいので、断面図で書いたものが左の図である。この図では電流は紙面裏から表へ向かい、$\vec{x} - \vec{x}'$ と磁場が紙面に収めることができる方向になっている。

ここで、積分は半径 R の円を一周するように（図の角度 ϕ を 0 から 2π まで）行われる。この間、$d\vec{x}'$ は、大きさ $Rd\phi$ で、円周方向を向いたベクトルとなる。

この場合、$d\vec{x}'$ と $\vec{x} - \vec{x}'$ は直交しているので、外積 $d\vec{x}' \times (\vec{x} - \vec{x}')$ の大きさは $d\vec{x}'$ の大きさ $Rd\phi$ と $\vec{x} - \vec{x}'$ の大きさ $\sqrt{R^2 + z^2}$ の単なる掛け算になる。微小磁束密度は

$$\frac{\mu_0 I R d\phi}{4\pi (R^2 + z^2)} \tag{8.26}$$

である。三角形の相似を使ってこの磁束密度の z 軸方向の成分を考えると、

$$\frac{R}{\sqrt{R^2 + z^2}} \frac{\mu_0 I R d\phi}{4\pi (R^2 + z^2)} \tag{8.27}$$

となる。後は積分して、

$$\int_0^{2\pi} d\phi \frac{\mu_0 I R^2}{4\pi (z^2 + R^2)^{\frac{3}{2}}} = \frac{\mu_0 I R^2}{2 (z^2 + R^2)^{\frac{3}{2}}} \tag{8.28}$$

が求めたい磁場である。

今出てきた答えは遠方では z^3 に反比例して弱くなる[15]。基本法則であるビオ・サバールの法則では自乗に逆比例して弱くなるのに、円電流の場合で計算すると三

---

[15] 遠方では $z^2 + R^2$ はほぼ z^2 と考えてよいから $\frac{3}{2}$ 乗すると z^3。

乗に逆比例するのは、今考えている電流がループを描いていて、結果として「左向き電流の作る磁場と右向き電流の作る磁場が打ち消し合う」という形で磁場が弱まるからである。図を見るとわかるように、逆行電流のつくる磁場は $z=0$ 付近ではほぼ同じ方向を向いて強め合うが、遠方では逆方向を向いて弱め合う。このために三乗に逆比例するという答になるのである。

また、$z=0$ においては

$$\vec{B}(\vec{0}) = \frac{\mu_0 I}{2R} \tag{8.29}$$

という答になる。距離 R のところに直線電流が流れている場合より π 倍強くなっているが、これは直線電流の場合より近い位置に電流がいることが効いている。

以上を図形的でなく代数的に計算してしまうこともできる。ここで登場したベクトルを、円筒座標の基底を使って書き直すならば、$\mathrm{d}\vec{x}' = R\mathrm{d}\phi\vec{e}_\phi$ であり、かつ $\vec{x}-\vec{x}' = z\vec{e}_z - R\vec{e}_\rho$ である。ただし、ここで書いた $\vec{e}_\rho, \vec{e}_\phi$ の向く方向は、場所 $\vec{x}$ において向く方向である[†16]。

ゆえに、

$$I\mathrm{d}\vec{x}' \times (\vec{x}-\vec{x}') = IR\mathrm{d}\phi\vec{e}_\phi \times (z\vec{e}_z - R\vec{e}_\rho) = IR(z\vec{e}_\rho + R\vec{e}_z)\mathrm{d}\phi \tag{8.30}$$

となる[†17]。ここで、$\vec{e}_\rho, \vec{e}_\phi, \vec{e}_z$ の外積は

$$\vec{e}_\rho \times \vec{e}_\phi = \vec{e}_z, \quad \vec{e}_\phi \times \vec{e}_z = \vec{e}_\rho, \quad \vec{e}_z \times \vec{e}_\rho = \vec{e}_\phi \tag{8.31}$$

になるということを使った。

これから求めるべき磁束密度は

$$\vec{B}(z\vec{e}_z) = \frac{\mu_0}{4\pi}\int_0^{2\pi} \mathrm{d}\phi \frac{IR(z\vec{e}_\rho + R\vec{e}_z)}{(z^2+R^2)^{\frac{3}{2}}} \tag{8.32}$$

となる。ϕ を変化させても（積分路として導線上をくるりと回っても）変化しない量を外に出すと、

$$\vec{B}(z\vec{e}_z) = \frac{\mu_0}{4\pi}\frac{IRz}{(z^2+R^2)^{\frac{3}{2}}}\int_0^{2\pi}\mathrm{d}\phi\vec{e}_\rho + \frac{\mu_0}{4\pi}\frac{IR^2\vec{e}_z}{(z^2+R^2)^{\frac{3}{2}}}\int_0^{2\pi}\mathrm{d}\phi \tag{8.33}$$

[†16] 忘れやすいので念のため。円筒座標や極座標では、基底ベクトル $\vec{e}$ は場所によって違う方向を向く。よってベクトル計算をする時「その $\vec{e}$ はどの場所のものか」を確認しなくてはいけない。直交座標なら不要。

[†17] 「同じベクトルの外積は 0」と思って $\mathrm{d}\vec{x}' \times \vec{x}' = 0$ とやってしまわないよう、注意。前ページの図を見てもわかる通り、$\mathrm{d}\vec{x}'$ は $\vec{x}'$ とは違う方向を向く。字面にだまされないように。

となる。$\vec{e}_z$ は変化しないが、$\vec{e}_\rho$ は変化することに注意。$\int_0^{2\pi} d\phi \vec{e}_\rho = 0$ となるので、結局最終結果は

$$\vec{B}(z\vec{e}_z) = \frac{\mu_0}{2} \frac{IR^2 \vec{e}_z}{(z^2+R^2)^{\frac{3}{2}}} \tag{8.34}$$

となる。

8.2.2 円電流の軸上以外での磁場

次に、z 軸上から離れた場所での磁場を計算してみる。z 軸から x 軸方向に距離 x だけ離れた場所を考えよう。y 方向は考えない[18]。

まず、図からわかるように、

$$\vec{x} = x\vec{e}_x + z\vec{e}_z \tag{8.35}$$

である。また、$\vec{x}'$ は、原点から角度 ϕ の方向に R 進むベクトルであるから、

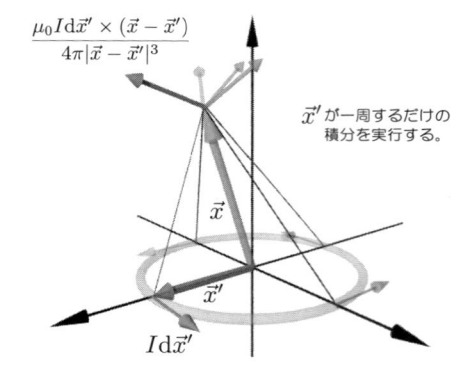

$$\vec{x}' = R\cos\phi \vec{e}_x + R\sin\phi \vec{e}_y = R\vec{e}_\rho \tag{8.36}$$

である。$\vec{e}_\rho$ は円筒座標で z から遠ざかる距離である r が増加する方向を向いた単位ベクトルである。

$d\vec{x}'$ はこれを微分して、

$$d\vec{x}' = Rd\phi(-\sin\phi \vec{e}_x + \cos\phi \vec{e}_y) = Rd\phi \vec{e}_\phi \tag{8.37}$$

となる。$\vec{e}_\phi$ は円筒座標の角度方向を向いた単位ベクトルである。

一方、場所 $\vec{x}'$ にいる微少電流素片から磁場を計算したい場所 $\vec{x}$ へと向かうベクトルは

$$\vec{x} - \vec{x}' = z\vec{e}_z + x\vec{e}_x - R(\cos\phi \vec{e}_x + \sin\phi \vec{e}_y) \tag{8.38}$$

となり、この式の自分自身との内積をとるか、$\vec{x}$ を xy 平面に射影したベクトルと $\vec{x}'$ のなす角が ϕ であることを使うと、

$$|\vec{x} - \vec{x}'| = \sqrt{z^2 + R^2 + x^2 - 2Rx\cos\phi} \tag{8.39}$$

がわかる。

---

[18] 問題は軸対称なので、y 方向に離れた場合を考えたければ、状況全てを回転してやればよい。

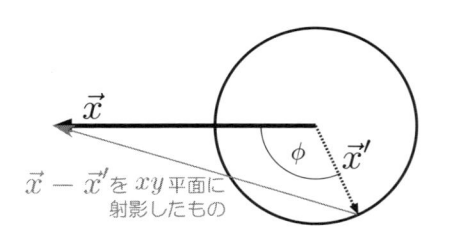

この式は、z 軸真上から見た図（左の図）で余弦定理を使って xy 平面内での距離を考えれば図形で出すこともできる。図には描かれていないが、$\vec{x}$ は紙面に垂直な方向に z 成分を持っていることに注意して計算すればよい。

以上を組み合わせて、ビオ・サバールの法則を使って磁場を計算する式は

$$\vec{B}(\vec{x}) = \frac{\mu_0 I}{4\pi} \int \frac{R\mathrm{d}\phi \vec{e}_\phi \times (z\vec{e}_z + x\vec{e}_x - R\vec{e}_\rho)}{(z^2 + R^2 + x^2 - 2Rx\cos\phi)^{\frac{3}{2}}} \quad (8.40)$$

となる。

ここで被積分関数の分子に現れている外積を計算しておくと、

$$\vec{e}_\phi \times \vec{e}_z = \vec{e}_\rho, \quad \vec{e}_\phi \times \vec{e}_\rho = -\vec{e}_z \quad (8.41)$$

は定義に従い図を書いてみればわかる。$\vec{e}_\phi \times \vec{e}_x$ は、$\vec{e}_\phi = -\sin\phi \vec{e}_x + \cos\phi \vec{e}_y$ であって、$\vec{e}_x \times \vec{e}_x = 0, \vec{e}_y \times \vec{e}_x = -\vec{e}_z$ を使えば、

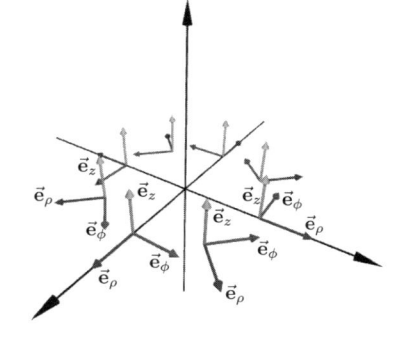

$$\vec{e}_\phi \times \vec{e}_x = -\cos\phi \vec{e}_z \quad (8.42)$$

となる[†19]。これで、

$$\vec{B}(\vec{x}) = \frac{\mu_0 I}{4\pi} \int \frac{R\mathrm{d}\phi (z\vec{e}_\rho - x\cos\phi \vec{e}_z + R\vec{e}_z)}{(z^2 + R^2 + x^2 - 2Rx\cos\phi)^{\frac{3}{2}}} \quad (8.43)$$

を計算すればよいことがわかった。

後は積分をすればいいのだが、実はこの積分はそう簡単ではない。そこで、以下では R が、z, x に比べて小さいという近似を使う。つまり、この円電流の円の半径が今測定しようとしている距離に比べて十分小さい場合を考えるわけである。コイルに近いところは考えないことにする。

R を小さいとして、R の関数である $f(R) = \dfrac{1}{(z^2 + R^2 + x^2 - 2Rx\cos\phi)^{\frac{3}{2}}}$ を $f(R) = f(0) + R\dfrac{\partial f}{\partial R}(0) + \cdots$ と展開する。$\dfrac{\partial f}{\partial R}$ は

[†19] もちろんこの計算を、図から求めることもできる。

$$\frac{\partial}{\partial R}\left(\frac{1}{(z^2+R^2+x^2-2Rx\cos\phi)^{\frac{3}{2}}}\right) = -\frac{3}{2}\frac{2R-2x\cos\phi}{(z^2+R^2+x^2-2Rx\cos\phi)^{\frac{5}{2}}} \tag{8.44}$$

であるから、これに $R=0$ を代入すると $\dfrac{3x\cos\phi}{(z^2+x^2)^{\frac{5}{2}}}$ となり、

$$\frac{1}{(z^2+R^2+x^2-2Rx\cos\phi)^{\frac{3}{2}}} = \underbrace{\frac{1}{(z^2+x^2)^{\frac{3}{2}}}}_{=f(0)} + \underbrace{\frac{3xR\cos\phi}{(z^2+x^2)^{\frac{5}{2}}}}_{R\frac{\partial f}{\partial R}(0)} + \cdots \tag{8.45}$$

と展開できる。

$$\vec{B}(\vec{x}) = \frac{\mu_0 I}{4\pi}\int R\mathrm{d}\phi\,(z\vec{e}_\rho - x\cos\phi\vec{e}_z + R\vec{e}_z)\left(\frac{1}{(z^2+x^2)^{\frac{3}{2}}} + \frac{3xR\cos\phi}{(z^2+x^2)^{\frac{5}{2}}} + \cdots\right) \tag{8.46}$$

となるが、まず R の1次の項を考える。

$$\frac{\mu_0 I}{4\pi}\int R\mathrm{d}\phi\,(z\vec{e}_\rho - x\cos\phi\vec{e}_z)\frac{1}{(z^2+x^2)^{\frac{3}{2}}} \tag{8.47}$$

今、ϕ で積分するのだが、ϕ が変化すると変化する部分は $\vec{e}_\rho$ と $\cos\phi$ しかない。一周（たとえば 0 から 2π）積分するということを考えると $\int \mathrm{d}\phi\,\vec{e}_\rho$ も $\int \mathrm{d}\phi\cos\phi$ も 0 である。よって R の1次の項は積分結果に効かない。

では次に R^2 の項を計算する。

$$\frac{\mu_0 I}{4\pi}\int R\mathrm{d}\phi\,R\vec{e}_z\frac{1}{(z^2+x^2)^{\frac{3}{2}}} + \frac{\mu_0 I}{4\pi}\int R\mathrm{d}\phi\,(z\vec{e}_\rho - x\cos\phi\vec{e}_z)\left(\frac{3xR\cos\phi}{(z^2+x^2)^{\frac{5}{2}}}\right)$$
$$= \frac{\mu_0 I R^2 \vec{e}_z}{4\pi(z^2+x^2)^{\frac{3}{2}}}\int\mathrm{d}\phi + \frac{3\mu_0 I x R^2}{4\pi(z^2+x^2)^{\frac{5}{2}}}\left(z\int\mathrm{d}\phi\cos\phi\vec{e}_\rho - x\vec{e}_z\int\mathrm{d}\phi\cos^2\phi\right) \tag{8.48}$$

となる（2行目では、積分と関係ない量をどんどん積分の外に出した）。各々の積分は、$\int\mathrm{d}\phi = 2\pi$, $\int\mathrm{d}\phi\cos\phi\vec{e}_\rho = \pi\vec{e}_x$, $\int\mathrm{d}\phi\cos^2\phi = \pi$ と実行できる[20]ので、答は

$$\frac{\mu_0 I R^2 \vec{e}_z}{2(z^2+x^2)^{\frac{3}{2}}} + \frac{3\mu_0 I x R^2}{4(z^2+x^2)^{\frac{5}{2}}}(z\vec{e}_x - x\vec{e}_z) = \frac{\mu_0 I R^2}{4(z^2+x^2)^{\frac{5}{2}}}\left(3xz\vec{e}_x + (2z^2 - x^2)\vec{e}_z\right) \tag{8.49}$$

---

[20] 2番目の積分は、まず $\vec{e}_\rho = \cos\phi\vec{e}_x + \sin\phi\vec{e}_y$ と分けておいてそれぞれ積分する。$\int\mathrm{d}\phi\cos\phi\sin\phi = 0$ である。

8.2 ビオ・サバールの法則の応用

と求めることができる。じゅうぶん遠方での円電流による磁束密度の式である。

ここで、z軸方向を向いた電気双極子pのつくる電場が

$$\vec{E} = \frac{p}{4\pi\varepsilon_0} \left(3(x\vec{e}_x + y\vec{e}_y + z\vec{e}_z)\frac{z}{(x^2+y^2+z^2)^{\frac{5}{2}}} - \vec{e}_z\frac{1}{(x^2+y^2+z^2)^{\frac{3}{2}}} \right)$$
$$\to \frac{p}{4\pi\varepsilon_0 (x^2+z^2)^{\frac{5}{2}}} \left(3xz\vec{e}_x + (2z^2 - x^2)\vec{e}_z \right)$$
(8.50)

だったことを思い出そう。2行めでは、上の計算で使った位置座標に合わせて$y=0$とした。円電流の式 (8.49) と電気双極子の式 (8.50) を見比べると、電気双極子モーメントpと$I\pi R^2$という量が対応関係にあることがわかる（比例定数は除いて比較した）。

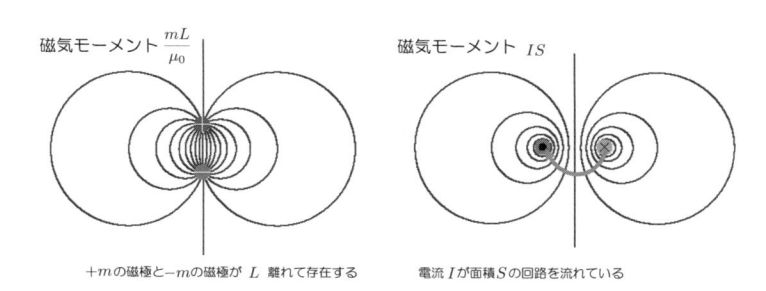

磁気モーメント $\frac{mL}{\mu_0}$　　　　　　　　磁気モーメント IS

$+m$の磁極と$-m$の磁極が L 離れて存在する　　　電流Iが面積Sの回路を流れている

$IS = \frac{mL}{\mu_0}$ ならば、遠方で見る限りこの二つは区別が付かない。

静電気の時に電気双極子モーメントを考えた時のように、磁気に関しても双極子モーメントを考える。磁極というものが存在するとすれば、正磁極mと負磁極$-m$が$\vec{\ell}$離れていれば$\frac{1}{\mu_0}m\vec{\ell}$の磁気双極子モーメントである、と考えればよい。ここで$\frac{1}{\mu_0}$がつく理由は電気双極子モーメントが電場$\vec{E}$をかけた時にどのようなモーメントが発生するかで定義されているのに対し、磁気双極子モーメントは$\vec{B}$($\vec{H}$ではなく) に対して定義されているからである。

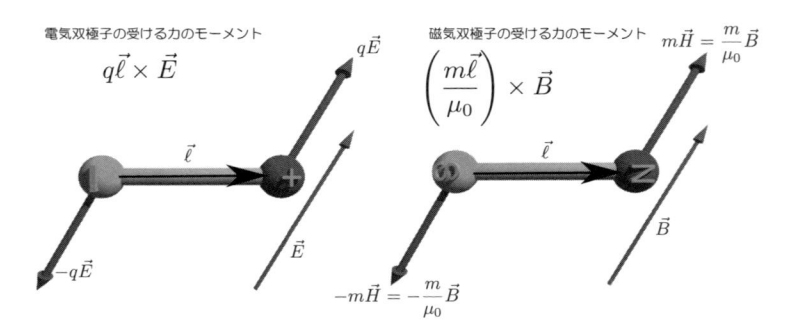

第 8 章 静磁場の法則その 2——ビオ・サバールの法則

電気双極子の受ける力のモーメント $q\vec{\ell} \times \vec{E}$

磁気双極子の受ける力のモーメント $\left(\dfrac{m\vec{\ell}}{\mu_0}\right) \times \vec{B}$ $\quad m\vec{H} = \dfrac{m}{\mu_0}\vec{B}$

$-q\vec{E}$

$-m\vec{H} = -\dfrac{m}{\mu_0}\vec{B}$

実際には磁極は存在せず、磁気双極子モーメントを作るのは電流であるが、その電流の大きさと磁気双極子モーメントとの関係は、

$$\vec{p} = I\vec{S} \tag{8.51}$$

となる。$\vec{S}$ は電流が囲んでいる面積を表すベクトルで、向きは電流に関して右ネジで面の法線方向である。

これを正方形コイルの場合で確認しておこう。右の図のように、正方形コイルに磁場をかけた場合と、磁気双極子に磁場をかけた場合を比較する。どちらも回転する力のモーメントが起こる（電流は磁場と垂直になりたがるし、磁気双極子は磁場と平行になりたがる）。

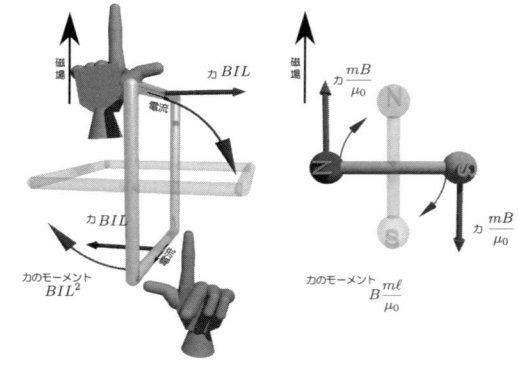

$$IL^2 = \dfrac{m\ell}{\mu_0} \tag{8.52}$$

という関係が成立していれば、二つのモーメントは全く同じになる。遠方から見ると、そこに小さな周回電流があるのか、磁気双極子があるのかわからなくなるのである。

前に「磁極などという物は存在しない。磁場を作るのは電流である」ということを述べた時、少なからず驚いた人もいたかもしれない。しかしこうして円電流の作る磁場と磁石の作る磁場を見比べてみると、式の上でも（遠くからでは）全く区別のつかないものになってしまった。古い時代の物理学者が磁場の源が何であるのかがわからなかったのも仕方ないことかもしれない。

→ p179

微小な円電流が一様に一面に整列しているところを考えると、(ストークスの定理の証明の時のように) 隣りあう電流どうしは消し合うので、外側にだけ電流が流れていると考えてもよいことになる。磁気双極子が面の上に並んでいるような状況は、その面の縁に電流が流れている状態と近似して考えることができるのである。

【補足】✢✢✢✢✢✢✢✢✢✢✢✢✢✢✢✢✢✢✢✢✢✢✢✢✢✢✢✢✢✢✢✢✢✢✢✢✢✢

なお、ソレノイドコイルに作る磁場についてはアンペールの法則でも求めたが、ビオ・サバールの法則を使っても出せる。ただし少々計算は面倒になる。これについては章末演習問題 8-4 を見よ。

✢✢✢✢✢✢✢✢✢✢✢✢✢✢✢✢✢✢✢✢✢✢✢✢✢✢✢✢✢✢✢✢✢✢✢✢ 【補足終わり】

8.3 章末演習問題

★【演習問題 8-1】
右図のように、直線と半円を組み合わせた導線に電流 I が流れている。半円の中心部分での磁束密度を求めよ。

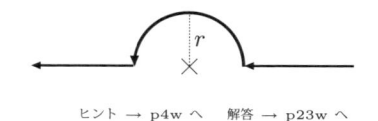

ヒント → p4w へ　解答 → p23w へ

★【演習問題 8-2】
一辺 a の正方形の形をしたコイルに電流 I が流れている。正方形の中心での磁場を求めよ。

ヒント → p5w へ　解答 → p23w へ

★【演習問題 8-3】
$y = \dfrac{1}{4a}x^2$ で表現される放物線の形の導線に電流 I を流した。放物線の焦点 ($x=0, y=a$) にできる磁場の磁束密度を求めよ。

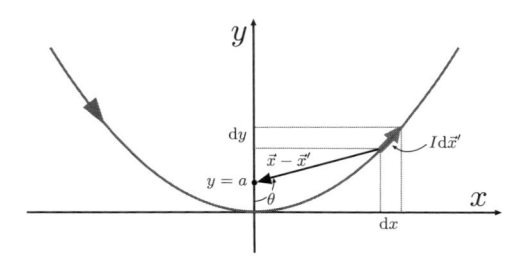

(hint：積分の方法はいろいろあるが、焦点を中心として右図のような極座標を取るのがよい。この時、焦点から角度 θ の方向にある電流までの距離は $r = \dfrac{2a}{1+\cos\theta}$ である。電流素片との外積は、r と $d\theta$ で表現することができる。)

ヒント → p5w へ　解答 → p23w へ

★【演習問題 8-4】
ビオ・サバールの法則を用いて、ソレノイド内部の磁束密度の強さが $\mu_0 nI$（n は単位長さあたりの巻き数）となることを求めよ（つまり、アンペールの法則による結果と一致することを確かめよ）。

計算方法としては、円電流が作る磁場が

$$\vec{B}(\vec{x}) = \frac{\mu_0 I}{4\pi} \int \frac{Rd\phi \, (z\vec{e}_\rho - x\cos\phi \vec{e}_z + R\vec{e}_z)}{(z^2 + R^2 + x^2 - 2Rx\cos\phi)^{\frac{3}{2}}} \tag{8.53}$$

であったから、これを $\ell = \dfrac{1}{n}$ ずつ z 方向にずらしながら足していくと考えてもいい。すなわち、

$$\vec{B}(\vec{x}) = \sum_{m=-\infty}^{\infty} \frac{\mu_0 I}{4\pi} \int \frac{Rd\phi \, ((z-m\ell)\vec{e}_\rho - x\cos\phi \vec{e}_z + R\vec{e}_z)}{((z-m\ell)^2 + R^2 + x^2 - 2Rx\cos\phi)^{\frac{3}{2}}} \tag{8.54}$$

を計算すればよい。

無限和 $\displaystyle\sum_{n=-\infty}^{\infty}$ を計算するのは少々面倒であるから、ℓ が非常に小さいと考えて、

$$\sum_{m=-\infty}^{\infty} \ell \to \int_{-\infty}^{\infty} dz' \tag{8.55}$$

のように、$z' = m\ell$ という変数の積分に置き直す。こうすると、

$$\vec{B}(\vec{x}) = \frac{\mu_0 nI}{4\pi} \int_{-\infty}^{\infty} dz' \int \frac{Rd\phi \, ((z-z')\vec{e}_\rho - x\cos\phi \vec{e}_z + R\vec{e}_z)}{((z-z')^2 + R^2 + x^2 - 2Rx\cos\phi)^{\frac{3}{2}}} \tag{8.56}$$

という計算をすればよいことになる。

（hint:これは $z - z'$ を変数とする積分と考えてもよい。そうすると $z - z'$ に関して奇関数である量は結果に効かないことがすぐわかる。）

ヒント → p5w へ　解答 → p24w へ

第 9 章

静磁場の法則 その3
―― 電流・動く電荷に働く力とポテンシャル

電場の源が電荷であったように磁場の源は電流である。では、電場の場合に使った様々なテクニックは、磁場の場合でも使えるであろうか。

9.1 無限に長い直線電流間の力と、アンペアの定義

無限に長い直線電流が 2 本ある時、引力を生じることは既に述べた。その大きさを計算してみよう。右の図のように電流 I_1, I_2 が距離 r だけ離れて平行に流れている状況を考えよう。

この時、電流 I_1 のいる場所に電流 I_2 が作る磁場の強さは $\dfrac{I_2}{2\pi r}$ であり、磁束密度は $\dfrac{\mu_0 I_2}{2\pi r}$ である。今は電流と磁場は垂直であるから、左の電線のうち長さ ℓ の部分に働く力は、
（電流）×（磁束密度）×（長さ）で計算され、

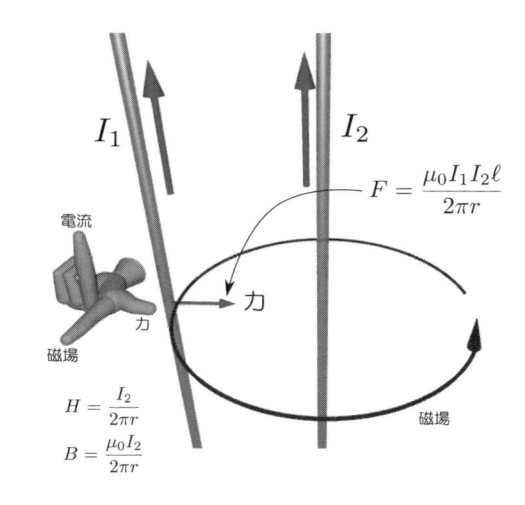

$$F = I_1 \times \frac{\mu_0 I_2}{2\pi r} \times \ell = \frac{\mu_0 I_1 I_2 \ell}{2\pi r} \tag{9.1}$$

となる。

SI 単位系では $\mu_0 = 4\pi \times 10^{-7} \text{N/A}^2$ と決められている。実は

アンペア [A] の定義

$$F = 2 \times 10^{-7} \times \frac{I_1 I_2 \ell}{r} \tag{9.2}$$

のようにアンペア [A] の単位を決めたのである。2 がついている理由は「2 本の電線によって作られた力」であることを意味している。また、10^{-7} がついているのは、決められた当時の標準的な電流の大きさに合わせたためである[†1]。

9.2 電流素片の間に働く力

この節では、電流素片と電流素片の間に働く力を計算し、それが電荷と電荷に働く力と類似点を持つことを確認しよう。

二つの電流があり、一方は電流密度 $\vec{j}_1$ で領域 V_1 を流れているとする。もう片方は電流密度 $\vec{j}_2$ で領域 V_2 を流れているとする。この二つの電流の間に働く力を考えるために、まず $\vec{j}_1$ によって $\vec{x}_2$ に作られる磁場を計算すると

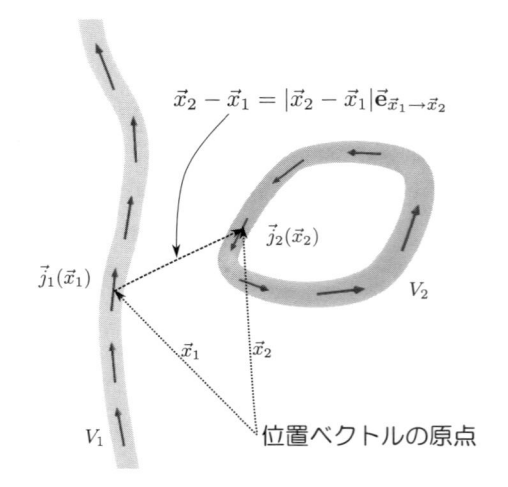

$$\vec{B}_1(\vec{x}_2) = \frac{\mu_0}{4\pi} \int_{V_1} d^3\vec{x}_1 \frac{\vec{j}_1(\vec{x}_1) \times (\vec{x}_2 - \vec{x}_1)}{|\vec{x}_2 - \vec{x}_1|^3} = \frac{\mu_0}{4\pi} \int_{V_1} d^3\vec{x}_1 \frac{\vec{j}_1(\vec{x}_1) \times \vec{e}_{\vec{x}_1 \to \vec{x}_2}}{|\vec{x}_2 - \vec{x}_1|^2} \tag{9.3}$$

であり、この磁場によって場所 $\vec{x}_2$ にある電流密度 $\vec{j}_2(\vec{x}_2)$ に及ぼされる力は、

$$\begin{aligned}\vec{F}_{j_1 \to j_2} &= \int_{V_2} d^3\vec{x}_2 \vec{j}_2(\vec{x}_2) \times \vec{B}_1(\vec{x}_2) \\ &= \frac{\mu_0}{4\pi} \int_{V_1} d^3\vec{x}_1 \int_{V_2} d^3\vec{x}_2 \frac{\vec{j}_2(\vec{x}_2) \times \left(\vec{j}_1(\vec{x}_1) \times \vec{e}_{\vec{x}_1 \to \vec{x}_2}\right)}{|\vec{x}_2 - \vec{x}_1|^2}\end{aligned} \tag{9.4}$$

[†1] どうせならこの係数を 1 にした方がすっきりするような気もするが、昔から使われて、定着してしまっている単位だから仕方がない。こうしないと、1A の電流は現在の数千倍になってしまう。

9.2 電流素片の間に働く力

と書くことができる。

ここでベクトル解析の公式 $\vec{A} \times (\vec{B} \times \vec{C}) = \vec{B}(\vec{A} \cdot \vec{C}) - \vec{C}(\vec{A} \cdot \vec{B})$ から、

$$\underbrace{\vec{j}_2(\vec{x}_2)}_{\vec{A}} \times (\underbrace{\vec{j}_1(\vec{x}_1)}_{\vec{B}} \times \underbrace{\vec{e}_{\vec{x}_1 \to \vec{x}_2}}_{\vec{C}}) = \underbrace{\vec{j}_1(\vec{x}_1)}_{\vec{B}}(\underbrace{\vec{j}_2(\vec{x}_2)}_{\vec{A}} \cdot \underbrace{\vec{e}_{\vec{x}_1 \to \vec{x}_2}}_{\vec{C}}) - \underbrace{\vec{e}_{\vec{x}_1 \to \vec{x}_2}}_{\vec{C}}(\underbrace{\vec{j}_1(\vec{x}_1)}_{\vec{B}} \cdot \underbrace{\vec{j}_2(\vec{x}_2)}_{\vec{A}})$$
(9.5)

となる。

第2項は $\vec{e}_{\vec{x}_1 \to \vec{x}_2}$ に比例している。つまり二つの微小電流をつなぐベクトルと同じ方向を向いており、「電流どうしが押し合う（引き合う）」という力に対応している。第1項は電流 $\vec{j}_1(\vec{x}_1)$ の方向を向いている力で、作用・反作用の法則を満たさない[†2]。

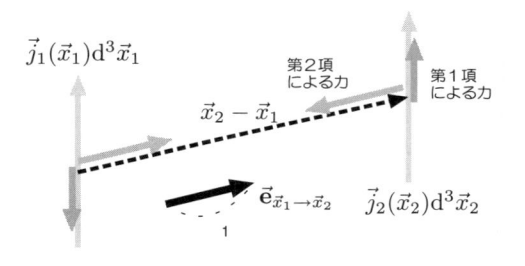

ここで我々は「電流素片・電流素片の間の力」と「電荷・電荷の間の力」を比較しようとしているが、電荷と電荷の間の力はもちろん、大きさ同じで逆向きで、一直線上を向く。比較のためには、同じ形にそろえたい。

そこで、まず作用・反作用の法則に反する部分である第1項について考察しよう。第1項の積分の中身はちゃんと書くと

$$\vec{j}_1(\vec{x}_1) \frac{\vec{j}_2(\vec{x}_2) \cdot \vec{e}_{\vec{x}_1 \to \vec{x}_2}}{|\vec{x}_2 - \vec{x}_1|^2}$$

$$= -\vec{j}_1(\vec{x}_1) \vec{j}_2(\vec{x}_2) \cdot \vec{\nabla}_2 \left(\frac{1}{|\vec{x}_2 - \vec{x}_1|} \right)$$

$\left(\frac{\vec{e}_{\vec{x}_1 \to \vec{x}_2}}{|\vec{x}_2 - \vec{x}_1|^2} = -\vec{\nabla}_2 \left(\frac{1}{|\vec{x}_2 - \vec{x}_1|} \right) \right)$

(9.6)

となる。$\vec{\nabla}_2$ とは、$\vec{x}_2$ に関する微分で作られたナブラ記号である。途中で使った式は、点電荷の電場 $\vec{E} = \frac{Q}{4\pi\varepsilon_0 r^2} \vec{e}_r$ と電位 $V = \frac{Q}{4\pi\varepsilon_0 r}$ の関係 $\vec{E} = -\vec{\nabla}V$ を思い出せば、おなじみの式である。

ここで $\vec{\nabla}_2$ を部分積分でひっくりかえす。$\vec{\nabla}_2$ というベクトル微分演算子を部分積分でひっくりかえすことに不安を感じる人は、各成分ごとに考えてみるとよい。

[†2] 1と2の立場を入れ替えると、$\vec{j}_1(\vec{x}_1) \left(\vec{j}_2(\vec{x}_2) \cdot \vec{e}_{\vec{x}_1 \to \vec{x}_2} \right)$ は $\vec{j}_2(\vec{x}_2) \left(\vec{j}_1(\vec{x}_1) \cdot \vec{e}_{\vec{x}_2 \to \vec{x}_1} \right)$ となる。

たとえば x 成分だけを考えれば、

$$-\frac{\mu_0}{4\pi}\int_{V_1}\mathrm{d}^3\vec{x}_1\int_{V_2}\mathrm{d}^3\vec{x}_2\vec{j}_1(\vec{x}_1)j_{2x}(\vec{x}_2)\frac{\partial}{\partial x_2}\left(\frac{1}{|\vec{x}_2-\vec{x}_1|}\right)$$
$$=\frac{\mu_0}{4\pi}\int_{V_1}\mathrm{d}^3\vec{x}_1\int_{V_2}\mathrm{d}^3\vec{x}_2\vec{j}_1(\vec{x}_1)\frac{\partial j_{2x}(\vec{x}_2)}{\partial x_2}\left(\frac{1}{|\vec{x}_2-\vec{x}_1|}\right) \quad (9.7)$$

となる（j_{2x} は $\vec{j}_2$ の x 成分）。y 成分、z 成分も含めて考えれば、第1項は

$$\frac{\mu_0}{4\pi}\int_{V_1}\mathrm{d}^3\vec{x}_1\int_{V_2}\mathrm{d}^3\vec{x}_2\vec{j}_1(\vec{x}_1)\vec{\nabla}\cdot\vec{j}_2(\vec{x}_2)\left(\frac{1}{|\vec{x}_2-\vec{x}_1|}\right) \quad (9.8)$$

となる。もちろん、$\vec{\nabla}$ の扱いに慣れている人はいっきにこうやってよい。ここで、部分積分の表面項は考えなかった。領域 V_2 が、その端っこにおいて電流密度 $\vec{j}_2$ が0になるか、あるいは無限に遠くて $|\vec{x}_2-\vec{x}_1|\to\infty$ と考えていい場合を考えているからである。
→ p122

電流という流れもまた湧き出しなしの流れであることを思えば[†3]、$\mathrm{div}\,\vec{j}=\vec{\nabla}\cdot\vec{j}=0$ なのでこの項は0である。

つまり、ビオ・サバールの法則の中には「積分したらどうせ消えることになる成分」が含まれていたことになる。前にも書いたように電荷と違って電流は「微小
→ p198
部分を切り出す」ということは（頭の中ではできても実際には）できない。微小部分の式の作り方は一通りではないが、積分した結果、すなわち実際に観測される磁場はどのような微小部分の切り出し方をしたかに関係なく、同じになる。残るのは第2項で、結果は

$$-\frac{\mu_0}{4\pi}\int_{V_1}\mathrm{d}^3\vec{x}_1\int_{V_2}\mathrm{d}^3\vec{x}_2\vec{j}_1(\vec{x}_1)\cdot\vec{j}_2(\vec{x}_2)\frac{\vec{\mathbf{e}}_{\vec{x}_1\to\vec{x}_2}}{|\vec{x}_2-\vec{x}_1|^2} \quad (9.9)$$

となる。

[†3] $\mathrm{div}\,\vec{j}\neq 0$ の時は、その場所の電荷密度が増加したり減少したりする。そうすると静電場・静磁場ではなくなってしまう。

9.2 電流素片の間に働く力

$$\frac{1}{4\pi\varepsilon_0}\int_{V_1}\mathrm{d}^3\vec{x}_1\int_{V_2}\mathrm{d}^3\vec{x}_2\rho_1(\vec{x}_1)\rho_2(\vec{x}_2)\frac{\vec{e}_{\vec{x}_1\to\vec{x}_2}}{|\vec{x}_2-\vec{x}_1|^2}$$

置き換え
$$\frac{1}{\varepsilon_0}\rho_1(\vec{x}_1)\rho_2(\vec{x}_2)\to -\mu_0\vec{j}_1(\vec{x}_1)\cdot\vec{j}_2(\vec{x}_2)$$
を除いて同じ式

$$-\frac{\mu_0}{4\pi}\int_{V_1}\mathrm{d}^3\vec{x}_1\int_{V_2}\mathrm{d}^3\vec{x}_2\vec{j}_1(\vec{x}_1)\cdot\vec{j}_2(\vec{x}_2)\frac{\vec{e}_{\vec{x}_1\to\vec{x}_2}}{|\vec{x}_2-\vec{x}_1|^2}$$

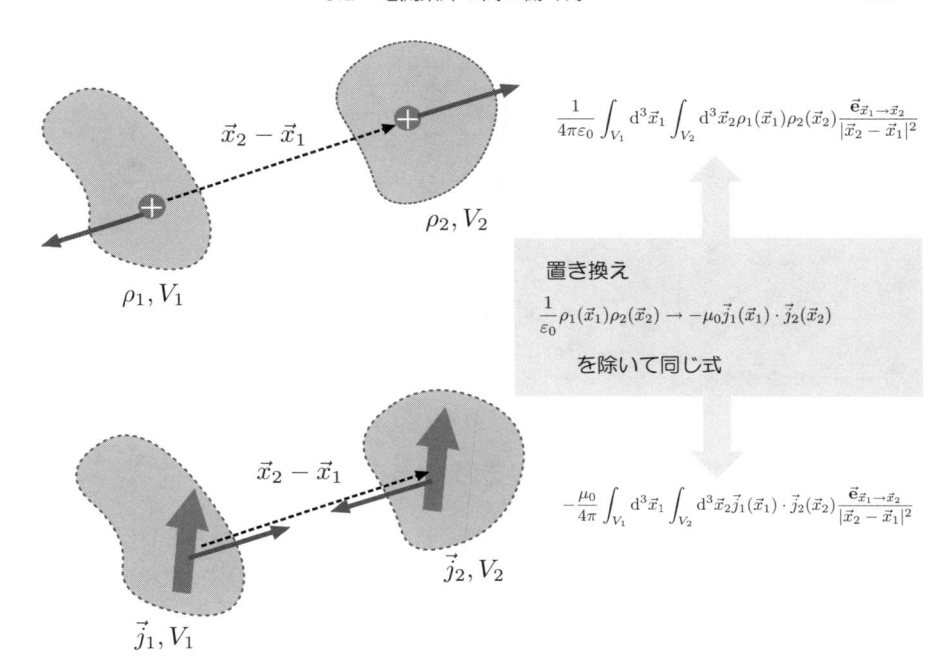

この式は、図で示したように、電荷間の力の式と強い類似性を持っている。

電荷による力と電流による力が逆符号なのは、「同符号の電荷は反発するが、同方向の電流は引き合う」という状況の違いを示している。

例によって電流がある曲線上にしか存在しない場合は、$\int_V \vec{j}\mathrm{d}^3\vec{x} \to \int_L I\mathrm{d}\vec{x}$ のように、体積積分を線積分に置き換えることができる。こうすると電流間に働く力は
$\to$ p203

$$-\frac{\mu_0 I_1 I_2}{4\pi}\int_{L_1}\int_{L_2}\mathrm{d}\vec{x}_1\cdot\mathrm{d}\vec{x}_2\frac{\vec{e}_{\vec{x}_1\to\vec{x}_2}}{|\vec{x}_2-\vec{x}_1|^2} \tag{9.10}$$

となる。

【補足】 ++

ところで電流密度は、電荷密度にその場所の電荷の持つ速度をかけることで得られる。つまり、$\vec{j}=\rho\vec{v}$ と考えられる。それを考えにいれて、電荷の力と電流の力を合わせて書くと、

$$\frac{1}{4\pi\varepsilon_0}\int_{V_1} d^3\vec{x}_1 \int_{V_2} d^3\vec{x}_2 \rho_1(\vec{x}_1)\rho_2(\vec{x}_2)\frac{\vec{e}_{\vec{x}_1\to\vec{x}_2}}{|\vec{x}_2-\vec{x}_1|^2}$$
$$-\frac{\mu_0}{4\pi}\int_{V_1} d^3\vec{x}_1 \int_{V_2} d^3\vec{x}_2 \left(\rho_1(\vec{x}_1)\vec{v}_1(\vec{x}_1)\right)\cdot\left(\rho_2(\vec{x}_2)\vec{v}_2(\vec{x}_2)\right)\frac{\vec{e}_{\vec{x}_1\to\vec{x}_2}}{|\vec{x}_2-\vec{x}_1|^2}$$
$$=\frac{1}{4\pi\varepsilon_0}\int_{V_1} d^3\vec{x}_1 \int_{V_2} d^3\vec{x}_2 \rho_1(\vec{x}_1)\rho_2(\vec{x}_2)\left(1-\varepsilon_0\mu_0\vec{v}_1(\vec{x}_1)\cdot\vec{v}_2(\vec{x}_2)\right)\frac{\vec{e}_{\vec{x}_1\to\vec{x}_2}}{|\vec{x}_2-\vec{x}_1|^2}$$
(9.11)

とまとめられることになる。こうしてみると、$\varepsilon_0\mu_0$ は速度の自乗分の1の次元を持つ量である。実際、後で示すように、$\frac{1}{\sqrt{\varepsilon_0\mu_0}}$ には、ある重要な物理現象の速度という意味がある。
→ p285

✚✚✚✚✚✚✚✚✚✚✚✚✚✚✚✚✚✚✚✚✚✚✚✚✚✚✚✚✚✚✚✚✚✚✚✚【補足終わり】

9.3 導線の受ける力と動く電荷の受ける力

電流素片 $I d\vec{x}$ が磁束密度 $\vec{B}$ の磁場内において、$I d\vec{x}\times\vec{B}$ の力を受ける、ということは既に述べた。ところで電流とは結局は荷電粒子 (たいていの場合電子) の運動である。そこでこの力を荷電粒子一個一個に働く力の和だと考えることにしよう。荷電粒子一個に働く力はどのように表されるであろうか。
→ p181

9.3.1 ローレンツ力

今、ある微小体積 dV の中に電荷密度 ρ で電荷が存在していて、それらが速度 $\vec{v}$ で運動しているとしよう[†4]。微小体積 dV 内には ρdV の電気量が存在しているのだから、今考えている荷電粒子の一個の電荷を q とすれば、$\frac{\rho dV}{q}$ 個の荷電粒子がこの中にいる。電流が流れている方向の微小な長さを示すベクトルを $d\vec{x}$ とし、電流が流れだす部分の微小面積を示すベクトルを $d\vec{S}$ と書く[†5]と、微小体積 dV は $d\vec{S}\cdot d\vec{x}$ となる（角柱を底面積×高さで計算している）。

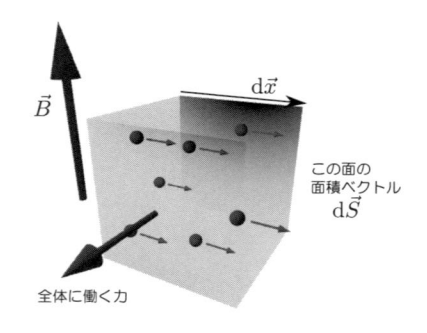

ここで $I d\vec{x}$ の部分は

[†4] 考察を簡単にするために全ての荷電粒子が同じ速度で運動しているとここでは考えるが、実際には一個一個の荷電粒子はさまざまな速度を持ち、その平均が $\vec{v}$ だと考えるべきであろう。
[†5] 面積ベクトルは、その面積に対する法線の方向を向く。

$$I\mathrm{d}\vec{x} = (\vec{j}\cdot\mathrm{d}\vec{S})\mathrm{d}\vec{x} = \vec{j}(\mathrm{d}\vec{S}\cdot\mathrm{d}\vec{x}) = \rho\vec{v}\mathrm{d}V \tag{9.12}$$

と電流密度を通じて荷電粒子の速度を使った式に書き換えることができる。この計算の中で、$\vec{j}$と$\mathrm{d}\vec{x}$が同じ方向を向いているので、$(\vec{j}\cdot\mathrm{d}\vec{S})\mathrm{d}\vec{x} = \vec{j}(\mathrm{d}\vec{S}\cdot\mathrm{d}\vec{x})$となることを使った[†6]。最後では$\vec{j} = \rho\vec{v}$を代入した。

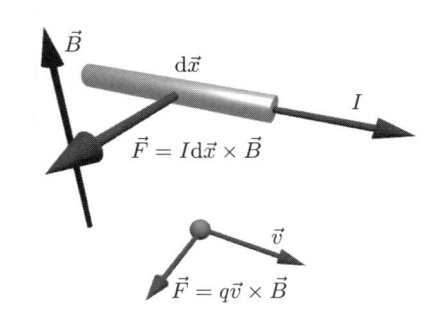

よって力は$\vec{F} = \rho\mathrm{d}V\vec{v}\times\vec{B}$となるので、これを荷電粒子の個数で割れば一個あたりの力が計算できる。すなわち、

$$\frac{\vec{F}}{\frac{\rho\mathrm{d}V}{q}} = q\vec{v}\times\vec{B} \tag{9.13}$$

である。特に、(外積なので) 磁場と運動方向が同じ方向を向くと、力は0になる。

この力$q\vec{v}\times\vec{B}$は磁場中を運動する電荷の受ける力を表す式である。電場中の電荷が受ける力$q\vec{E}$と併せて、

$$\vec{F} = q\left(\vec{E} + \vec{v}\times\vec{B}\right) \tag{9.14}$$

を「**ローレンツ力**」と呼ぶ。これはローレンツの論文の中でこの式が導かれて有名になったためだが、実はそれ以前から知られている力である[†7]。

磁場から与えられる力$q\vec{v}\times\vec{B}$は磁場とも運動方向とも垂直である。これによって、「**磁場は荷電粒子に対して仕事をしない**[†8]」ということが結論できる (運動方向と垂直な力は仕事をしないので)。

9.3.2 ローレンツ力を受けた荷電粒子の運動

荷電粒子が一様な外部磁場によるローレンツ力だけを受けて運動するとき、どんな軌道を描くかを考えよう。働く力は常に磁場に垂直であるから、この粒子の磁場に平行な方向の運動にはまったく磁場の影響は表れない。したがって (重力などのそれ以外の力が働かない限り)、磁場に平行な方向には荷電粒子は等速運動する。

[†6] $\vec{j}$と$\mathrm{d}\vec{S}$の角度をθとすれば、$(\vec{j}\cdot\mathrm{d}\vec{S})\mathrm{d}\vec{x}$の大きさも$\vec{j}(\mathrm{d}\vec{S}\cdot\mathrm{d}\vec{x})$の大きさも、$|\vec{j}||\mathrm{d}\vec{S}||\mathrm{d}\vec{x}|\cos\theta$となる。

[†7] 磁場による力$q\vec{v}\times\vec{B}$の部分だけを「ローレンツ力」と呼ぶこともあるが、本来は磁場と電場による力両方を合わせたものを指す言葉である。

[†8] 当然だが、「仕事をしない」と「力を及ぼさない」は同じことではないことに注意。

では磁場に垂直な方向はどうかというと、常に運動方向に垂直な力を受け続ける。上で述べたように磁場は仕事をしないので、粒子の運動エネルギーは増えることも減ることもないまま、運動方向を変え続ける。このような運動は等速円運動である。半径 r で等速円運動するとして、その運動方程式を書けば、

$$m\frac{v^2}{r} = qvB \qquad (9.15)$$

である。これから、

$$\omega = \frac{v}{r} = \frac{qB}{m} \qquad (9.16)$$

という式を作ることができる。すなわち角速度 ω は (粒子がどんな大きさの円を描くかとは関係なく) 一定値をとる。またこの式は

$$mv = qBr \qquad (9.17)$$

とも書ける。すなわち、円運動の半径を見ればその粒子の運動量を決定できるわけである[†9]。

この時、この円運動の周期を計算すると、

$$T = \frac{2\pi r}{v} = \frac{2\pi m}{qB} \qquad (9.18)$$

となり、半径 r によらず一定となる。これを「**サイクロトロン周期**」と呼び、その逆数を「**サイクロトロン振動数**」と呼ぶ[†10]。さらに、この運動は「**サイクロトロン運動**」と呼ばれる。サイクロトロンとは、磁場中で粒子を回転させつつ加速していく実験装置である。円運動している粒子に、サイクロトロン振動数と同じ周期で振動する電場をかける。たとえば図のように電極を

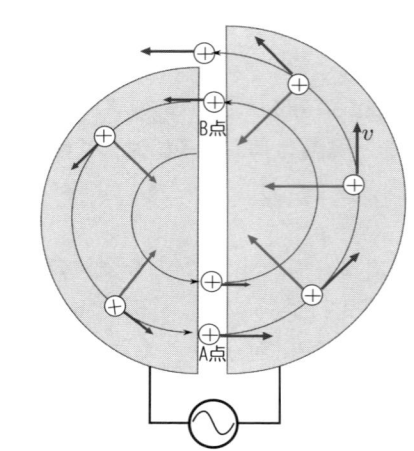

[†9] 素粒子実験では荷電粒子を磁場中に運動させて描いた円から運動量を測る。そして運動量やエネルギーから質量を決定し、知られていないものが出てきたら「新粒子発見！」となるわけである。
[†10] サイクロトロン振動数が一定になるのは、粒子の速度が光速に比べて遅い時、つまり相対論的効果が現れない時だけである。

9.3 導線の受ける力と動く電荷の受ける力

配置して、荷電粒子が A 点に来た時は左の電極の電位が高くなり、B 点に来た時には右の電極の電位が高くなるようにしておくのである。この電場によって荷電粒子はどんどん加速されていくことになる。加速されればされるほど円運動の半径が大きくなっていき、最後には装置から飛び出してくる。

　こうして、磁場中の荷電粒子は円運動もしくは、磁場と垂直な面内を円運動しつつ、磁場の方向に並進していくような螺旋運動をすることになる。螺旋運動の「円」が見えないほど遠くから見ると、荷電粒子は磁場の方向にしか動けないように見える。つまり、磁場を使って荷電粒子の運動を制御することができる。

　これは核融合におけるプラズマの閉じこめなどにも使われている。プラズマの荷電粒子を磁場と平行な方向にしか動けないようにすることで外へ逃げないようにするのである。

　この磁場の面白い性質は、自然現象でも現れる。オーロラが北極と南極でしか見ることができないのはこの磁場の性質のためである。太陽から荷電粒子が地球に降り注いでいるのだが、地球にやってきた荷電粒子は地球磁場によって方向を変えられるため、（大きい目で見ると）磁場に沿った方向への動きしかできなくなる。ゆえに、地球磁場が上下方向を向く極地でのみ地球にたどり着くことができるのである[†11]。極地上空で大気圏に進入し空気で減速された時に、荷電粒子がそのエネルギーを放出して発する光がオーロラである。

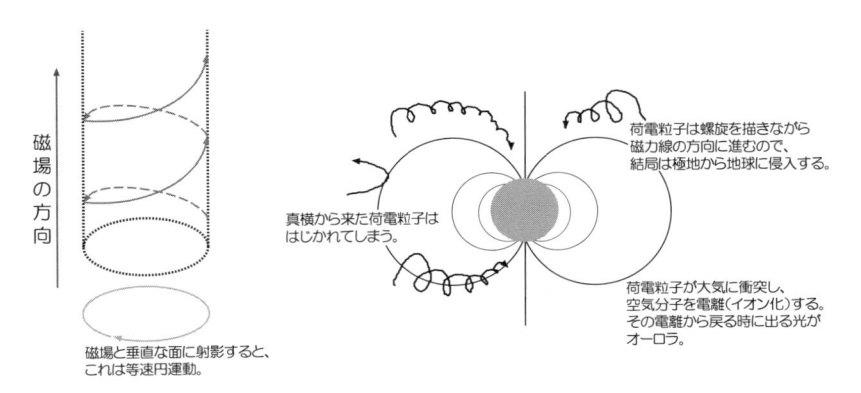

磁場の方向

磁場と垂直な面に射影すると、これは等速円運動。

荷電粒子は螺旋を描きながら磁力線の方向に進むので、結局は極地から地球に侵入する。

真横から来た荷電粒子ははじかれてしまう。

荷電粒子が大気に衝突し、空気分子を電離（イオン化）する。その電離から戻る時に出る光がオーロラ。

[†11] ただし、磁束密度が大きくなるところで磁場方向に運動していた粒子が跳ね返されるという現象も起こる。章末演習問題 9-3 を参照。

9.3.3 ホール効果

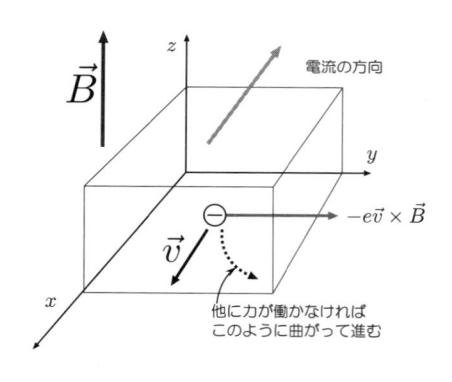

磁場中の導線内を流れる電子に働く力が導線にどのような結果を及ぼすかを考えよう。簡単のため、電流の流れる方向と磁場を垂直にし、電流の方向を x 軸と逆向き (導体内の電子は x 軸の向きに移動している)、磁場の方向を z 軸に取ろう。導線を流れる電子の速度を v とすれば、evB の力が y 軸方向に働く。これによって電子は y 軸正の側に偏って存在するようになり、この部分がマイナスに帯電する。逆に y 軸負の側はプラスに帯電する。もともと導線内は電気的に中性だから、マイナスに帯電するところ (つまり電子が過剰となるところ) があれば当然、プラスに帯電するところ (電子が不足するところ) ができるわけである。こうして導線には y 軸方向に電位差 V が生じる。電位差によって、導線内に y 軸の方向を向いた電場 $\dfrac{V}{d}$ ができる。

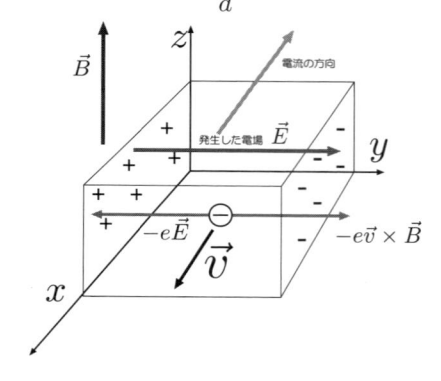

この電場は電子を y 軸負の方向に引っ張るので、この二つがつりあえば電子は本来流そうとした方向すなわち x 軸方向に流れることができる (二つの力がつりあわなければ電子は曲がってしまう)。よって、

$$evB = e\frac{V}{d} \quad \text{ゆえに、} \quad V = vBd \quad (9.19)$$

となり、vBd で表現される電位差がこの導体に発生する。これを「**ホール電圧**」または「**ホール起電力**」と呼ぶ[†12]。

ホール電圧の面白い (そして有用な) ところは、これがキャリア (導体内で電流を運ぶもののこと。上では電子だとして説明した) の電荷と速度によって変わることである。たとえば導体内を走っているのが電子ではなく正に帯電した粒子だとしよう。この場合この粒子の運動方向は $-x$ 方向になる。つまりこの電圧を測定することで、「導線の中を流れているのは正電荷なのか、負電荷なのか」を決定

[†12] ホールは人名。アメリカの物理学者で、1879 年にこの効果を発見した。綴りは Hall であり、穴 (hole) とは関係ない。

することができる[†13]。また、これからその電荷の流れる速度 v もわかる。v と電流 I には、$I = envS$ という関係があった（S は導線の断面積、n は荷電粒子の単位体積あたりの個数）。この関係から、n すなわち、「この導体内にはどの程度の密度のキャリアが存在するか」を推定することもできる。というわけでホール効果は、導体や半導体の性質を研究するための重要な情報を与えてくれるのである。

電子はこの電場による力と磁場による力の両方を受け、結果として直進する。ところでこの節の最初では、磁場が導線に及ぼす力が荷電粒子一個あたりどれだけかを考えて $\vec{F} = q\vec{v} \times \vec{B}$ という式を作った。しかし今考えたように電子に働く力は電場によるものと磁場によるものが相殺している。では「磁場が導線に力を及ぼす」という時、導線が受けている力とは何なのだろうか？？？

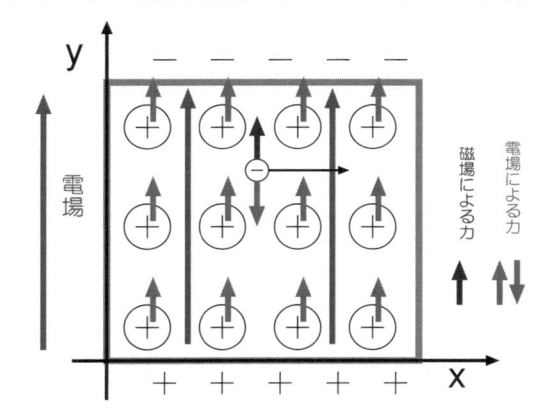

電子だけを考えているとこの問いに答えることはできない。実際の金属ではプラスに帯電した金属イオンの間を電子が走っている。そして、金属イオンの方は運動していないから、磁場からは力を受けず、金属内にだけある電場によってのみ力を受ける。これが「磁場が導線に及ぼす力」の正体なのである。

「電子が磁場から受ける力」と「電子が電場から受ける力」は大きさが同じで向きが反対である（つりあいの式）。また「電子が電場から受ける力」と「金属イオンが電場から受ける力」も大きさが同じで向きが反対である（電子の総電荷と金属イオンの総電荷は、同じ大きさで逆符号の筈だから）。よって「電子が磁場から受ける力」と「金属イオンが電場から受ける力」は向きも大きさも等しい。このようにして、ミクロな「電子が磁場から受けた力」がマクロな「導線が磁場から受けた力」へと伝達されるわけである。

[†13] 「キャリアって電子だから負電荷でしょ」と思いこんではいけない。半導体内にできる「正孔」は正電荷だし、陽イオンが移動してできる電流だって有り得る。

9.4 ベクトルポテンシャル

電場の場合、電位 V を定義して、その勾配として電場を表現する ($\vec{E} = -\text{grad}\, V$) ことができた。同様のことは磁場でもできるだろうか？

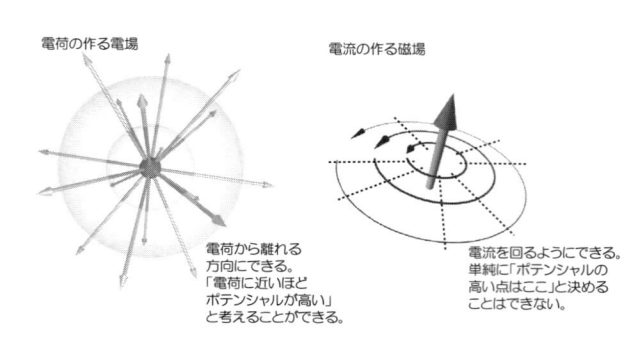

磁場に関しても同様に磁位 V_m を定義して $\vec{H} = -\text{grad}\, V_m$ のようにして磁場を計算することもできるが、$\text{rot}\, \vec{H} \neq 0$ であることが災いして、一価関数でなくなるなど、少々使いにくいものになってしまう[†14]。こうなった理由は明らかで、磁場というのは磁極が作るものではなく電流が作るものなのに、電荷がつくる電場と同じ形式でポテンシャルを書こうとしたことに無理が生じたのである。

この節では「電流のつくるポテンシャル」である「ベクトルポテンシャル」を導入しよう。うまく使えば、磁場に関係する計算を楽にしてくれるものである。ただし、電位との単純なアナロジーで定義できるものではないことに注意しよう。

9.4.1　数学的な定義

電場 $\vec{E}$ に対してポテンシャルを考える時、数学としては以下のように考えた。

まず、$\text{rot}\, \vec{E} = 0$ であることに着目する。数学的に「**rot が 0 になるようなベクトル場は、スカラー場の grad で書ける**」という定理があったので、$\vec{E} = -\text{grad}\, V$ となるような関数 V を定義することができた。これを「電位」と呼んだわけである。$\vec{E} = -\text{grad}\, V$ という式は「V という『架空の高さ』を持った山を滑り降りる方向に働く力が $\vec{E}$ である」ということになるが、つまりは「何かの微分という形で電場を表現する」ことに成功したわけである。

では磁場はというと、残念ながら $\text{rot}\, \vec{H}$（あるいは今は真空中なので、$\text{rot}\, \vec{B}$ でも同じこと）は 0 ではない。「V_m という『架空の高さ』を持った山」を考えると、その山は「高い方へ高い方へと上り続けると一周して元の場所に戻ってしま

[†14] とはいえ、「一価関数でない」ということのデメリットを承知したうえで使えば、磁位はそれなりに便利な概念である。

う」というまことに奇妙な（エッシャーの絵にそういう構図があるが、あれは絵だからできることである）状況が出現してしまう。

しかし幸いなことには、div $\vec{B} = 0$ である。そこでこれを手がかりに「磁場に対するポテンシャル」を考えよう。

数学ではもう一つ、「**div が 0 になるようなベクトル場は、別のベクトル場の rot で書ける**」という定理[†15]がある。そこで我々は

———— ベクトルポテンシャルの定義式 ————
$$\vec{B} = \text{rot } \vec{A} \tag{9.20}$$

として $\vec{A}$ を定義することができるのである。

とはいえ、こんな数学的定義を持ち出されても「なんだこれは？」としか思えないのが正直なところだろう。いったい上の式で、われわれはどんな物理量を定義したのであろうか？？

そこで、そもそもポテンシャルとは何なのか、をもう一度整理しておこう。

9.4.2 $\vec{A}$ の物理的意味

ベクトルポテンシャル $\vec{A}$ は、これまで出てきたポテンシャルとは、ずいぶん性質が違うもののように感じるかもしれない。そもそも、ポテンシャルがベクトルとはどういうことだ？？と不思議に思うだろう。しかし、「ポテンシャルとは何か？」に戻って考えれば、ベクトルポテンシャル $\vec{A}$ がベクトルであることはポテンシャルの本質に沿っていることがわかるだろう。

電場に対するポテンシャルであるところの電位の定義は「単位電荷の持つエネルギー」であった。そして、電場の源は電荷であったが、磁場の源は電流である。すると、「単位電流の持つエネルギー」のようなものこそ「磁場に対するポテンシャル」と呼ぶべきであろう。（電荷）と（電位）の積が位置エネルギーになったように、（電流）と（ベクトルポテンシャル）の積が位置エネルギーになってくれるのではないだろうか？

しかし、電流は向きのあるベクトルなので、「電流との積がエネルギーになるも

[†15] ここで出てきた二つの定理を合わせると、一般のベクトル場は適切なベクトル $\vec{A}$ と適切なスカラー V を持ってくれば、rot $\vec{A}$ + grad V という形で必ず書けることになる。これをヘルムホルツの定理と言う。

の」もベクトルでなくてはならない（もちろん、この場合の「積」は内積である）。
　式を先に出そう。

電流が持つ位置エネルギー
$$U = -\vec{j} \cdot \vec{A} \tag{9.21}$$

と計算できる（そうなるように、ベクトルポテンシャル $\vec{A}$ が定義されたのである！）。
　電位の場合にはつかなかった符号がつくが、それは電流とベクトルポテンシャルが同じ方向を向いた時（$\vec{j} \cdot \vec{A} > 0$ の時）にエネルギーがマイナスとなり、下がるということを意味している。すぐ後に図でわかるように、このようにエネルギーの符号を取れば正しく物理現象を記述できる。というわけで、「単位電流の持つ位置エネルギー」を作ると、それはベクトル量となったのである。そして、電位（スカラーポテンシャル）が正電荷のあるところで高く、負電荷のあるところで低くなったように、電流に近いところではその方向を向き、大きさが大きくなっていく（遠ざかれば弱くなっていく）という性質を持つ。
　まずは絵を描いて、そのような「ベクトルポテンシャル」の rot が磁場を表してくれそうであることを確認しよう。

　直線電流の場合を考えよう。図のように z 軸方向を向いた直線電流は z 軸方向を向いたベクトルポテンシャルを作る。そして、そのベクトルの大きさは遠方にいくほど小さくなっていく。このベクトルポテンシャルの rot を考える。$\vec{A}$ を水流のような流れと見た時、その流れによってそこにある物体がどう回転するか、と考えると rot $\vec{A}$ のイメージをつかみやすい。rot は図の右側では時計回り、左側では反時計回りとなる。すなわち、右側では紙面表から裏へ向かう向きの磁場が、左側では紙面の裏から表へ向かう磁場ができる。これはまさに直線電流によって右ネジの法則が示す方向に作られた磁場である。
　電位は「正電荷のある場所では電位が高くなる（電位を表現するゴム膜が"上"

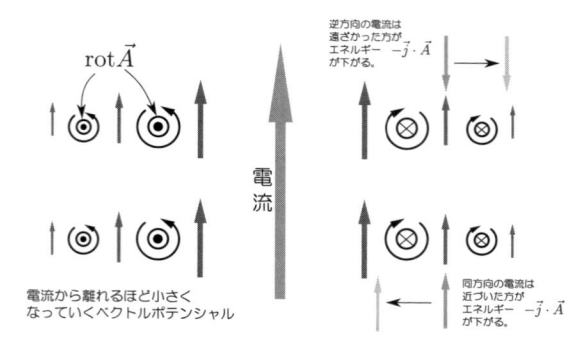

9.4 ベクトルポテンシャル

に引っ張られる）」「負電荷のある場所では電位が低くなる（電位を表現するゴム膜が"下"に引っ張られる）」「電荷がないところでは、ゴム膜は上に凸な部分と下に凸な部分ができてひっぱりあってつりあっている」というイメージで捉えることができた。それと同様にベクトルポテンシャルは「電流があるとその付近にはその電流の方向に向かうベクトルポテンシャルができる」というイメージで捉えることができる。

ちなみに、電場や磁場の「場」は英語では field であり、つまり野原（フィールド）に草が生えているイメージである。場所によって長い草が生えてたり、短い草が生えてたりし、生える方向も場所によって違う。各点各点で違う大きさで違う向きのベクトルがあるというのが「field」のイメージなのである。

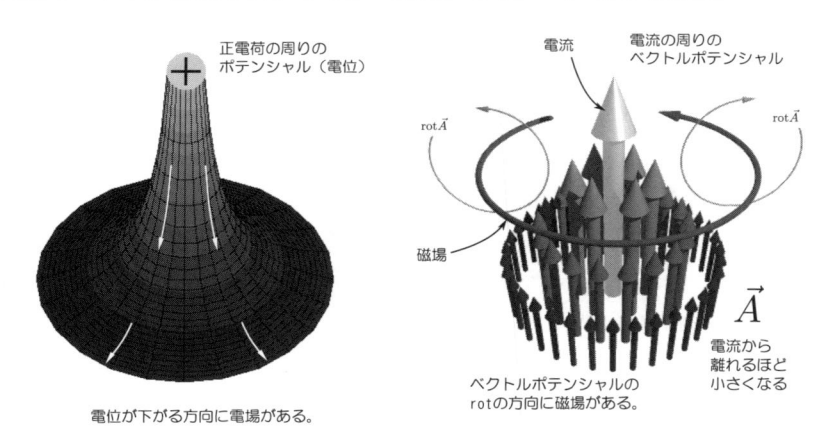

正電荷の周りの
ポテンシャル（電位）

電位が下がる方向に電場がある。

電流
電流の周りの
ベクトルポテンシャル

$\text{rot}\vec{A}$

磁場

$\vec{A}$

電流から離れるほど小さくなる

ベクトルポテンシャルの rot の方向に磁場がある。

電場と磁場の違い（電位とベクトルポテンシャルの違い）を確認しておこう。電場は $\vec{E} = -\text{grad}\,V$ という式で示されるように「電位 V が減る方向」へ向かうベクトルになった。磁場は $\vec{B} = \text{rot}\,\vec{A}$ であるから、$\vec{A}$ という流れが作る rot（渦）の軸（その向きは、もちろん右ネジの法則で決まる）の方向のベクトルとなる。

このようにベクトルポテンシャルができているところにもう一つの電流（試験電流）を持ってくると、電流密度 $\vec{j}$ の試験電流は $-\vec{j}\cdot\vec{A}$ のエネルギー密度を持つ。試験電流がベクトルポテンシャルと同じ向きなら、このエネルギーはマイナスであり、$\vec{A}$ の大きさが大きくなるほど小さくなる。位置エネルギーが低くなる方向へと力が働くと考えれば、これは同じ向きの電流が引き合うことを示している。もし試験電流が $\vec{A}$ と逆向きであれば、エネルギーはプラスとなるから、離れた方がエネルギーが小さくなる。すなわち、逆行電流は反発する。

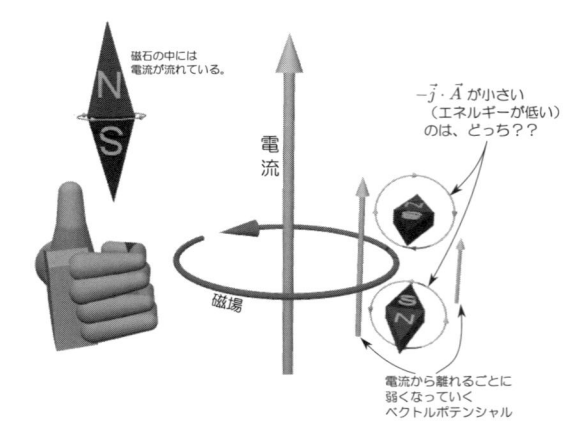

また、そこに方位磁石を持ってきたとする。小さな方位磁石は、小さな円電流と等価である（方位磁石を構成する原子の中でミクロな電流が流れている）。電流の持つ位置エネルギーは、$-\int \mathrm{d}^3\vec{x}\,\vec{j}\cdot\vec{A}$ であるから、これが小さくなるような位置が安定である。右のように図を書いてみるとわかるように、このエネルギーが小さくなる位置というのは磁場の方向と方位磁石の方向が一致する方向なのである。

つまり「方位磁石が磁場の方向を向く」という物理現象も、「電流とベクトルポテンシャルによって作られるエネルギーを小さくしようとする」という力学で解釈することが可能になる。

磁石どうしの力も同様である。二つの棒磁石があればN極とS極が引き合ってつながって一つの磁石となろうとする（そういう方向に力が働く）。磁石の正体を内部に流れる電流と考えば、これは電流が平行になろうとする、ということである。電流が平行になると、電流・電流の相互作用による位置エネルギーが小さくなるわけである。一方の作る電流のベクトルポテンシャルと同じ向きに別の電流が入れば、位置エネルギーは小さくなる。

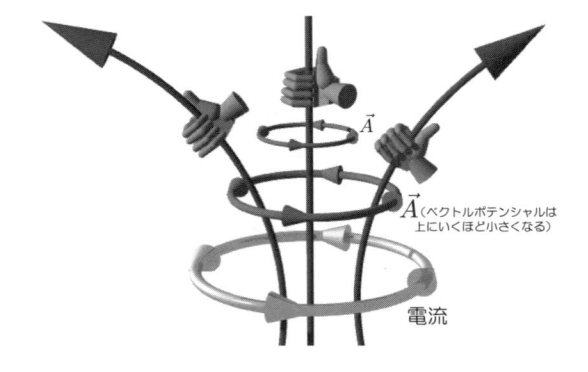

円電流の場合のベクトルポテンシャルを図示すると、図のように、電流と同じ方向に渦をまくようにベクトルポテンシャルが発生するだろう。このベクトルポテンシャルの rot を考えると、円の中心軸で上向きになることはもちろんわかる。さらに「上に行くほど弱まる」ということから、外向きの回転があることもわかる（自分が水の中に浸かっていて、足先の部分で頭の部分より速い水流が流れている

としたら？と考えると理解できるだろう）。遠方に行くほど磁場が外へ広がって行くこともこの図から理解することができる（図には示してないが、円電流と同じ平面上で、円の外側である場所では、磁場が下を向くことも図を書いてみればわかる！）。

こうしてベクトルポテンシャルを考えることで、磁場の発生や電流間に働く力を、電位と同様にイメージすることができる。

ここで示した $-\vec{j}\cdot\vec{A}$ は、今考えている電流とは別の何か（電流かもしれないし、磁石かもしれない）が作ったベクトルポテンシャル $\vec{A}$ の中に電流 $\vec{j}$ がやってきた、と考えた時のエネルギーである。電荷の位置エネルギー qV もそうであったが、$\vec{j}$ 自身もベクトルポテンシャルを作る源であるような場合には、$\frac{1}{2}$ をかけて $-\frac{1}{2}\vec{j}\cdot\vec{A}$ としなくてはいけないことに注意しよう。これはエネルギーが半分になった、ということではない。この $\frac{1}{2}$ なしでエネルギー密度を考えてしまうと、「$\vec{j}_1$ が作ったベクトルポテンシャル $\vec{A}_1$ により、$\vec{j}_2$ が持つエネルギー $-\vec{j}_2\cdot\vec{A}_1$」と「$\vec{j}_2$ が作ったベクトルポテンシャル $\vec{A}_2$ により、$\vec{j}_1$ が持つエネルギー $-\vec{j}_1\cdot\vec{A}_2$」を両方考慮して足し算してしまうことになるのだが、相互作用のエネルギーであるのでこの二つは同じものを考えていることになる。この「数えすぎ (overcounting)」を防ぐために $\frac{1}{2}$ が必要なのである。

【補足】 ++++++++++++++++++++++++++++++++++++++

実際にベクトルポテンシャルを計算で使う時に注意しなくてはいけないことを一つ指摘しておこう。

電位（「ベクトルポテンシャル」に対比させて「スカラーポテンシャル」と呼ぶこともある）には「定数を加えてもよい」という任意性があった。観測される量である電場が $\vec{E}=-\mathrm{grad}\,V$ と微分で定義されているために、$V\to V+V_0$（V_0 は定数）と置き換えても電場が変化しないのである。ベクトルポテンシャルの場合、$\vec{B}=\mathrm{rot}\,\vec{A}$ と定義されているので、rot を取ると 0 になるベクトル場を $\vec{A}$ に付け加えても、磁束密度 $\vec{B}$ は変化しない。rot を取ると 0 になるベクトル場としては、grad Λ のように、任意のスカラー場 Λ の grad がある（grad の rot は常に 0 であることを思い出そう）。よって、

$$\vec{A}\to\vec{A}+\mathrm{grad}\,\Lambda \tag{9.22}$$

という置き換えをしても、物理的内容は変化しない。この置き換えは「**ゲージ変換**」と呼ばれる。この変換を「**ゲージ変換**」と呼ぶのは、今となっては歴史的理由しかない[†16]のだが、現在も広く使われている。

[†16] ずっと昔は、ほんとうにゲージすなわち物差しの変換だと考える理論があった。つまり電磁場は空間の長さと結びついた量だと考えられていたのである。しかし、現在この理論は否定されている。ただ「ゲージ変換」という概念自体は今も有用である。

ここで「エネルギー密度が $-\vec{j}\cdot\vec{A}$ なのだから、$\vec{A}$ をそんなふうに書き換えてはエネルギーが変わってしまって困るのではないか？」という疑問が湧くかもしれないが、その心配はない。

エネルギー密度は変化してしまうが、その積分である全エネルギーは変化しないからである。エネルギーがどのように変化するか計算してみると、

$$-\int d^3\vec{x}\,\vec{j}\cdot\vec{A} \to -\int d^3\vec{x}\,\vec{j}\cdot\vec{A} - \int d^3\vec{x}\,\vec{j}\cdot\operatorname{grad}\Lambda = -\int d^3\vec{x}\,\vec{j}\cdot\vec{A} + \int d^3\vec{x}\,\operatorname{div}\vec{j}\,\Lambda + (表面項) \quad (9.23)$$

となり、電流密度の div が 0 なのでエネルギーの変化分は 0 となる（例によって表面項は 0 になるようにしたとする）。

ベクトルポテンシャルを使って計算している時は、「一見違う値を取っているベクトルポテンシャルでも、物理的内容が同じ場合がある」ことに注意しよう[†17]。

╋╋╋╋╋╋╋╋╋╋╋╋╋╋╋╋╋╋╋╋╋╋╋╋╋╋╋╋╋╋╋╋╋ 【補足終わり】

最後に、ベクトルポテンシャルを計算する方法を示す。$\operatorname{rot}\vec{B} = \mu_0\vec{j}$ に、$\vec{B} = \operatorname{rot}\vec{A}$ を代入すると、

$$\operatorname{rot}\left(\operatorname{rot}\vec{A}\right) = \mu_0\vec{j} \quad (9.24)$$

となる。ここでベクトル解析の公式

$$\operatorname{rot}\left(\operatorname{rot}\vec{V}\right) = \operatorname{grad}\left(\operatorname{div}\vec{V}\right) - \triangle\vec{V} \quad (9.25)$$

を使うと、

$$\operatorname{grad}\left(\operatorname{div}\vec{A}\right) - \triangle\vec{A} = \mu_0\vec{j} \quad (9.26)$$

という式が出る。ここで、前節で説明したゲージ変換を使って、$\operatorname{div}\vec{A} = 0$ になるようにする。なぜならどんな $\vec{A}$ が与えられても、適切な Λ を選ぶことで $\operatorname{div}(\vec{A} + \operatorname{grad}\Lambda) = 0$ にすることができるからである。$\operatorname{div}(\operatorname{grad}\Lambda) = \triangle\Lambda$ なので、これは $\triangle\Lambda = -\operatorname{div}\vec{A}$ となるような Λ を選べということである。この式を静電場におけるポアッソン方程式 $\triangle V = -\dfrac{\rho}{\varepsilon_0}$ と比較すれば、電荷密度が $\varepsilon_0\operatorname{div}\vec{A}$ だったとして電位を求めなさい、という問題と等価である。よって、解は常に存在する。

さて以上のようにして簡単化することに成功したとすれば、ベクトルポテンシャルと電流密度の間には、

$$\triangle\vec{A} = -\mu_0\vec{j} \quad (9.27)$$

[†17] これが長い間「ベクトルポテンシャルは数学的なトリックのようなもので、物理的意味はない」と信じられてきた理由であるが、近年、量子力学的な現象（アバロノフ・ボーム効果など）においてはベクトルポテンシャルが存在しないと説明できないことが起こっていることがわかっている。

9.4 ベクトルポテンシャル

という式が成立することになる。これは、電位と電荷密度の間の式$\left(\triangle V = -\dfrac{\rho}{\varepsilon_0}\right)$ に、非常によく似ている。$V(\vec{x}) = \dfrac{1}{4\pi\varepsilon_0}\int d^3\vec{x}'\dfrac{\rho(\vec{x}')}{|\vec{x}-\vec{x}'|}$ という式で「電荷密度から電位を求める」ことが可能であったことを思い出せば、

$$\vec{A}(\vec{x}) = \dfrac{\mu_0}{4\pi}\int d^3\vec{x}'\dfrac{\vec{j}(\vec{x}')}{|\vec{x}-\vec{x}'|} \tag{9.28}$$

という計算で「電流密度からベクトルポテンシャルを求める」ことが可能であることがわかる[18]。つまり計算自体は（ベクトルであることを除けば）電位と同様に行うことができる。ベクトルポテンシャルを計算できれば位置エネルギーが計算でき、それを使って力を計算したり、粒子の運動方程式を考えたりすることができる[19]。

無限に長い直線電流 I の場合で計算してみよう。無限に長い直線を線電荷密度 ρ で帯電させたのと式の上では同じになる。

無限に長い帯電した直線の場合、電場が $\vec{E} = \dfrac{\rho}{2\pi\varepsilon_0 r}\vec{e}_r$ と書けたので、電位は $V = -\dfrac{\rho}{2\pi\varepsilon_0}\log r$ となる。同様に、無限に長い直線電流の場合のベクトルポテンシャルは

$$\vec{A} = -\dfrac{\mu_0 I}{2\pi}\log r\,\vec{e}_z \tag{9.29}$$

となる[20]。

---

[18] 覚えておくと便利な公式である $\triangle\left(-\dfrac{1}{4\pi|\vec{x}-\vec{x}'|}\right) = \delta^3(\vec{x}-\vec{x}')$ を使えば、$\left(\triangle V = -\dfrac{\rho}{\varepsilon_0}\right)$ と $V(\vec{x}) = \dfrac{1}{4\pi\varepsilon_0}\int d^3\vec{x}'\dfrac{\rho(\vec{x}')}{|\vec{x}-\vec{x}'|}$ の関係、および (9.28) と (9.27) の関係がよくわかる。

[19] ベクトルポテンシャルを使う計算では「磁場」というものを登場させずに荷電粒子の運動を考えることができるのである。

[20] ところでこの式ではベクトルポテンシャルが $-z$ 方向を向いていることを不思議に思う人がいるかもしれないが、このマイナス符号がつくことで「遠方で減少する」という性質を満たしていることに注意。実は計算の途中で正の定数を（定数なので）ポテンシャルに加えても物理的結果には意味がないということで捨てている。そのために負の値を取る。

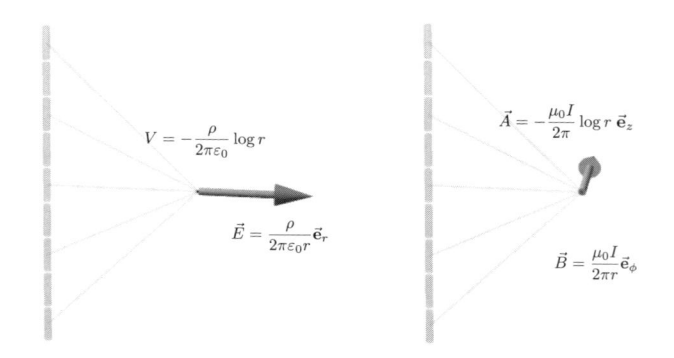

比例定数が変わったことと、スカラーではなく z 方向を向くベクトルとなったことが大きな違いである。今は電流が z 成分しかないので、ベクトルであっても計算はスカラーの場合と同様で済む（電流がいろんな方向を向いている時は、積分はベクトル和を取る形で行う）。

電位 V から電場 $\vec{E}$ を求めるには、

$$\vec{E} = -\mathrm{grad}\, V = \frac{\rho}{2\pi\varepsilon_0}\vec{e}_r\frac{\partial}{\partial r}(\log r) = \frac{\rho}{2\pi\varepsilon_0}\frac{1}{r}\vec{e}_r \tag{9.30}$$

と計算すればよかった。$\vec{A}$ から $\vec{B}$ を求めるには、

$$\vec{B} = \mathrm{rot}\, \vec{A} = -\frac{\mu_0 I}{2\pi}\left(\vec{e}_r\frac{\partial}{\partial r}\right)\times(\log r\,\vec{e}_z) = -\frac{\mu_0 I}{2\pi}\frac{1}{r}\underbrace{\vec{e}_r\times\vec{e}_z}_{=-\vec{e}_\phi} = \frac{\mu_0 I}{2\pi}\frac{1}{r}\vec{e}_\phi \tag{9.31}$$

という計算をすればよい。

9.5 章末演習問題

★【演習問題 9-1】
x 軸方向に電場 $\vec{E}$（強さ E）が、y 軸方向に磁束密度 $\vec{B}$（強さ B）が一様に存在する場所の原点にそっと電荷 q を置いた。この電荷はどのような運動をするかを考えたい。
(1) x, y, z 方向の速度成分をそれぞれ v_x, v_y, v_z として、運動方程式をたてよ。
(2) 変数として v_x しか含まない式を作ってみよ。この方程式を解いて、v_x を求めよ。
(3) 上の答えを使って、v_z を求めよ。
(4) 全体として、どのような運動になるか？

ヒント → p6w へ　解答 → p24w へ

★【演習問題 9-2】
質量 m、電荷 q を持つ粒子が、$\vec{F} = -m\omega^2 r\vec{e}_r = -m\omega^2(x\vec{e}_x + y\vec{e}_y + z\vec{e}_z)$ で表現さ

れる復元力を受けて原点に束縛されている（r は原点からの距離である）。運動方程式は

$$m\frac{d^2x}{dt^2} = -m\omega^2 x, \quad m\frac{d^2y}{dt^2} = -m\omega^2 y, \quad m\frac{d^2z}{dt^2} = -m\omega^2 z \tag{9.32}$$

であるから、各々の方向に角振動数 ω の単振動をする。

ここで z 軸方向に磁束密度 B の磁場をかける（$\vec{B} = B\vec{e}_z$）。すると $q\vec{v} \times \vec{B}$ の力が加わることになる。

(1) この時の運動方程式を立ててみよ。
(2) z 方向の運動方程式は磁場が無い時と同じなので、x, y 方向について考えよう。$X = x + iy$ という複素変数を使うと x, y 方向の二つの（実数）方程式を、一つの複素数方程式にまとめることができる。まとめてみよう。
(3) $X = e^{i\Omega t}$ と解の形を仮定して代入し、Ω を定めよ（2種類の解が出る）。
(4) 解として出る二つの運動はどのような運動か、図解せよ。

ヒント → p6w へ　　解答 → p26w へ

★【演習問題 9-3】
ほぼ z 方向を向いた一様磁場（磁束密度 B）がある。z 軸に平行な方向に $v_\parallel$、z 軸と垂直な方向には $v_\perp$ という速さをもって、質量 m、正電荷 q を持った粒子が運動し始めた。もし磁場がずっと一定なら、この粒子は z 軸方向に $v_\parallel$ の速度で運動しつつ、xy 面内で速さ $v_\perp$ の等速円運動をする（螺旋運動）。

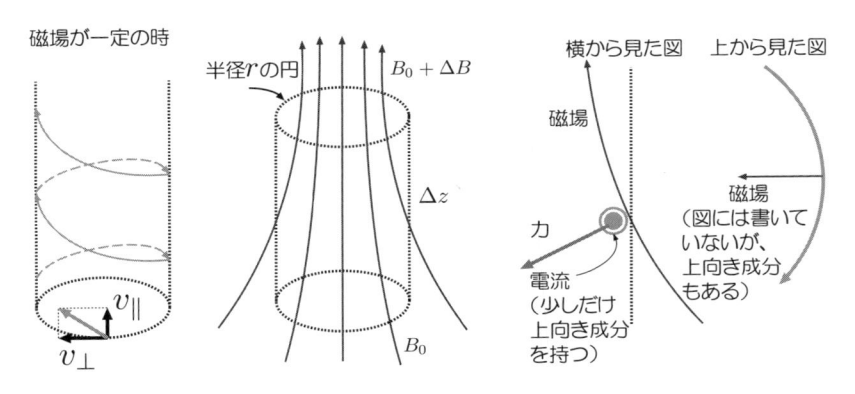

(1) 磁束密度が z に依存して少しずつ強くなっていく場合を考える。磁束密度の z 成分 B_z が、ある場所で B_0 であり、そこから z 方向に微小距離 Δz 進んだ点では $B_0 + \Delta B$ だったとしよう。磁力線がつながる（$\text{div } \vec{B} = 0$ になる）ためには、図の円筒に垂直な方向の磁束密度成分 $B_\perp$ はどれだけでなくてはいけないか？
(2) 磁場が円筒面に垂直な成分を持つため、z 方向にも力が働く。微小時間 Δt 後に $v_\parallel$ はどう変わるか？
(3) $B_\perp$ と $v_\parallel$ があるおかげで、xy 面内に働く力もある。この力により、Δt の間に $v_\perp$ はどう変わるか？

(4) Δz は微小だとして、この時運動エネルギー $\frac{1}{2}m\left((v_\parallel)^2+(v_\perp)^2\right)$ が変化しないことを示せ（磁場は仕事をしないのだから当然の結果である）。

(5) このまま磁場が z 方向に進むにつれて大きくなっていくとすると、この荷電粒子はどんな運動をすることになるか、考察せよ。

ヒント → p7w へ　　解答 → p26w へ

★【演習問題 9-4】
　一様な磁場 $\vec{B}$ 中にある磁気双極子モーメント $\vec{\mu}$ の持つ位置エネルギーは $-\vec{\mu}\cdot\vec{B}$ である。これを計算で確かめたい。

磁気双極子モーメントの二つの考え方

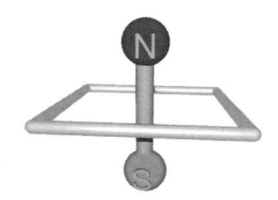

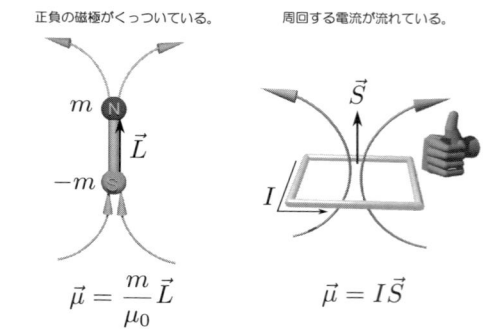

磁気モーメント $\vec{\mu}$ と透磁率 μ_0 は同じ文字を使っているが混同しないように注意

$$\vec{\mu} = \frac{m}{\mu_0}\vec{L}$$

$$\vec{\mu} = I\vec{S}$$

　ここで $\vec{S}$ は、その絶対値が今考えている面積で、向きは面積の法線（電流の向きにネジを回した時に進む方を向く）のベクトルである。

　以下では磁場が z 方向を向いているとし、磁気モーメントは z 軸に対して角度 θ だけ傾いているとする。右の図のように電流のベクトルを設定するとよい。

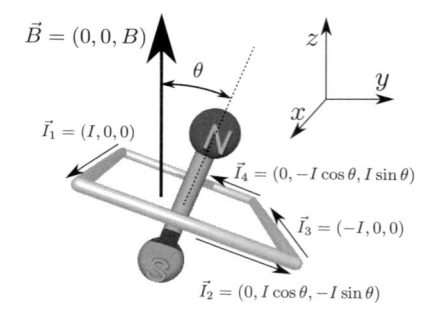

　磁気双極子モーメントの位置エネルギーを計算するには、

$\vec{B}=(0,0,B)$
$\vec{I}_1=(I,0,0)$
$\vec{I}_4=(0,-I\cos\theta,I\sin\theta)$
$\vec{I}_3=(-I,0,0)$
$\vec{I}_2=(0,I\cos\theta,-I\sin\theta)$

第1の考え方： 磁位を考えて二つの磁極の持つ位置エネルギーを足す。
第2の考え方： ベクトルポテンシャル中で電流の持つ位置エネルギー $-\vec{I}\cdot\vec{A}$（これは単位長さあたり）を足す。

という二つの方法がある。両方の方法で計算してみよ。

ヒント → p7w へ　　解答 → p27w へ

第10章

磁性体中の磁場

誘電体中の電場を考えた時のように、磁性体内の磁場を考えていこう。磁性体とは、なんらかの形で磁場を発生させる物質で、どのような状況においてどのように磁場が発生するかによっていくつかの種類に分けられる。

10.1 磁性

誘電体中では、外部からかけられた電場によって物質が分極を起こした[†1]。その分極によってできる電場によって電場は弱められる。その関係は
→ p145

$$\vec{E} = \frac{1}{\varepsilon_0}\left(\vec{D} - \vec{P}\right) \tag{10.1}$$

と表現された。

ここでもし電場と磁場が「電荷がつくる電場」に対し「磁荷がつくる磁場」というふうに対応関係にあったとするならば、話は全く同じになり、

$$\vec{H} = \frac{1}{\mu_0}\left(\vec{B} - \vec{P}_m\right) \tag{10.2}$$

となるだろう（$\vec{P}_m$ は「磁気分極」とでも呼ぶべき量）。

しかし、実際には磁場は磁荷がつくるのではなく、電流または荷電粒子のスピンがつくる。どちらの場合も、電荷の場合の分極に対応する現象（磁荷が二つに分かれるというような現象）は起きない。実際に起こるのは、物質中になんらかの形で電流が発生して、その電流の作る磁場が元からあった磁場に重ねられることになる。この時どのように電流が発生してどのような磁場が重ね合わされるかは物質の種類によって違う[†2]。

[†1] 強誘電体の場合は外部電場がなくても分極する（自発分極）こともあった。
[†2] もちろん、電場の場合も、誘電体の種類によって分極の起こり方にはいろいろある。

このようにして外部磁場などの原因で物質に磁場が発生する事を「磁化する」と言い、物質が磁化する時の性質を「磁性」と呼ぶ。磁性の現れ方は様々であるが、その多くは以下の三つのタイプに分類される。

反磁性 (diamagnetism)　磁場がかけられると、その磁場を打ち消すような磁場を作る[†3]。

常磁性 (paramagnetism)　磁場がかけられると、その磁場を強める[†4]。

強磁性 (ferromagnetism)　外部磁場だけではどのような磁場ができるかは決まらない。外部磁場がない時でも、磁場を作っていることもある[†5]。

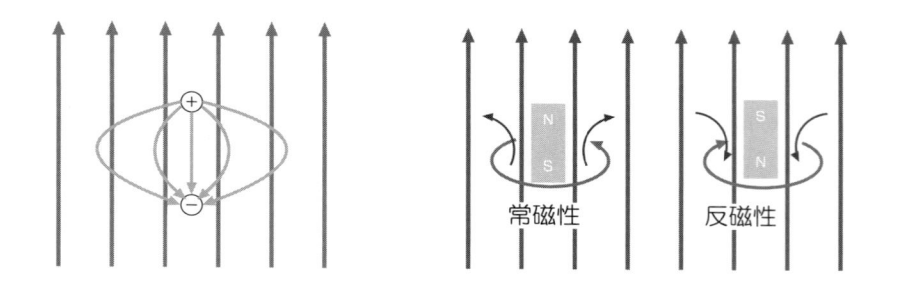

では、以下で各々の場合にどのような物理現象がそこに起こっているのか、を考えていく。その前に、外部からの磁場に対する物質の反応を記述するための量をいくつか定義しよう。

まず、「**磁化**」と呼ばれるベクトル量がある。これは物質中に存在する磁気モーメントの体積密度で表現される。磁気モーメントの大きさは電流 I が面積 S を囲むように流れているならば IS となるし、$+m$ の磁極と $-m$ の磁極が距離 ℓ 離れて存在していたならば、$\dfrac{m\ell}{\mu_0}$ という大きさで求めることができた。IS という式からわかるように、磁気モーメントの単位は $[\mathrm{Am}^2]$ であり、単位体積あたりの磁気モーメントである磁化の単位は $[\mathrm{A/m}]$ である。磁化と磁場は同じ単位となる。

後で出てくる反磁性も常磁性も、磁性によって現れる磁気モーメントは、外部

[†3] diamagnetism の dia-は「横切る」という意味。たとえば直径は「diameter」。「反対を向く」という意味が含まれる。

[†4] 「常磁性」という言葉は「常に磁性を持っている」というふうにイメージされるかもしれないが、それは誤解である。paramagnetism の para は「parallel」の「para」。つまり磁場と平行な磁化を意味する。

[†5] ferro-は「鉄」を意味する。鉄は代表的な強磁性物質である。

からかける磁場に（ほぼ）比例する（強磁性体は違う）。そこで、磁化を $\vec{M}$ とすると、

$$\vec{M} = \chi \vec{H} = \frac{\chi}{\mu_0} \vec{B} \tag{10.3}$$

のように書くことができる。χ は無次元量[†6]で「磁気感受率　（magnetic susceptibility）」と呼ばれる（「磁化率」という呼び方もある）。この磁気感受率が物質の種類によって違ってくるわけである。強磁性体の場合は、磁化の中に外部の磁場と関係しない「自発磁化」がある点が大きく違う。

10.1.1　反磁性

　反磁性とは名前の通り、磁場をかけられた物質が逆向きの磁場を発生させることである。物質を構成する分子が一個の磁石と考えた時、これは奇妙に思えるかもしれない。しかし、以下のように考えると反磁性の出現は（多少）納得できるものになるかもしれない。

　反磁性を示す物質の一例としては、自由に動き回る荷電粒子を内部に含む物質（金属など）がある。前の章で考えたように、磁場中では荷電粒子は円運動する。荷電粒子の円運動は一種の円電流と考えることができて、この時作られる磁場は外部からかけられた磁場と逆を向くのである（図を参照）。

　このようにしてできる円電流の磁気モーメントを求めておこう。電流の作る双極子モーメントは（電流）×（電流の作る面積）で計算できる。今の場合、面積はもちろん円の面積 πr^2 である。この電荷 q が速さ v で等速円運動しているとすると、単位時間の間に、円上の一点を $\frac{v}{2\pi r}$ 回通過するので、電流（単位時間あたりに流れてくる電気量）は $\frac{qv}{2\pi r}$ であり、磁気モーメントは

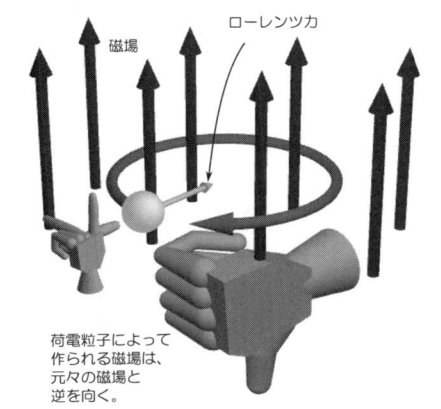

$$p_m = \frac{qv}{2\pi r} \pi r^2 = \frac{qvr}{2} \tag{10.4}$$

[†6]「無次元量」とは長さ、時間などの「次元」を持たない量。別の言い方で言うとメートル、キログラムなどの「単位を持たない量」である。このような量はどんな単位系で計算するかに関係なく、一定の値を取る。

である。円運動の角運動量は $L = mvr$ であるから、角運動量と磁気モーメントの間には、$p_m = \dfrac{q}{2m} L$ という関係がある[†7]。

ただし、以上のナイーブ[†8]な考え方は実は正しくなく、厳密に古典力学的計算をするとこの効果は消えてしまい、反磁性が現れないことがわかっている。上で考えたように一個の荷電粒子の運動を考えれば磁場ができるように思われるが、金属内には多数の荷電粒子があり、それぞれがいろいろな半径でいろいろな点を中心に円運動することを考えると、話は変わってくる。いっけん、図では反時計回りの電流ばかりが書かれているので、紙面表から裏へ向かう磁場があるように思えるかもしれない。しかし、(図に実線で書いたような) 壁に衝突しながら回る粒子の作る電流 (時計回り) を考慮すると、磁場の和は 0 になる[†9]。

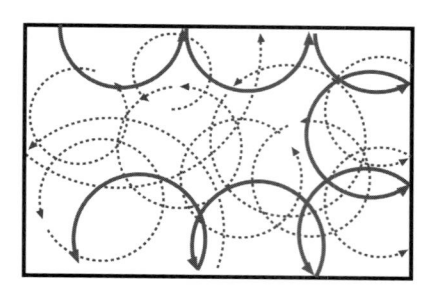

後に、量子力学を使って考えると荷電粒子の運動は完全に自由で乱雑なものとはならないので、結果として反磁性が発生することになることがわかった[†10]。というわけで実は反磁性が出現するには量子力学の効果が必要なのであるが、ここでは量子力学の話にはこれ以上立ち入らないことにしよう。

自由電子は反磁性の原因となるが、自由でない電子 (原子に束縛された電子) も反磁性を生じさせる。原子核の周りを電子が円運動している、という古典的な原子模型でこの反磁性という性質を説明することを試みる。ただし、以下の計算はあくまでも概念だけである。上の場合と同様に、実は量子力学なしに反磁性は説明できないので、正確な説明のためには量子力学を勉強しよう。

[†7] 角運動量と磁気モーメントが比例する、というのは今後もよく出てくる大事な関係である。係数は $\dfrac{q}{2m}$ とは限らない。

[†8] 物理の本で「ナイーブ」と出てきたら、「純情」という意味ではなく「物を知らないマヌケ」という意味だと捉えた方がよい。

[†9] このことを示したのはボーアの博士論文 (1911 年) である。その論文では磁性が古典力学ではどうしても出現しないことが証明されている。ボーアはその後に原子の中では古典力学が成立していないという、いわゆるボーアの原子模型 (1913 年) を提出し、量子力学を大きく発展させた。ボーアが量子力学を考えた理由はここにもあったに違いない。

[†10] 導体に生まれる反磁性は、ランダウによって量子力学的に説明された。

10.1 磁性

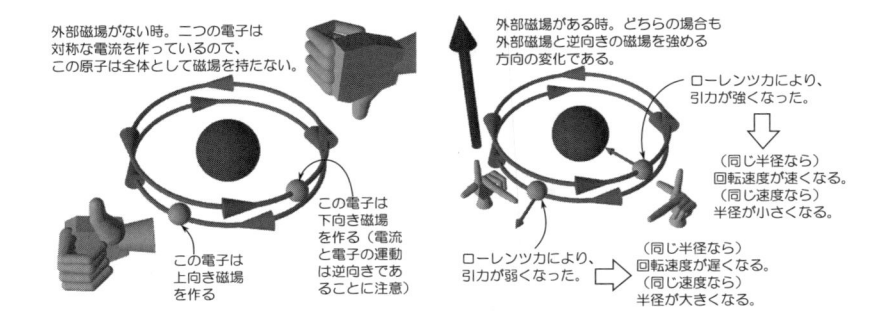

簡単のため、原子殻の周りを二つの電子が、互いに逆向きに回っているという状況を考える。電子の運動も一種の電流だが、二つの逆向きの電流の作る磁場が消し合った形になり、磁場はできない[†11]。電子が円運動しているのと垂直な方向に磁場をかけてみる。すると電子の運動方程式は

$$mr\omega^2 = \frac{e^2}{4\pi\varepsilon_0 r^2} \pm er\omega B \tag{10.5}$$

となる。複号 $\pm$ は磁場に対して電子が上の図で見て反時計回りに回っている場合に＋、時計回りに回っている場合に－となる。ローレンツ力の向きを確認してみよう。

角速度 ω を求めるとすれば、

$$mr\left(\omega^2 \mp \frac{e}{m}\omega B\right) - \frac{e^2}{4\pi\varepsilon_0 r^2} = 0$$

$$mr\left(\omega \mp \frac{eB}{2m}\right)^2 - r\frac{e^2 B^2}{4m} - \frac{e^2}{4\pi\varepsilon_0 r^2} = 0 \tag{10.6}$$

$$\left(\omega \mp \frac{eB}{2m}\right)^2 = \frac{e^2 B^2}{4m^2} + \frac{e^2}{4\pi\varepsilon_0 mr^3}\omega$$

のような計算をしていくことになるが、ここまでの計算で ω の最終的な値には $\pm\frac{eB}{2m}$ がつき、複号が＋の場合と－の場合で、$\frac{eB}{m}$ の差が現れることがわかる（こ

[†11] まったくの余談であるが、しばらく前にテレビで騒がれていた宗教団体は、こういう逆向き電流が流れていると磁場ができない代わりに「スカラー波」ができるのだ（しかもそのスカラー波は何かよからぬことをしでかす）と言っていた。もちろん事実無根。その宗教団体に言わせると、「磁場ができない代わりにエネルギーがスカラー波になって流れ出す（！？）」のだそうだが、実際は磁場を作らないなら作らない分だけ電流を流すためのエネルギーが少なくて済むだけのことである。

れはもちろん、r が同じである場合のことである）。複号の上の段 (最後の式が $-$ になる方) は図で反時計回りに回っている方であり、この場合は角速度が速くなる。一方複号の下の段は角速度が遅くなる。二つの角速度の差が $\frac{eB}{m}$ だということになる。

複号のどちらの場合でも、その効果は下向きの磁場を増やす（言い方を変えれば「上向きの磁場を減少させる」）。これも反磁性の出現である。

物質	磁気感受率
銀	-2.6×10^{-5}
銅	-9.4×10^{-6}
ビスマス	-1.7×10^{-4}
アルゴン	-9.5×10^{-9}
水晶	-1.5×10^{-5}
水	-8.8×10^{-6}

反磁性を持った物体は、磁石を近づけると反発することになる。ただし、反磁性は非常に弱いので、強力な磁石でないと現象を目で見ることは難しい。反磁性を持っている物質としては、希ガスの原子、イオン化することで希ガスと電子配列が同じになっているイオン、水など共有結合で結びついた分子などがある。このような原子・分子は電子や原子核の持つ磁気モーメントがうまく消し合っていて、外部磁場がなければこの物体から磁場が作られることはない。原子サイズのスケールで見ればもちろん、複雑な磁場がそこにあるだろうが、巨視的に見ると（平均化すると）磁場はないと言ってよい。

反磁性体の場合、磁気感受率 χ は定義により負の値を取る（外部磁場とは逆向きに磁場ができる）が、その値は非常に小さく、-10^{-6} 程度である。

一部の物質は極低温で「超伝導」と言われる状態になり、抵抗無しに電流が流れるようになる（これまた量子力学的現象である！）。この時、内部に現れた電流によって磁場は全て打ち消されるので、この場合を「完全反磁性」と言う[†12]。この時、$\chi = -1$ になっているということになる。

10.1.2　常磁性

反磁性はもともと磁気モーメントを持っていない電荷が、磁場中を運動することによって円電流と化し、磁気モーメントを持つことから生まれた。それに対して常磁性は、最初から磁気モーメントのある原子・分子が磁場中に置かれた時に起こる。原子・分子が磁気モーメントを持つ理由は、原子核や電子など、一個一個の構成粒子が磁気モーメントを持っていることの他に、電子の軌道運動などが

[†12] 超伝導になると完全反磁性を示すが、超伝導は完全反磁性だけではなく、他にもいろいろ不思議な性質を持っている。それらを理解するには量子力学が必要である。

10.1 磁性

ある。原子・分子一個一個が磁石となる（磁気モーメントを持つ）原因は電子のスピンという性質によることが多い[†13]。電子自体も一個の磁石なので、自由電子が原因となって起こる常磁性ももちろんある。反磁性を示す物質の場合は、これらがうまく消し合って、原子・分子一個の状態では磁性ではない。そうではない物質の多くは常磁性体となる。

常磁性体を構成する原子・分子は一個だけで 0 でない磁気モーメントを持つ。いわば「ミニ磁石」である。では常磁性体は磁場を発するかというと、やはり外部磁場が 0 ならば磁場を発しない。原子・分子の「ミニ磁石」が互いにでたらめな方向を向いているので、トータルの磁場は 0 になってしまう。

外部磁場がかかると、少し状況が違う。方位磁石がそうであるように、原子・分子の「ミニ磁石」は磁場の方向を向きたがる。といっても、いっきに磁場の方向を向いてしまうというわけにはいかない。原子・分子はそれぞれが乱雑な運動をしている（その運動は温度が高いほど激しい）ので、個々を見るとでたらめだが、全体で平均を取ると磁気モーメントが磁場の方向を向く、という形になる。

←エネルギー低い　　　　　　　　エネルギー高い→
←乱雑性低い　　　　　　　　　　乱雑性高い→
　（エントロピー低い）　　　　　　（エントロピー高い）

「低きに流れる」（物理的に表現すれば「エネルギーを下げる方向に状態が遷移する」）というのが自然界における一つの傾向である。これだけならば、ミニ磁石は全部磁場方向を向いてしまうように思われる。しかし実は自然界にはもう一つ「乱雑を好む」という傾向がある[†14]。これは物理的に表現すれば「エントロピー

[†13] スピンとは、古典力学的には自転の角運動量に対応する物理量であるが、その本質は (またしても！) 量子力学的にしか理解できない。

[†14] 一見逆向きの作用に思えるこの二つは、実は同じ内容から導けるとも言える。統計力学を勉強してからこの問題を考えてみるとよい。その答はカノニカル分布という式の中に現れる $e^{-\frac{E}{kT}}$ という因子に隠れている。

が高くなる方向に状態が遷移する」ということになる（エントロピーについての詳しいことは熱力学、統計力学を扱った他の本で勉強しよう）。実際に起こる物理現象は、この二つの傾向の「平衡点」である。「低きに流れる」からといって全てが最低エネルギーに落ち込むということはないし、「乱雑を好む」からといって外部磁場にまったく反応しないということもない。

物質	磁気感受率
アルミニウム	2.1×10^{-4}
白金	2.9×10^{-4}
空気	3.7×10^{-7}
液体酸素	3.5×10^{-3}

多くの常磁性体では、磁気感受率は 10^{-5} から 10^{-3} の程度である（反磁性よりは強く出現するが、後でやる強磁性に比べると、その効果は小さい）。磁気感受率はおおむね絶対温度に反比例する（おおざっぱに考えるならば、「高温になると分子運動が激しくなって磁化を消してしまう」と思えばよい）。

こうして磁化すると、常磁性体は磁石にくっつく。常磁性体となる物質は数多いが、意外なところでは、酸素が常磁性体である（液体酸素は磁石につく）。

10.1.3 強磁性

強磁性体とは、いわゆる「磁石」になる物質である。鉄、コバルト、ニッケルなどが該当する[†15]。外部から磁場をかけられたりしなくても勝手に（自発的に）磁化しているような物質である。誘電体の場合の「強誘電体」に対応するものであることは言うまでもない。

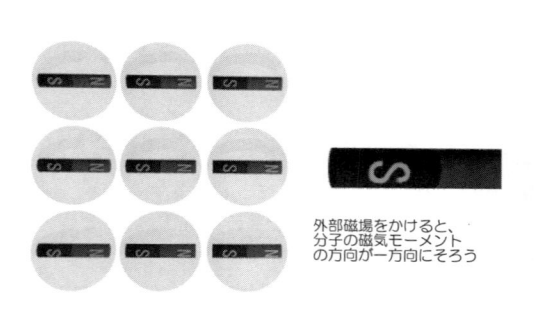

外部磁場をかけると、分子の磁気モーメントの方向が一方向にそろう

常磁性体も強磁性体も、「ミニ磁石」の集まりであって外部磁場をかけると同じ方向に磁場が作られる点は同じである。違うのは磁場を弱くしていった時の振る舞いで、常磁性体の場合、外部からの磁場を0にすると磁化も消えてしまう。強磁性体の場合は磁化は一般には消えない。

[†15] 最近作られた最強磁石と言われるネオジム磁石はネオジム、鉄、硼素の化合物。

10.1 磁性

強磁性体

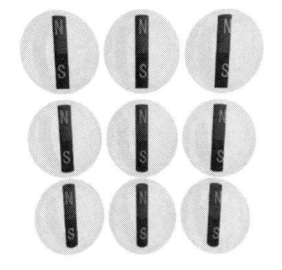

ミニ磁石が整列している。

外部磁場がかかっていない時の常磁性体

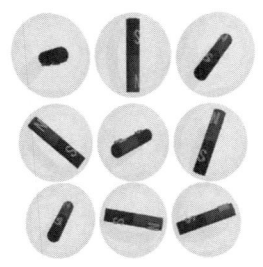

ミニ磁石が乱雑な方向を向いている。

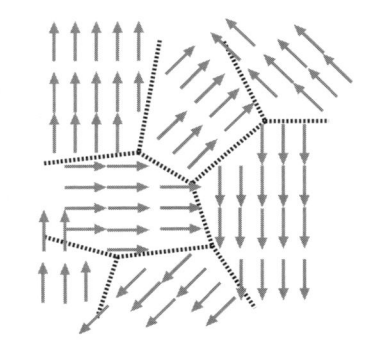

なぜ物質が強磁性を持つのかは現在でも未確認な部分を含む、非常に難しい問題（解決には量子力学が必要なのは確かである）なのでここでは考えない。実際の強磁性体がどのように磁化を起こしているかについてのみ述べよう。例えば鉄は強磁性体であり、外部から磁場をかけなくても磁化している状態にある。しかし、では一個の鉄の塊は常に磁石になっているのかというとそんなことはない。それは、（磁石になっていない）鉄の内部は「磁区」と呼ばれる区域に分かれていて、各磁区内では磁化の方向がそろっているが、各々の磁区の磁化の方向は乱雑となっているからである。つまり、平均をとると磁化が0になっている。常磁性体も平均とると磁化が0であるという点では同じだが、磁化がそろっている部分のサイズスケールが違う。常磁性体は「原子・分子」スケールでは磁化している。強磁性は「磁区」のスケールで磁化している。

外部から磁場をかけることによって磁区が整列し、大きなサイズの磁区となると、強力な磁石になる。コイルに鉄芯を入れることで電磁石が強くなるのはこの応用である。

強磁性体の場合は外部磁場と磁化は比例関係にはない（後で示すグラフを参照せよ）。

磁石を高いところから落としたりすると磁力が弱まるが、これは磁区の整列が壊れるためである。また強磁性体は熱することによって強磁性を失い、常磁性にな

る。この強磁性→常磁性の転移が起こる温度をキュリー温度と言う。それは（非常に単純化して言えば）温度が高いと分子運動が激しくなり、磁区をたもっていられなくなるからである。

最初外部磁場が0で、磁化もしていない強磁性体（図のaの状態）を考える。この強磁性体に磁場をかけていく（図のa→b）と、磁化がどんどん大きくなっていく。ただし、磁区が整列しきってしまうともう磁化が増えないので、ある程度で磁化は増えなくなる（飽和する）。

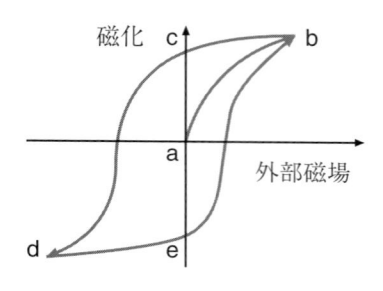

その状態から外部磁場を弱くしていく（図のb→c）と、外部磁場が0になってもまだ磁化は残っている（この磁化を「残留磁化」と呼ぶ）。さらに逆向きの外部磁場をかけていってから戻すと、今度は図のdを経てeに戻る。最初から述べているように、強磁性体の場合は外部磁場が0であっても磁化の値はいろいろな値が有り得るのである。

これはいったん整列させられた磁区の状態は外部磁場が消えても残る（記憶される）ということを示している。この記憶効果をヒステリシスと言い、カセットテープやハードディスクなどの磁気記憶装置の原理となっている。

ここまでで、原因から磁性の種類をまとめると、

(1) （内部で電流が流れる物質）→（反磁性を示す）
(2) （原子や分子が磁気モーメントを持っている物質）→（常磁性を示す）
(3) （その中でも特に、磁気モーメントが整列したがる物質）→（強磁性を示す）

と考えればよい。ほとんどの物質は内部に電流があるので、反磁性はほぼ全物質に共通と思ってよい。ただし、反磁性は小さいので、常磁性または強磁性を持っている物質の場合、他の性質に隠されてしまって見えないことが多い。つまり「反磁性を持つ物質」はたくさんあるが「反磁性体として観測される物質」は少ない（希ガスの他、銀、銅など）。

常磁性・強磁性を持つ物質は、原子（分子）が「ミニ磁石」として振る舞うような物質である。これは電子の配置などに不釣り合いな場所があり、全体としての磁気モーメントが消し合っていないような物質である。原子のミニ磁石が整列

したがる性質を持たないものは常磁性体に、持つものは強磁性体となる。常磁性体には白金、アルミなどがあり、強磁性体には鉄、コバルト、ニッケルなどの小数の金属などがある。

物質がどのような磁性を持つかは温度や圧力などの諸条件で変化することがあり、それを調べることで原子・分子の構造についての情報が得られることがある。磁性には他の種類もあるが、ここでは省略する。

10.2 磁場の表現—磁束密度 $\vec{B}$ と磁場 $\vec{H}$

物質中の電場を表現するには、「電場」$\vec{E}$ と「電束密度」$\vec{D}$ を使った。これと同様に、物質中の磁場を表現するには「磁束密度」$\vec{B}$ と「磁場」$\vec{H}$ がいる。まず静電場の場合どうであったかを振り返ろう。4.5 節で考えたことのエッセンスのみを述べると、
→ p144

――― 電束密度 $\vec{D}$ の導入 ―――

真空中の電場については $\text{div}\,\vec{E} = \dfrac{\rho}{\varepsilon_0}$ が成立するが、誘電体中では電荷密度に分極電荷が加わるので、電荷が真電荷 $\rho_\text{真}$ と分極電荷の和となり、

$$\text{div}\,\vec{E} = \frac{\rho_\text{真} - \text{div}\,\vec{P}}{\varepsilon_0}$$

と変わってしまう。そこで $\text{div}\,\vec{P}$ の項を左辺に回して、

$$\text{div}\,\underbrace{\left(\varepsilon_0\vec{E} + \vec{P}\right)}_{=\vec{D}} = \rho_\text{真}$$

と書き直して電束密度 $\vec{D}$ を定義する。

という筋道であった。$\vec{D}$ はある意味、式を整えるために人工的に作った場である。

10.2.1　$\vec{B}$ と $\vec{H}$

では磁場 $\vec{H}$ と磁束密度 $\vec{B}$ はどんな関係だろうか？

$\text{rot}\,\vec{H} = \vec{j}$ から出発する。電束密度を導入する時に電荷密度を真電荷と分極電荷に分けたのと同様に、電流密度 $\vec{j}$ を

$$\mathrm{rot}\left(\frac{\vec{B}}{\mu_0}\right) = \vec{j}_{真} + \vec{j}_M \tag{10.7}$$

のように「真電流 $\vec{j}_{真}$」と「磁化による電流 $\vec{j}_M$」[†16]に分けよう[†17]。

では、分極電荷密度 ρ_P を $\vec{P}$ を使って表したように、磁化による電流の電流密度 $\vec{j}_M$ を $\vec{M}$ で表すことができないか、ということを考えよう。もし磁化 $\vec{M}$ が一様なら、その場所には電流は流れていない。というのは左図を見てもわかるように、全体に同じ強さで円電流が流れていたら、隣どうしで消し合ってしまうからである。

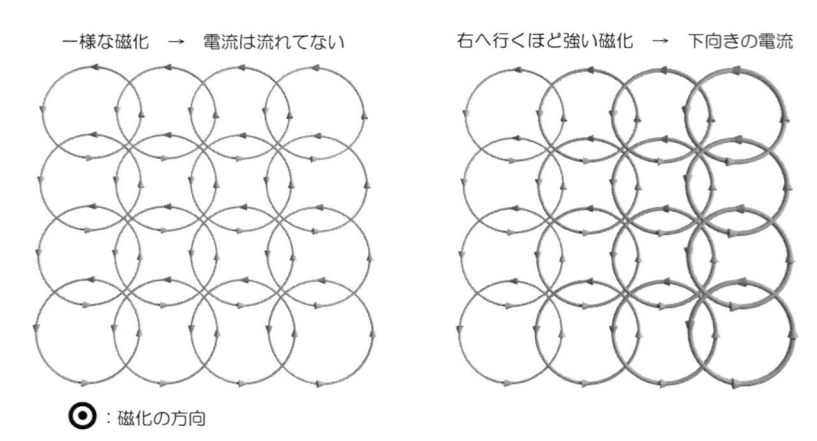

一様な磁化　→　電流は流れてない　　　　右へ行くほど強い磁化　→　下向きの電流

⊙：磁化の方向

右図のように、$\vec{M}$ がだんだん増加していると、隣との磁化の強さの差の分だけ、電流が残る。紙面裏から表へ向かう磁化が右へいくほど増加していると、下向きの電流が流れていることになる。

紙面の裏から表へ向かう向きを x 軸として、紙面右を y 軸、紙面上を z 軸とする

[†16] 考えるべき電流としてはもう一つ「分極電流」というのがある。これは電気分極 $\vec{P}$ が時間変化することによって流れる電流であり、$\frac{\partial}{\partial t}\vec{P}$ と書ける。今は定常状態のみを考えているので省略する。後で説明する。→ p283

[†17] これまでは真空中を考えていたので $\vec{H}$ と書いても $\frac{\vec{B}}{\mu_0}$ と書いても同じ意味であったが、上の式は $\frac{\vec{B}}{\mu_0}$ を使って書かなくてはいけない。磁性体中では、$\vec{H}$ が今から定義する量に変わるからである。

10.2 磁場の表現——磁束密度 $\vec{B}$ と磁場 $\vec{H}$

と、$\vec{M}$ の x 成分 M_x が増加していると、$-z$ 方向の電流が生まれる ($j_z \propto -\dfrac{\partial}{\partial y}M_x$)。単に比例ではなく、この場合厳密に $j_z = -\dfrac{\partial}{\partial y}M_x$ が成立することは、下の図を使って確認しよう。

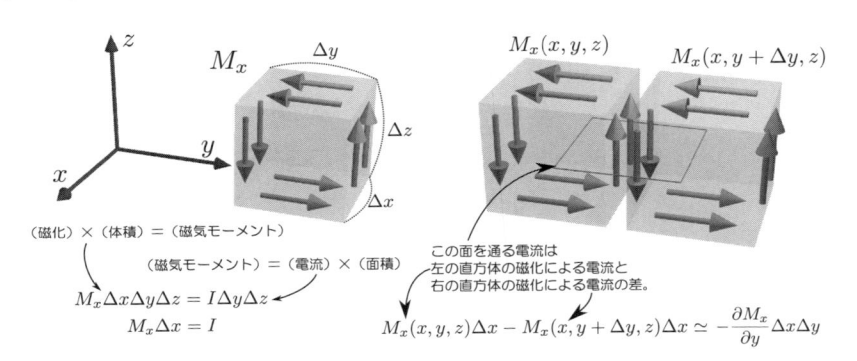

（磁化）×（体積）＝（磁気モーメント）
（磁気モーメント）＝（電流）×（面積）
$M_x \Delta x \Delta y \Delta z = I \Delta y \Delta z$
$M_x \Delta x = I$

この面を通る電流は左の直方体の磁化による電流と右の直方体の磁化による電流の差。
$M_x(x,y,z)\Delta x - M_x(x, y+\Delta y, z)\Delta x \simeq -\dfrac{\partial M_x}{\partial y}\Delta x \Delta y$

図に書き込まれた $-\dfrac{\partial}{\partial y}M_x \Delta x \Delta y$ を、電流が流れている部分の面積 $\Delta x \Delta y$ で割れば、電流密度が $j_z = -\dfrac{\partial}{\partial y}M_x$ となることがわかる。

さて、以上では M_x が y の変化に伴って変化する時に j_z がある、ということを説明したが、次の図のように考えると、M_y が x の変化に伴って変化する時も j_z がある。しかも、その方向は今度は正の向きになる。この二つが同時に起こっていれば、二つの和になる。

こうして、z 軸方向の分子電流は、M_x が y に依存して変化する影響と、M_y が x に依存して変化する影響と、二つの原因で出現するので、

$$\dfrac{\partial}{\partial x}M_y - \dfrac{\partial}{\partial y}M_x = j_z \quad (10.8)$$

が成立する。j_x, j_y についても同様の (サイクリック置換[18]し

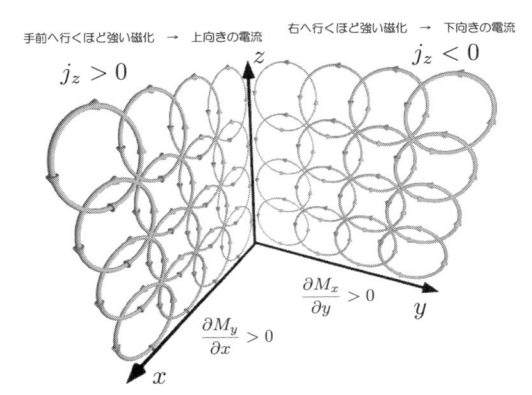

---

[18] 「サイクリック置換」とは $x \to y, y \to z, z \to x$ のように、xyz を回転させるように置換すること。

た）式が成立するから、3成分まとめて考えれば

磁化と分子電流
$$\text{rot } \vec{M} = \vec{j}_M \tag{10.9}$$

という式が出る。これを使うと

$$\text{rot}\left(\frac{\vec{B}}{\mu_0}\right) = \vec{j}_\text{真} + \underbrace{\vec{j}_M}_{=\text{rot } \vec{M}}$$
$$\text{rot}\left(\frac{\vec{B}}{\mu_0} - \vec{M}\right) = \vec{j}_\text{真} \tag{10.10}$$

ということになる。ここで、

物質中の磁場 $\vec{H}$ の定義
$$\vec{H} \equiv \frac{\vec{B}}{\mu_0} - \vec{M} \tag{10.11}$$

と置くことで、方程式 $\text{rot } \vec{H} = \vec{j}_\text{真}$ が成立する。$\text{rot } \vec{B}$ には分子電流の寄与があるが、$\text{rot } \vec{H}$ には分子電流の寄与がない。

以上をまとめると、静磁場の基本方程式は、$\vec{B}$ を使って書くならば、

$$\text{rot}\left(\frac{\vec{B}}{\mu_0}\right) = \vec{j}_\text{真} + \vec{j}_M, \quad \text{div } \vec{B} = 0 \tag{10.12}$$

$\vec{H}$ を使って書くならば、

$$\text{rot } \vec{H} = \vec{j}_\text{真}, \quad \text{div } \vec{H} = \rho_M (\text{ただし}, \rho_M = -\text{div } \vec{M}) \tag{10.13}$$

である。ρ_M は静電場の場合の分極電荷密度 $\rho_P = -\text{div } \vec{P}$ に対応する量である。

通常は

静磁場の基本方程式
$$\text{rot } \vec{H} = \vec{j}, \quad \text{div } \vec{B} = 0 \tag{10.14}$$

をもって基本法則とする（$\vec{j}_\text{真}$ の「真」は省くことが多い）。この二つの式を使うと、

分子内に発生している磁極や電流が（式の上では）見えなくなるというのが一つの利点である。真電荷や真電流は測定もできるし実験者が設定することもできるが、分極や分子電流は、直接測定したり操作したりすることはできない。そのような量を（見た目だけでも）式から追い出せるというのが新しい場を定義する理由である。

実在する電場・磁場に近いものが「電場 $\vec{E}$」と「磁束密度 $\vec{B}$」、物質の影響を人為的に取り除いたものが「電束密度 $\vec{D}$」と「磁場 $\vec{H}$」となっていて、名前と内容が整合してないように感じるかもしれない。英語では $\vec{E}$(Electric Field) と $\vec{B}$(Magnetic Induction) に対して $\vec{D}$(Electric Displacement) と $\vec{H}$(Magnetic Field) なので、もっと不整合である[19]。しかしこれは磁場が電流によって作られているのか磁極によって作られているのかがわからなかった時代からの名残なのである[20]。そのため、最近では $\vec{B}$ を「磁場 (magnetic field)」と呼ぶ本もあるようである。そういう本では $\vec{H}$ は登場しても「補助場 (auxiliary field)」として扱われている。

電磁気は歴史が長いせいもあっていろいろと用語に混乱がある（さまざまな単位系が混在していることがこれに拍車をかけている）が、本を読む時には混乱しないように気をつけよう。

10.2.2　透磁率

$\vec{M} = \chi \vec{H}$ が成立している場合ならば、

$$\vec{H} = \frac{\vec{B}}{\mu_0} - \chi \vec{H} \tag{10.15}$$

$$(1+\chi)\mu_0 \vec{H} = \vec{B}$$

となる。$(1+\chi)\mu_0$ をまとめて μ と書いて「透磁率」と呼ぶ。透磁率は物質によって違う（χ が物質によって違うから）。透磁率 μ と真空の透磁率 μ_0 の比 $1+\chi$ を μ_r と書いて「比透磁率」と呼ぶ。これらを使えば、

$$\vec{B} = \mu \vec{H} = \mu_r \mu_0 \vec{H} \tag{10.16}$$

とも書ける。

---

[19] 英語でも、$\vec{B}$ を Magnetic Flux Density、$\vec{D}$ を Electric Flux Density と書く場合もある。
[20] 特に Electric Displacement(電気変位) や Magnetic Induction(磁気誘導) などという用語は、電磁場が"空間に分布する物質のようなもの"と思われていた時代の名残りであって全く現代的ではない。

反磁性体や常磁性体の場合、χ が 1 よりかなり小さいので、比透磁率はほぼ 1 である。強磁性体の場合は $\vec{H}$ と $\vec{M}$ が正比例関係にないことが多い（特に $\vec{H}=0$ でも $\vec{M}\neq 0$ であることもある）ので、上の式を使うのは無理がある。単純に $\frac{|\vec{B}|}{|\vec{H}|}$ を透磁率と定義した場合、この量は $\vec{B}$ に依存して変化する量になる。外部磁場が小さい時はだいたい $\vec{B}$ と $\vec{H}$ は比例し、軟鉄の場合で比透磁率にして 300 程度の値となるが、その後増加し、2000〜3000 ぐらい（鉄の状態によって変わる）まで大きくなる（数万の比透磁率を持つ物質もある）。しかしある程度より磁場が強くなると、磁化が飽和する（分子磁石が完全に整列してしまうと、それよりも磁化が大きくなることはあり得ない）影響で比透磁率はむしろ下がっていく。

一般の場合、$\vec{B}$ の向きと $\vec{H}$ の向きが一致しないこともあるのは、$\vec{E}$ と $\vec{D}$ の場合と同じである。

10.3 例題：一様に磁化した円筒形強磁性体

上の説明の途中で「磁化が一定なら分子電流は打ち消す」ということを書いたが、有限の大きさの磁性体がある場合、全領域において打ち消すということではない。たとえば円筒形の強磁性体がその軸方向に一様に磁化した場合を考えよう（外部磁場はないとする）。

円筒の内側では磁化が存在するが外には存在しないわけなので、そこで磁化の大きな変化がある。そこでだけ rot $\vec{M}$ は 0 でない（rot は微分の一種なので、$\vec{M}$ が変化するところでは 0 ではない）。つまり分子電流は円筒の側面に集中して流れていることになる（もちろんこれは平均化して見ればそうなるという話である）。したがって、磁化した円筒の作る磁束密度は、有限な長さのソレノイドコイルの作る磁束密度と同じと考えることができる。今は磁場を作るのが電流であるとして考えたが、もし磁場を作っているのが磁極であると考えたなら、今度

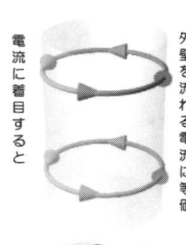

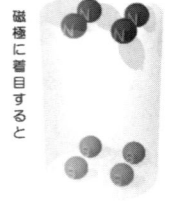

は天井と床でのみ磁極が相殺せず残る、ということになる。

　磁性体の作る磁場を、「表面に流れる円電流が作る」と考えて図に示したものが左ページ右上の図である。その下の図は「天井と床の磁極が作る」と考えた場合である。しつこいようだがもう一度注意しておくと、実際にはこの二つのどちらでもない状態が出現している。分子電流はきれいに重なり合うわけではないから表面以外でも多少は残るだろうし、磁極と考えた場合も、天井と底面以外にも多少は残る（平均化して考えると表面や天井・底面にだけ分布しているように考えてよくなる）。

　下左の図は磁束密度と磁場を表現したものである。磁束密度を表す線（磁束線）は始まりも終わりもなくループする（$\mathrm{div}\, \vec{B} = 0$）。有限長さのソレノイドなので、無限に長い場合とは違って、磁場は外にも漏れていることに注意しよう。一方、磁性体の作る磁場を「天井と底に現れる磁極が作る」と考えて図に示すと右の図となる。これは静電場の場合のコンデンサなどの作る電場と相似である。ここには電流はないので、$\vec{H}$を表す磁力線がループすることがない（$\mathrm{rot}\, \vec{H} = 0$）。

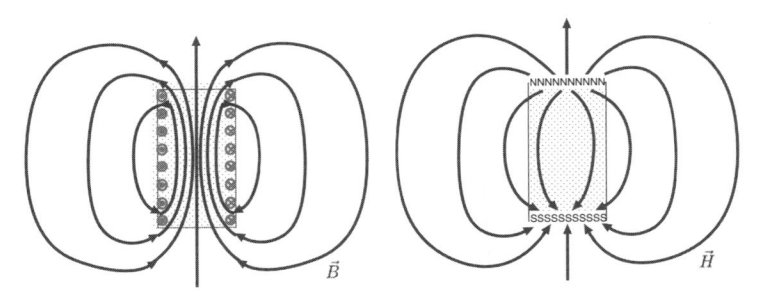

　磁性体の外（真空）では$\vec{B}$と$\vec{H}$は本質的に同じである（比例定数μ_0で比例しているだけ）。磁性体内では図の上向きに磁化$\vec{M}$が存在している。$\frac{1}{\mu_0}\vec{B} - \vec{H} = \vec{M}$であるから、上向きの$\vec{B}$の$\frac{1}{\mu_0}$倍から下向きの$\vec{H}$を引いたものが$\vec{M}$になっている。

　以上からわかるように、分子電流の影響を「磁極の集まり」と見なして、その影響を天井と底面に集約して、「磁極によって作られる場」を考えるのが$\vec{H}$で、分子電流を側面に集約して、「表面電流によって作られる場」が$\vec{B}$なのである。実際には分子電流が完全に均等に分布していない限り側面に集約することなどできない。実際にそこにある磁場は上の図に書かれた$\vec{H}$でも$\vec{B}$でも表現しきれない、複雑なものであるということを覚えておこう。

10.4　媒質が変わる場合の境界条件

途中で物質分布が変化する時、その両サイドでの電場・磁場の接続条件はどのようになるだろうか。

――― ここまでで求められた静電場・静磁場に対する物理法則 ―――
$$\mathrm{div}\,\vec{D} = \rho, \quad \mathrm{rot}\,\vec{E} = 0, \quad \mathrm{div}\,\vec{B} = 0, \quad \mathrm{rot}\,\vec{H} = \vec{j}$$

から考えていこう。ただしこの $\rho, \vec{j}$ はどちらも分極電荷や分子電流を含まない。とりあえず真電荷、真電流もない場合を考えると、「$\vec{D}, \vec{B}$ は div が 0」「$\vec{E}, \vec{H}$ は rot が 0」ということになる。

div が 0 になるようなベクトル場を考える。「div が 0」ということは「任意の閉曲面で出入りが 0」ということなので、境界面をサンドイッチするように閉曲面をとれば、境界面を抜ける成分（法線成分）が接続される。よって、$\vec{B}$ の法線成分が接続される。

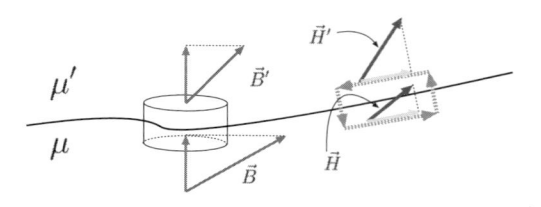

rot が 0 になるベクトル場のばあいは、「任意の閉曲線での線積分が 0」であるから、やはり境界面をはさむような閉曲面をとれば、境界と平行な成分（接線成分）が接続されることがわかる。よって、$\vec{H}$ の接線成分が接続される。

まとめると、$\vec{D}, \vec{B}$ の法線成分と、$\vec{E}, \vec{H}$ の接線成分が接続される（ただし、表面に真電荷や真電流がある場合はこの限りではない）。

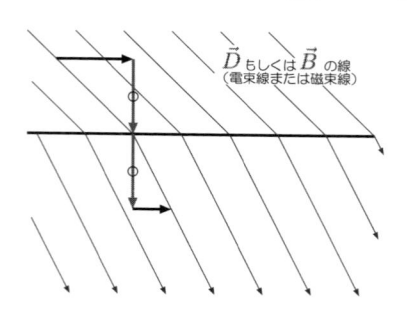

div が 0 なので、この線は必ずつながる。法線成分が同じになる。

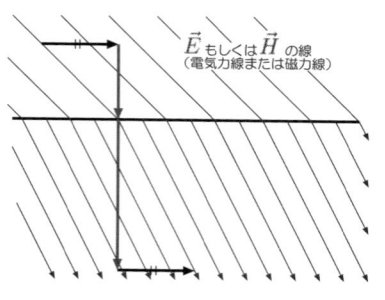

rot が 0 なので、接線成分が同じになる。境界面で線が増える。

10.5 章末演習問題

★【演習問題 10-1】
　透磁率 μ で無限に長い磁性体円柱の周りに単位長さあたり n 巻きでコイルを巻き電流 I を流すと、磁性体内部にできる磁場と磁束密度はそれぞれどうなるか？
　また、この時磁性体内の磁束密度が真空の場合に比べて強くなることを「磁性体の側面を流れている分子電流による磁束密度が足されているからである」と解釈すると、この磁性体の側面を流れている電流（コイルを流れている電流は計算しない）は単位長さあたりどれだけか。

ヒント → p7w へ　解答 → p27w へ

★【演習問題 10-2】
　透磁率 μ_1 の磁性体と透磁率 μ_2 の磁性体が接触している。どちらの磁性体でも磁場と磁束密度は同じ方向を向いている。境界面には真電流は流れていない。
(1) 境界面でつながっていくのは「磁力線（$\vec{H}$ の線）」か「磁束線（$\vec{B}$ の線）」か？
(2) 磁力線の屈折の法則を作れ。
(3) 光の屈折の場合、ある条件では「全反射」が起こった。磁力線の場合はどうか、考察せよ。

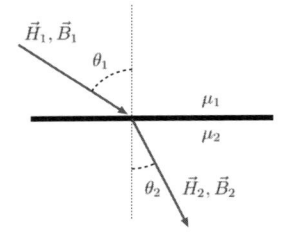

ヒント → p7w へ　解答 → p27w へ

★【演習問題 10-3】
　無限に広がる透磁率 μ の磁性体に一様磁場 $\vec{H}$（磁束密度 $\vec{B}$）をかけている。この磁性体に、幅 d の間隙（真空部分）を作った。間隙の境界の法線ベクトルは磁場と角度 θ をなす。間隙部分にできる磁束密度の強さと向きを求めよ。特に $\theta = 0$ の時と $\theta = \dfrac{\pi}{2}$ の時にはどうなるか？

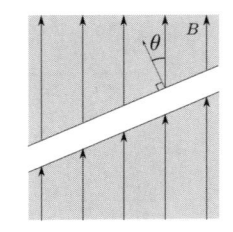

ヒント → p8w へ　解答 → p28w へ

第 11 章

動的な電磁場
―― 電磁誘導

ここまでは静電場、静磁場、つまり時間的に変動しない電磁場だけを相手にして考えてきた。以下では電場や磁場が時間的に変動すると何が起こるかを考えていく。

11.1 静的な場と動的な場

　一般に物理において静的な場合と動的な場合というのは全く違う様相を呈す。静的な場合には電場・磁場互いの関連は少なかったが、動的な場合を知ると、この二つが切っても切れぬ関係で結ばれていることがわかる。

　ここまでの話（静電場・静磁場）をまとめると、以下の表のようになるだろう。

	源	方程式	力の式	ポテンシャル	ポテンシャルの式	関係
電場	電荷	$\mathrm{div}\,\vec{D} = \rho$	$\vec{F} = q\vec{E}$	V	$\triangle V = -\dfrac{\rho}{\varepsilon_0}$	$\vec{E} = -\vec{\nabla}V$
磁場	電流	$\mathrm{rot}\,\vec{H} = \vec{j}$	$\vec{F} = q\vec{v} \times \vec{B}$ または $I\vec{\ell} \times \vec{B}$	$\vec{A}$	$\triangle \vec{A} = -\mu_0 \vec{j}$	$\vec{B} = \vec{\nabla} \times \vec{A}$

　この表を見て、「磁場」が電流という「電荷の移動」によって生み出されていることからしても、変動する電場と変動する磁場が互いに影響し合うであろうことは想像できる[†1]。歴史的には、電流が磁場を作ることが発見されてから 10 年近くが経過した 1831 年、磁場の時間的変化が電場を発生させること確認されている。それが以下で述べるファラデーによる電磁誘導の研究である[†2]。

[†1] というのはもちろん「後知恵」なのであって、変動する電場と磁場が互いに影響し合うということのほんとうの意味がちゃんと理解され、体系立ててまとめられるのは、1820 年に電流が磁場を作ることが発見されてから、1905 年の特殊相対論の完成までかかった。

11.2　ファラデーの電磁誘導の法則

ファラデーは「**電流が磁場を作る。ではこの逆、磁場が電流を作ることはないのか？**」という発想から数々の実験を行った。その結果ファラデーは「磁場があるだけでは電流を作らないが、磁場が時間的に変化すれば電流が流れる」ということを発見する。この現象を「**電磁誘導**」と呼び、この時流れる電流を「**誘導電流**」と呼ぶ。

ファラデーの実験で得られた結果はノイマンの手によって電磁誘導の法則としてまとめられている。この法則を説明する前に、「磁束」という量を定義しよう。

磁束 Φ の定義

磁束密度 $\vec{B}$ と、微小な面積ベクトル $\mathrm{d}\vec{S}$ との内積をとって、ある面積 S で積分したもの、すなわち、

$$\Phi = \int_S \vec{B} \cdot \mathrm{d}\vec{S} \tag{11.1}$$

を「S を貫く磁束」と定義する。これは磁束密度に対応する flux である。

ある回路を考えた時、その回路が端となっているような面積を考えて、その面積上で磁束を計算する。これを「回路を貫く磁束」と表現する。同じ回路に対して面積 S の取り方はいろいろあるが、$\mathrm{div}\,\vec{B} = 0$ であるために端 (回路) さえ固定しておけば同じ値を与える。

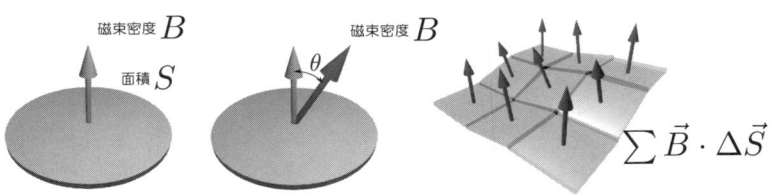

[†2] 実際にはその 1 年前にヘンリーも電磁誘導現象を確認している。

電磁誘導の法則は「回路を貫く磁束」を使って、以下のように表現される。

> **― 電磁誘導の法則 ―**
>
> 　回路を貫く磁束が時間的に変化すると、磁束の時間微分と同じだけの起電力が発生する。
>
> $$V = -\frac{d\Phi}{dt} \quad (11.2)$$
>
> この式の V の符号は、Φ の正の方向に対して右ネジの方向に電流を流そうとする時正と定義する。よって、Φ が増加している場合には Φ に対して左ネジの方向に電流を流そうとする方向に発生することになる。

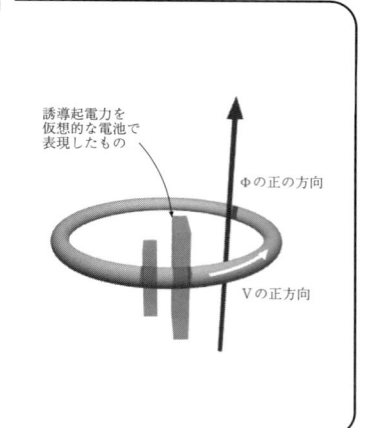

高校物理などの本には「この式 (11.2) のマイナス符号は、磁束の変化を妨げる向きに電流を流そうとする方向に発生することを意味する」と書いてあることが多い。しかし、そういう文章は曖昧さの残る定義になっていてよろしくない。この符号は「物理においては軸に対して右ネジ方向をプラスとする」という約束事に従っていると考えよう。この電位差を「**誘導起電力**」と呼ぶ[†3]。

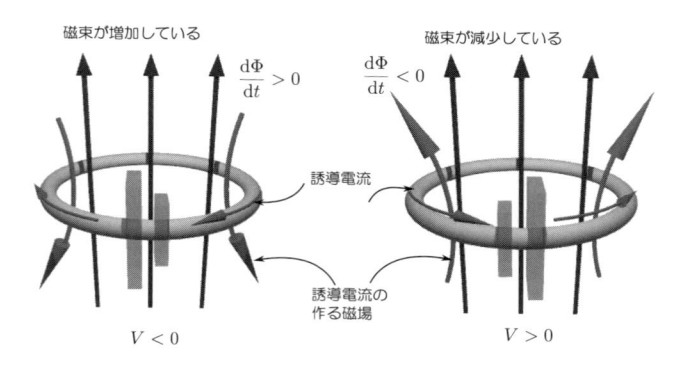

上の図に示したように、Φ が増加すれば Φ の正の方向とは逆向きの磁場が発生し、逆に Φ が減少すれば Φ の正方向と同じ方向の磁場が発生する。こうして、誘

[†3] 「起電力」が力ではなかったのと同様、「誘導起電力」も力ではない。電位差である。より正確には、「単位電荷が回路内を一周した時にされる仕事」である。

11.2 ファラデーの電磁誘導の法則

導電流による磁場が足されることで、Φ の変化が妨げられることになる。

この回路を作る導線が一様であり、全体の抵抗値が R ならば、この時（右ネジ方向を正として）$-\dfrac{1}{R}\dfrac{\mathrm{d}\Phi}{\mathrm{d}t}$ の電流が流れることになる。図の上では回路の一カ所に電池が存在しているかのごとく書いたが、実際には回路全体で一つの電池であるとみなさなくてはいけない。あるいは、回路を構成する導線の微小部分一個一個が微小な電池なのである。

> 【FAQ】この回路の電位はどうなっているのですか？
>
> 実はこのように磁場が時間変化する場合には電場と電位の関係が静電場・静磁場の場合とは変わってしまう。そのため、この「仮想的な微小電池」は通常の電池のように電位差を作っているのではない。これについては後で時間変動する場合の電場と電位の関係について考える時に述べよう。
> → p268

多くの場合誘導電流による磁場は元の磁場の変化を打ち消すには足りず、磁場は変化する[†4]。

なお、この「**変化を妨げる向きに電流が流れる**」というのは磁束密度変化のみならず、他の「変化」についても言える。たとえばコイルに磁石が近づいてくる時、磁石のつくる磁場と逆向きの磁場を作るような誘導電流が流れる。この磁場による力は磁石を遠ざけようとする力（近づくことを妨げようとする力）を作り出す。逆に磁石を離す時は、離すまいとする引力が発生するのである。

また、回路が変形する場合も同様のことが言える。変形する回路に誘導電流が流れた時に働く力は、回路の変形を押しとどめようとする力になるのである。

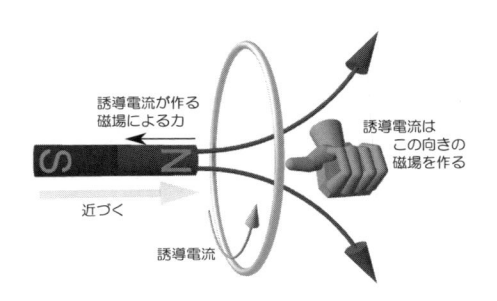

[†4] 例外は超伝導状態になった物質で回路が作られている時。この場合は磁束の変化がちょうど打ち消され、回路内の磁束は変化できない。

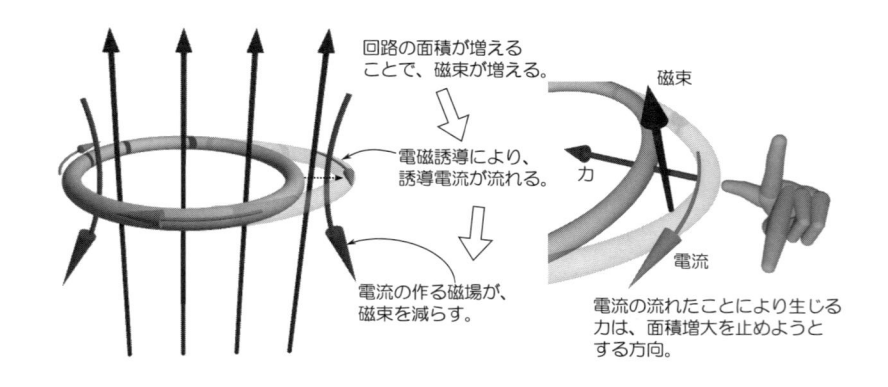

第 11 章　動的な電磁場——電磁誘導

（図：左——回路の面積が増えることで、磁束が増える。電磁誘導により、誘導電流が流れる。電流の作る磁場が、磁束を減らす。右——磁束・力・電流、電流の流れたことにより生じる力は、面積増大を止めようとする方向。）

以上の現象をまとめて、

— レンツの法則 —

電磁誘導による起電力は、状態の変化を妨げる向きの電流を流そうとする。

と表現する。「状態の変化を妨げる」の中には「磁束変化を打ち消す」はもちろん、「磁石が近づくのを妨げる」「回路の面積が増大するのを妨げる」などが含まれる。

この法則が成立することは、エネルギー保存の観点から納得することもできるだろう。誘導電流が流れない場合と流れる場合を比較した時、電流が流れる場合は誰か（何か）が電流を流すために必要なエネルギーを（仕事として）供給しなくてはいけない。つまりそれだけ、「余計な仕事を増やす」方向に電流が流れるはずなのである。

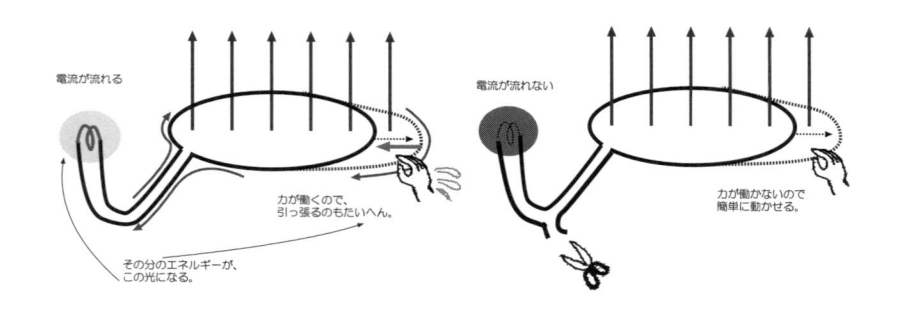

（図：左——電流が流れる、力が働くので、引っ張るのもたいへん。その分のエネルギーが、この光になる。右——電流が流れない、力が働かないので簡単に動かせる。）

一つ注意しておいてほしいことは、この「起電力が発生する」という現象は、そこに導線による回路があるかないかとは無関係に起こる、ということである。そこに導線があるならば（つまり動くことができる電荷があるならば）、その起電力

が電流という現象を起こす。だが、電流が流れない場合でも起電力はあるのである（導線がつながれていない電池にも起電力はあるのと同じ）。

電磁誘導の法則は**二つの物理現象を同時に表現している**ことに注意しなくてはいけない。というのは「回路を貫く磁束が変化する時」は、二種類あるのである。磁束 Φ は $\int_S \vec{B}\cdot d\vec{S}$ であるから、磁束は「磁束密度 $\vec{B}$ が変化する」と「回路の形（面積）が変化する」の二通りの理由で変化することができる（もちろんこの二つが同時に起こることだってある）。

この二つは違う現象なのに、同じ法則で表現されているということは非常に面白い。こうなるのは、この二つの現象に共通の原理がその後ろに隠れているからである。その原理を追求していくとアインシュタインの特殊相対論へとたどり着く。

以下で、この二種の現象それぞれについて分けて考察していこう。

11.3　導線が動く時の電磁誘導のローレンツ力による解釈

この節ではまず「導線が動く」場合の電磁誘導現象が、実は前章で考えたローレンツ力で生み出されていることを確認しよう。

電流が磁場から受ける力を導線内の電子の受けるローレンツ力と解釈することができたように、この場合の電磁誘導による起電力も、電子の受けるローレンツ力で解釈することができる。本質的な意味で電荷の受ける力は広義のローレンツ力 $q(\vec{E}+\vec{v}\times\vec{B})$ で尽きている。電磁気現象で現れる力はすべてこれで解釈できるのである。

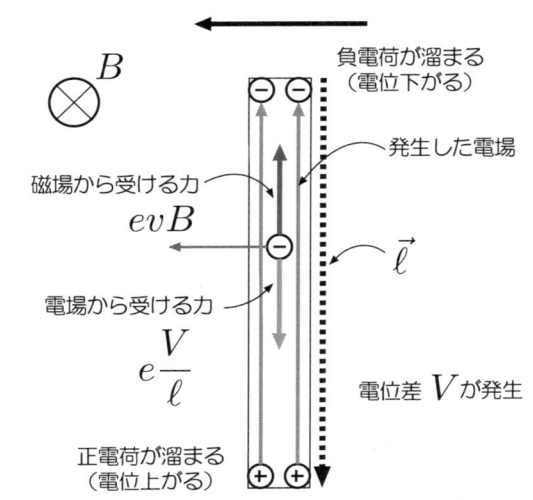

磁場中で導線（ただし、回路の一部ではなく、ただ導線があるだけの状況を考える）を動かすという思考実験をしてみる。導線の中には電流のキャリア（金属の場合なら自由電子）がある。以下は金属の場合で考えよう。導線を動かすと、導線内の金属イオンも自由電子も動く。動いている電荷には磁場からの力が働く。しかし金属イオンの方は導線全

体と同じ動きしかできない（でないと金属が破壊される）。電子の方は金属内部では動くことができるので、金属の中で一方向に偏ることになる（前ページ図参照）。

図による説明では磁場の方向、導線の方向、導線の運動方向という三つの方向が互いに垂直である場合について考えたが、そうでない場合では

$$V = (\vec{v} \times \vec{B}) \cdot \vec{\ell} \tag{11.3}$$

となる（運動速度 $\vec{v}$ と磁束密度 $\vec{B}$ の外積をとって、それと棒の長さと向きを示す $\vec{\ell}$ との内積をとる）。ただし、$\vec{\ell}$ の向きは、電位が低い方から高い方へ向かうと定義した。この式は以下のようにして導出する。

まず、電子に働くローレンツ力は $-e\vec{v} \times \vec{B}$ である。この力と、導体内にできた電場による力 $-e\vec{E}$ がつりあうので電子が動かないと考える（この時、$\vec{E} + \vec{v} \times \vec{B} = 0$）。一様な電場だと考えればこの電場に棒の端から端までを表す変位ベクトル $\vec{\ell}$ をかけると棒の両端の電位差が出る。すなわち、

$$V = -\vec{E} \cdot \vec{\ell} = (\vec{v} \times \vec{B}) \cdot \vec{\ell} \tag{11.4}$$

となる[†5]（実際の導線では端がないが、ここでは端のある場合で電位差を考える）。

こうして考えてみると、動いている導線に発生する誘導起電力というのは、ホール効果による起電力と本質的には違いがない（ホール効果の場合は伝導電流がきっかけであったが、電磁誘導の場合は導線の運動がきっかけなのである）。

上では長さ ℓ の棒を動かす場合を考えた。次に、$V = -\dfrac{d\Phi}{dt}$ の式との関連を考えるために、回路の一部を変形する場合を考えてみよう。例によって回路を微小部分に分割する。素片 $d\vec{\ell}$ で表される素片が $\vec{v}$ の速度で動いたとすれば、その部分に発生する微小な起電力は

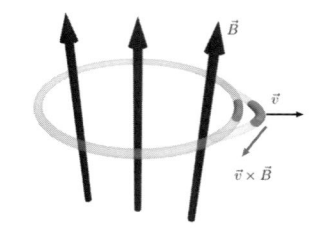

$$dV = (\vec{v} \times \vec{B}) \cdot d\vec{\ell} \tag{11.5}$$

である。ベクトル解析の公式 $(\vec{A} \times \vec{B}) \cdot \vec{C} = (\vec{C} \times \vec{A}) \cdot \vec{B}$ により[†6]、

$$dV = (d\vec{\ell} \times \vec{v}) \cdot \vec{B} \tag{11.6}$$

と書き直すことができる。

[†5] $V = -\vec{E} \cdot \vec{\ell}$ にマイナス符号がある理由は、電場 $\vec{E}$ が電位の高い方から低い方へと向かうベクトルである一方、$\vec{\ell}$ を電位の低い方から高い方へと向かうベクトルと定義したからである。二つのベクトルは逆向きなので、マイナス符号がつくことで V は正となる。

[†6] 三つのベクトル $\vec{A}, \vec{B}, \vec{C}$ の作る平行6面体の体積であると考えるとこの公式は納得できる。

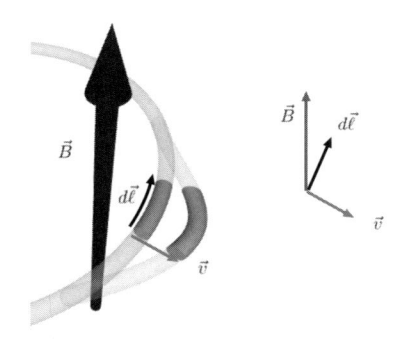

$\mathrm{d}\vec{\ell} \times \vec{v}$ はまさに、$\mathrm{d}\vec{\ell}$ と $\vec{v}$ によって作られた微小面積を表すベクトル（大きさは面積を表現し、向きは面積の法線ベクトルを表現する）で、単位時間あたりの面積増加を表している。

右の図の場合、$\mathrm{d}\vec{\ell} \times \vec{v}$ は図の下向きを向く。磁束密度 $\vec{B}$ と内積を取ると負の値が出るが、それは上から見た時に時計回りの電流を流すということで、レンツの法則を満たしている。

この微小な起電力 $\mathrm{d}V$ を積分していくことで回路全体の起電力が計算できて、それは $\int \mathrm{d}\vec{S} \cdot \vec{B}$ の単位時間あたりの増加と等しくなるというわけである。このようにして変形部分に $\vec{B} \cdot \dfrac{\mathrm{d}\vec{S}}{\mathrm{d}t}$ という電位差が発生することがわかった[†7]。

誘導起電力が起こる例として、交流発電機を考えよう。簡単のため、一辺 a の正方形回路を考えて、この回路を磁場中で図のように回転させる。

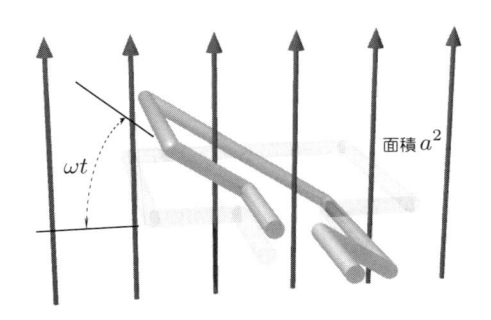

この時、回路を貫く磁束は

$$\Phi = Ba^2 \cos\omega t \quad (11.7)$$

と書くことができる（$\cos\omega t < 0$ の時は、回路の表から裏に向かう向きに磁束が貫いている）。この回路に発生する起電力は

$$V = -\dfrac{\mathrm{d}\Phi}{\mathrm{d}t} = Ba^2 \omega \sin\omega t \quad (11.8)$$

となる。これがまさに交流電源による電圧である。発電所ではこの原理で交流電圧を作っている。

回路に抵抗 R が接続されているとすれば、

$$\text{流れる電流：} \quad I = \dfrac{V}{R} = \dfrac{Ba^2\omega}{R}\sin\omega t \quad (11.9)$$

$$\text{抵抗で消費される電力：} \quad IV = \dfrac{B^2 a^4 \omega^2}{R}\sin^2\omega t \quad (11.10)$$

となる。

[†7] 端のない導線の場合、電場は発生しないが、その場合電荷が回路を一周する間に単位電荷あたり $\oint (\vec{v} \times \vec{B}) \cdot \mathrm{d}\vec{\ell}$ という仕事をされる、と解釈する。

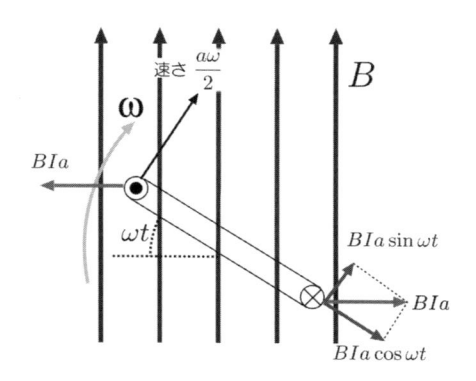

回路を一定角速度で回転させるために必要な仕事を考えよう。導線にはBIaの力が働くが、そのうち回転を妨げる方向の成分は$BIa\sin\omega t$である。この力に抗する分だけの力を与えないと一定角速度の回転は続かない。

導線に対して行わなくてはいけない単位時間あたりの仕事は（この力の働いている導線が2本あるから2倍することを忘れずに）、

$$BIa\sin\omega t \times \frac{a\omega}{2} \times 2 = \frac{B^2 a^4 \omega^2}{R}\sin^2\omega t \tag{11.11}$$

となる[†7]。これは電力とぴったり一致する（エネルギー保存則がちゃんと成立している）。

11.3.1　仕事をするのはいったい誰か？ ++++++++++++++ 【補足】

ここで、ローレンツ力について説明した時に「ローレンツ力は仕事をしない」と述べたことを思い出し、「あれ、おかしいぞ」と疑問を持つ人がいるかもしれない。この導体棒に抵抗をつなぐと抵抗でジュール熱が発生するし、モーターをつないでおけば、それを通じて仕事をさせることができる[†8]。誘導起電力の大本であるところのローレンツ力は仕事をしないはずであるのに、ローレンツ力の集合によって作られる誘導起電力による電流が仕事をできるとは、いったいいかなる理由なのであろうか？——という疑問が湧いてももっともなことである。

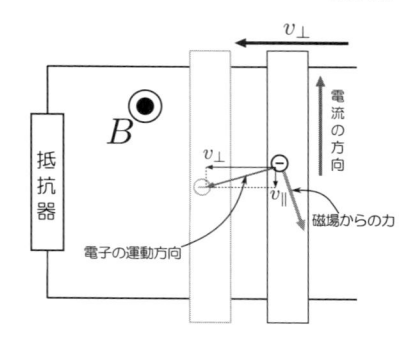

ここで、11.3節では導体棒に何かをつなぐということを考えておらず、それゆえに電流が流れていなかったことを思い起こそう。もし、適当な抵抗が接続されていて、電流が流れていたとしたらどう違いが現れるであろうか？

この場合、電子の運動は導体棒が動くことによる運動の他に、電流としての運動が加

[†7] 実際には力は導線に加えるのではなく、軸受けの部分に加えられるだろう。てこの原理により、加えるべき力は$BIa\cos(\omega t + \alpha)$より大きくなる。しかし力学における仕事の原理により、仕事は等しい（力が大きい分、移動距離が小さくなっている）

[†8] 話はもっと大がかりではあるが、我々が日常使っている「電気」はまさにこうして得られたものだ。発電所で誘導起電力を使って作られた電力を、各家庭で使っている。

わる。導体棒の運動方向は棒と垂直なので、この方向の速度を $v_\perp$ と書き、電流としての電子の運動の速度を $v_\parallel$ と書くことにする。

電流が流れていない時の磁場からの力は $ev_\perp B$ で導線に平行な方向だが、電流が流れていると、これに加えて $ev_\parallel B$ の大きさで導線に垂直で運動を妨げる向きの力が加わる。電子は導線内は自由に動けるが、導線から外に出ることはできないので、導線の端で止まってしまう。こうしてホール効果の時と同様の現象が起き、導体棒の端が帯電し、その電場による力がちょうど磁場の力の導線に垂直な成分 $ev_\parallel B$ を打ち消すようになった時に導線内の電子は導線に沿って運動するようになる。

電子に仕事をしているのはこの電場による力の方である（やっぱり、磁場は仕事をしてなかった！）。

この電場は、導体中にある正電荷（金属の場合であれば陽イオン）に、電子とは逆（運動方向と逆向き）の力を及ぼす。導体棒が（11.3節での仮定のように）等速直線運動するとしたら、誰か（何か）が棒に力を加え続けねばならない。電流によってなされる仕事の大本を作り出している（エネルギーを供給している）のは、この「誰か（何か）」なのである。

巨視的に見るならば、磁束密度 B の磁場中の長さ ℓ の導線に電流 I が流れていれば（B, I は互いに直角とする）、その導線には磁場から $BI\ell$ の力が働く。その力を打ち消すだけの力を加えないと、棒は等速直線運動しない。棒が速さ v で磁場 B とも I とも垂直な方向に動いているとすれば、外部から単位時間あたり $BI\ell v$ の仕事を加えられているのである。

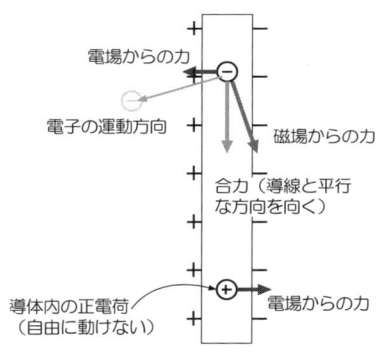

この仕事が電力を供給する（運動する導線は電池として働くことに注意せよ）とすれば、

$$BI\ell v = IV \tag{11.12}$$

となって、よってエネルギーの収支の観点からも、起電力が $V = B\ell v$ となることを導けるのである。

✚✚✚✚✚✚✚✚✚✚✚✚✚✚✚✚✚✚✚✚✚✚✚✚✚✚✚✚✚✚✚✚【補足終わり】

11.4 磁束密度の時間変化と電場

電磁誘導の法則は二つの物理現象をまとめて表現しているが、ここまではその一方である「回路が変化する場合」についてのみ考えてきた。ここからは磁束密度が変化する場合を考える。その時でも、回路内を通る磁束が変化すると起電力が発生する。この時には、運動していない電荷にも力が働いているので、ローレンツ力の式 $\vec{F} = q(\vec{E} + \vec{v} \times \vec{B})$ と照らし合わせて考えれば、そこに電場が発生していると考えなくてはいけない。つまり、磁束の変化と電場を関係づける物理法

則が存在しているのである。これはここまではまだ導入してない、新しい物理法則である。

実験結果である $V = -\dfrac{d\Phi}{dt}$ を前提として、その新しい物理法則はどのような式で表現されるのかを求めよう。

回路が静止している場合を考えている（つまりローレンツ力のような力は働いていない）。この場合には起電力 V は回路を一周する電場 $\vec{E}$ の線積分[†9]で定義できるだろう。一方、磁束の方は $\Phi = \int d\vec{S} \cdot \vec{B}$ のように面積積分で表される。ゆえに

$$-\int_S d\vec{S} \cdot \frac{\partial \vec{B}}{\partial t} = \oint_{\partial S} \vec{E} \cdot d\vec{x} \tag{11.13}$$

という計算が成立するのである[†10]。S が回路の内側の面積、∂S はその境界部分で、回路のある場所である。

この式を微小面積 dS に対して適用することで微分形の法則を出すことができる。これはアンペールの法則の積分形から微分形を出した時と全く同じ計算である。結果として

電磁誘導の法則の微分形

$$\mathrm{rot}\, \vec{E} = -\frac{\partial \vec{B}}{\partial t} \tag{11.14}$$

という法則が作られる。こうして時間的に変動する磁場がある場合の物理法則が得られた。この法則は磁束密度の時間変化がない場合は $\mathrm{rot}\, \vec{E} = 0$ という静電場でおなじみの法則に帰着する。

ここまでで、$V = -\dfrac{d\Phi}{dt}$ という法則の中にローレンツ力 $\vec{F} = q(\vec{E} + \vec{v} \times \vec{B})$ と、新しい物理法則 $\mathrm{rot}\, \vec{E} = -\dfrac{\partial \vec{B}}{\partial t}$ が含まれていることを見た。ではこの二つ

[†9] 回路の起電力 V とは「単位電荷を回路に沿って一周させた時に電場のする仕事」であるから、線積分 $\oint \vec{E} \cdot d\vec{x}$ となる。

[†10] Φ に対する時間微分が常微分 $\dfrac{d}{dt}$ だったのに、$\vec{B}$ に対する微分が偏微分 $\dfrac{\partial}{\partial t}$ になっていることを不思議に思う人がいるかもしれない。$\vec{B}$ は場所と時間の関数 $\vec{B}(\vec{x}, t)$ であるのに対し、Φ は面積積分の結果として定義されているので場所 $\vec{x}$ の関数ではない（$\Phi(t)$）。よって Φ に対する微分は偏微分で書く必要はない。

は $V = -\dfrac{\mathrm{d}\Phi}{\mathrm{d}t}$ と等価なのかというと、そうではない。というのは電磁誘導の中には $V = -\dfrac{\mathrm{d}\Phi}{\mathrm{d}t}$ では表すことができない現象があるのである。そういう意味で「$V = -\dfrac{\mathrm{d}\Phi}{\mathrm{d}t}$ はいつでも成立する厳密な物理法則ではない」ことに注意しよう。

　一つの例が単極誘導である。単極誘導はファラデーが作った世界最初の発電機でも使われている。右の図がその装置の概念図である。磁石の極のそばで円盤を回転させることで起電力を得る。円盤には中心から導線が出て、導線は導電性のブラシにつながり、円盤の外周に接触し、こすれあいながら円盤が回転する。回転の角速度を ω としよう。

　この時、円盤の速度 $\vec{v}$ で運動している部分の自由電子には、$-e\vec{v}\times\vec{B}$ のローレンツ力が働いて、電子を中心方向に引っ張る。これは結果として中心部の電位を下げ、円周部分の電位を上げることになり、起電力が発生して電流が流れる。

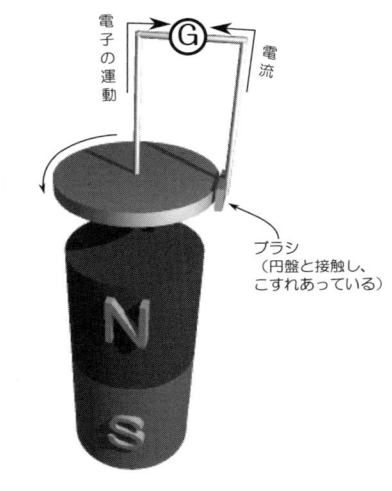

　この起電力は $V = -\dfrac{\mathrm{d}\Phi}{\mathrm{d}t}$ という形で記述することはできない。回路を貫く磁束は変化してないからである。

　ここで、円盤を回転させずに磁石の方を回転させたとすると、起電力は全く発生しない。磁石を回転させても（図のように軸対称な磁石であれば）磁束密度は時間変化しないからである。

> ### 【FAQ】磁石がまわれば一緒に磁力線もまわらないのですか？
>
> 　もともと、磁力線というのは磁場を表現するために便宜上導入されたものであって、実際にそういう線があるわけではない。つまり「磁力線が運動する」などという考え方は非物理的なのである。電磁気学において、磁力線には実体はない。各点各点の磁場なり磁束密度なりの「場」こそが実体である。そして、電磁誘導による電場が発生する条件はあくまで、$\dfrac{\partial \vec{B}}{\partial t} \neq 0$ なのである。
>
> 　軸対称な磁石が軸の周りにまわっているだけでは、各点各点の $\vec{B}$ は変化しないから電場は発生しない。

---------------------------------- 練習問題 ----------------------------------

【問い 11-1】図のように一様な磁場に対して垂直な面上に回路が作られている。まず、この回路のスイッチの S_1 を閉じる。続いて S_1 を開いてすぐ S_2 を閉じ、さらに S_2 を開くとすぐに S_3 を閉じる。このようにすると回路内の磁束はどんどん増加していく。この時、この回路には起電力が発生するか？？？──発生するとしたらどのように発生するのか、発生しないとしたら回路を通る磁束が増加しているのに起電力が発生しないのはなぜか、説明せよ。

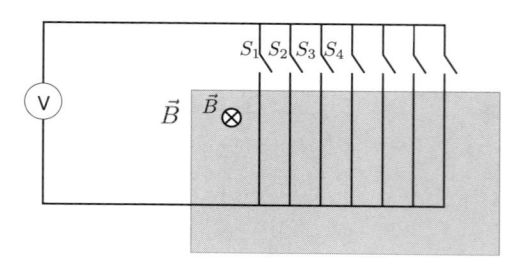

ヒント → p310 へ　　解答 → p320 へ

11.4.1　時間変動する電磁場の場合の電位

　静電場における $\mathrm{rot}\,\vec{E}=0$ は、電位が存在できるための条件であった。これが成立していないと、電位は一意的に決まらなくなってしまう。では、時間変動する電磁場では V は定義できないのだろうか？

　もちろん静電場同様に考えたのでは電位は定義できない。電位を定義したければ、電位と電場の関係である $\vec{E}=-\mathrm{grad}\,V$ という式の方を修正するとよい。

　実際、$\mathrm{rot}\,\vec{E}=-\dfrac{\partial \vec{B}}{\partial t}$ に $\vec{E}=-\mathrm{grad}\,V$ と $\vec{B}=\mathrm{rot}\,A$ を代入すると

―――――――――――― これは間違えた式！！ ――――――――――――

$$-\frac{\partial(\mathrm{rot}\,A)}{\partial t} = \mathrm{rot}\,(-\mathrm{grad}\,V)$$
$$-\mathrm{rot}\,\frac{\partial A}{\partial t} = 0 \tag{11.15}$$

となってしまって矛盾する。しかしよく見ると、$\vec{E}=-\mathrm{grad}\,V$ とするのではなく、

―――――― 時間変動する電場とポテンシャルの関係 ――――――

$$\vec{E} = -\mathrm{grad}\,V - \frac{\partial \vec{A}}{\partial t} \tag{11.16}$$

と定義することにすれば、

$$-\frac{\partial (\text{rot }\vec{A})}{\partial t} = \text{rot}\left(-\text{grad }V - \frac{\partial \vec{A}}{\partial t}\right)$$
$$-\text{rot}\frac{\partial \vec{A}}{\partial t} = -\text{rot}\frac{\partial \vec{A}}{\partial t} \tag{11.17}$$

となって無事成立する。

電場は電位の傾きで表現される部分と、ベクトルポテンシャルの時間微分で表現される部分があるのである（静電場・静磁場では後者は出番がなかった）。

(11.16) を図形的に表現すると、右図の通りである。磁束密度が増加するということは、$\vec{B} = \text{rot }A$ からして、その $\vec{B}$ の方向に対して右ネジの方向に渦を巻く形の $\vec{A}$ が増加するということである。この時、その場所にはその逆向きに起電力が発生する。つまり $\vec{E}$ が $-\dfrac{\partial \vec{A}}{\partial t}$ を含むということは、ベクトルポテンシャルが増加する時はそれと逆向きに電場が発生しますよ（電荷に力が働きますよ）、ということを意味している。

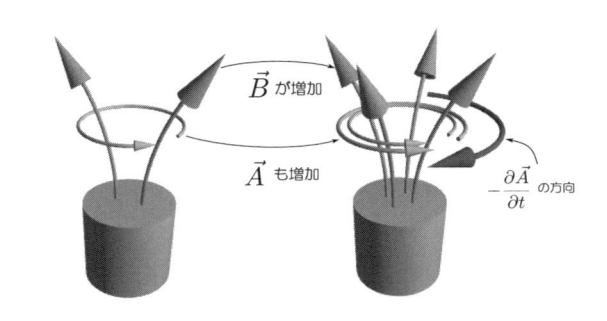

11.5　自己誘導・相互誘導

コイルに電流を流すとその内部に磁場ができる。この磁場が変化すればコイルには起電力が発生する。つまり、自分に流れた電流の時間変化によってコイルの両端の電位差は変化する。この現象を「自分で自分に起電力を発生させる」という意味で**自己誘導**と呼ぶ。一方、複数のコイルが存在している時、あるコイルに流れる電流が変化すると別のコイルに誘導起電力が発生する。これを**相互誘導**と言う。

11.5.1　自己インダクタンスと相互インダクタンス

あるコイルの作る磁場の磁束密度は、どの場所でもコイルを流れる電流に比例する。よって、その磁場の別のコイルを通る磁束の大きさも電流に比例するだろう。磁束に対しても重ね合わせの原理が成立するので、一個めのコイルを通る磁

束を Φ_1 と書くと、

$$\Phi_1 = L_1 I_1 + M_{12} I_2 + M_{13} I_3 + \cdots \tag{11.18}$$

のように書ける。

　係数 $L_1, M_{12}, M_{13}, \cdots$ はコイルの形から決まり、L_1 すなわち「コイル1に流れる電流が自分自身を貫くようにつくる磁束を電流の強さで割ったもの」を「**自己インダクタンス**」と呼ぶ。M_{12} は「コイル2に流れる電流がコイル1を貫くように作る磁束をコイル2を流れる電流の強さで割ったもの」であり、「**相互インダクタンス**」と呼ぶ（M_{13} 以降の量も同様に定義する）。インダクタンスは磁束（単位 [Wb]）を電流（単位 [A]）で割ったものなので、その単位は [Wb/A] と表現されるが、特別に [H]（ヘンリー）[†11] という単位を使う。

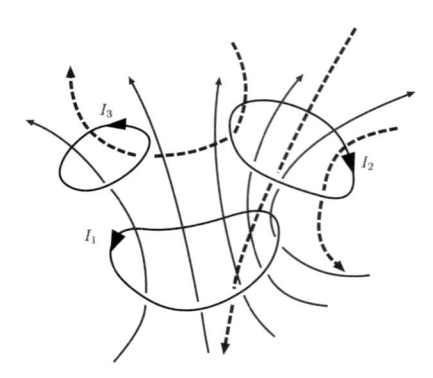

　以上のように考えていくと、

$$\begin{aligned}\Phi_1 &= L_1 I_1 + M_{12} I_2 + M_{13} I_3 + \cdots \\ \Phi_2 &= L_2 I_2 + M_{21} I_1 + M_{23} I_3 + \cdots \\ \Phi_3 &= L_3 I_3 + M_{31} I_1 + M_{32} I_2 + \cdots \\ &\vdots \end{aligned} \tag{11.19}$$

とコイルの数だけ式ができる。i 番目のコイルに発生する起電力は

$$V_i = -\frac{d\Phi_i}{dt} = -L_i \frac{dI_i}{dt} - M_{i1}\frac{dI_1}{dt} - M_{i2}\frac{dI_2}{dt} - M_{i3}\frac{dI_3}{dt} + \cdots \tag{11.20}$$

となる。$M_{ii} = L_i$ という記号を使うことにすれば、$V_i = -\sum_j M_{ij} \frac{dI_j}{dt}$ とまとめることもできる。

　具体的に相互インダクタンスを計算してみよう。

　電流 I_1 が場所 $\vec{x}$ につくる磁束密度を $\vec{B}_1(\vec{x})$ としよう。電流 I_2 が流れる回路の内部を通る磁束を $\int_{I_2 回路} d\vec{S} \cdot \vec{B}_1$ と書くと、

[†11] ヘンリーはファラデーとほぼ同時に電磁誘導を発見した物理学者。特に自己誘導現象はヘンリーの発見である。

11.5 自己誘導・相互誘導

$$M_{21}I_1 = \int_{I_2 \text{回路}} d\vec{S} \cdot \vec{B}_1 \tag{11.21}$$

である。これを計算するには、$\vec{B}_1$ を求めなくてはいけないが、その方法としてビオ・サバールの法則を使う方法と、ベクトルポテンシャル $\vec{A}$ を使う方法がある。ここでは両方で説明しよう。

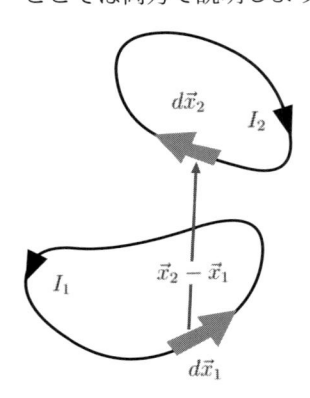

まずビオ・サバールの法則を使うとすると、電流 I_1 によって作られる磁束密度 $\vec{B}_1$ に

$$\frac{\mu_0}{4\pi}\int d^3\vec{x}' \frac{\vec{j}_1(\vec{x}') \times (\vec{x} - \vec{x}')}{|\vec{x} - \vec{x}'|^3}$$

を代入すればよい。ただし、$\vec{j}_1(\vec{x}')$ は電流 I_1 の電流密度である。前にも使った

$$\frac{\vec{x} - \vec{x}'}{|\vec{x} - \vec{x}'|^3} = -\vec{\nabla}\left(\frac{1}{|\vec{x} - \vec{x}'|}\right) \tag{11.22}$$

という公式を使う[†13]。

以上より、

$$\begin{aligned}M_{21}I_1 &= \int_{I_2 \text{回路}} d\vec{S} \cdot \left(\frac{\mu_0}{4\pi}\int d^3\vec{x}' \vec{j}_1(\vec{x}') \times \left(-\vec{\nabla}\left(\frac{1}{|\vec{x} - \vec{x}'|}\right)\right)\right) \\ &= \int_{I_2 \text{回路}} d\vec{S} \cdot \left(\vec{\nabla} \times \int d^3\vec{x}' \frac{\mu_0 \vec{j}_1(\vec{x}')}{4\pi |\vec{x} - \vec{x}'|}\right)\end{aligned} \tag{11.23}$$

となる。2行目では、$\vec{\nabla}$ が $\vec{x}$ による微分なので $\vec{j}(\vec{x}')$ と順番を変えてもいいことと、外積の反対称性 $(\vec{A} \times \vec{B} = -\vec{B} \times \vec{A})$ を使った。この式を見ると、ベクトル場 $\int d^3\vec{x}' \frac{\mu_0 \vec{j}_1(\vec{x}')}{4\pi |\vec{x} - \vec{x}'|}$ の rot を取るという計算を行っている。実はこのベクトル場は電流密度 $\vec{j}_1(\vec{x}')$ によって作られるベクトルポテンシャルそのものである ((9.28) を参照)。これを $\vec{A}$ と書くことにすれば、この式は

$$\int_{I_2 \text{回路}} d\vec{S} \cdot \left(\text{rot}\,\vec{A}(\vec{x})\right) \tag{11.24}$$

とまとめられる（もし「ベクトルポテンシャルを使って計算しよう」と思ったのであれば、この式から出発することになる）。続いてストークスの定理を使って

[†13] この公式は、点電荷の作る電場と電位が $\vec{E} = -\vec{\nabla}V$ を満たすことを思い出せば、すぐに成立することが納得できる。

$\int_{I_2 回路} \mathrm{d}\vec{S} \cdot (\mathrm{rot}\, \vec{A})$ という面積分を、$\int_{I_2} \mathrm{d}\vec{x}_2 \cdot \vec{A}(\vec{x}_2)$ のような I_2 回路の線積分に直す（I_2 回路の積分なので積分変数は $\vec{x}_2$ にした）と、

$$M_{21}I_1 = \int_{I_2} \mathrm{d}\vec{x}_2 \cdot \underbrace{\int \mathrm{d}^3\vec{x}' \frac{\mu_0 \vec{j}_1(\vec{x}')}{4\pi|\vec{x}_2 - \vec{x}'|}}_{=\vec{A}(\vec{x}_2)} \tag{11.25}$$

となるが、$\vec{x}'$ 積分は電流 I_1 のあるところ（すなわち、$\vec{j}(\vec{x}')$ が 0 でない場所）でのみ意味があり、その点では $\int \mathrm{d}^3\vec{x}' \vec{j}(\vec{x}') \to I_1 \int_{I_1} d\vec{x}_1$ と置き直すことができるので、

$$M_{21}I_1 = \frac{\mu_0 I_1}{4\pi} \int_{I_2} \int_{I_1} \mathrm{d}\vec{x}_2 \cdot \mathrm{d}\vec{x}_1 \frac{1}{|\vec{x}_2 - \vec{x}_1|} \tag{11.26}$$

となる。両辺を I_1 で割って

$$M_{21} = \frac{\mu_0}{4\pi} \int_{I_2} \int_{I_1} \mathrm{d}\vec{x}_2 \cdot \mathrm{d}\vec{x}_1 \frac{1}{|\vec{x}_2 - \vec{x}_1|} \tag{11.27}$$

となる。面白いことにこの式を見ると、$M_{12} = M_{21}$ であることがわかる。「電流 I_1 が 1A の時にコイル 2 に作る磁束」と「電流 I_2 が 1A の時にコイル 1 に作る磁束」は等しいのである（これを「**インダクタンスの相反定理**」と呼ぶ）。

自己インダクタンスについては、上で 1,2 としていた部分を同じ添字として

$$L_1 = M_{11} = \frac{\mu_0}{4\pi} \int_{I_1} \int_{I_1} \mathrm{d}\vec{x}_1 \cdot \mathrm{d}\vec{x}_1' \frac{1}{|\vec{x}_1 - \vec{x}_1'|} \tag{11.28}$$

と積分すればよさそうだが、この計算だと $\vec{x}_1 = \vec{x}_1'$ のところで発散してしまう。自己インダクタンスを発散なしに計算するには導線に太さを与えて、電流がある程度の広がりの中に存在するようにしてその電流密度 $\vec{j}_1(\vec{x})$ を考えて、

$$L_1(I_1)^2 = M_{11}(I_1)^2 = \frac{\mu_0}{4\pi} \int \mathrm{d}^3\vec{x}_1 \int \mathrm{d}^3\vec{x}_1' \frac{\vec{j}_1(\vec{x}_1) \cdot \vec{j}_1(\vec{x}_1')}{|\vec{x}_1 - \vec{x}_1'|} \tag{11.29}$$

のように計算しなくてはいけない。現実的な電流は当然ながら「太さ」があるものだから、その太さを無視してしまった計算が発散することについては心配する必要がない（むしろそれを心配しなくてよかった相互インダクタンスの場合は幸運であった）。

相互誘導を利用して、交流の電圧を変化させることができる。1本の鉄芯などに2本の導線を巻き付けてコイルを作る。このようにすると二つのコイルの両方とも、一巻き分を通過する磁束はほぼ一定となる。この一巻き分の磁束[†13]を Φ_1 として、二つのコイルがそれぞれ N_1, N_2 回巻かれているとすると、コイルの両端の電位差はそれぞれ $-N_1 \dfrac{d\Phi_1}{dt}, -N_2 \dfrac{d\Phi_1}{dt}$ となる。コイル1の電圧とコイル2の電圧は巻き数に比例する。これを使って交流の電圧を変化させることができるのである。このような仕組みを「**トランス(変圧器)**」と言う。

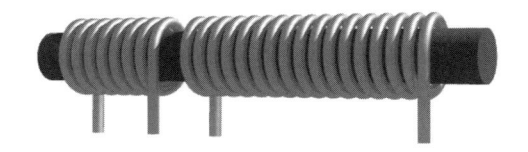

> **【FAQ】電圧が上がるということはエネルギーは保存しないのですか??**
>
> もちろん、保存する。電流によって単位時間に送られるエネルギーは電力=(電流)×(電圧)である。一次側に供給する電力が一定だとすると、二次側の電圧をあげる(具体的には二次側の巻数を大きくする)と電流が反比例して下がってしまう。こうして、トランスに一次側から供給される電力と二次側から取り出せる電力はエネルギー保存則を保つ。

このようにして交流の電圧を変えることができることは、送電中の電気エネルギーの損失を小さくすることに役立っている。送電中は高電圧で送り電柱の上にある変圧器で電圧を落としてから家庭に電力を供給する。途中を高電圧にする理由は、同じ電力 IV を送るのであれば、V を大きくして I を小さくした方が、送電線の抵抗によるジュール熱 $J = I^2 R$(この R は途中の送電線の抵抗)を小さくできるからである。

11.6　コイルの蓄えるエネルギー

自己インダクタンス L を持つコイルの両端の電位差は $L\dfrac{dI}{dt}$ となる。ここに電流 I が流れれば、(電流)×(電位差)で $LI\dfrac{dI}{dt}$ の電力が消費されることになる。電力とはすなわち単位時間あたりに消費される電気的エネルギーであるから、こ

[†13] 実際には磁束に漏れがあるので、二つのコイルを通る磁束が完全に一致はしないだろうが、ここでは一致すると近似しておく。

れを時間で積分すればコイルが蓄えているエネルギーが計算できることになる。積分は簡単に実行できて、

$$\int LI\frac{dI}{dt}dt = \frac{1}{2}LI^2 + C \tag{11.30}$$

積分定数 C は（電流が流れていない時のエネルギーを0と考えて）通常0にとる。

$L\frac{dI}{dt}$ だけ、こちらの方が電位が低い。

単位時間あたり I の電荷が $L\frac{dI}{dt}$ だけ電位の低い方に移動することで、$L\frac{dI}{dt}I$ のエネルギーを失う。

相互インダクタンスに関係しても同じような計算ができる。相互インダクタンスが M である二つのコイルにそれぞれ I_1, I_2 が流れているとすれば、この二つにそれぞれ $M\frac{dI_2}{dt}, M\frac{dI_1}{dt}$ の電位差が発生するので、必要な電力は $MI_1\frac{dI_2}{dt} + MI_2\frac{dI_1}{dt}$ であり、これを積分すれば、

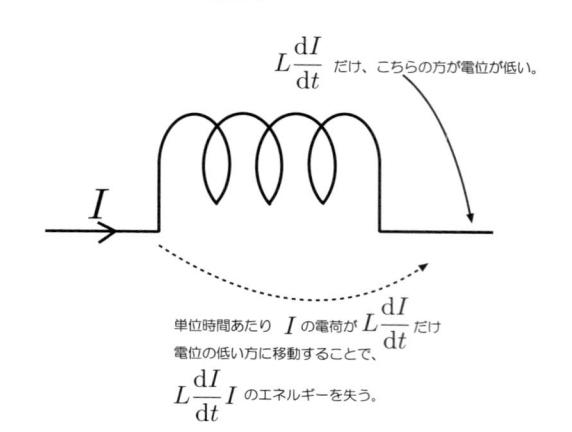

$$\int \left(MI_1\frac{dI_2}{dt} + MI_2\frac{dI_1}{dt}\right)dt = MI_1I_2 \tag{11.31}$$

というエネルギーを持つことになる（積分定数は0とした）[†14]。

まとめると、

$$\frac{1}{2}\sum_i L_i(I_i)^2 + \frac{1}{2}\sum_i \sum_{j\neq i} M_{ij}I_iI_j = \frac{1}{2}\sum_{i,j} M_{ij}I_iI_j \tag{11.32}$$

となる。ただし、$M_{ii} = L_i$ である。第2項に $\frac{1}{2}$ がついているのは、和を取ると $M_{12}I_1I_2$ と $M_{21}I_2I_1$ というふうに、同じものが2回現れるからである。

前節で説明したトランス（変圧器）の場合、電流は周期的に変動するから、このエネルギーも振動することになるが、その平均は一定を保つ。つまりトランスを出入りするエネルギーは長期的に見れば保存することになる。

このエネルギーの書き方は「エネルギーはコイルを流れる電流が持っている」という考え方だが、「エネルギーは磁場が持っている」という考え方をすることも

[†14] こうやって保存するエネルギーの式がまとめられるのは、インダクタンスの相反定理のおかげである。
→ p272

11.6 コイルの蓄えるエネルギー

できる[†16]。(11.32) を、

$$\frac{1}{2}\sum_i \left(L_i(I_i)^2 + \sum_{j\neq i} M_{ij}I_iI_j \right) = \frac{1}{2}\sum_i I_i \left(L_iI_i + \sum_{j\neq i} M_{ij}I_j \right) = \frac{1}{2}\sum_i I_i \Phi_i \tag{11.33}$$

と書き直す。ここで、

$$\begin{aligned}
\Phi_i &= \int_{\text{回路 } i \text{ に囲まれた面}} \vec{B} \cdot d\vec{S} \qquad \left(\vec{B} = \text{rot } \vec{A} \right) \\
&= \int_{\text{回路 } i \text{ に囲まれた面}} (\text{rot } \vec{A}) \cdot d\vec{S} \qquad \text{(Stokes の定理)} \\
&= \int_{\text{回路 } i} \vec{A} \cdot d\vec{x}
\end{aligned} \tag{11.34}$$

という変形を行う。これで、$\frac{1}{2}I_i\Phi_i = \frac{1}{2}I_i \int_{\text{回路 } i} \vec{A} \cdot d\vec{x}$ となるわけだが、この線積分 $I d\vec{x}$ は $\vec{j} \, d^3\vec{x}$ に置き換えることができる。こうして、コイルの持つエネルギーは

$$\frac{1}{2}\int \vec{j} \cdot \vec{A} \, d^3\vec{x} = \frac{1}{2}\int (\text{rot } \vec{H}) \cdot \vec{A} \, d^3\vec{x} \tag{11.35}$$

となる。ここで $\vec{j} = \text{rot } \vec{H}$ を使った。さらにベクトル解析の公式、
$\text{div}\,(\vec{V} \times \vec{W}) = \vec{W} \cdot (\text{rot } \vec{V}) - \vec{V} \cdot (\text{rot } \vec{W})$ を使うと、

$$\frac{1}{2}\int (\text{rot } \vec{H}) \cdot \vec{A} \, d^3\vec{x} = \frac{1}{2}\int \vec{H} \cdot \underbrace{(\text{rot } \vec{A})}_{=\vec{B}} d^3\vec{x} + \underbrace{\frac{1}{2}\int \text{div}\,(\vec{H} \times \vec{A}) d^3\vec{x}}_{\text{表面項}} \tag{11.36}$$

を得る。

表面項を無視すれば、$\frac{1}{2}\int \vec{H}\cdot \vec{B}\, d^3\vec{x}$ が磁場の持つエネルギー密度の式である。この式は電場のエネルギーの式 $\frac{1}{2}\int \vec{D}\cdot \vec{E}\, d^3\vec{x}$ に非常に良く似ている。

電気力線と磁力線には「短くなろうとする」「混雑を嫌う」という共通の力学的性質があった。その共通の性質は、エネルギー密度の式の共通性につながっていることは言うまでもない。

[†16] 数式の表現上で、エネルギーが何に分布しているかは選択の余地がある。エネルギーはもともと「仕事によって増減する量」と決められているから、仕事とエネルギーの出入りの関係がちゃんとあっていれば、何がそのエネルギーを持っていても定義には反しない。

このエネルギー密度が $\frac{1}{2}\vec{j}\cdot\vec{A}$ という形をしていて、前に出てきたベクトルポテンシャル内の電流の持つ位置エネルギー密度 $-\frac{1}{2}\vec{j}\cdot\vec{A}$ と違うことを不思議に思う人がいるかもしれない。この違いはどこから来るかというと、$-\frac{1}{2}\vec{j}\cdot\vec{A}$ の方はすでに存在している電流を外部から持ち込む時のエネルギー（同行電流は引き合うので、このエネルギーはマイナスになる）なのに対し、$\frac{1}{2}\vec{j}\cdot\vec{A}$ の方は電流を作るのに必要なエネルギーなのである。

従って、上のような「電流を流す時に注ぎ込まなくてはいけないエネルギーはいくらか」という問題には $\frac{1}{2}\vec{j}\cdot\vec{A}$ を使わなくてはいけないが、「（既に存在している）電流と電流の間にどんな力が働くか」という問題の時は $-\frac{1}{2}\vec{j}\cdot\vec{A}$ を使わなくてはいけない。混乱しやすいところなので間違えないこと。

11.7　章末演習問題

★【演習問題 11-1】
　z 軸方向を向いた磁場中で電荷 q を持った荷電粒子が運動している。円筒座標で考えて、粒子は $z=0$ を中心にして半径 r の等速円運動をしているものとする。磁束密度の大きさ $B(r,t)$ は時間 t と z 軸からの距離 r の関数となっているとする。時刻 $t=0$ になるまで、$\vec{B}$ は一定であった。

(1) $t=0$ における粒子の円運動の速さはいくらか。
(2) 荷電粒子が回っている半径 r の円を「回路」と見なすと、この回路を通る磁束 $\Phi(t)$ はどれだけか。$B(r,t)$ を使って表せ。
(3) 磁束密度 $B(r,t)$ が時間的に増加したとする。この時荷電粒子にはどのような力がどれだけかかるか。
(4) 粒子の速度が増加するに従って、その場所の磁束密度 $B(r,t)$ も増加する。
粒子が半径 r の円運動を続けるためには、$\Phi(t)$ と $B(r,t)$ がどんな関係を満たせばよいか？
（このようにして一定半径の円運動をさせながら粒子を加速する器械を「ベータトロン」と言う。$\Phi(t)=\pi r^2 B(r,t)$ ではないことに注意せよ）

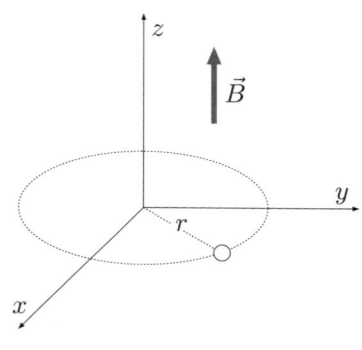

ヒント → p8w へ　　解答 → p29w へ

★【演習問題 11-2】
　電池、コンデンサ、抵抗、コイルをつないだ図のような回路がある。

(1) スイッチを閉じた後の電流を求める微分方程式を作れ。
(2) この方程式の両辺に I をかける。それぞれの項の意味するところを述べよ。
(3) $R = 0$ の時、電流はどのようになるか？——また、その時のエネルギー保存はどのようになっているか？（これは、5.8 節の最後の FAQ で述べた「抵抗が 0 の場合、電池のした仕事の半分はどこへ行くか？」の答となる）

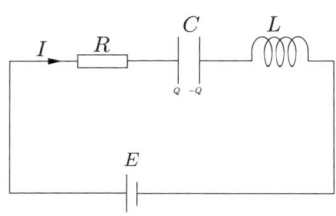

ヒント → p8w へ　　解答 → p29w へ

第12章

変位電流とマックスウェル方程式

ここまで作った電磁気学の基本方程式を考えてきたが、実は最後にもう一つの修正を行う必要がある。それによって「マックスウェル方程式」が完成する。

12.1 変位電流

12.1.1 マックスウェルによる導入

さて、ここまででわかった電磁気の法則をまとめると、次の図のようになる。

電磁誘導の法則
$$\text{rot}\vec{E} = -\frac{\partial \vec{B}}{\partial t}$$
磁束の時間変化のまわりに電場ができる

アンペールの法則
$$\text{rot}\vec{H} = \vec{j}$$
電流のまわりに磁場ができる

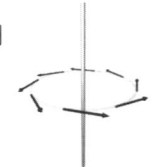

電場に対するガウスの法則
$$\text{div}\vec{D} = \rho$$
電束は＋電荷から出て－電荷で終わる

磁場に対するガウスの法則
$$\text{div}\vec{B} = 0$$
磁束線は湧き出しも吸い込みもない

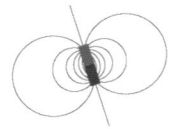

1865年、マックスウェルは上の方程式が矛盾を含むことに気づく[†1]。

マックスウェルが問題としたのは $\text{rot}\,\vec{H} = \vec{j}$ である。付録A.4.2で説明しているように、rot の div は 0 であるから $\text{div}\,(\text{rot}\,\vec{H}) = 0$ であるのだが $\text{div}\,\vec{j}$ は 0 で
→ p303

[†1] 正確に言うと、マックスウェルの使っていた式は上の式より少々ややこしい。現在使われているいわゆる「マックスウェル方程式」は後にヘヴィサイドたちが整備したものである。

はない。今考えている微小体積の中にある電荷が変化しないのであれば$\mathrm{div}\,\vec{j}=0$なのだが、たとえば微小体積内の電荷が減っているのであれば、その分だけ外に出て行ってもいいことになる。

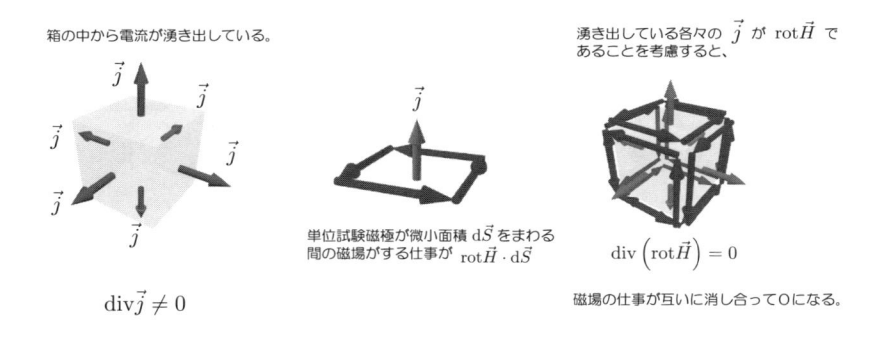

箱の中から電流が湧き出している。

$\vec{j}$

単位試験磁極が微小面積 $\mathrm{d}\vec{S}$ をまわる間の磁場がする仕事が $\mathrm{rot}\,\vec{H}\cdot\mathrm{d}\vec{S}$

湧き出している各々の $\vec{j}$ が $\mathrm{rot}\,\vec{H}$ であることを考慮すると、

$\mathrm{div}\,\vec{j}\neq 0$

$\mathrm{div}\left(\mathrm{rot}\,\vec{H}\right)=0$

磁場の仕事が互いに消し合って0になる。

しかし、もし $\mathrm{rot}\,\vec{H}=\vec{j}$ が成立するのであれば、自動的に $\mathrm{div}\,\vec{j}=0$ になってしまうことになる。これはおかしい。実際、ある場所からある瞬間に電流が湧き出していくということは、あっていい状況である。電流密度の div は何になるべきかというと、

連続の式

$$\mathrm{div}\,\vec{j}=-\frac{\partial\rho}{\partial t} \qquad (12.1)$$

が成立しなくてはいけない。この式の左辺は「考えている微小体積からどれぐらい電荷が外へ流れ出していくか」を表している。当然、電荷が流れ出せば、その中の電荷密度は減少する。その減少が右辺である（マイナス符号がついているので、ρ が減少している時に正になる）。この式は「連続の式」と呼ばれ、電荷の保存則を表現している[†2]。

この数式上の矛盾点は、以下のような物理現象の考察にも現れる。

[†2] $\mathrm{rot}\,\vec{E}=-\dfrac{\partial\vec{B}}{\partial t}$ に関して同様の計算をすると、左辺はやはり消える。右辺は $\dfrac{\partial}{\partial t}(\mathrm{div}\,\vec{B})$ となるが $\mathrm{div}\,\vec{B}=0$ なので 0 となり、こちらの式は問題ない。

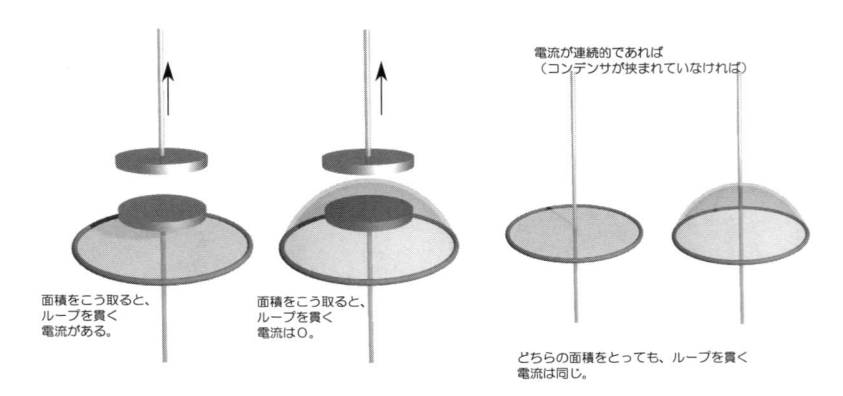

面積をこう取ると、ループを貫く電流がある。

面積をこう取ると、ループを貫く電流は0。

電流が連続的であれば（コンデンサが挟まれていなければ）

どちらの面積をとっても、ループを貫く電流は同じ。

　長い直線電流の一カ所をカットして、そこにコンデンサをはさむ。コンデンサの極板間の電場は外に漏れないものとしよう。

　アンペールの法則は積分形で表現すると、「磁場 $\vec{H}$ の線積分はその線を境界とする面積を貫く電流に等しい」ということになるが、このコンデンサの極板の間には電流は流れていない。

　そのため、同じループでも面積の取り方を変えると答が変わるという困った結果を生む（これでは安心してアンペールの法則を使えない）。

　そこでこの法則を修正して、この状況でも適用できるようにしたい。

　極板間には確かに電流は流れていないが、そこにある電場（あるいは電束密度）が時間的に変動していることにマックスウェルは気づいた。しかも、コンデンサの極板間にある電束[†3]はコンデンサにたまっている電荷に等しいから、電束の時間微分は（コンデンサ外部への漏れはないものとすれば）電流に等しくなる。

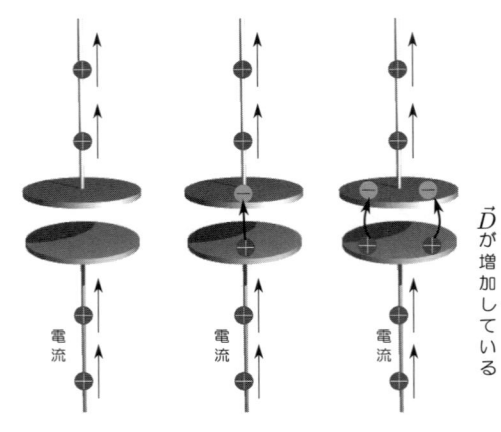

$\vec{D}$ が増加している

電流

　実際には極板間に電荷が動いているわけではないが、その代わりに「$\vec{D}$ が増加している」ということを電流の代わりとみなす。

[†3] 磁束同様、電束密度 $\vec{D}$ を面積分することで定義される。

12.1 変位電流

そこで、マックスウェルはアンペールの法則 $\mathrm{rot}\,\vec{H}=\vec{j}$ を下の式のように修正した[†4]。

マックスウェルは、$\mathrm{rot}\,\vec{H}=\vec{j}$ の右辺に div をとった時に $\dfrac{\partial \rho}{\partial t}$ になる項を付け加えることで矛盾を解消したのである。$\mathrm{div}\,\vec{D}=\rho$ であるから、付け加えるべき式は $\dfrac{\partial \vec{D}}{\partial t}$ である。

この付加項 $\dfrac{\partial \vec{D}}{\partial t}$ は「**変位電流** (displacemenmt current)」と呼ばれる[†5]（「電束電流」と書いている本もある）。この式がなければ実験を正しく説明できない。それどころか、電磁気学が矛盾した体系になってしまう。

— 変位電流の導入 —
$$\mathrm{rot}\,\vec{H}=\vec{j}$$
$$\downarrow$$
$$\mathrm{rot}\,\vec{H}=\vec{j}+\frac{\partial \vec{D}}{\partial t} \tag{12.2}$$

真空中の場合を考えて変位電流を導入しない場合の電磁気の法則の数式を並べて見てみると、

$$\mathrm{div}\,\vec{D}=0 \qquad \mathrm{rot}\,\vec{E}=-\frac{\partial \vec{B}}{\partial t}$$
$$\mathrm{div}\,\vec{B}=0 \qquad \mathrm{rot}\,\vec{H}=0 \tag{12.3}$$

となって、明らかに対称性が悪い。電場の rot に磁場の時間変化が現れるなら、磁場の rot には電場の時間変化が現れてもよさそうである。上記物理的考察から $\dfrac{\partial \vec{D}}{\partial t}$ が追加されたことで、電磁気の方程式は対称性を保ったきれいな形にまとまったことになる[†6]。

電磁場の基本法則は以上で完結し、

[†4] よく考えてみると、アンペールの法則が実験的に確認されているのは静磁場の場合である。だから、電場や磁場が時間変動している時に正しい式である保証は元々ない。そこでこの部分を修正する必要があるのである。
[†5] 電流ではないが、電束密度の変化が電流と同じ役目をする、ということを表現した名前である。実際にはもちろん、電荷が移動しているわけではないので誤解しないように！
[†6] ほんとに対称だというなら、磁極や磁流も入れるべきだ、という考え方もあるが、単磁極（モノポール）はまだ見つかっていない。

第 12 章　変位電流とマックスウェル方程式

―― マックスウェル方程式 ――

$$\text{div}\,\vec{D} = \rho \qquad \text{div}\,\vec{B} = 0$$
$$\text{rot}\,\vec{E} = -\frac{\partial \vec{B}}{\partial t} \qquad \text{rot}\,\vec{H} = \vec{j} + \frac{\partial \vec{D}}{\partial t} \tag{12.4}$$

が電磁気学の基本法則となる[†7]。

これに、物質中での関係式である $\vec{D} = \varepsilon_0 \vec{E} + \vec{P}, \vec{B} = \mu_0(\vec{H} + \vec{M})$ を加えれば、電磁気学で必要な量は全て計算できる[†8]。

本質的な電磁場は $\vec{E}, \vec{B}$ であり、$\vec{D}, \vec{H}$ は媒質の $\vec{P}, \vec{M}$ の影響を繰り込んだものである、と考えることにして、基本的な量は $\vec{E}, \vec{B}, \vec{P}, \vec{M}$ であるとするならば、

―― $\vec{E}, \vec{B}, \vec{P}, \vec{M}$ で書いたマックスウェル方程式 ――

$$\varepsilon_0 \text{div}\,\vec{E} = \rho - \text{div}\,\vec{P} \qquad \text{div}\,\vec{B} = 0$$
$$\text{rot}\,\vec{E} = -\frac{\partial \vec{B}}{\partial t} \qquad \frac{1}{\mu_0}\text{rot}\,\vec{B} = \vec{j} + \text{rot}\,\vec{M} + \frac{\partial \vec{P}}{\partial t} + \varepsilon_0 \frac{\partial \vec{E}}{\partial t} \tag{12.5}$$

と書ける。$\rho - \text{div}\,\vec{P}$ は分極によって生じた電荷を含めた電荷密度であるし、$\vec{j} + \text{rot}\,\vec{M} + \frac{\partial \vec{P}}{\partial t}$ は磁化と分極の時間変化によって生じる電流も含めた電流密度である[†9]。分極の時間微分 $\frac{\partial \vec{P}}{\partial t}$ は「分極電流」と呼ぶ。$\frac{\partial \vec{P}}{\partial t}$ が電流密度に対応することは、分極は正電荷と負電荷の移動によって起こることを考えればわかる。

[†7] 既に述べたように、これらの式はヘヴィサイドらが整理したものである。
[†8] 電流の保存則 $\text{div}\,\vec{j} = -\frac{\partial \rho}{\partial t}$ は、すでにマックスウェル方程式の中に含まれている。これに付け加えるとしたらローレンツ力の式 $\vec{F} = q(\vec{E} + \vec{v} \times \vec{B})$ だろう。
[†9] $\vec{D}$ を「電気変位 (electric displacement)」とも呼ぶ。昔は真空も一種の誘電体で、分極を起こすようなものだと考えられていた。「物質の分極＋真空の分極」が $\vec{D}$ だったのである。「電気変位」も「変位電流」も、真空が誘電体だと考えられていたことの名残である。

------------------------------ 練習問題 ------------------------------

【問い 12-1】 分極の時間変化 $\dfrac{\partial \vec{P}}{\partial t}$ が、電流密度に寄与することを説明せよ。

ヒント → p310 へ　解答 → p320 へ

【問い 12-2】 磁荷密度 ρ_m と、磁流密度 $\vec{j}_m$ が入ったマックスウェル方程式を作れ。磁荷に対する連続の式 $-\dfrac{\partial \rho_m}{\partial t} = \mathrm{div}\, \vec{j}_m$ を満足するように注意すること。
→ p279

ヒント → p310 へ　解答 → p320 へ

12.1.2　変位電流は磁場を作るか？　+++++++++++++++++ 【補足】

　変位電流はアンペールの法則がどのような状況でも満足されるように、という要求から導入される（と考えてもよい）ことをすでに述べた。ここで、磁場を求める方法としてはもう一つ、「ビオ・サバールの法則」があったことを思い出そう。こちらの方はどうだろう？—ビオサバールの法則にも電流が現れているが、これはやはり「電流＋変位電流」に置き換えておくべきなのであろうか？？

　ここで一つ注意しておかなくてはいけないことは、ビオ・サバールの法則は本来「定常電流による定常磁場」を求めるための法則だということである。だから、電流が時間的に変化している場合に適用してはいけない[†10]。したがって、変位電流が時間変化している場合にビオ・サバールを使ってはいけないことは当然である。

　電束密度 $\vec{D}$ は変化してもよい。しかし、その時間微分であるところの $\dfrac{\partial \vec{D}}{\partial t}$ は変化してはいけない（平たく言えば、$\dfrac{\partial^2 \vec{D}}{\partial t^2} = 0$ ということだ）。以下ではそのような場合だけを扱うことにする。

　結論を言うと、ビオ・サバールの法則の中に変位電流の項を付け加える必要はない。一つの実例でそれを示そう。

　$z = -\infty$ から $z = 0$ まで、z 軸上を正の方向に電流 I が流れていくとする。原点で電流が止まる。ということは、原点にある電荷が単位時間あたりに I ずつ増えていくということである。$t = 0$ で電荷がたまっていなかったとして、原点に $Q = It$ の電荷があると考えよう。それによって作られる電束密度は、

$$\vec{D} = \frac{It}{4\pi r^2}\vec{e}_r \tag{12.6}$$

である。

　ここで、厳密には時刻 t において電荷が It だからといって、距離 r 離れた場所に作られる電場は上の式の通りではないことを注意しておこう。というのは、電荷の変化に応じて電束密度が変化するにも時間がかかると考えられるからである[†11]。ここではその影響を無視して考える。よって、変位電流

[†10] 適用すると何が困るといって、電流の変化が全く遅延なく離れた場所の磁場の変化を生むことになる。これは超光速現象であり、相対論的に考えると因果律が危ない。本当はこういう場合には遅延ポテンシャルという方法を使って解く必要がある。

[†11] 後で示すが、電束密度の変化は真空中ならば光の速度で伝わる。日常的に考えれば速いが、有限の速度である。

284　第12章　変位電流とマックスウェル方程式

$$\frac{\partial}{\partial t}\vec{D} = \frac{I}{4\pi r^2}\vec{e}_r \tag{12.7}$$

が空間に分布していると考える。もし、ビオ・サバールの法則に変位電流を入れるとすると、

$$\vec{B}(\vec{x}) = \frac{\mu_0}{4\pi}\int d^3\vec{x}'\frac{\left(\vec{j}(\vec{x}') + \frac{\partial}{\partial t}\vec{D}(\vec{x}')\right)\times(\vec{x}-\vec{x}')}{|\vec{x}-\vec{x}'|^3} \tag{12.8}$$

という形になるだろう。しかし、この変位電流の項は常に 0 になるのである。図の点 P に変位電流が磁場を作ると考えてみよう。電荷から P まで延ばした線（図の点線）に関して対称な点 A と B を考える。この 2 カ所にある変位電流の大きさは対称性から等しく向きが違う。外積をとることで $\frac{\partial}{\partial t}\vec{D}(\vec{x}')\times(\vec{x}-\vec{x}')$ がちょうど逆符号となる。つまり点 A の変位電流による磁場と点 B の変位電流による磁場は消し合ってしまう。他の全ての点において同じことが言える[†12]ので、全空間で $\vec{x}'$ 積分を行うと、変位電流の項はきれいさっぱりなくなってしまう。

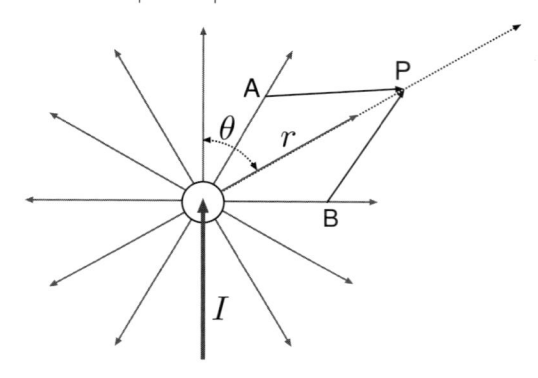

以上はビオ・サバールの法則を使った計算であり、この計算には変位電流の出番はなかった。ビオ・サバールの法則に従って考えるかぎり、変位電流は磁場を作らないということになる。

では、アンペールの法則で考えるとどうなるか。たとえば z 軸から角度 θ 離れて、距離 r の方向での磁場を考えよう。電流の作る磁場は（対称性ももちろん考慮に入れて）z 軸を右ネジの向きにまわるようにできる。この磁場の強さを $H(r,\theta)$ とすると、アンペールの法則を使えば、

$$H(r,\theta)\times 2\pi r\sin\theta = \int_{\text{ループ内}} d\vec{S}\cdot\frac{\partial\vec{D}}{\partial t} \tag{12.9}$$

という計算になる（今考えているループ内には真電流はない）。この積分の結果は I よりは少なくなる（$z=0$ を完全に覆うように積分すれば、ちょうど I に等しい）。無限に長い導線の場合と比較して、アンペールの法則を使う場合は「電束の一部しかループを通らない」という理由で磁場が弱くなり、ビオ・サバールの法則を使う場合は「電流が途中で終わっている」という理由で磁場が弱くなる。

詳しい計算は章末演習問題とするが、こうやって計算した磁場の値と、$z=0$ より下にある電流のみを考えてビオ・サバールの法則を使って計算した磁場の値は、ちゃんと一致する。アンペールの法則においては変位電流がちゃんと寄与する。

╬╬【補足終わり】

[†12] 唯一対称点がないのは図の点線の上だが、この部分は外積が 0 になるからやはり寄与しない。

12.2 電磁波

マックスウェル方程式で表される物理現象を組み合わせていくと、以下のようなしくみで電磁波が発生することがわかる。

(1) ある場所に振動する電流または電束密度が発生する（たとえば電波のアンテナなら周期的に変動する電流を流している）。
(2) 「電流」もしくは「電束密度の時間変化」は、周囲に渦をまくような磁場を伴う ($\mathrm{rot}\,\vec{H} = \vec{j} + \frac{\partial}{\partial t}\vec{D}$)。
(3) 周囲の空間の磁場の時間変動には、さらにその周囲に渦をまくような電場を伴う ($\mathrm{rot}\,\vec{E} = -\frac{\partial}{\partial t}\vec{B}$)。

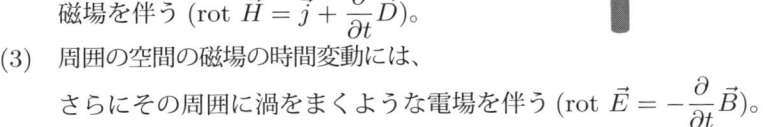

以上がくりかえされることにより、空間の中を電場と磁場の振動が広がっていく。振動現象が出現するためには、その系に復元力と慣性が必要である。電場と磁場にもこの二つがある。レンツの法則に代表されるように、外部から加えられた変化を妨げ、平衡状態に戻そうとする作用が電磁気の法則には含まれている。これはいわば「慣性」である。

電磁場の復元力もちゃんと電磁気の法則に含まれている。もし、空間に一部に強い電場、周りに弱い電場があるような状態があったとしよう（下図の左側）この空間では $\mathrm{rot}\,\vec{E}$ が 0 ではないから、必然的に $\mathrm{rot}\,\vec{E} = -\frac{\partial \vec{B}}{\partial t}$ にしたがって磁場が発生する。発生する磁場は $\mathrm{rot}\,E$ と逆を向くから、図にあるように、強い電場の周りに渦を巻くような磁場ができる。すると今度は $\mathrm{rot}\,\vec{H} = \frac{\partial \vec{D}}{\partial t}$ にしたがって[13]電場が発生するが、この電場は元々あった電場を弱める方向を向いている。

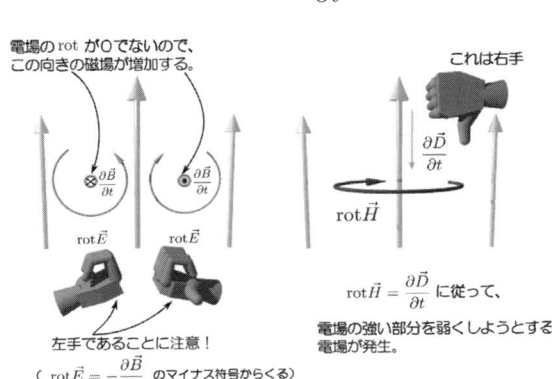

---

[13] ここでは電流が存在しない場合を考えたので、$\vec{j}$ の項はなし。

マックスウェル方程式の中には、一部分だけ電場が強い領域があったら、そこの電場を弱めようとするような性質が隠れている。マックスウェル方程式は空間的変動（rot $\vec{E}$ など）と時間的変動（$-\frac{\partial \vec{B}}{\partial t}$ など）を結びつける式になっており、しかもその組み合わせによって空間的な変動を解消しようとする方向へ物理現象が進む（言わば「復元力が発生する」のである）。

電場と磁場が波となる可能性に気づいたのはファラデーであり、1846年にそのことを発表し「この波こそ光ではないのか」と述べている。しかし、その波が実際にどのような速度でどのように伝わるかを計算することはできなかった。マックスウェルは彼の方程式を使ってこの問題を解いたのである。

12.2.1 電磁波の方程式

電磁波の方程式を出す。目標は、真空中のマックスウェル方程式から、電場 $\vec{E}$ のみまたは磁束密度 $\vec{B}$ のみの式を作ることである。真空中で電荷・電流がない場合のマックスウェル方程式を書こう。

$$\text{div}\,\vec{E} = 0, \quad \text{div}\,\vec{B} = 0, \quad \frac{1}{\mu_0}\text{rot}\,\vec{B} = \varepsilon_0 \frac{\partial}{\partial t}\vec{E}, \quad \text{rot}\,\vec{E} = -\frac{\partial}{\partial t}\vec{B} \quad (12.10)$$

真空中であるから、$\vec{B} = \mu_0 \vec{H}$ と $\vec{D} = \varepsilon_0 \vec{E}$ を使って $\vec{D}$ と $\vec{H}$ は消去済みである。

ここで、$\vec{E}$ のみ、もしくは $\vec{B}$ のみの式を作ろう。$\text{rot}\,\vec{B} = \varepsilon_0 \mu_0 \frac{\partial}{\partial t}\vec{E}$ という式が代入できるように、まず $\text{rot}\,\vec{E} = -\frac{\partial}{\partial t}\vec{B}$ の両辺の rot を取る。

$$\begin{aligned}
\text{rot}\,(\text{rot}\,\vec{E}) &= -\frac{\partial}{\partial t}\underbrace{(\text{rot}\,\vec{B})}_{=\varepsilon_0\mu_0\frac{\partial}{\partial t}\vec{E}} \\
\text{grad}\,\underbrace{(\text{div}\,\vec{E})}_{=0} - \triangle\vec{E} &= -\varepsilon_0\mu_0 \frac{\partial^2}{\partial t^2}\vec{E} \\
-\triangle\vec{E} &= -\varepsilon_0\mu_0 \frac{\partial^2}{\partial t^2}\vec{E}
\end{aligned} \quad (12.11)$$

という式が出る（$\text{rot}\,(\text{rot}\,\vec{A}) = \text{grad}\,(\text{div}\,\vec{A}) - \triangle\vec{A}$ という公式を使った）。
→ p305

この式は $\left(\varepsilon_0\mu_0 \frac{\partial^2}{\partial t^2} - \triangle\right)\vec{E} = 0$ と書き直すことができ、これは3次元の波動方程式 $\left(\frac{1}{v^2}\frac{\partial^2}{\partial t^2} - \triangle\right)u = 0$ で $v = \frac{1}{\sqrt{\varepsilon_0\mu_0}}$ と置いたものに等しい。つまり、電

場は速さ $\frac{1}{\sqrt{\varepsilon_0\mu_0}}$ の波となって真空中を伝わる。磁束密度の方についても、

$$\text{rot}\left(\text{rot }\vec{B}\right) = \varepsilon_0\mu_0\frac{\partial}{\partial t}\underbrace{\left(\text{rot }\vec{E}\right)}_{=-\frac{\partial}{\partial t}\vec{B}}$$

$$\text{grad}\underbrace{\left(\text{div }\vec{B}\right)}_{=0} - \triangle\vec{B} = -\varepsilon_0\mu_0\frac{\partial^2}{\partial t^2}\vec{B} \quad (12.12)$$

$$-\triangle\vec{B} = -\varepsilon_0\mu_0\frac{\partial^2}{\partial t^2}\vec{B}$$

となって、同じ速さで伝播する波となる。

この速さを計算してみると、

$$\frac{1}{\sqrt{8.854187817\cdots\times 10^{-12}\times 4\pi\times 10^{-7}}} = 2.99792458\times 10^8\text{m/s} \quad (12.13)$$

である[†14]。これは光速度である。マックスウェルは「電場と磁場が波になるだろうか？」と計算してみた結果、光が電場と磁場の波であることを見つけてしまったのである。

ここではあくまで「波」としての電磁波を求めたが、波動になっていないような電磁場であっても、その変化が伝わるのは光速であること、つまり有限の速度でしか電磁場の変化は伝わらないことに注意しよう。真空中では電磁波の伝播速度は振動数によらず c である[†15]。

ここで、いわゆる平面波解を求めてみよう。簡単のため、z 方向に進行する波を考える。光速度を c として、求めるべき電場と磁場はみな $z-ct$ の任意の関数 $f(z-ct)$ になっているとする。

$$\left(\frac{1}{c^2}\frac{\partial^2}{\partial t^2}-\triangle\right)f(z-ct) = \left(\frac{1}{c^2}\frac{\partial^2}{\partial t^2}-\frac{\partial^2}{\partial z^2}\right)f(z-ct)$$
$$= \frac{1}{c^2}\times c^2 f''(z-ct) - f''(z-ct) = 0 \quad (12.14)$$

となり、これは解である。よって、まず $\vec{E}(z-ct), \vec{B}(z-ct)$ という形の解であることがわかる。

[†14] この光速度の数値 299792458m/s というのは「定義値」であり、ここより先の桁はない（つまり整数である）。ちなみにこの数字は「肉 (29)、喰うな (97)。急に (92) 仕事や (458)」という語呂合わせで覚えられる。

[†15] 振動数が変わっても伝播速度に変化がない場合、その波は「分散がない」と表現する。真空中の電磁波には分散がないが、物質中ではその限りではない。

マックスウェル方程式にこの形を代入してみる。$\text{div } \vec{E} = 0$ から

$$\text{div } \vec{E}(z - ct) = \frac{\partial}{\partial z} E_z(z - ct) = E_z'(z - ct) = 0 \tag{12.15}$$

であるから、この場合、電場の z 成分は定数でなくてはいけない。同様に、磁束密度の z 成分も定数である（この定数はいわば外部から一様な電場・磁場がかかっていることを意味する）。よって、「電磁波」として振動する部分は x, y 方向しかない。電磁波を構成する電場と磁場は進行方向に垂直な方向を向く（光が横波だということ）。

> 【FAQ】「光は横波」というけれど、何が振動しているんですか？
>
> 「横波」という言葉から、「何かの物質（媒質）が進行方向と直角な方向に振動している」というふうに連想してしまうことが多いが、光は物質の振動ではない。電場のベクトルがある場所では上を向き、その近所では下を向き、というふうに方向や強さを変化させていて、その「上向き下向き」という状態が変化していく。「光が横波」というのは電場 $\vec{E}$（もしくは磁束密度 $\vec{B}$）の向きが進行方向と垂直、という意味である。

簡単のため、電場はみな x 方向を向いているとしよう（$E_y = 0$）。$\text{rot } \vec{E} = -\frac{\partial}{\partial t}\vec{B}$ に代入してみると、

$$\begin{aligned}
x \text{ 成分 } & \frac{\partial}{\partial y} E_z - \frac{\partial}{\partial z} E_y = -\frac{\partial}{\partial t} B_x \\
& \quad\quad\quad\quad\quad 0 = -\frac{\partial}{\partial t} B_x \\
y \text{ 成分 } & \frac{\partial}{\partial z} E_x - \frac{\partial}{\partial x} E_z = -\frac{\partial}{\partial t} B_y \\
& \quad\quad\quad E_x'(z - ct) = -\frac{\partial}{\partial t} B_y \\
z \text{ 成分 } & \frac{\partial}{\partial x} E_y - \frac{\partial}{\partial y} E_x = -\frac{\partial}{\partial t} B_z \\
& \quad\quad\quad\quad\quad 0 = -\frac{\partial}{\partial t} B_z
\end{aligned} \tag{12.16}$$

となって B_x, B_z は定数となる。今は電磁波に興味があるので、$B_x = B_z = 0$ としよう。磁場の y 成分を $B_y(z - ct)$ とすると $E_x'(z - ct) = cB_y'(z - ct)$ となる。

磁束密度は進行方向（z 方向）とも、電場の方向（x 方向）とも垂直な方向（y 方向）を向き、大きさは電場の $\frac{1}{c}$ である。まとめると、

$$\vec{E} = (E_x(z-ct), 0, 0), \quad \vec{B} = (0, \frac{1}{c}E_x(z-ct), 0) \tag{12.17}$$

となる。この解は $\text{rot}\vec{B} = \varepsilon_0\mu_0\frac{\partial}{\partial t}\vec{E}$ も満たしている。

以上から、電磁波を構成する電場・磁場は進行方向と垂直で、かつ電場と磁場も互いに垂直であることがわかった。

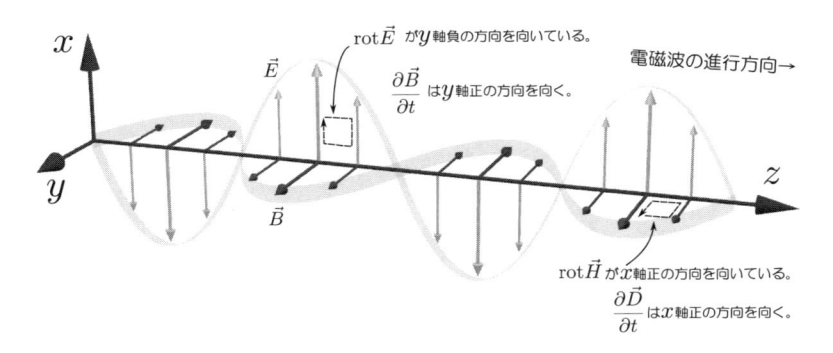

電磁波の進行の様子は上の図の通りである。各場所各場所でマックスウェル方程式が成立するように電磁場の時間変化が起こっていることに注目しよう。

ファラデーが電磁波を予言したのは 1846 年（この時、光が電磁波である可能性も述べている）、マックスウェル方程式が完成したのは 1865 年、ヘルツが電磁波を発見するのはそれから 23 年たった 1888 年である。1901 年にはマルコーニが無線通信に成功する。現代においても、ラジオ、テレビ、携帯電話と、電磁波は有効に活用されているが、着想から定式化、実験的発見、実用化までに半世紀以上がかかったことになる。

12.3 電磁場のエネルギーの流れ

$$U = \frac{1}{2}\vec{E}\cdot\vec{D} + \frac{1}{2}\vec{B}\cdot\vec{H} \tag{12.18}$$

が電磁場のエネルギー密度である。

このエネルギー密度の時間微分を計算してみる。ただし、計算は簡単にするため、話は真空中に限ろう。ゆえに、$\vec{D} = \varepsilon_0\vec{E}, \vec{B} = \mu_0\vec{H}$ として考える。よって、

$$U = \frac{1}{2\varepsilon_0}\vec{D}\cdot\vec{D} + \frac{1}{2\mu_0}\vec{B}\cdot\vec{B} \tag{12.19}$$

として微分すると、

$$\frac{\partial U}{\partial t} = \frac{1}{\varepsilon_0}\vec{D}\cdot\frac{\partial \vec{D}}{\partial t} + \frac{1}{\mu_0}\vec{B}\cdot\frac{\partial \vec{B}}{\partial t} \tag{12.20}$$

であるが、ここでマックスウェル方程式から $\frac{\partial \vec{D}}{\partial t} = -\vec{j} + \text{rot }\vec{H}, \frac{\partial \vec{B}}{\partial t} = -\text{rot }\vec{E}$ になることを使うと、

$$\begin{aligned}\frac{\partial U}{\partial t} &= \frac{1}{\varepsilon_0}\vec{D}\cdot(-\vec{j} + \text{rot }\vec{H}) - \frac{1}{\mu_0}\vec{B}\cdot(\text{rot }\vec{E}) \\ &= -\vec{j}\cdot\vec{E} + \vec{E}\cdot(\text{rot }\vec{H}) - \vec{H}\cdot(\text{rot }\vec{E})\end{aligned} \tag{12.21}$$

ここで(11.36)でも出てきた公式 $\text{div }(\vec{A}\times\vec{B}) = \vec{B}\cdot(\text{rot }\vec{A}) - \vec{A}\cdot(\text{rot }\vec{B})$ を思い起こせば、
→ p275

$$\frac{\partial U}{\partial t} = -\vec{j}\cdot\vec{E} - \text{div}\left(\vec{E}\times\vec{H}\right) \tag{12.22}$$

となる[†16]。この式の右辺第1項 $-\vec{j}\cdot\vec{E}$ は、その場所にある電荷に対して電場がする仕事の逆符号の量である。「電場が仕事 W をしたので、電磁場のエネルギー U が W だけ減った($\frac{\partial U}{\partial t} = -W$)」ということを表現する項である。

では、右辺第2項は何であろうか。この式は電荷の連続の式 $-\frac{\partial \rho}{\partial t} = \text{div }\vec{j}$ によ
→ p279
く似ている。電荷の連続の式は「電流の外部への湧き出し $\text{div }\vec{j}$ が、電荷密度の減少 $-\frac{\partial \rho}{\partial t}$ に等しい」という意味を持つ式であったから、この $\text{div}\left(\vec{E}\times\vec{H}\right)$ と

[†16] こうしてうまくまとまる背景には、マックスウェル方程式のうち二つ $\text{rot }\vec{H} = \vec{j} + \frac{\partial \vec{D}}{\partial t}$ と $\text{rot }\vec{E} = -\frac{\partial \vec{B}}{\partial t}$ の右辺の符号が逆であることが絶妙に効いている。

12.3 電磁場のエネルギーの流れ

いう量には「エネルギーの湧き出し」という意味を持っていると考えていいだろう。すなわち、$\vec{E} \times \vec{H}$ が「エネルギーの流れ密度」なのである。

このベクトル $\vec{E} \times \vec{H}$ のことをポインティング・ベクトル (Poynting vector) と呼ぶ[†17]。電磁波の進行方向は、まさにこのポインティングベクトルの方向を向いている（電磁波はエネルギーの流れである）。

実際に電場や磁場が時間変化するときのエネルギーの流れを図示してみよう。次の図は、正電荷と負電荷が引き合う時のエネルギーの流れを考えたものである。

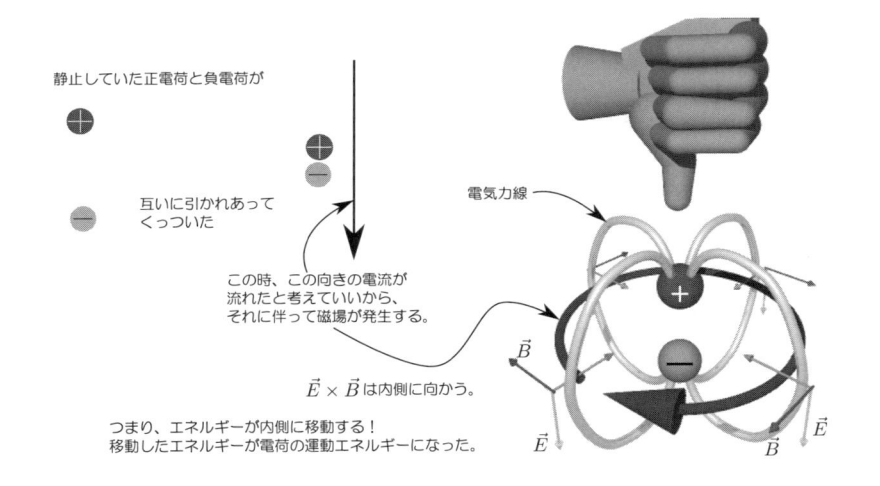

静止していた正電荷と負電荷が

互いに引かれあって
くっついた

この時、この向きの電流が
流れたと考えていいから、
それに伴って磁場が発生する。

電気力線

$\vec{E} \times \vec{B}$ は内側に向かう。

つまり、エネルギーが内側に移動する！
移動したエネルギーが電荷の運動エネルギーになった。

おおかたのポインティングベクトルは内側に向き、このことからエネルギーは電荷の方へと集まってきていることがわかる。正電荷と負電荷が近づくと結果として外部に漏れる電場は弱くなるわけであるから、電場のエネルギーの広がりが小さくなる。これがエネルギーが内側に流れる理由である。この時流れ込んだ静電場のエネルギーは、一部は二つの電荷の運動エネルギーに、一部はこの時作られる磁場のエネルギーになる。

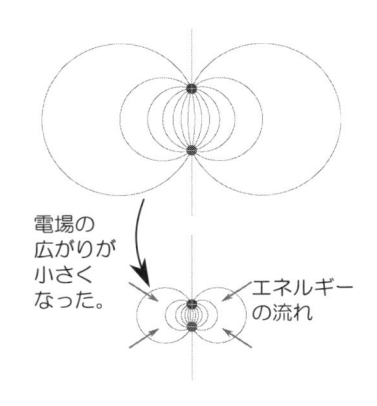

電場の
広がりが
小さく
なった。

エネルギー
の流れ

[†17] ポインティング (Poynting) は人名。この式を求めたイギリスの物理学者ジョン・ヘンリー・ポインティングからから来ている。よく間違えられるが、ポイント（point）とは関係ない。

12.4 電磁運動量

電磁場の持つ運動量を求めてみよう。求めるための前提として「荷電粒子の運動量と、電磁場の運動量の和は保存する」とする。荷電粒子の運動量の、単位体積あたりの値を $\vec{p}_{電荷}$ と書くことにしよう[†18]。

単位体積内の荷電粒子に働く力は、その中にある電荷 ρ に働くクーロン力と、その中にある電流 $\vec{j}$ に働く磁場からの力である。力は、単位体積当たりの運動量 $\vec{p}_{電荷}$ の時間微分に等しい。

$$\frac{\partial \vec{p}_{電荷}}{\partial t} = \rho \vec{E} + \vec{j} \times \vec{B} \tag{12.23}$$

である。この式の右辺を電磁場で表現してみよう。マックスウェル方程式から $\rho = \mathrm{div}\,\vec{D}$ と $\vec{j} = \mathrm{rot}\,\vec{H} - \frac{\partial \vec{D}}{\partial t}$ を代入して、

$$\frac{\partial \vec{p}_{電荷}}{\partial t} = (\mathrm{div}\,\vec{D})\vec{E} + \mathrm{rot}\,\vec{H} \times \vec{B} - \frac{\partial \vec{D}}{\partial t} \times \vec{B} \tag{12.24}$$

となる。$-\frac{\partial \vec{D}}{\partial t}$ を打ち消すように、$\frac{\partial}{\partial t}\left(\vec{D} \times \vec{B}\right) = \frac{\partial \vec{D}}{\partial t} \times \vec{B} + \vec{D} \times \frac{\partial \vec{B}}{\partial t}$ を両辺に加えて、

$$\frac{\partial \vec{p}_{電荷}}{\partial t} + \frac{\partial}{\partial t}\left(\vec{D} \times \vec{B}\right) = (\mathrm{div}\,\vec{D})\vec{E} + \mathrm{rot}\,\vec{H} \times \vec{B} + \vec{D} \times \underbrace{\frac{\partial \vec{B}}{\partial t}}_{=-\mathrm{rot}\,\vec{E}}$$

$$\frac{\partial \vec{p}_{電荷}}{\partial t} + \frac{\partial}{\partial t}\left(\vec{D} \times \vec{B}\right) = (\mathrm{div}\,\vec{D})\vec{E} - \vec{D} \times \mathrm{rot}\,\vec{E} + \underbrace{(\mathrm{div}\,\vec{B})}_{=0}\vec{H} - \vec{B} \times \mathrm{rot}\,\vec{H} \tag{12.25}$$

のように計算を進める。最後の行ではどうせ 0 になる $\mathrm{div}\,\vec{B}$ を加えて電場と磁場の式を対称な形にした。

この式の右辺には電場による項と磁場による項があるが、$\vec{E} \leftrightarrow \vec{H}, \vec{D} \leftrightarrow \vec{B}$ という置き換えを除いて同じ形をしているから、電場の部分だけを計算することにする。z 成分だけを計算すると、

[†18] 電磁場内の粒子の運動量を $m\frac{\mathrm{d}\vec{x}}{\mathrm{d}t}$ ではなく $m\frac{\mathrm{d}\vec{x}}{\mathrm{d}t} + e\vec{A}$ とする、という計算の方法があるが、ここでの $\vec{p}$ はその流儀ではなく $m\frac{\mathrm{d}\vec{x}}{\mathrm{d}t}$ の方の体積密度である。

12.4 電磁運動量

$$\left((\text{div } \vec{D})\vec{E} - \vec{D} \times \text{rot } \vec{E}\right)_z$$
$$= \left(\text{div } \vec{D}\right) E_z - D_x \left(\text{rot } \vec{E}\right)_y + D_y \left(\text{rot } \vec{E}\right)_x$$
$$= \left(\frac{\partial D_x}{\partial x} + \frac{\partial D_y}{\partial y} + \frac{\partial D_z}{\partial z}\right) E_z - D_x \left(\frac{\partial E_x}{\partial z} - \frac{\partial E_z}{\partial x}\right) + D_y \left(\frac{\partial E_z}{\partial y} - \frac{\partial E_y}{\partial z}\right) \tag{12.26}$$

となるが、ここで x 微分の項、y 微分の項、z 微分の項を分けて考えると、

x 微分 　　　$\dfrac{\partial D_x}{\partial x} E_z + D_x \dfrac{\partial E_z}{\partial x} = \dfrac{\partial}{\partial x}(D_x E_z)$

y 微分 　　　$\dfrac{\partial D_y}{\partial y} E_z + D_y \dfrac{\partial E_z}{\partial y} = \dfrac{\partial}{\partial y}(D_y E_z)$ 　　　(12.27)

z 微分 　$\dfrac{\partial D_z}{\partial z} E_z - D_x \dfrac{\partial E_x}{\partial z} - D_y \dfrac{\partial E_y}{\partial z}$

とまとまる。最後の z 微分の項だけは何かの微分の形にならないが、ここで真空中もしくは一様で線型な媒質中であると仮定して $\vec{D} = \varepsilon \vec{E}$ と直すと、
→ p146

$$\varepsilon \frac{\partial}{\partial z}\left(-\frac{1}{2}(E_x)^2 - \frac{1}{2}(E_y)^2 + \frac{1}{2}(E_z)^2\right) \tag{12.28}$$

という形になってくる。以上で右辺は全て何かの微分の形になっているので、

$$\int \mathrm{d}^3 \vec{x} \frac{\partial \vec{p}_{\text{電荷}}}{\partial t} + \int \mathrm{d}^3 \vec{x} \frac{\partial}{\partial t}\left(\vec{D} \times \vec{B}\right) = (\text{表面項}) \tag{12.29}$$

という形になる。表面項の影響は全空間で積分すれば消える。たとえば、

$$\int \mathrm{d}\vec{x}^3 \frac{\partial}{\partial x}(D_x E_z) = \int \mathrm{d}y \mathrm{d}z [D_x E_z]_{x=-\infty}^{x=\infty} \tag{12.30}$$

という計算をして、$x = \pm\infty$ では電場が 0 になっていると考えれば、この項は 0 となる[†19]。

よって、$\int \mathrm{d}^3 \vec{x} \left(\vec{p}_{\text{電荷}} + \vec{D} \times \vec{B}\right)$ は保存量となる。$\vec{D} \times \vec{B}$ が「電磁場の運動量密度」と解釈できる量なのである。

$\vec{D} \times \vec{B}$ は、12.3 節で計算したポインティングベクトル $\vec{E} \times \vec{H}$ と似ている。真
→ p290
空中であれば、

$$\vec{D} \times \vec{B} = \varepsilon_0 \mu_0 \vec{E} \times \vec{H} = \frac{1}{c^2} \vec{E} \times \vec{H} \tag{12.31}$$

である。よってエネルギーの流れと運動量は c^2 倍違う。

[†19] この表面項はつまり、境界面で働く力を表しており、これこそがマックスウェル応力である。
→ p126

12.5　直流回路で運ばれるエネルギー

　電磁場のエネルギーの式、ポインティングベクトルの式は、直流回路の中を流れるエネルギーを表現する式になっていることを以下で示そう。

　右の図は電池と抵抗が接続されて定常電流が流れている時の電場の様子を描いたものである。導線が理想的な抵抗0のものだとすると、電池のプラス極につながっている部分は（理想的）導線でつながれた部分は等電位になっている

導線の間に電場が発生している。

プラス極と等電位になり、マイナス極につながっている部分はマイナス極と等電位となる。よって2本の導線の間には電位差があり、そこには電場があることになる。いわば、二つの導線が非常に静電容量の小さいコンデンサになっている状態である。

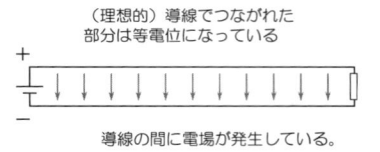

　電流が流れているということは、導線は図のような磁場も作っている。電場も磁場も一番強いのは導線と導線に挟まれた部分であろうから、まずそこを考えることにすると、図に示すように電場 $\vec{E}$ と磁場 $\vec{H}$ が直交しているので、ポインティングベクトル $\vec{E} \times \vec{H}$ は電池から抵抗へと向かう方向を向く。これが、電池から抵抗へと運ばれる電気エネルギーの正体である。

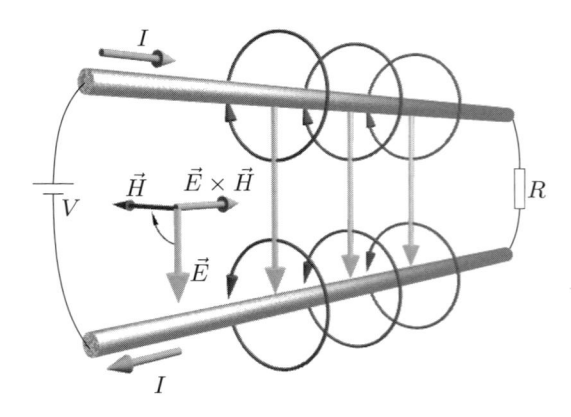

　ポインティングベクトルで表されるエネルギーの流れの面白いところは、静電場と静磁場に対しても「流れ」があるということである。この場合も、電場も磁場も時間変化はしていないにもかかわらず、ちゃんとエネルギーが移動している。

　現実的な導線の場合で計算するのはたいへんなので、非常に広い平板型の導体に電流が流れている場合について、ポインティングベクトルによって計算されるエネルギーの流れが、回路を運ばれる電力に等しいことを確認しよう。

　二つの導体板が d だけ離れているとして、電位差 V であれば、そこには $E = \dfrac{V}{d}$ の電場がある。ここで、導体板を単位長さあたり j の電流が流れているのだとす

る。ソレノイド同様に、磁場が導体板より外には漏れていないと仮定すると、アンペールの法則により、導体板の間には $H = j$ の磁場がある[20]。電場と磁場は垂直なので、ポインティングベクトルの大きさは $EH = \dfrac{jV}{d}$ である。これに単位長さあたりの面積 d をかけると、単位長さあたりのエネルギーの流れは jV となり、単位長さあたりの電流と電位差の積（つまりは電力）に一致する。真空中で電場と磁場の変化が伝わる速度は光速なので、この電流のエネルギーの運ばれる速度も光速となる。

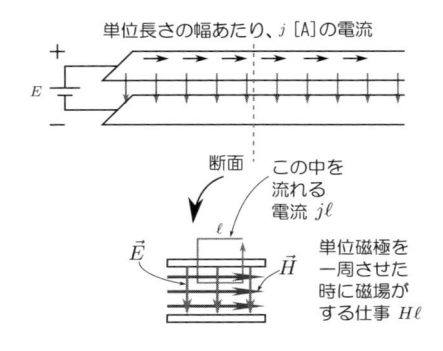

　導線に流れる電流が運ぶエネルギーは、導線の周りにできる電場や磁場が運んでいるのだ、という解釈ができるわけである。電場や磁場は眼に見えないが、ちゃんとエネルギーや運動量を運ぶことができる物理的実体であるということが、このことからも納得できると思う。

12.6　章末演習問題

★【演習問題 12-1】
　12.1.2節 で考えた、$z = -\infty$ から $z = 0$ までの直線電流の作る磁場を、ビオ・サバールの法則を使って求め、変位電流を取り入れたアンペールの法則を使って求めたものと比較せよ。

→ p284

ヒント → p8w へ　　解答 → p31w へ

---

[20]「$H = j$ とは妙な式だ」と思う人もいるかもしれない。普通の電流密度が単位面積当たりの電流なのに対し、ここの j は「単位長さあたりの電流」なのでこういう（一見）おかしな式になるが、これで次元はあっている。

★【演習問題 12-2】

図のように、原点から放射状に四方八方に球対称に電流が流れ出しているという状況を考えよう（原点には巨大な正電荷の塊があり、そこからあらゆる方向に電荷が放出されていると考えればよい）。

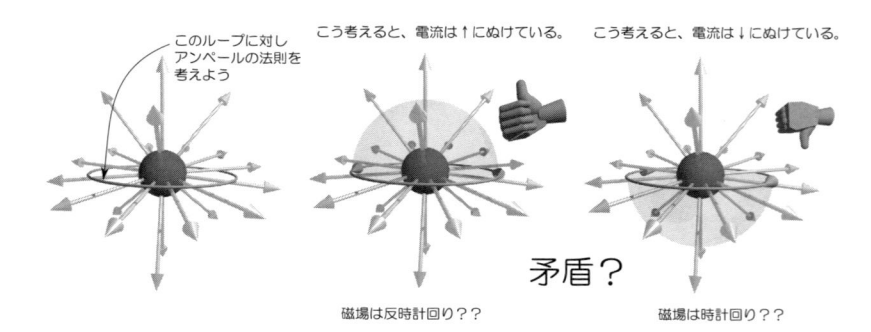

全部で I の電流が流れているものとすれば、原点から距離 r の場所の電流密度は $\dfrac{I}{4\pi r^2}$ である。この時赤道にあたる経路で積分してアンペールの法則を適用すると、電流のうち半分が北半球を抜けていくので、赤道を東向きに一周すると、$2\pi r H = \dfrac{I}{2}$ という式が成立することになる。

ところが、全く同じことを南極側に抜ける電流に関して考えると、電流の向きが逆を向いているのだから、逆向きの磁場（西向き）ができていることになる。

どっちが正しいかというと、どっちも正しくない。正しい答は $H = 0$ である。今状況は球対称なのだから、東向きの磁場ができても、西向きの磁場ができてもおかしいことになるので、$H = 0$ は実にもっともな解である。しかしアンペールの法則を使うと 0 にはならない。ではなぜ実際には 0 になるのだろう？？——以上の話はどこを間違えているのだろう？？

ヒント → p8w へ　　解答 → p31w へ

おわりに

　さて、これでこの本の主内容は終わりである。電磁気学というのはかなり深い学問であって、ずいぶん語り残したところがある。たとえば交流回路については全く述べることができなかった。また、電磁気学のゲージ理論としての側面も少ししか述べていないし、何より電磁気学にとってのみならず、現代物理の柱として重要な相対論（特殊相対性原理）について全く触れなかったのはとても残念である[†1]。また、この本の中ではいくつか、厳密に数学的な証明をしてない数式もある。そのような場合は図形的に納得してもらえるように配慮したつもりだが、数式で厳密に解くのが好きな人にとってはもどかしい部分もあるかもしれない。そういう人は適切な物理数学の本で補完していただきたい。

　さて、この本で述べたかったことをおさらいとして強調しておこう。

電場や磁場は、物理的実体である！

　素朴な人間の感覚では、「眼で見る」ことができ、「手で触れる」ことができるものが「実体」であると感じる。電場や磁場は目に見えない[†2]し、触れない[†3]。それゆえに「ここに電場がある」ということを計算しても、実体のあるものとしての電場を感じ取ることは難しいかもしれない。

　静電気学の中で電気力線が「ゴム紐のように短くなろうとする」「平行なものど

[†1] 相対論は電磁気学という学問の掉尾を飾るべきものであり、電磁気と別の学問として独立しているものではない。
[†2] この言葉には語弊がある。なぜなら、我々の目が見ている「光」もまた電磁波である。つまりむしろ「我々は電磁場しか見えない」と言うべきなのだ。
[†3] こっちの言葉にも語弊がある。というのは、我々が何かを手で触れているとき、手と物体の間には電磁場による力が働いているのであるから。それを「電磁場の力」と認識しないだけのことなのである。

うしは混雑を嫌って離れようとする」という力学的性質を持つものであることを強調した。この性質は磁力線も共通して持っている。本書の最後においては、電磁場は振動を伝えることができ、独自のエネルギーや運動量を持っている存在であることまでがわかった。電場や磁場は数式の上だけの存在ではない。こういうイメージを持つことができれば電磁気を（そして物理を）理解する道に近づける。

「場」の考え方、すなわち近接作用が物理の基本である！

　電磁気学によって物理にもたらされた大事な概念が近接作用の考え方である。電磁気学はマックスウェル方程式という微分方程式の形でまとめられるが、マックスウェル方程式は物体の存在によって起こされた（電場や磁場などの）「場」の変化がどのように空間を伝わっていくかを記述している方程式だとも言える。

　また、この本の中で何度も「細かく区切って考える」が物理の極意であると述べた。こういう「細かく区切って」という考えができる背景には「物理現象は、細かく区切った微小片の上で起こることだけを考えればわかるようになっている」という思想（「局所性」の概念）があるわけである。局所性と場の概念は、その後の物理の発展においても重要である。

いっけん難しく見える記号を使うことで、電磁気学は簡単になる！

　電磁気学は div だの rot だの、最初取っつきにくさを感じてしまう記号を使って表現されている。だがそれは、「それを使った方が簡単になるから」という理由があってのことだと、「はじめに」でも述べた。本書でももちろん、これらの記号を使っていろいろな物理を表現した。それぞれの記号がどんな意味を持つのかもできるかぎり砕いて説明したつもりである。電磁気の勉強をしっかりとやりとげた人ならば「div や rot って役に立つなぁ！」という感想を持つことができるはずである。最初は苦労しても、その苦労は報われる。

第0章の最後で

**　　電磁気は現代物理の基礎的な考え方が詰まった宝石箱である。**

と述べた。電磁気学を学ぶ中で獲得した概念、計算手段等を使えば、現代物理を究めていくことができるはずである。

　　　　　　―― あなたは宝石箱を開けることができただろうか？

付録 A

ベクトル解析の公式

この付録では、ベクトルの演算およびベクトル解析の公式についてまとめよう。

A.1 外積

右図に書き込んだようにベクトルとベクトルの間に記号 × が書かれるとき、この × は外積であり、単なる掛け算ではない。

外積の結果はベクトルである。その向きは、$\vec{a}$ から $\vec{b}$ の方向へネジを回した時、ネジの進む方向を向く。

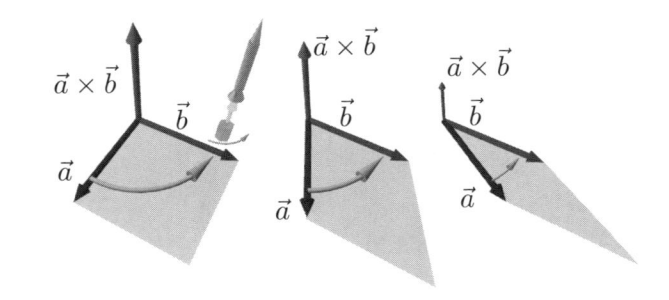

ベクトル $\vec{a}$ とベクトル $\vec{b}$ の外積 $\vec{a} \times \vec{b}$ は $\vec{a}$ とも $\vec{b}$ とも垂直な方向を向く。

二つのベクトル $\vec{a}, \vec{b}$ があって、二つのベクトルのなす角を θ とすると、その外積 $\vec{a} \times \vec{b}$ の大きさは

$$|\vec{a} \times \vec{b}| = |\vec{a}||\vec{b}| \sin \theta$$

である。つまり、$\vec{a}$ に垂直な成分 $|\vec{b}| \sin \theta$ を掛け算する。この結果は、図に示した平行四辺形の面積となる。

特に、同じ方向を向いているベクトルどうしの外積は 0 になることに注意しよう。

電磁場においては、外積という計算は磁場が電流に及ぼす力の式に出てくるし、rot という演算でも使われる。

A.2 直交座標、円筒座標、極座標の基底

極座標、円筒座標を図で表現したものは、演習問題 2-4を見よ。
→ p75

$$r\vec{e}_r = x\vec{e}_x + y\vec{e}_y + z\vec{e}_z \tag{A.1}$$

極座標と直交座標の関係

$$\begin{aligned}\vec{e}_r &= \sin\theta\cos\phi\vec{e}_x + \sin\theta\sin\phi\vec{e}_y + \cos\theta\vec{e}_z \\ \vec{e}_\theta &= \cos\theta\cos\phi\vec{e}_x + \cos\theta\sin\phi\vec{e}_y - \sin\theta\vec{e}_z \\ \vec{e}_\phi &= -\sin\phi\vec{e}_x + \cos\phi\vec{e}_y\end{aligned} \tag{A.2}$$

円筒座標と直交座標の関係

$$\vec{e}_\rho = \cos\phi\vec{e}_x + \sin\phi\vec{e}_y \tag{A.3}$$

$$\vec{e}_\phi = -\sin\phi\vec{e}_x + \cos\phi\vec{e}_y \tag{A.4}$$

$$\vec{e}_z = \vec{e}_z \tag{A.5}$$

円筒座標と直交座標では、z は共通の座標である。また、円筒座標と極座標では、ϕ は共通である。

円筒座標の動径である ρ は r を使う場合もある[†1]が、極座標の r とは意味が違うので注意。

A.3 微分

$$\begin{aligned}\vec{\nabla} &= \vec{e}_x\frac{\partial}{\partial x} + \vec{e}_y\frac{\partial}{\partial y} + \vec{e}_z\frac{\partial}{\partial z} & \text{(直交座標)} \\ &= \vec{e}_\rho\frac{\partial}{\partial \rho} + \vec{e}_\phi\frac{1}{\rho}\frac{\partial}{\partial \phi} + \vec{e}_z\frac{\partial}{\partial z} & \text{(円筒座標)} \\ &= \vec{e}_r\frac{\partial}{\partial r} + \vec{e}_\theta\frac{1}{r}\frac{\partial}{\partial \theta} + \vec{e}_\phi\frac{1}{r\sin\theta}\frac{\partial}{\partial \phi} & \text{(極座標)}\end{aligned} \tag{A.6}$$

$$\begin{aligned}\text{grad } f &= \vec{e}_x\frac{\partial f}{\partial x} + \vec{e}_y\frac{\partial f}{\partial y} + \vec{e}_z\frac{\partial f}{\partial z} & \text{(直交座標)} \\ &= \vec{e}_\rho\frac{\partial f}{\partial \rho} + \vec{e}_\phi\frac{1}{\rho}\frac{\partial f}{\partial \phi} + \vec{e}_z\frac{\partial f}{\partial z} & \text{(円筒座標)} \\ &= \vec{e}_r\frac{\partial f}{\partial r} + \vec{e}_\theta\frac{1}{r}\frac{\partial f}{\partial \theta} + \vec{e}_\phi\frac{1}{r\sin\theta}\frac{\partial f}{\partial \phi} & \text{(極座標)}\end{aligned} \tag{A.7}$$

A.3 微分

$$
\begin{aligned}
\operatorname{rot} \vec{A} &= \left(\frac{\partial A_z}{\partial y} - \frac{\partial A_y}{\partial z}\right)\vec{e}_x + \left(\frac{\partial A_x}{\partial z} - \frac{\partial A_z}{\partial x}\right)\vec{e}_y + \left(\frac{\partial A_y}{\partial x} - \frac{\partial A_x}{\partial y}\right)\vec{e}_z \\
&\hspace{9cm} \text{(直交座標)} \\
&= \left(\frac{1}{\rho}\frac{\partial A_z}{\partial \phi} - \frac{\partial A_\phi}{\partial z}\right)\vec{e}_\rho + \left(\frac{\partial A_\rho}{\partial z} - \frac{\partial A_z}{\partial \rho}\right)\vec{e}_\phi + \left(\frac{1}{\rho}\frac{\partial (\rho A_\phi)}{\partial \rho} - \frac{1}{\rho}\frac{\partial A_r}{\partial \phi}\right)\vec{e}_z \\
&\hspace{9cm} \text{(円筒座標)} \\
&= \left(\frac{1}{r\sin\theta}\frac{\partial (A_\phi \sin\theta)}{\partial \theta} - \frac{1}{r\sin\theta}\frac{\partial A_\theta}{\partial \phi}\right)\vec{e}_r \\
&\quad + \left(\frac{1}{r\sin\theta}\frac{\partial A_r}{\partial \phi} - \frac{1}{r}\frac{\partial (rA_\phi)}{\partial r}\right)\vec{e}_\theta + \left(\frac{1}{r}\frac{\partial (rA_\theta)}{\partial r} - \frac{1}{r}\frac{\partial A_r}{\partial \theta}\right)\vec{e}_\phi \\
&\hspace{9cm} \text{(極座標)} \\
&\hspace{11cm} (A.8)
\end{aligned}
$$

$$
\begin{aligned}
\operatorname{div} \vec{A} &= \frac{\partial A_x}{\partial x} + \frac{\partial A_y}{\partial y} + \frac{\partial A_z}{\partial z} \hspace{3cm} \text{(直交座標)} \\
&= \frac{1}{\rho}\frac{\partial (\rho A_\rho)}{\partial \rho} + \frac{1}{\rho}\frac{\partial A_\phi}{\partial \phi} + \frac{\partial A_z}{\partial z} \hspace{1.5cm} \text{(円筒座標)} \\
&= \frac{1}{r^2}\frac{\partial (r^2 A_r)}{\partial r} + \frac{1}{r\sin\theta}\frac{\partial (\sin\theta A_\theta)}{\partial \theta} + \frac{1}{r\sin\theta}\frac{\partial A_\phi}{\partial \phi} \hspace{0.5cm} \text{(極座標)} \\
&\hspace{11cm} (A.9)
\end{aligned}
$$

$$
\begin{aligned}
\triangle f &= \frac{\partial^2 f}{\partial x^2} + \frac{\partial^2 f}{\partial y^2} + \frac{\partial^2 f}{\partial z^2} \hspace{3cm} \text{(直交座標)} \\
&= \frac{1}{\rho}\frac{\partial\left(\rho\frac{\partial f}{\partial \rho}\right)}{\partial \rho} + \frac{1}{\rho^2}\frac{\partial^2 f}{\partial \phi^2} + \frac{\partial^2 f}{\partial z^2} \hspace{1.5cm} \text{(円筒座標)} \\
&= \frac{1}{r^2}\frac{\partial\left(r^2\frac{\partial f}{\partial r}\right)}{\partial r} + \frac{1}{r^2\sin\theta}\frac{\partial\left(\sin\theta\frac{\partial f}{\partial \theta}\right)}{\partial \theta} + \frac{1}{r^2\sin^2\theta}\frac{\partial^2 f}{\partial \phi^2} \hspace{0.3cm} \text{(極座標)} \\
&\hspace{11cm} (A.10)^{\dagger 2}
\end{aligned}
$$

[†1] 本書でも ρ を使っているところと r を使っているところがある。
[†2] このラプラシアンはスカラー関数に対するものである。ベクトルに対するラプラシアンは、単純に上の演算子を各成分ごとにかければよいというものではないことに注意しよう（直交座標の場合だけはやってもよい）。

A.4　div, rot, grad の相互関係

div, rot, grad の三つを図形的に表現すれば、

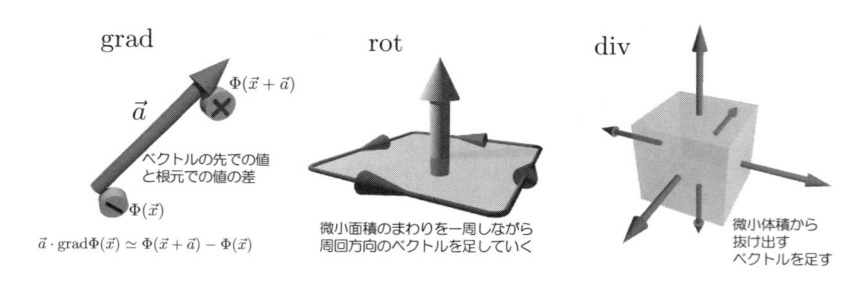

grad
$\vec{a}$
$\Phi(\vec{x} + \vec{a})$
ベクトルの先での値と根元での値の差
$\Phi(\vec{x})$
$\vec{a} \cdot \mathrm{grad}\Phi(\vec{x}) \simeq \Phi(\vec{x}+\vec{a}) - \Phi(\vec{x})$

rot
微小面積のまわりを一周しながら周回方向のベクトルを足していく

div
微小体積から抜け出すベクトルを足す

となる。単なる計算ツールとして数式を盲目的に覚えるのではなく、図形的イメージを頭に入れてほしい。grad の物理的イメージは3.2.1節、rot の物理的イメージは3.3.3節と3.3.4節、div の物理的イメージは2.3.1節をそれぞれ見よ。このイメージがあれば、以下にあげる法則がなぜ成立するのかが理解しやすい。

A.4.1　grad の rot が 0 であること

ϕ がどんな関数であっても、$\mathrm{grad}\,\phi$ の rot をとると0になる（$\mathrm{rot}\,(\mathrm{grad}\,\phi) = 0$）。これは数式でもわかるが、grad と rot の意味を理解していれば、次の図を見るだけで直観的に理解できる。

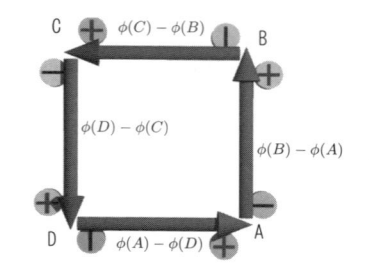

grad は矢印の先の量と矢印の根本の量の差である。rot は四辺形の一周で定義されている。rot というのは、矢印4本もってきて四辺形を作るという操作に等しいのであるが、この4本の矢印が表しているものが grad の場合、「(矢の先)-(矢の根本)」という引き算なのだから、矢印が四辺形を描いて一周回るように足し算を繰り返せば、プラス符号つきの「矢の先」とマイナス符号つきの「矢の根本」が全て消しあい、答えが零になるのは当然である。

A.4.2　rot の div が 0 であること

同じように考えると、任意のベクトル $\vec{V}$ に対し、$\mathrm{div}\,(\mathrm{rot}\,\vec{V}) = 0$ であることもわかる。これまた計算でも簡単にわかるのだが、ここでは図で説明しよう。

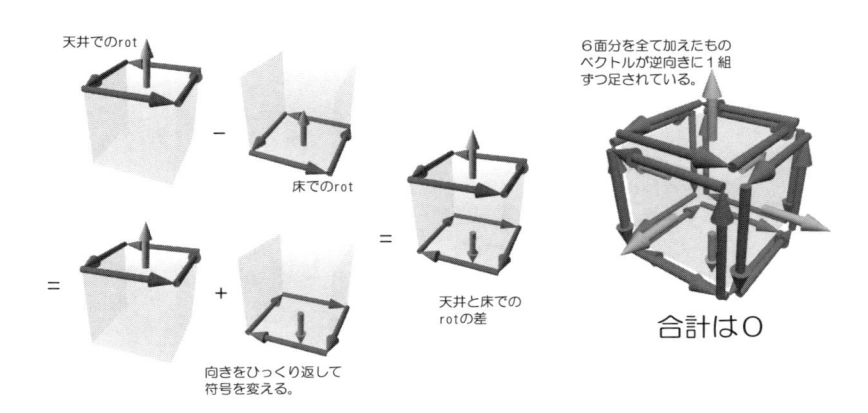

div は直方体、rot は四辺形に対応するものである。rot から div を作るというのはつまり、下の一番右の図のようにする、ということ。ここで天井の四辺形の rot と底面の四辺形の rot が逆回りをしているが、これは div が「天井−底」という引き算で表されているからである。

他の 6 面についても、対面どうしの四辺形の中で、rot は逆回りしている。で、この図をよく見ると、一つの辺を 2 本ずつ、逆向き矢印が通っていることが理解できる。となれば、これも全部足せば 0 になるのは当然である。

A.4.3　ストークスの定理

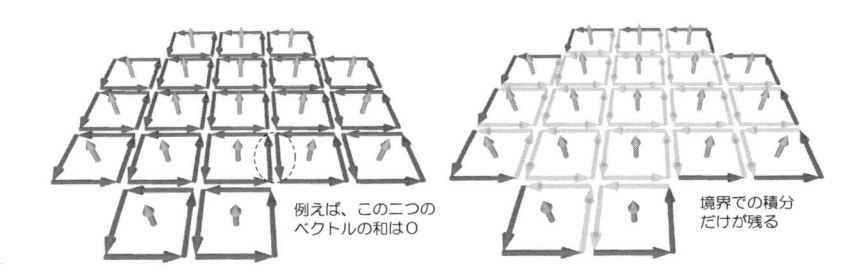

rot の四辺形を直方体をなすように組み上げると div が零になるわけだが、直方体でなく任意の面を作るように組み上げていくと、ストークス (Stokes) の定理というのが証明できる。rot の四辺形をあわせていくと、常にとなりあう矢印どうしは消しあうので、一番外側にある線（つまり考えている面の外縁）の部分の積分だけが残ることになる。

これから、

$$\int_S (\text{rot } \vec{V}) \cdot d\vec{S} = \oint_{\partial S} \vec{V} \cdot d\vec{x} \tag{A.10}$$

という公式が作れる。S はある面積を表し、$\int_S$ はその面の上の積分である。∂S は S の境界となる線を表す。$\oint_{\partial S}$ は境界線の上での線積分である。これをストークスの定理と言う。

ストークスの定理は面をくみ上げていって作った定理であるが、立体を組み合わせて同様のことをすれば、ガウスの発散定理（$\int_V \text{div } \vec{V} dV = \int_{\partial V} \vec{V} \cdot d\vec{S}$）ができた。この二つの公式は 2 次元と 3 次元という違いはあれ、同じ考え方で出てくる式なのである。ストークスの定理から、rot $\vec{E} = 0$ であるような面の周りを一周するように電荷を動かすと、電場のする仕事が 0 であることがわかる。

A.4.4 よく使う公式

$$\vec{A} \times (\vec{B} \times \vec{C}) = \vec{B}(\vec{A} \cdot \vec{C}) - \vec{C}(\vec{A} \cdot \vec{B}) \tag{A.11}$$
$$\vec{A} \cdot (\vec{B} \times \vec{C}) = \vec{C} \cdot (\vec{A} \times \vec{B}) = \vec{B} \cdot (\vec{C} \times \vec{A}) \tag{A.12}$$
$$\text{div } (\vec{V} \times \vec{W}) = \vec{W} \cdot (\text{rot } \vec{V}) - (\text{rot } \vec{W}) \cdot \vec{V} \tag{A.13}$$
$$\text{rot } \left(\text{rot } \vec{A}\right) = \text{grad } \left(\text{div } \vec{A}\right) - \triangle \vec{A} \tag{A.14}$$

式 (A.12) で、$\vec{A} \to \vec{\nabla}, \vec{B} \to \vec{V}, \vec{C} \to \vec{W}$ と置き換えると、

$$\vec{\nabla}(\vec{V} \times \vec{W}) = \vec{W} \cdot (\vec{\nabla} \times \vec{V})$$

となりそうな気がして、式 (A.13) の第 2 項はいらないように思えてしまうかもしれない。しかし、これは必要なのである。なぜなら、左辺の $\vec{\nabla}(\vec{V} \times \vec{W})$ の $\vec{\nabla}$ は、$\vec{V}$ も $\vec{W}$ も、両方を微分している。よって右辺においても、$\vec{V}$ を微分する項と $\vec{W}$ を微分する項と、二つの和とならなくてはいけない。

A.4.5 rot (rot $\vec{A}$) = grad (div $\vec{A}$) − △$\vec{A}$ の直観的説明

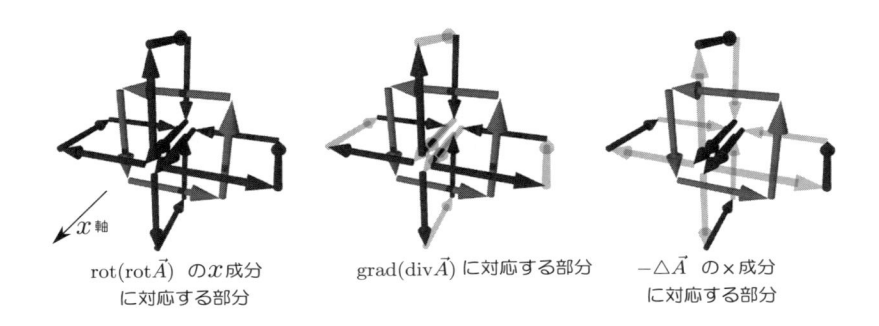

rot(rot$\vec{A}$) の x 成分に対応する部分　　grad(div$\vec{A}$) に対応する部分　　−△$\vec{A}$ の x 成分に対応する部分

rot の rot を取るということを表現したのが上の図である。これは rot (rot $\vec{A}$) の、x 方向（左図に x 軸を示した）を向いた成分を取りだして考えている。

左図は、中央図と右図の和として表現される。

中央の図は、「場所 $x + \Delta x$ における yz 面内での湧き出しと、場所 x における yz 面での湧き出しの差」という量になっていることが図からわかる。これを数式で表現すると、

$$\frac{\partial}{\partial x}\underbrace{\left(\frac{\partial A_x}{\partial x}+\frac{\partial A_y}{\partial y}+\frac{\partial A_z}{\partial z}\right)}_{\text{これで、div }\vec{A}} \tag{A.15}$$

である。灰色で書いた部分は、図に現れていないが、これがあれば括弧の中を $\frac{\partial}{\partial x}(\text{div }\vec{A})$ の形にまとめることができる。

右の図は、ベクトルの x 成分に関して（yz 面上における）「中央での値の 4 倍から、周囲の値の和を引いたもの」となっている。つまり yz 平面上のラプラシアンであるから、

$$-\underbrace{\left(\frac{\partial^2 A_x}{\partial x^2}+\frac{\partial^2 A_x}{\partial y^2}+\frac{\partial^2 A_x}{\partial z^2}\right)}_{\text{これで、}\triangle A_x} \tag{A.16}$$

となる。例によって灰色の部分は存在していないが、これが存在していれば括弧内が $\triangle A_x$ という形にまとまる。

よく見ると「足りない」ということで灰色で書いた部分は、(A.15) と (A.16) で同じものであり、しかも符号が逆だから、ちょうどこれが補われる。

こうして、rot (rot $\vec{A}$) = grad (div $\vec{A}$) − △$\vec{A}$ が示された。

ところで、ベクトル $\vec{A}$ に対する演算子の $\triangle$ は厳密にはスカラーに対する $\triangle$ とは違う。直交座標であればどちらも $\dfrac{\partial^2}{\partial x^2} + \dfrac{\partial^2}{\partial y^2} + \dfrac{\partial^2}{\partial z^2}$ となるが、一般の座標系ではそうとは限らないのである。上で使った、$\triangle A_x = \left(\dfrac{\partial^2}{\partial x^2} + \dfrac{\partial^2}{\partial y^2} + \dfrac{\partial^2}{\partial z^2} \right) A_x$ という式は、極座標や円筒座標のベクトル成分（例えば A_r）では成立しない。

　むしろベクトルに対するラプラシアンは $\triangle \vec{A} = \mathrm{grad}\,(\mathrm{div}\,\vec{A}) - \mathrm{rot}\,(\mathrm{rot}\,\vec{A})$ をもって定義するべきであろう。

付録 B

練習問題のヒント

【問い 0-1 】..（問題は p7、解答は p311）
ある装置の発明である。これによって電流を簡単に作れるようになった。

【問い 1-1 】..（問題は p13、解答は p311）
電荷を Q として、クーロンの法則の公式 $\dfrac{Q^2}{4\pi\varepsilon_0 r^2}$ に代入。距離 r は 0.1m とする。

【問い 1-2 】..（問題は p13、解答は p311）
どちらも、クーロンの法則の式に代入すればよい。(1) においては電荷は 4.79×10^9C、
(2) においては電荷は 4.79×10^7C ということになる。どっちも非常に大きい。

【問い 1-3 】............（問題は p34, 解答は p311）
リングを中心から見た角度を小さく分割して、角度 $d\theta$ に入っている微小部分（長さ $rd\theta$ だから、電荷は $\rho r d\theta$）が作る電場をまず考える。考えている微小部分からの距離は $\sqrt{r^2 + z^2}$ になる。最後に θ を 0 から 2π まで積分しよう。

【問い 1-4 】.............（問題は p36, 解答は p312）
$r^2 = t$ なので、$2rdr = dt$ と書き直せる。こういう計算を「両辺を微分する」と表現する。つまり、$t \to t + dt$ と変化すると同時に $r \to r + dr$ と変化したと考えて、

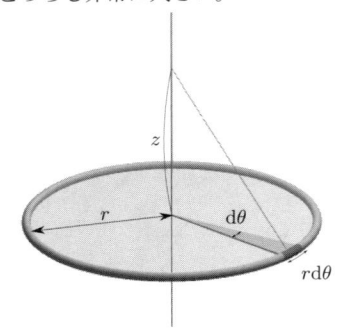

$$\begin{array}{r} (r+dr)^2 = t + dt \\ -\quad r^2 = t \\ \hline 2rdr + \underbrace{(dr)^2}_{\text{無視}} = dt \end{array} \qquad (B.1)$$

という計算をしている。

【問い 1-5 】..（問題は p37、解答は p312）
まず、分母分子を z で割って、

$$\frac{\sqrt{z^2+(r_0)^2}-z}{\sqrt{z^2+(r_0)^2}} = \frac{\sqrt{1+\frac{(r_0)^2}{z^2}}-1}{\sqrt{1+\frac{(r_0)^2}{z^2}}} \tag{B.2}$$

とする。z で割るということは、ルートの中では z^2 で割ることであることに注意。

【問い 1-6 】 .... (問題は p42、解答は p312)

積分範囲も含めて書くと、

$$\int_0^{2\pi} d\phi \int_0^{\pi} d\theta \sin\theta \tag{B.3}$$

となる。このような積分では、$t = \cos\theta$ と置いて書き直すのが定番。こうすると、$dt = -\sin\theta d\theta$ となる。

【問い 2-1 】 .... (問題は p51、解答は p312)

電場 $\vec{E}$ は $\dfrac{Q}{4\pi\varepsilon_0(r^2+z^2)}$ の強さであるが、向きは面に垂直ではなく、図で示した角度 θ だけ傾いている。ゆえにこの微小面を貫く電気力線の本数は

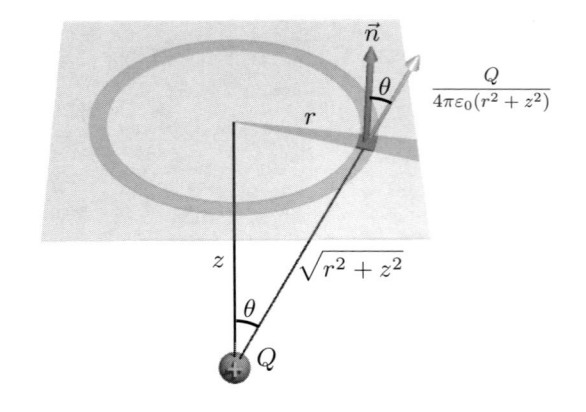

$$\frac{Q}{4\pi\varepsilon_0(r^2+z^2)} \times r dr d\phi \times \cos\theta \tag{B.4}$$

となる。これを積分していく。この場合 θ が r の関数なので、θ を r で表して $r=0$ から $r=\infty$ まで積分するか、r を θ で表して $\theta=0$ から $\theta=\dfrac{\pi}{2}$ まで積分するか、どっちかにしなくてはいけない。

【問い 2-2 】 .... (問題は p51、解答は p314)

図のように定ベクトル $\vec{a}$ (z 軸方向を向いているとする) だけ電荷の位置が中心よりずれているとする。この時、電荷から図の微小面積へと向かうベクトルは $r\vec{e}_r - \vec{a}$ である ($\vec{e}_r$ は、今考えている場所において r が増加する方向を向いている単位ベクトル)。また、この場所の $d\vec{S}$ は $r^2 \sin\theta d\theta d\phi \vec{e}_r$ と書ける (法線の向きは r の増加する方向である)。

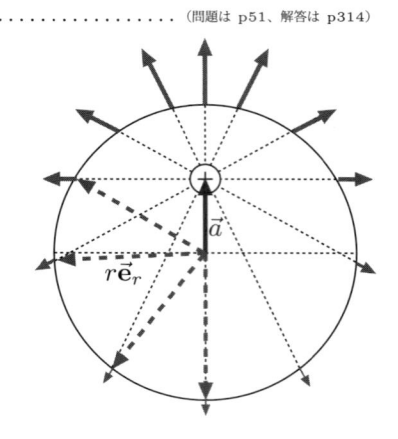

よってこの微小面積 $r^2 \sin\theta d\theta d\phi$ をつらぬく電気力線は

$$\frac{Q}{4\pi\varepsilon_0 |r\vec{e}_r - \vec{a}|^3} \times (r\vec{e}_r - \vec{a}) \cdot \vec{e}_r r^2 \sin\theta d\theta d\phi \tag{B.5}$$

となる。$\vec{e}_r \cdot \vec{a} = a\cos\theta$ (a は $\vec{a}$ の長さ) であることに注意して積分を行おう。

【問い 2-3 】... (問題は p70、解答は p315)
　微小体積を右の図のように取る。
天井と床の面積は $r\mathrm{d}r\mathrm{d}\theta$、左の壁と右の壁の面積は $\mathrm{d}r\mathrm{d}z$、内側の壁の面積は $r\mathrm{d}\theta\mathrm{d}z$、外側の壁の面積は $(r+\mathrm{d}r)\mathrm{d}\theta\mathrm{d}z$ となる。ベクトル場 $\vec{A}$ があるとして、それぞれの壁からの湧き出しを足し算して、体積 $r\mathrm{d}r\mathrm{d}\theta\mathrm{d}z$ で割る。

【問い 2-4 】......... (問題は p72、解答は p315)
　(2.33)から出発する。$r^2 A_r$ の微分をライ
→ p69
プニッツ則 ($\frac{\mathrm{d}}{\mathrm{d}x}(AB) = \frac{\mathrm{d}A}{\mathrm{d}x}B + A\frac{\mathrm{d}B}{\mathrm{d}x}$ のこと) を使って展開する。

【問い 3-1 】... (問題は p103、解答は p315)
　直交座標を使う場合は、$r = \sqrt{x^2+y^2+z^2}$ であることを使う。丁寧に代入していけばできる。極座標の方も、極座標のラプラシアンの形に代入していけばよいが、θ や ϕ による微分は全く関係ないので、r 微分だけを計算すればよい。

【問い 3-2 】... (問題は p117、解答は p317)
　直交座標を使う方法と、極座標を使う方法がある。極座標を使う場合は、電位が ϕ によらないことで式が簡単になる。

【問い 3-3 】... (問題は p130、解答は p317)
　角度が θ から $\theta+\mathrm{d}\theta$ までの範囲を考えると、その範囲に入っている微小面積は

$$\pi(L\tan(\theta+\mathrm{d}\theta))^2 - \pi(L\tan\theta)^2 = 2\pi L^2 \tan\theta \frac{\mathrm{d}\theta}{\cos^2\theta} \quad \text{(B.6)}$$

となる（図参照）。この微小面積に、角度 θ における張力の密度をかけて、θ を 0 から $\frac{\pi}{2}$ まで積分すればよい。

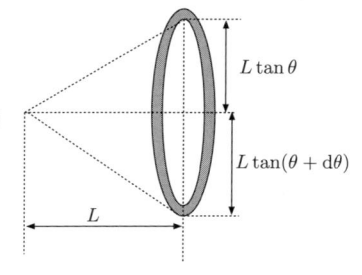

【問い 4-1 】... (問題は p139、解答は p317)
　(y, z) の平面の上に極座標 $y = R\cos\phi, z = R\sin\phi$ を考え、ϕ を $[0, 2\pi]$、R を $[0, \infty]$ で積分する。

【問い 4-2 】... (問題は p142、解答は p318)
　球対称に電場ができるので、内側に電荷 Q、外側に電荷 $-Q$ を与えたとしてガウスの法則を使う。

【問い 4-3 】... (問題は p142、解答は p318)
　軸対称に電場ができる。

【問い 5-1 】... (問題は p164、解答は p318)
　1A の電流は、1 秒間に -1C の電子が導線を通っていくことを意味する。-1C の電子は $\frac{-1}{-1.6\times 10^{-19}}$ 個である。

【問い 6-1 】．．（問題は p181、解答は p318）

磁場は二つの力のどちらとも直交するはずなので、$\vec{F}_1 \times \vec{F}_2$ の方向を向く。よって、$\vec{B} = k\vec{F}_1 \times \vec{F}_2$ とおける。後は定数 k を求める。

【問い 7-1 】．．（問題は p189、解答は p319）

円筒座標における $\vec{\nabla} = \vec{e}_r \dfrac{\partial}{\partial r} + \vec{e}_z \dfrac{\partial}{\partial z} + \vec{e}_\phi \dfrac{1}{r}\dfrac{\partial}{\partial \phi}$ のうち、関係するのは ϕ 微分の入った $\vec{e}_\phi \dfrac{1}{r}\dfrac{\partial}{\partial \phi}$ のみである。困る点については、ϕ の変域を考えよう。

【問い 7-2 】．．（問題は p191、解答は p319）

図の AB だけを見ていてはダメ。他の部分で磁場が仕事をするかどうかを考えてみよう。

【問い 8-1 】．．（問題は p201、解答は p319)

$\text{rot}\, \vec{H}(\vec{x}') = \vec{j}(\vec{x}')$ と $\dfrac{\vec{x} - \vec{x}'}{4\pi |\vec{x} - \vec{x}'|^3}$ との外積を取ると、

$$\left(\text{rot}\, \vec{H}(\vec{x}')\right) \times \dfrac{\vec{x} - \vec{x}'}{4\pi |\vec{x} - \vec{x}'|^3} = \vec{j}(\vec{x}) \times \dfrac{\vec{x} - \vec{x}'}{4\pi |\vec{x} - \vec{x}'|^3}$$

となる。この式の右辺に $\int \mathrm{d}^3 \vec{x}'$ をつけて空間積分すればビオ・サバールの法則の右辺を μ_0 で割ったものになる。左辺の空間積分を考えていこう。

【問い 11-1 】．．（問題は p268、解答は p320)

電磁誘導が起こる原因は、(1) ローレンツ力 (2) 磁束密度 $\vec{B}$ の時間変化、の二つである。この問いの状況ではどちらかが起こっているか？？

【問い 12-1 】．．．．．．．．．．．．．．．．．．．．．．（問題は p283、解答は p320）

簡単のため、分極が起こっている方向を z 軸方向に選んで考えよう。微小直方体を考えれば、$P_z \Delta x \Delta y$ が、図の天井部分から飛び出す電荷である。

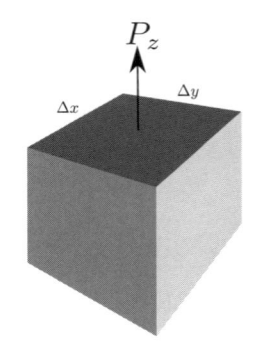

【問い 12-2 】．．．．．．．．．．．．．．．．．．．．．．（問題は p283、解答は p320）

まずは $\text{div}\, \vec{B} = 0$ を $\text{div}\, \vec{B} = \rho_m$ と直すべきなのはすぐにわかるだろう。$\text{rot}\, \vec{E} = -\dfrac{\partial \vec{B}}{\partial t}$ の方はどう直せばよいかを考える。

付録 C

練習問題の解答

【問い 0-1 】 .... (問題は p7、ヒントは p307)
　1800 年のヴォルタによる電池の発明である。安定した電流を作ることができるようになったことで、人類は電流と磁場の関係に気づくことができた。

【問い 1-1 】 .... (問題は p13、ヒントは p307)
　$1 = \dfrac{Q^2}{4\pi\varepsilon_0(0.1)^2} = 1$ として計算すると、$Q = 1.05 \times 10^{-6}$C となる。約 100 万分の 1 クーロン。

【問い 1-2 】 .... (問題は p13、ヒントは p307)
(1)
$$\frac{8.99 \times 10^9 \times (4.79 \times 10^9)^2}{1^2} = 2.06 \times 10^{29}[\text{N}] \tag{C.1}$$

という莫大な力が働くことになる。

(2) 人間の持つ電気が完全に打ち消し合わずに 1 %ほど残っていたとしても、その時に働く力は

$$\frac{8.99 \times 10^9 \times (4.79 \times 10^7)^2}{1^2} = 2.06 \times 10^{25} N \tag{C.2}$$

である。これでも十分大きい力である。ちなみに地球の質量は 5.974×10^{24}kg である。この力で、地球を 3.45m/s^2 で加速することができる。

【問い 1-3 】 .... (問題は p34、ヒントは p307)
　微小部分の作る電場は

$$\frac{\rho r \mathrm{d}\theta}{4\pi\varepsilon_0(r^2 + z^2)} \tag{C.3}$$

であるが、このうち z 方向の成分のみを取り出すと、

$$\frac{\rho r \mathrm{d}\theta}{4\pi\varepsilon_0(r^2 + z^2)} \times \frac{z}{\sqrt{r^2 + z^2}} \tag{C.4}$$

である。これを θ 積分するが、被積分関数に θ は入ってないので、ただ 2π をかけるだけの結果となり、

$$\frac{\rho r z}{2\varepsilon_0(r^2 + z^2)^{\frac{3}{2}}} \tag{C.5}$$

【問い 1-4 】... (問題は p36、ヒントは p307)

$r^2 = t$ とおいて、$2rdr = dt$ と置き直すと、

$$\frac{\sigma z}{2\varepsilon_0} \int_0^{r_0} \frac{rdr}{(z^2+r^2)^{\frac{3}{2}}} = \frac{\sigma z}{4\varepsilon_0} \int_0^{(r_0)^2} \frac{dt}{(z^2+t)^{\frac{3}{2}}} = \frac{\sigma z}{4\varepsilon_0} \left[\frac{-2}{(z^2+t)^{\frac{1}{2}}} \right]_0^{(r_0)^2}$$

となって、(積分範囲が $0 \sim r_0$ から $0 \sim (r_0)^2$ に変わったことに注意) 答は

$$= \frac{\sigma z}{4\varepsilon_0} \left(\frac{-2}{\sqrt{z^2+(r_0)^2}} + \frac{2}{z} \right) = \frac{\sigma}{2\varepsilon_0} \left(\frac{-z}{\sqrt{z^2+(r_0)^2}} + 1 \right)$$

となる。$\frac{z}{\sqrt{z^2+(r_0)^2}} = \cos\phi_0$ なので、答は $\underset{\to \text{p36}}{(1.27)}$ と同じ。

【問い 1-5 】... (問題は p37、ヒントは p307)

ルートの展開公式 $\sqrt{1+x} \simeq 1 + \frac{1}{2}x + \cdots$ を使うと、

$$\frac{\sqrt{z^2+(r_0)^2} - z}{\sqrt{z^2+(r_0)^2}} = \frac{1 + \frac{1}{2}\left(\frac{r_0}{z}\right)^2 + \cdots - 1}{1 + \frac{1}{2}\left(\frac{r_0}{z}\right)^2 + \cdots} = \frac{\frac{1}{2}\left(\frac{r_0}{z}\right)^2 + \cdots}{1 + \frac{1}{2}\left(\frac{r_0}{z}\right)^2 + \cdots} \tag{C.6}$$

であるから、z が大きいところでは、

$$\frac{\sqrt{z^2+(r_0)^2} - z}{\sqrt{z^2+(r_0)^2}} \simeq \frac{1}{2}\left(\frac{r_0}{z}\right)^2 \tag{C.7}$$

となる。つまり z^2 に反比例する。

【問い 1-6 】... (問題は p42、ヒントは p308)

ヒントにあるように $t = \cos\theta$ と置くことで $dt = -\sin\theta d\theta$ となるので、

$$\underbrace{\int_0^{2\pi} d\phi}_{=2\pi} \underbrace{\int_0^{\pi} d\theta \sin\theta}_{=-\int_1^{-1} dt} = 2\pi \left[-t\right]_1^{-1} = 4\pi$$

となる。$\theta = 0$ で $\cos\theta = 1$、$\theta = \pi$ で $\cos\theta = -1$ となって、積分の領域は $\int_1^{-1}$ と逆向きになることに注意。まとめて、$\int_0^{\pi} d\theta \sin\theta \to \int_{-1}^{1} dt$ と覚えておくとよいだろう。

【問い 2-1 】... (問題は p51、ヒントは p308)

ヒントで求めた電気力線の本数の式

$$\frac{Q}{4\pi\varepsilon_0(r^2+z^2)} \times rdrd\phi \times \cos\theta \tag{C.8}$$

を、$r = z\tan\theta$ として θ で積分する。

$dr = z\dfrac{1}{\cos^2\theta}d\theta$ として

$$\dfrac{Q}{4\pi\varepsilon_0}\cos^2\theta \times \tan\theta \dfrac{d\theta}{\cos^2\theta}d\phi \times \cos\theta = \dfrac{Q}{4\pi\varepsilon_0}d\phi d\theta \sin\theta \tag{C.9}$$

となって、$\displaystyle\int_0^{\frac{\pi}{2}}d\theta\sin\theta = 1$ と $\displaystyle\int_0^{2\pi}d\phi = 2\pi$ より、$E = \dfrac{Q}{2\varepsilon_0}$ という結果を得る。これは、電荷 Q から出た電気力線のうち半分が上にある無限平面を通った、という結果であって、予想どおりである。

もう一つの計算法として、図のようにベクトルを考えて、

$$\vec{E} = \dfrac{Q}{4\pi\varepsilon_0(r^2+z^2)^{\frac{3}{2}}}(r\vec{e}_r + z\vec{e}_z) \tag{C.10}$$

とする方法もある。微小面積に対する面積ベクトルは $d\vec{S} = rdrd\phi\vec{e}_z$ であるから、これと内積をとって、

$$\vec{E}\cdot d\vec{S} = \dfrac{Q}{4\pi\varepsilon_0(r^2+z^2)^{\frac{3}{2}}}zrdrd\phi \tag{C.11}$$

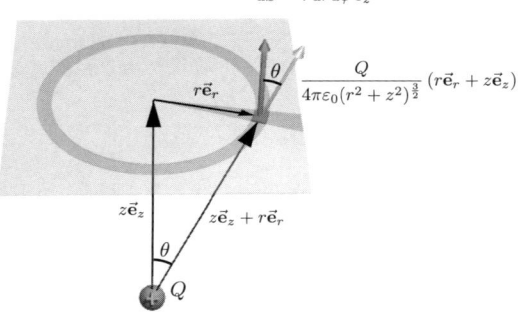

となり、あとは ϕ と r の積分を行えばよい。ϕ 積分は単純に 2π を出すだけであり、r 積分は $r^2 = t$ とおいて、$2rdr = dt$ を代入するという方法で積分できる。実行すると、

$$\begin{aligned}\int_{\text{全平面}}\vec{E}\cdot d\vec{S} &= \underbrace{\int_0^{2\pi}d\phi}_{=2\pi}\int_0^\infty \underbrace{rdr}_{=\frac{1}{2}dt}\dfrac{Q}{4\pi\varepsilon_0(r^2+z^2)^{\frac{3}{2}}}z \\ &= \int_0^\infty dt\dfrac{Q}{4\varepsilon_0(t+z^2)^{\frac{3}{2}}}z \qquad \left(\int dt\dfrac{1}{(t+a)^{\frac{3}{2}}} = -2\dfrac{1}{(t+a)^{\frac{1}{2}}}\right) \\ &= \left[-2\dfrac{Q}{4\varepsilon_0(t+z^2)^{\frac{1}{2}}}z\right]_0^\infty = \dfrac{Q}{2\varepsilon_0}\end{aligned} \tag{C.12}$$

となる。計算結果はもちろん一致する。

ところで、この計算をよく見ると、1.5.2 節で円盤の上に一様に分布した電荷が作る電場 $\vec{E}$ を考えた時と全く同じ計算をしていることに気づく。

一方は面上の電荷が点電荷に及ぼす力（実際に計算したのは電場 $\vec{E}$ であるが、つまりは単位電荷に働く力である）を計算し、もう一方は点電荷が面上の電荷に及ぼす力を計算している（こちらは実際に計算したのは電気力線の総本数であるが、それは電場 $\vec{E}$ の垂直成分を足しているのと同じ）。クーロン力に関しても作用・反作用の法則が成立するので、実はこの二つは互いに作用・反作用を計算しているのだと考えてよい。似たような計算になるのはある意味当然なのである。

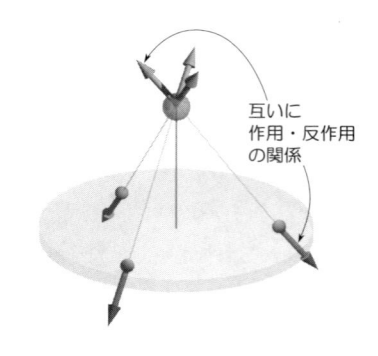

互いに作用・反作用の関係

【問い 2-2 】 .... (問題は p51、ヒントは p308)

ヒントに書いたように、微小面積 $r^2 \sin\theta \mathrm{d}\theta \mathrm{d}\phi$ をつらぬく電気力線は

$$\frac{Q}{4\pi\varepsilon_0 |r\vec{e}_r - \vec{a}|^3} \times (r\vec{e}_r - \vec{a}) \cdot \vec{e}_r r^2 \sin\theta \mathrm{d}\theta \mathrm{d}\phi \tag{C.13}$$

となる。$\vec{e}_r \cdot \vec{a} = a\cos\theta$（$a$ は $\vec{a}$ の長さ）であることに注意して、

$$\frac{Q}{4\pi\varepsilon_0 (r^2 + a^2 - 2ar\cos\theta)^{\frac{3}{2}}} \times (r - a\cos\theta) r^2 \sin\theta \mathrm{d}\theta \mathrm{d}\phi \tag{C.14}$$

と書き換えてから積分をしよう。こういう時の定番として、問い 1-6 でやったように $\cos\theta = t$ として $\int_0^\pi \sin\theta \mathrm{d}\theta \to \int_{-1}^1 \mathrm{d}t$ と置き換えて、

$$\frac{Qr^2}{4\pi\varepsilon_0} \int_{-1}^1 \mathrm{d}t \int_0^{2\pi} \mathrm{d}\phi \frac{r - at}{(r^2 + a^2 - 2art)^{\frac{3}{2}}} \tag{C.15}$$

という積分をすればよい。ϕ 積分は定数 2π を出すだけで終わる。t 積分はもちろんまじめにこつこつやってもできるのだが、

$$\frac{r - at}{(r^2 + a^2 - 2art)^{\frac{3}{2}}} = \frac{\partial}{\partial r}\left(\frac{-1}{(r^2 + a^2 - 2art)^{\frac{1}{2}}}\right) \tag{C.16}$$

と置き換えて計算すると早い[†1]。t で積分するのと r で微分するのは順番を変えてよいので、

$$\frac{Qr^2}{2\varepsilon_0} \frac{\partial}{\partial r}\left(\int_{-1}^1 \mathrm{d}t \frac{-1}{(r^2 + a^2 - 2art)^{\frac{1}{2}}}\right) \tag{C.17}$$

とする。積分 $\int_{-1}^1 \mathrm{d}t \frac{-1}{(r^2 + a^2 - 2art)^{\frac{1}{2}}}$ は

$$\int_{-1}^1 \mathrm{d}t \frac{-1}{(r^2 + a^2 - 2art)^{\frac{1}{2}}} = \left[\frac{1}{ar}(r^2 + a^2 - 2art)^{\frac{1}{2}}\right]_{-1}^1 = \frac{1}{ar}\left(\sqrt{(r-a)^2} - \sqrt{(r+a)^2}\right) \tag{C.18}$$

[†1] この置き換えにはちゃんと物理的意味がある。

となる。

r, a はどちらも正であるから、$\sqrt{(r+a)^2}$ は常に $r+a$ となるが、$\sqrt{(r-a)^2}$ の方は $r > a$ なら $r-a$ となり、$r < a$ なら $a-r$ となる。

結局この積分の結果は $r > a$ なら $\dfrac{1}{ar}(r-a-(r+a)) = \dfrac{-2}{r}$ となり、$r < a$ なら $\dfrac{1}{ar}(a-r-(r+a)) = \dfrac{-2}{a}$ となる。(C.17) を見ると、後はこれを r で微分してから、$\dfrac{Qr^2}{2\varepsilon_0}$ をかければよい。$\dfrac{-2}{r}$ は微分すると $\dfrac{2}{r^2}$、$\dfrac{-2}{a}$ は微分すると 0 であるから、結果は $r > a$ なら $\dfrac{Q}{\varepsilon_0}$、$r < a$ なら 0 となる。電荷が外にあるなら電気力線の総本数は 0、内にあるなら $\dfrac{Q}{\varepsilon_0}$ ということが確認できたわけである。

【問い 2-3】 .... (問題は p70、ヒントは p309)

床から入る flux：$rdrd\theta A_z(r,\theta,z)$
天井から出る flux：$rdrd\theta A_z(r,\theta,z+dz)$
左の壁から入る flux：$drdz A_\theta(r,\theta,z)$
右の壁から出る flux：$drdz A_\theta(r,\theta+d\theta,z)$
内側の壁から入る flux：$rd\theta dz A_r(r,\theta,z)$
外側の壁から出る flux：$(r+dr)d\theta dz A_r(r+dr,\theta,z)$

となるので、入るものをマイナスで、出るものをプラスで足した後で、体積 $rdrd\theta dz$ で割ると、

$$\frac{A_z(r,\theta,z+dz)-A_z(r,\theta,z)}{dz} + \frac{A_\theta(r,\theta+d\theta,z)-A_\theta(r,\theta,z)}{rd\theta}$$
$$+ \frac{(r+dr)A_r(r+dr,\theta,z)-rA_r(r,\theta,z)}{rdr} \tag{C.19}$$

となって、極限を取ると、$\dfrac{1}{r}\dfrac{\partial}{\partial r}(rA_r) + \dfrac{1}{r}\dfrac{\partial}{\partial \theta}A_\theta + \dfrac{\partial}{\partial z}A_z$ となる。

【問い 2-4】 .... (問題は p72、ヒントは p309)

$$\begin{aligned}
\operatorname{div}\vec{A} &= \frac{1}{r^2}\frac{\partial}{\partial r}\left(r^2 A_r\right) + \frac{1}{r\sin\theta}\frac{\partial}{\partial \theta}\left(\sin\theta A_\theta\right) + \frac{1}{r\sin\theta}\frac{\partial A_\phi}{\partial \phi} \\
&= \frac{1}{r^2}\underbrace{\left(2rA_r + r^2\frac{\partial A_r}{\partial r}\right)}_{=\frac{\partial}{\partial r}(r^2 A_r)} + \frac{1}{r\sin\theta}\underbrace{\left(\cos\theta A_\theta + \sin\theta\frac{\partial A_\theta}{\partial \theta}\right)}_{\frac{\partial}{\partial \theta}(\sin\theta A_\theta)} + \frac{1}{r\sin\theta}\frac{\partial A_\phi}{\partial \phi} \\
&= \frac{\partial A_r}{\partial r} + \frac{2}{r}A_r + \frac{1}{r}\frac{\partial A_\theta}{\partial \theta} + \frac{\cot\theta}{r}A_\theta + \frac{1}{r\sin\theta}\frac{\partial A_\phi}{\partial \phi}
\end{aligned} \tag{C.20}$$

【問い 3-1】 .... (問題は p103、ヒントは p309)

(1) 直交座標の方は、$r = \sqrt{x^2 + y^2 + z^2}$ であることを使う。

$$\frac{\partial^2}{\partial x^2}\frac{1}{\sqrt{x^2+y^2+z^2}} = \frac{\partial}{\partial x}\left(-\frac{1}{2}\frac{\frac{\partial}{\partial x}(x^2+y^2+z^2)}{(x^2+y^2+z^2)^{\frac{3}{2}}}\right)$$
$$= \frac{\partial}{\partial x}\left(-\frac{x}{(x^2+y^2+z^2)^{\frac{3}{2}}}\right)$$
$$= -\frac{1}{(x^2+y^2+z^2)^{\frac{3}{2}}} + \frac{3}{2}\frac{x\frac{\partial}{\partial x}(x^2+y^2+z^2)}{(x^2+y^2+z^2)^{\frac{5}{2}}} \quad \text{(C.21)}$$
$$= -\frac{1}{(x^2+y^2+z^2)^{\frac{3}{2}}} + 3\frac{x^2}{(x^2+y^2+z^2)^{\frac{5}{2}}}$$

これで $\frac{\partial^2}{\partial x^2}\left(\frac{1}{r}\right)$ が計算できたわけだが、$\frac{\partial^2}{\partial y^2}\left(\frac{1}{r}\right)$ を計算したとしたら、上の式で $x \leftrightarrow y$ と取り替えたものになるであろうことは容易にわかる。同様に $\frac{\partial^2}{\partial z^2}\left(\frac{1}{r}\right)$ を計算すれば、上の式で $x \leftrightarrow z$ と取り替えたものになる。というわけでこの三つを足し算すると、

$$\left(\frac{\partial^2}{\partial x^2} + \frac{\partial^2}{\partial y^2} + \frac{\partial^2}{\partial z^2}\right)\left(\frac{1}{r}\right)$$
$$= -\frac{1}{(x^2+y^2+z^2)^{\frac{3}{2}}} + 3\frac{x^2}{(x^2+y^2+z^2)^{\frac{5}{2}}} \quad \left(\leftarrow \frac{\partial^2}{\partial x^2}\left(\frac{1}{r}\right) \text{から}\right)$$
$$\quad -\frac{1}{(x^2+y^2+z^2)^{\frac{3}{2}}} + 3\frac{y^2}{(x^2+y^2+z^2)^{\frac{5}{2}}} \quad \left(\leftarrow \frac{\partial^2}{\partial y^2}\left(\frac{1}{r}\right) \text{から}\right) \quad \text{(C.22)}$$
$$\quad -\frac{1}{(x^2+y^2+z^2)^{\frac{3}{2}}} + 3\frac{z^2}{(x^2+y^2+z^2)^{\frac{5}{2}}} \quad \left(\leftarrow \frac{\partial^2}{\partial z^2}\left(\frac{1}{r}\right) \text{から}\right)$$
$$= -\frac{3}{(x^2+y^2+z^2)^{\frac{3}{2}}} + 3\frac{x^2+y^2+z^2}{(x^2+y^2+z^2)^{\frac{5}{2}}}$$
$$= 0$$

となり、確かに $\triangle\left(\frac{1}{r}\right) = 0$ が確認できる。

(2) 極座標のラプラシアンの式

$$\triangle V = \frac{1}{r^2}\frac{\partial}{\partial r}\left(r^2\frac{\partial V}{\partial r}\right) + \frac{1}{r^2\sin\theta}\frac{\partial}{\partial \theta}\left(\sin\theta\frac{\partial V}{\partial \theta}\right) + \frac{1}{r^2\sin^2\theta}\frac{\partial^2 V}{\partial \phi^2}$$

に $V = \frac{1}{r}$ を代入すると、θ, ϕ による微分は 0 なので、残るのは第一項のみである。そしてその第一項は、まず $\frac{\partial V}{\partial r} = -\frac{1}{r^2}$ で、これに r^2 をかけた $r^2\frac{\partial V}{\partial r} = -1$ となるので、次の微分で 0 となる。極座標では非常に簡単に $\triangle\left(\frac{1}{r}\right) = 0$ が確認できる。上の式が成立するのは $r \neq 0$ の場所だけである。$r = 0$ では分母が 0 になってポテンシャルが発散するため、そこをうまく評価してやらねばならない。

【問い 3-2 】..（問題は p117、ヒントは p309）
　極座標の方で考える。V は ϕ を含んでいないので、この場合のラプラシアンは
$\frac{1}{r^2}\frac{\partial}{\partial r}\left(r^2\frac{\partial}{\partial r}\right) + \frac{1}{r^2\sin\theta}\frac{\partial}{\partial \theta}\left(\sin\theta\frac{\partial}{\partial \theta}\right)$ である。まず r 微分をやると、

$$\begin{aligned}
\frac{1}{r^2}\frac{\partial}{\partial r}\left(r^2\frac{\partial}{\partial r}\left(\frac{p\cos\theta}{4\pi\varepsilon_0 r^2}\right)\right) &= \frac{1}{r^2}\frac{\partial}{\partial r}\left(r^2 \times \frac{-p\cos\theta}{2\pi\varepsilon_0 r^3}\right) \\
&= \frac{1}{r^2}\frac{\partial}{\partial r}\left(\frac{-p\cos\theta}{2\pi\varepsilon_0 r}\right) \\
&= \frac{1}{r^2}\frac{p\cos\theta}{2\pi\varepsilon_0 r^2} = \frac{p\cos\theta}{2\pi\varepsilon_0 r^4}
\end{aligned} \quad (C.23)$$

となる。一方 θ 微分の方は、

$$\begin{aligned}
\frac{1}{r^2\sin\theta}\frac{\partial}{\partial \theta}\left(\sin\theta\frac{\partial}{\partial \theta}\left(\frac{p\cos\theta}{4\pi\varepsilon_0 r^2}\right)\right) &= \frac{1}{r^2\sin\theta}\frac{\partial}{\partial \theta}\left(\sin\theta\left(\frac{-p\sin\theta}{4\pi\varepsilon_0 r^2}\right)\right) \\
&= \frac{p}{4\pi\varepsilon_0 r^4 \sin\theta}\underbrace{\frac{\partial}{\partial \theta}(\sin^2\theta)}_{=-2\cos\theta\sin\theta} = -\frac{p\cos\theta}{2\pi\varepsilon_0 r^4}
\end{aligned} \quad (C.24)$$

となって、この二つが相殺する。

【問い 3-3 】..（問題は p130、ヒントは p309）
　ヒントに書いたように角度が θ から $\theta+\mathrm{d}\theta$ までの範囲に入っている微小面積は $2\pi L^2 \tan\theta \dfrac{\mathrm{d}\theta}{\cos^2\theta}$ であるから、求めるべき積分は

$$\begin{aligned}
\int_0^{\frac{\pi}{2}} \frac{q^2\cos^6\theta}{8\pi^2\varepsilon_0 L^4} \times 2\pi L^2 \tan\theta \frac{\mathrm{d}\theta}{\cos^2\theta} &= \int_0^{\frac{\pi}{2}} \frac{q^2\cos^3\theta}{4\pi\varepsilon_0 L^2} \times \sin\theta\mathrm{d}\theta \\
&= \frac{q^2}{4\pi\varepsilon_0 L^2}\left[-\frac{\cos^4\theta}{4}\right]_0^{\frac{\pi}{2}} = \frac{q^2}{16\pi\varepsilon_0 L^2}
\end{aligned} \quad (C.25)$$

【問い 4-1 】..（問題は p139、ヒントは p309）
　$(y = R\cos\phi, z = R\sin\phi)$ という極座標に式を書き直すと、

$$\sigma = -\frac{Q}{2\pi} \times \frac{r}{(r^2+R^2)^{\frac{3}{2}}} \quad (C.26)$$

であるから、これに $R\mathrm{d}R\mathrm{d}\phi$ をかけて積分する。

$$\begin{aligned}
&-\frac{Q}{2\pi}\int_0^{\infty} R\mathrm{d}R \underbrace{\int_0^{2\pi}\mathrm{d}\phi}_{=2\pi} \frac{r}{(r^2+R^2)^{\frac{3}{2}}} \quad \left(R^2 = t \text{ と置き直し}\right)\\
&= -\frac{Qr}{2}\int_0^{\infty}\mathrm{d}t\,(r^2+t)^{-\frac{3}{2}}\\
&= -\frac{Qr}{2}\left[-2(r^2+t)^{-\frac{1}{2}}\right]_0^{\infty}\\
&= -\frac{Qr}{2}\left(0-\left(-\frac{2}{r}\right)\right) = -Q
\end{aligned} \quad (C.27)$$

【問い 4-2 】..（問題は p142、ヒントは p309）

ガウスの法則を使うと、電場は中心からの距離 r が $R_2 > r > R_1$ の範囲にある時のみ $\dfrac{Q}{4\pi\varepsilon_0 r^2}$ という値を持つ（それ以外の場所では 0）。よって電位差は絶対値をつけて計算して

$$V = \left|\int_{R_1}^{R_2} \frac{Q}{4\pi\varepsilon_0 r^2} dr\right| = \frac{Q}{4\pi\varepsilon_0}\left(\frac{1}{R_1} - \frac{1}{R_2}\right) \tag{C.28}$$

となる。静電容量は $Q = CV$ から、

$$C = \frac{4\pi\varepsilon_0}{\frac{1}{R_1} - \frac{1}{R_2}} \tag{C.29}$$

となる。

【問い 4-3 】..（問題は p142、ヒントは p309）

この場合の電場は、中心軸からの距離を r として（$R_2 > r > R_1$）、$\dfrac{\rho}{2\pi\varepsilon_0 r}$ である（ρ は単位長さあたりの電気量）。よって

$$V = \int_{R_1}^{R_2} \frac{\rho}{2\pi\varepsilon_0 r} dr = \frac{\rho}{2\pi\varepsilon_0}(\log R_2 - \log R_1) = \frac{\rho}{2\pi\varepsilon_0}\log\left(\frac{R_2}{R_1}\right) \tag{C.30}$$

となる。よって単位長さあたりの静電容量を C とすると $\rho = CV$ が成立するので、

$$C = \frac{2\pi\varepsilon_0}{\log\left(\frac{R_2}{R_1}\right)} \tag{C.31}$$

となる。

【問い 5-1 】..（問題は p164、ヒントは p309）

電子が $\dfrac{1}{1.6\times 10^{-19}}$ 個なので、質量は

$$\frac{9.1\times 10^{-31}}{1.6\times 10^{-19}} \simeq 5.6\times 10^{-12}\,\text{kg}$$

速さが 10^{-3} m/s ということは、運動量は 5.6×10^{-15} kg·m/s、エネルギーは 2.8×10^{-18} J。非常に小さいことが実感できるだろう。

【問い 6-1 】..（問題は p181、ヒントは p310）

ヒントにあるように $\vec{B} = k\vec{F_1}\times\vec{F_2}$ とおけたので、

$$\vec{F_1} = k\vec{I_1}\times(\vec{F_1}\times\vec{F_2}), \quad \vec{F_2} = k\vec{I_2}\times(\vec{F_1}\times\vec{F_2}) \tag{C.32}$$

と書ける。ベクトル解析の公式より、$\vec{A}\times(\vec{B}\times\vec{C}) = \vec{B}(\vec{A}\cdot\vec{C}) - \vec{C}(\vec{A}\cdot\vec{B})$ なので、

$$\begin{aligned}
\vec{F_1} &= k\vec{I_1}\times(\vec{F_1}\times\vec{F_2}) = k\vec{F_1}(\vec{I_1}\cdot\vec{F_2}) - k\vec{F_2}\underbrace{(\vec{I_1}\cdot\vec{F_1})}_{\text{直交するので }0} \\
\vec{F_2} &= k\vec{I_2}\times(\vec{F_1}\times\vec{F_2}) = k\vec{F_1}\underbrace{(\vec{I_2}\cdot\vec{F_2})}_{\text{直交するので }0} - k\vec{F_2}(\vec{I_2}\cdot\vec{F_1})
\end{aligned} \tag{C.33}$$

より、$k = \dfrac{1}{\vec{I}_1 \cdot \vec{F}_2}$ と $k = -\dfrac{1}{\vec{I}_2 \cdot \vec{F}_1}$ が両方とも成り立つので、

$$\vec{B} = \frac{\vec{F}_1 \times \vec{F}_2}{\vec{I}_1 \cdot \vec{F}_2} = -\frac{\vec{F}_1 \times \vec{F}_2}{\vec{I}_2 \cdot \vec{F}_1} \tag{C.34}$$

が解となる。ところで k が二つの解を持ったことから $\vec{I}_1 \cdot \vec{F}_2 + \vec{I}_2 \cdot \vec{F}_1 = 0$ である。「電流とそれに働く力は全て直交する」ということから、

$$\vec{I}_1 \cdot \vec{F}_1 = 0, \quad \vec{I}_2 \cdot \vec{F}_2 = 0, \quad (\vec{I}_1 + \vec{I}_2) \cdot (\vec{F}_1 + \vec{F}_2) = 0 \tag{C.35}$$

という三つの式が成立し、$\vec{I}_1 \cdot \vec{F}_2 + \vec{I}_2 \cdot \vec{F}_1 = 0$ が示せる。

【問い 7-1 】 .... (問題は p189、ヒントは p310)

ヒントにあるように $\vec{\nabla}$ のうち $\vec{e}_\phi \dfrac{1}{r}\dfrac{\partial}{\partial \phi}$ のみが効くから、

$$-\mathrm{grad}\left(-\frac{I\phi}{2\pi}\right) = \vec{e}_\phi \frac{1}{r}\frac{\partial}{\partial \phi}\left(\frac{I\phi}{2\pi}\right) = \vec{e}_\phi \frac{I}{2\pi r} \tag{C.36}$$

である。この磁位の困る点は、ϕ が同じ点に対して複数の値を持つ多価関数であることである(たとえば $\phi = 0$ と $\phi = 2\pi$ のところ)。

【問い 7-2 】 .... (問題は p191、ヒントは p310)

ちゃんと成立する。図の AB における仕事は確かに $HnI\ell$ より減るが、この時には図の BC においても(磁場が上向き成分を持つため)正の仕事をするのである。それを合計するとちゃんとアンペールの法則は成立している。

【問い 8-1 】 .... (問題は p201、ヒントは p310)

$$\int \mathrm{d}^3\vec{x}' \left(\mathrm{rot}\,\vec{H}(\vec{x}')\right) \times \frac{\vec{x}-\vec{x}'}{4\pi|\vec{x}-\vec{x}'|^3}$$
$$= \int \mathrm{d}^3\vec{x}' \left(\vec{\nabla}' \times \vec{H}(\vec{x}')\right) \times \vec{\nabla}'\left(\frac{1}{4\pi|\vec{x}-\vec{x}'|}\right)$$

という計算を行えばいい。ここで $\vec{\nabla}'$ は $\vec{x}'$ による微分で作られた $\vec{\nabla}$ である。

ここでも「この $\vec{\nabla}'$ は何を微分しているのか」を見失わないように計算することが大事である。二つある $\vec{\nabla}'$ のうち前にある方は $\vec{H}$ を、後ろにある方は $\dfrac{1}{4\pi|\vec{x}-\vec{x}'|}$ を微分していることを忘れないようにしよう。

ベクトル解析の公式 $(\vec{A} \times \vec{B}) \times \vec{C} = \vec{B}(\vec{A} \cdot \vec{C}) - \vec{A}(\vec{B} \cdot \vec{C})$ を、

$$\left(\underbrace{\vec{\nabla}'}_{\vec{A}} \times \underbrace{\vec{H}(\vec{x}')}_{\vec{B}}\right) \times \underbrace{\vec{\nabla}'\left(\frac{1}{4\pi|\vec{x}-\vec{x}'|}\right)}_{\vec{C}}$$
$$= \underbrace{\vec{H}(\vec{x}')}_{\vec{B}}\underbrace{\vec{\nabla}'}_{\vec{A}} \cdot \underbrace{\vec{\nabla}'\left(\frac{1}{4\pi|\vec{x}-\vec{x}'|}\right)}_{\vec{C}} - \underbrace{\vec{\nabla}'}_{\vec{A}}\underbrace{\vec{H}(\vec{x}')}_{\vec{B}} \cdot \underbrace{\vec{\nabla}'\left(\frac{1}{4\pi|\vec{x}-\vec{x}'|}\right)}_{\vec{C}}$$

として使う ($\vec{A}$に対応する$\vec{\nabla}'$は$\vec{H}$を、$\vec{C}$に対応する部分に含まれている$\vec{\nabla}'$は$\frac{1}{4\pi|\vec{x}-\vec{x}'|}$を微分していることに注意。この式に関しては順序と「微分する↔微分される」という序列には関係がない)。

ここでの計算は真空中なので、$\text{div}\,\vec{B}=0$は$\text{div}\,\vec{H}=0$を意味する。よって第2項はなくなる。第1項において、$\vec{A}$に対応する（左側にあるほうの）$\vec{\nabla}'$は$\vec{H}(\vec{x}')$の方を微分しているから、部分積分してこれを後ろを微分する形に変える。一方、

$$\vec{\nabla}'\cdot\vec{\nabla}'\left(\frac{1}{4\pi|\vec{x}-\vec{x}'|}\right)=\triangle\left(\frac{1}{4\pi|\vec{x}-\vec{x}'|}\right)=-\delta^3(\vec{x}-\vec{x}') \tag{C.37}$$

であるから、この積分の結果は$\vec{H}(\vec{x})$となるわけである。この式にあるマイナス符号は、部分積分の時に出たマイナスと相殺する。

【問い 11-1】 .... (問題は p268、ヒントは p310)

(1) ローレンツ力 (2) 磁束密度$\vec{B}$の時間変化、のどちらも起こっていないのだから、起電力は発生しない。$V=-\dfrac{d\Phi}{dt}$という公式を信用しすぎてはいけない。

【問い 12-1】 .... (問題は p283、ヒントは p310)

ヒントに書いたように、分極がz軸方向に起こっているとすれば、微小な長方形の天井から出ている電荷量は$P_z\Delta x\Delta y$である。P_zが時間変化すると、これの時間変化の分だけの電荷が天井を通して流れ出ることになる。それは単位時間あたり$\dfrac{\partial P_z}{\partial t}\Delta x\Delta y$であり、単位面積あたりに直すと$\dfrac{\partial P_z}{\partial t}$が$z$方向に流れる電流密度である。

【問い 12-2】 .... (問題は p283、ヒントは p310)

$$\text{div}\,\vec{B}=\rho_m,\ \text{rot}\,\vec{E}=-\vec{j}_m-\frac{\partial\vec{B}}{\partial t} \tag{C.38}$$

と直す。第2の式は$\text{rot}\,\vec{H}=\vec{j}+\dfrac{\partial\vec{D}}{\partial t}$の真似をして作るが、$\vec{j}_m$の前の符号がマイナスであることに注意。こうしないと$\text{div}\,\vec{j}_m=-\dfrac{\partial\rho_m}{\partial t}$が満足されない。

[Web サイトからのダウンロードについて]

- 章末演習問題のヒントと解答は web サイトにあります。これらのダウンロード、および ◯sim マークのついた図のシミュレーションの閲覧は、東京図書の web サイト (http://www.tokyo-tosho.co.jp) の本書の紹介ページから行ってください。
- 本文中で参照している章末演習問題のヒントと解答のページは、本文のページと区別するため、p1w のようにページ番号の後に w がついています。

索　引

【英字】
A（アンペア） ……………………155
curl ……………………………………94
div ……………………………………61
E-B 対応 …………………………179
E-H 対応 …………………………179
F（ファラッド） …………………141
flux ……………………………………48
grad ……………………………………85
rot ……………………………………94
steradian ……………………………41
T（テスラ） ………………………181
W（ワット） ………………………164

【あ行】
アーンショーの定理 ……………105
アンペア（A） ……………………155
アンペールの法則 ………………186
位置エネルギー（クーロン力の）…100
インダクタンスの相反定理 ……272
円筒座標の div ……………………69
応力 …………………………………128
Ω（オーム） ………………………159
オームの法則 ……………………159
オーロラ ……………………………223

【か行】
ガウスの発散定理 …………62, 304
ガウスの法則 ………………………45
ガウスの法則（積分形） …………53
ガウスの法則（微分形） …………57
重ね合わせの原理 …………………18
起電力 ………………………………162
強磁性 ………………………………238
鏡像法 ………………………………138
極座標の div ………………………66
キルヒホッフの法則 ……………164
近接作用論 …………………………4
グラディエント ……………………85
クーロンの法則 ……………………10
クーロン力 …………………………10
ゲージ変換 ………………………231
勾配 ……………………………………85

【さ行】
サイクリック置換 ………………249
サイクロトロン …………………222
作用・反作用の法則（クーロンの法則に関して） ……………………16
磁化 …………………………………238
磁界 → 磁場 ……………………173
磁化率（磁気感受率） …………239
磁気感受率 ………………………239
磁気双極子モーメント …………211
磁性 …………………………………237
磁束 …………………………………257
磁束密度 …………………………180
磁場 …………………………………173
常磁性 ………………………………238
真空の誘電率 ………………………11
ステラジアン ………………………41
ストークスの定理 ………………303

静電遮蔽 ………………………… 135
静電ポテンシャル ……………… 82
静電容量 ………………………… 141
線型な媒質 ……………………… 146
線積分 …………………………… 34
双極子モーメント ……………… 115
相反定理（インダクタンスの）… 272
素電荷 …………………………… 13
ソレノイド ……………………… 190

【た行】
ダイバージェンス（div）……… 61
抵抗 ……………………………… 159
抵抗率 …………………………… 159
テスラ（T）……………………… 181
デルタ関数 ……………………… 112
電圧 ……………………………… 82
電位 ……………………………… 83
電界（→電場）………………… 21
電気映像法 ……………………… 138
電気双極子 ……………………… 115
電気双極子モーメント ………… 115
電気力線 ………………………… 23
電磁波 …………………………… 285
電磁誘導 ………………………… 257
電束 ………………………… 145, 280
電束電流（変位電流）………… 281
電束密度 ………………………… 145
電場 ……………………………… 21
電力 ……………………………… 164
導体 ……………………………… 134
トランス（変圧器）…………… 273
ドリフト速度 …………………… 157

【な行】
ナブラ …………………………… 70

【は行】
発散（div）……………………… 61
反磁性 ……………………… 238, 239
ビオ・サバールの法則 ………… 194
比誘電率 ………………………… 150
表面項 …………………………… 122

ファラッド（F）………………… 141
ファラデー（単位）…………… 135
ファラデーの法則 ……………… 257
分極 ……………………………… 143
分極電流 ………………………… 282
平行平板コンデンサ …………… 56
ベクトルポテンシャル ………… 226
ベータトロン …………………… 276
ヘルムホルツの定理 …………… 227
変位電流 ………………………… 281
ポアッソン方程式 ……………… 103
ポインティング・ベクトル …… 291
保存力 …………………………… 91
ホール効果 ……………………… 224
V（ボルト）……………………… 82

【ま行】
マックスウェル応力 …………… 130
マックスウェル方程式 ………… 282
源（source）…………………… 103
面積分 …………………………… 34

【や行】
誘電体 …………………………… 142
誘電率（真空の）……………… 11
誘電率（物質の）……………… 146
誘導起電力 ……………………… 258
誘導電流 ………………………… 257

【ら行】
ライプニッツ則 ………………… 309
ラプラシアン …………………… 103
ラプラス方程式 ………………… 103
立体角 …………………………… 41
流束 ……………………………… 48
流量 ……………………………… 48
連続の式 ………………………… 279
レンツの法則 …………………… 260
ローテーション ………………… 94
ローレンツ力 …………………… 221

【わ行】
湧き出し（div）………………… 61
ワット（W）……………………… 164

著者紹介

前野(まえの)[いろもの物理学者] 昌弘(まさひろ)

1985年　神戸大学理学部物理学科卒業
1990年　大阪大学大学院理学研究科博士後期課程修了
1995年より琉球大学理学部教員
現　在　琉球大学理学部物質地球科学科准教授

著　書　『よくわかる初等力学』『よくわかる量子力学』『よくわかる解析力学』
　　　　（以上3冊は東京図書）、
　　　　『今度こそ納得する物理・数学再入門』（技術評論社）、
　　　　『量子力学入門』（丸善出版社）

ネット上のハンドル名は「いろもの物理学者」
ホームページは http://www.phys.u-ryukyu.ac.jp/~maeno/
twitter は http://twitter.com/irobutsu
本書のサポートページは http://irobutsu.a.la9.jp/mybook/ykwkrEM/

装丁（カバー・表紙）高橋　敦

よくわかる 電磁気学(でんじきがく)　　　　Printed in Japan

2010年4月25日　第1刷発行　　　　　ⓒMasahiro Maeno 2010
2014年10月10日　第7刷発行

著　者　前　野　昌　弘
発行所　東京図書株式会社
〒102-0072 東京都千代田区飯田橋3-11-19
振替 00140-4-13803 電話 03(3288)9461
http://www.tokyo-tosho.co.jp

ISBN 978-4-489-02071-1